Zusammenarbeit von Klinik
und Klinischer Chemie

H. Lang · W.G. Guder · A.J. Driesel (Hrsg.)

Molekularbiologische Methoden in der Diagnostik

Mit 65 Abbildungen und 35 Tabellen

Deutsche Gesellschaft für Klinische Chemie
Arbeitsgemeinschaft für Gen-Diagnostik
Merck-Symposium 1987

Springer-Verlag
Berlin Heidelberg New York London Paris Tokyo Hong Kong

Dr. Hermann Lang
Forschung Diagnostica, E. Merck, Darmstadt

Professor Dr. Walter G. Guder
Institut für Klinische Chemie,
Städtisches Krankenhaus, München-Bogenhausen

Priv.-Doz. Dr. Albert J. Driesel
Abteilung Biotechnologie
Dechema-Institut, Frankfurt-Main

Merck-Symposium
der Deutschen Gesellschaft für Klinische Chemie
und der Arbeitsgemeinschaft für Gen-Diagnostik
Mainz, 15.–17. Oktober 1987
Leitung: A.J. Driesel W.G. Guder

ISBN-13:978-3-540-50966-0 e-ISBN-13:978-3-642-83748-7
DOI: 10.1007/978-3-642-83748-7

CIP-Titelaufnahme der Deutschen Bibliothek

Molekularbiologische Methoden in der Diagnostik : [Mainz, 15. – 17. Oktober 1987] / Dt. Ges. für Klin. Chemie.
H. Lang . . . (Hrsg.). [Leitung: A. J. Driesel ; W. G. Guder]. – Berlin ; Heidelberg ; New York ; London ; Paris ; Tokyo ;
Hong Kong : Springer, 1989
(Merck-Symposium ; 1987) (Zusammenarbeit von Klinik und klinischer Chemie)
ISBN-13:978-3-540-50966-0

NE: Lang, Hermann [Hrsg.]; Deutsche Gesellschaft für Klinische Chemie; E. Merck <Darmstadt>: Merck-Symposium

2127/3145-543210

Begrüßung

Meine sehr verehrten Kolleginnen und Kollegen,
liebe Freunde des Merck-Symposiums!

Als vor 17 Jahren zum ersten Mal Klinische Chemiker und Kliniker zusammenkamen, um das erste Merck-Symposium miteinander abzuhalten, gaben sich die Organisatoren das Thema: "Auftrag der Klinik an das klinisch-chemische Laboratorium". Aus diesem Thema, das noch die dienende Rolle der Klinischen Chemie hervorhebt, entstand das Motiv der Merck-Symposien "Zusammenarbeit von Klinik und Klinischer Chemie". Unter diesem Leitmotiv wurden Vorträge und Diskussionen einem Leitgedanken untergeordnet, der es den anwesenden Teilnehmern erlaubte, über den Alltag hinaus sich mit neuen Gedanken aus benachbarten Disziplinen und ihrer Anwendung in der Klinik auseinanderzusetzen. Dabei traten die Diskussionen über pathobiochemische und methodische Neuentwicklungen in jüngerer Zeit in den Vordergrund.
Im Mittelpunkt des diesjährigen 9. Merck-Symposiums, zu dem ich Sie hiermit herzlich willkommen heiße, haben wir uns, wie schon öfters vorher, an den Rand unserer eigenen Kerntätigkeit begeben. Es war mir eine große Freude, anläßlich einer Tagung der neugegründeten Arbeitsgemeinschaft für Gen-Diagnostik vor einigen Jahren Herrn Driesel und die Kollegen kennenzulernen, welche sich in besonderem Maße der Diagnostik mit DNA-Sonden verschrieben haben. Der Vorschlag, das diesjährige Merck-Symposium gemeinsam zu gestalten, traf beim Sponsor und dem Vorstand unserer Gesellschaft auf breite Zustimmung, und ich bin der Arbeitsgemeinschaft daher besonders dankbar, daß sie bereit war, dieses Symposium mitzugestalten. Dank der großzügigen Unterstützung gelang es trotz des Zusammenschlusses von 2 Gesellschaften im Sinne des Leitmotivs, Einladungen an 20 Kliniker auszusprechen und damit die Teilnehmerzahl auf 70 Wissenschaftler zu erhöhen.
Wie bei den vergangenen Symposien darf ich mir als langjähriger Leser und nun Mitgestalter dieser Veranstaltung wünschen, daß auch dieses Treffen offen, zukunftsorientiert und umfassend den Teilnehmern und Lesern die faszinierenden Möglichkeiten der neuen Techniken eröffnet sowie die Grenzen ihrer Anwendung im diagnostischen Bereich aufzeigt.

W.G. Guder

Inhaltsverzeichnis

Infektionskrankheiten

Moderator: K.-H. MEYER ZUM BÜSCHENFELDE

Sozial-ethische Probleme

Zusammenfassung

Teilnehmerverzeichnis

ASSMANN G. Prof. Dr.
Institut für Klinische Chemie und Laboratoriumsmedizin, Universität Münster, Münster

BACHMANN C. Priv.-Doz. Dr.
Chemisches Zentrallabor der Universitäts-Kliniken, Inselspital, Bern

BREUER J. Prof. Dr.
Zentrallaboratorium, Marienhospital, Gelsenkirchen

BÜTTNER H. Prof. Dr. Dr.
Abteilung Klinische Chemie I, Zentrum Laboratoriumsmedizin, Medizinische Hochschule, Hannover

COLOMBO J.P. Prof. Dr.
Chemisches Zentrallabor der Universitätskliniken, Inselspital, Bern

DAHLMANN N. Prof. Dr.
Institut für Klinische Biochemie, Universität, Bonn

DELBRÜCK A. Prof. Dr.
Institut für Klinische Chemie, Abteilung II, Zentrallabor Krankenhaus Oststadt, Medizinische Hochschule, Hannover

DEUFEL T. Dr.
Abteilung für Klinische Chemie und Biochemie, Universitäts-Kinderklinik, München

DÖRNER K. Priv.-Doz. Dr. Dr.
Abteilung Allgemeine Pädiatrie, Universitäts-Kinderklinik, Kiel

DRIESEL A.J. Priv.-Doz. Dr.
Dechema-Institut, Abteilung Biotechnologie, Frankfurt

GABL F. Prof. Dr.
Institut für Klinische Chemie, Medizinische Fakultät der Universität, Wien

GASSEN H.G. Prof. Dr.
Institut für Biochemie, Technische Hochschule, Darmstadt

GEIGER R. Priv.-Doz. Dr. Dr.
Abteilung für Klinische Chemie und Klinische Biochemie, Chirurgische Klinik, Universität, München

GERBITZ K. Priv.-Doz. Dr.
Institut für Klinische Chemie, Städtisches Krankenhaus Schwabing, München

GIBITZ H.J. Dr.
Chemisches Zentrallaboratorium, Landeskrankenhaus, Salzburg

GISSMANN L. Prof. Dr.
Institut für Virusforschung, Deutsches Krebsforschungszentrum, Heidelberg

GOEDDE H.W. Prof. Dr.
Institut für Humangenetik, Universitäts-Krankenhaus Eppendorf, Hamburg

GREILING H. Prof. Dr. Dr.
Lehrstuhl für Klinische Chemie und Pathobiochemie, Klinisch-Chemisches Zentrallabor, Medizinische Fakultät der RWTH, Aachen

GRESSNER A. Prof. Dr.
Abteilung für Klinische Chemie und Zentrallaboratorium, Universität, Marburg

GRIMM T. Prof. Dr.
Institut für Humangenetik, Universität, Würzburg

GRZESCHIK K.-H. Prof. Dr.
Institut für Humangenetik und Genetische Poliklinik der Philipps-Universität, Marburg

GUDER W.G. Prof. Dr.
Institut für Klinische Chemie, Städtisches Krankenhaus Bogenhausen, München

HAECKEL R. Prof. Dr.
Institut für Laboratoriumsmedizin, Zentrallabor, Zentralkrankenhaus St. Jürgen, Bremen

HEESEMANN J. Prof. Dr. Dr.
Institut für Hygiene und Mikrobiologie der Universität Würzburg, Würzburg

HENKE J. Priv.-Doz. Dr.
Labor für Forensische Blutgruppenkunde, Düsseldorf

KATTERMANN R. Prof. Dr.
Klinisch-Chemisches Institut, Klinikum der Universität Heidelberg, Mannheim

VON KNEBEL-DOEBERITZ M. Prof. Dr.
Institut für Klinische Chemie, Klinikum Großhadern, Universität, München

KÖRBER F. Prof. Dr.
Institut für Molekularbiologie und Biochemie, Freie Universität, Berlin

KÖTTGEN E. Prof. Dr.
Institut für Klinische Chemie und Klinische Biochemie, Universitätsklinikum Charlottenburg, Freie Universität, Berlin

KOLB H.
Diabetes-Forschungsinstitut an der Universität Düsseldorf, Düsseldorf

KREUTZ F.H.
Zentrallaboratorium, Städtische Kliniken, Kassel

KRIEG M. Prof. Dr.
Institut für Klinische Chemie und Laboratoriumsmedizin, Universitätsklinik Bergmannsheil, Bochum

KRUSE-JARRES J.D. Prof. Dr.
Klinisch-Chemisches Institut, Katharinenhospital, Stuttgart

LANG H. Dr.
Forschung Diagnostica, E. Merck, Darmstadt

LAUE D. Dr.
Institut für Klinische Chemie und Nuklearmedizin, Köln

LIPP M. Dr.
Institut für Biochemie der Ludwig-Maximilians-Universität, München

MEYER ZUM BÜSCHENFELDE K.-H. Prof. Dr.
1. Medizinische Universitäts-Klinik, Mainz

NEUMEIER D. Prof. Dr.
Institut für Klinische Chemie, Klinikum Großhadern, Universität, München

OELLERICH M. Prof. Dr.
Abteilung Klinische Chemie I, Zentrum Laboratoriumsmedizin, Medizinische Hochschule, Hannover

OETTE K. Prof. Dr.
Abteilung für Klinische Chemie, Universitätskliniken, Köln

OLEK K. Prof. Dr.
Institut für Klinische Biochemie der Universität Bonn, Bonn

PAAR D. Prof. Dr.
Abteilung für Klinische Chemie und Laboratoriumsdiagnostik, Zentrum für Innere Medizin, Universitätsklinikum, Essen

PATSCHEKE H. Prof. Dr.
Klinisch-Chemisches Institut, Klinikum der Universität Heidelberg, Mannheim

PRELLWITZ W. Prof. Dr.
Zentrallaboratorium, II. Medizinische Universitätsklinik, Mainz

RECKMANN B. Dr.
Forschung Diagnostica, E. Merck, Darmstadt

REITER J. Prof. Dr.
Johannes-Gutenberg-Universität Mainz, Mainz

RICK W. Prof. Dr.
Zentralinstitut für Klinische Chemie und Laboratoriumsdiagnostik, Universität, Düsseldorf

RIEKE E. Dr.
Zentrale Forschung Chemie, E. Merck, Darmstadt

ROKA L. Prof. Dr.
Institut für Klinische Chemie und Pathobiochemie, Universität, Gießen

ROSCHER A.A. Prof. Dr.
Universitäts-Kinderklinik, München

SCHAUB J. Prof. Dr.
Universitäts-Kinderklinik, Kiel

SCHMIDT E. Prof. Dr.
Abteilung für Gastroenterologie und Hepatologie, Zentrum für Innere Medizin, Medizinische Hochschule, Hannover

SCHMIDT F.-W. Prof. Dr.
Abteilung für Gastroenterologie und Hepatologie, Zentrum für Innere Medizin, Medizinische Hochschule, Hannover

SCHMITZ G. Prof. Dr.
Institut für Klinische Chemie und Laboratoriumsmedizin, Zentrallaboratorium, Universität, Münster

SEIDEL D. Prof. Dr.
Abteilung Klinische Chemie, Zentrallaboratorium, Universität, Göttingen

SPRANGER J. Prof. Dr.
Universitäts-Kinderklinik, Mainz

WAGENER C. Prof. Dr.
Universität Hamburg, Universitäts-Krankenhaus Eppendorf, II. Medizinische Klinik, Hamburg

WIELAND H. Prof. Dr.
Zentrallabor, Universitätsklinikum, Freiburg

WISSER H. Prof. Dr.
Abteilung für Klinische Chemie, Robert-Bosch-Krankenhaus, Stuttgart

WOLF H. Prof. Dr.
Max-von-Pettenkofer-Institut für Hygiene und Medizinische Mikrobiologie, Ludwig-Maximilians-Universität München, München

WÜRZBURG U. Dr.
Forschung Diagnostica, E. Merck, Darmstadt

Einleitung

H. Lang

Liebe Freunde, liebe Kollegen, sehr verehrte Gäste!

Die Klinische Chemie ist eine analytische Wissenschaft. Um ihren Auftrag erfolgreich erfüllen zu können, muß sie sich stets der modernsten Methodik bedienen; dies gilt sowohl für ihren Dienstleistungsauftrag – den analytischen Beitrag zur Patientenversorgung – als auch für ihren wissenschaftlichen Auftrag – die pathobiochemische Forschung. Wenn neue analytische Methoden verfügbar werden, ist es Pflicht und Chance der Klinischen Chemie, diese auf ihren möglichen Stellenwert für die eigene Arbeit zu prüfen.

Nun ist in den letzten Jahren aus der molekularbiologischen Forschung heraus eine Analysentechnik für die breitere Anwendung entwickelt worden, die nach ihrer Ausführungsform "DNA-Hybridisierungstechnik" und nach ihrem Anwendungsbereich "Gen-Analyse" genannt wird. Es besteht kein Zweifel, daß diese Methode ein erhebliches Potential hat, unserem Fach in Routine und Forschung neue Impulse zu verleihen. Der Zweck dieses Symposiums – dessen Planung und Vorbereitung eine höchst erfreuliche Zusammenarbeit mit den Herren Guder und Driesel war – soll es sein, mit Hilfe von Fachleuten dieses Potential darzustellen und eine Diskussion über Anwendungsmöglichkeiten in der Klinischen Chemie in Gang zu bringen.

Herrn Driesel und seinen Kollegen von der Arbeitsgemeinschaft für Gen-Diagnostik bin ich sehr dankbar, daß sie es übernommen haben, uns bei diesem Unterfangen als Referenten und Diskussionspartner behilflich zu sein.

"Gen-Analyse"

Worum geht es bei der Gen-Analyse? Immer schon war es der Wunsch von Ärzten und Naturwissenschaftlern, Informationen über die genetische Konstitution des gesunden und kranken Menschen zu erhalten. Dabei gab es zwei Ansätze (Tabelle 1). Einmal war es der klassische medizinische Ansatz, der vom Phänotyp, d.h. von der Interpretation makroskopischer Merkmale, ausging. Mit Hilfe der immer weiter entwickelten mikroskopischen Techniken wurde es möglich, morphologisch bis in den Bereich der Chromosomen und ihrer Substrukturen vorzustoßen. Zum anderen war es der biochemische Ansatz, der von der Analyse von Genprodukten ausging. Durch die Analyse von primären Genprodukten konnte mit den Methoden der Trennung und Quantifizierung von Proteinen und Isoproteinen eine "Biochemische Genetik" aufgebaut werden.

Tabelle 1. Analyse der genetischen Konstitution

Untersuchungs-Ebene	Informations-Ebene	Meßgrößen
Phänotyp ↓	Körperliche Ausprägung	Makroskopische Merkmale
Chromosom ↓	Informations-"Organelle"	Mikroskopische Merkmale (Struktur/Funktions-Korrelation)
Genom (Genotyp) ↑	Primäre Information	DNA
Gen-Kopie ↑	Sekundäre Information (Produkt-Information)	m-RNA (→ c-DNA)
Primäres Genprodukt ↑	Stoffwechsel-Regulator	Enzyme, Isoenzyme, Hormone
Sekundäres Genprodukt	Stoffwechsel-Produkt (Körperbaustein)	Metaboliten

Tabelle 2. Gen-Analyse: Methodik

Probe ↓	Blutzellen, Sperma, Biopsien, Zellkulturen, etc.
Nukleinsäure ↓	
Schneiden in Fragmente ↓	Mit Restriktions-Nukleasen
Trennen der Fragmente ↓	Mit Gel-Elektrophorese
Übertragen der Fragmente ↓	Auf Nitrozellulose ("Blotting")
Hybridisieren des Fragmentes X ↓	Mit Nukleotid-Sonde gegen (Partial)-Struktur X
Nachweisen des Fragmentes X ↓	Mit Markierungssystem (radioaktiv, enzymatisch, etc.) eventuell nach Amplifizierung
Verifizieren des Fragmentes X	Gegen Standards

Die DNA-Hybridisierungstechnik erlaubt es nun, direkt im Genom zu analysieren. Diese Methode ermöglicht also nicht nur eine direkte Analyse von Genen, sondern vereint auch die Ergebnisse der klassischen und der biochemischen Genetik.

Methodik

Wegen der Fülle des Stoffes konnten wir keine separaten methodischen Referate ins Programm aufnehmen. Wir haben die Referenten gebeten, eine kurze Zusammenfassung der von ihnen verwendeten Methoden an den Anfang der Vorträge zu stellen. Ich werde hier die Grundlagen der Methodik in aller Kürze darstellen und hoffe, damit den Anschluß an die Ausführungen der Referenten herzustellen.

In Tabelle 2 sind die verschiedenen Schritte einer typischen Analysenprozedur, mit denen das Gen-Fragment X nachgewiesen und quantifiziert werden soll, schematisch dargestellt. Die einzelnen Schritte der Prozedur zeigen die Voraussetzungen, die für die Durchführung einer Gen-Analyse notwendig sind:

- eine Nukleinsäure-haltige Probe
- Enzyme zum reproduzierbaren Schneiden der Nukleinsäure in Fragmente
- ein Trennsystem zur reproduzierbaren Auftrennung der Fragmente
- eine Sonde zur Identifizierung des Fragmentes X
- ein Markierungssystem zur Visualisierung und Quantifizierung des Fragmentes X
- Standards zur Verifizierung des Fragmentes X

Bei allen diesen zur Gen-Analyse notwendigen Werkzeugen gibt es eine stürmische Weiterentwicklung. Um nur einige Beispiele zu nennen:

- Enzyme mit einstellbarer Spezifität, mit denen gezielte Gen-Fragmente hergestellt werden können
- Elektrophorese: Zweidimensionale und pulsierende Verfahren, die die Trennung von Nukleotiden bis in den Mio-Bp-Bereich (ganze Chromosomen) erlauben
- Markierungssysteme: Amplifizierungssysteme mit enzymatischer Multiplikation des Fragmentes X bis zu 1 Mio. Kopien, zur Erhöhung der Analysen-Empfindlichkeit

Bei allem Respekt vor dem hohen technischen Stand, den diese Analysentechnik erreicht hat, muß aber klar gesagt werden, daß wir noch keine für den Routine-Einsatz in der Klinischen Chemie geeignete und validierte Methode vor uns haben.

Gen-Sonden

Eine Gen-Sonde ist ein Nukleotid, das aufgrund seiner Basensequenz mit einem bestimmten Abschnitt des gesuchten Gen-Fragmentes basenkomplementär bindet, d.h. hybridisiert, und durch diese Bindung das Gen-Fragment X eindeutig markiert (Abb. 1). Man kann zwei Arten von Sonden verwenden:

- lange Sonden von größenordnungsmäßig 1000 Basen; diese werden aus Nukleinsäuren isoliert und durch Klonieren vermehrt
- kurze Sonden von etwa 20 Basen; diese werden durch Synthese hergestellt

Beide Arten von Sonden haben analytische Vor- und Nachteile, die man bei der Anwendung gegeneinander abwägen muß: z.B. binden lange Sonden fester; mit kurzen Sonden kann man die Veränderung einer einzigen Base, d.h. Punktmutationen, nachweisen.

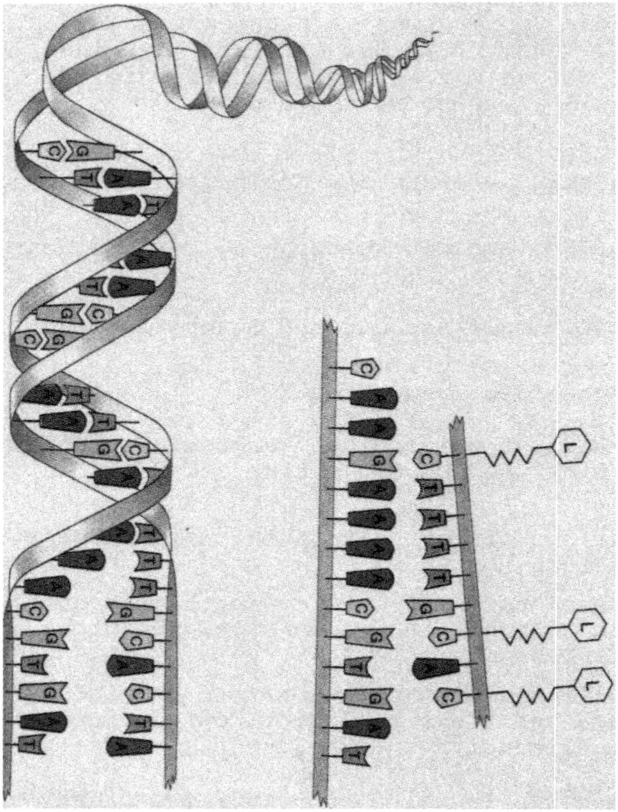

Abb. 1. Funktion einer Gen-Sonde (Copyright: E. Merck, Darmstadt)

An der Sonde ist ein Markierungssystem befestigt, mit dem das Gen-Fragment X visualisiert und quantifiziert werden kann. Die Problematik ist dem Klinischen Chemiker von den Immunoassays her bekannt. Mit hoch-sensitiven Sonden/Markierungs-Systemen kann heute unter 1 pg DNA absolut nachgewiesen werden.

Ausführungsformen der Gen-Analyse

Die dargestellte Methodik hat drei wesentliche Ausführungsformen (Tabelle 3):

- die in situ-Hybridisierung, d.h. die Anwendung an Chromosomen, Zellen, Gewebsschnitten etc., zur Struktur-Funktions-Korrelation oder zum Nachweis von Virusinfektion u.ä.
- die Dot-Blot-Verfahren; der halbquantitative Nachweis extrahierter oder zellulärer Nukleinsäure *ohne* Auftrennung von Banden
- die Southern-Blot- und Northern-Blot-Analyse mit Auftrennung der Fragmente und quantitativem Nachweis einer Bande

Tabelle 3. Gen-Analyse: Ausführungsformen

Ausführungsformen	Beispiele
1. Struktur/Funktions-Korrelation	
in situ-Hybridisierung	Chromosomale Gen-Lokalisierung
2. Nachweis ohne Trennung	
Dot Blot-Verfahren	Halbquant. Nachweis extrahierter DNA/RNA
Colony-Hybridisierung	In Bakterien-Kulturen
Plaque-Hybridisierung	In Virus-Kulturen
3. Nachweis mit Trennung	
Southern Blot-Analyse	Direkte und indirekte (RFLP) Analyse von Gen-Veränderungen
Northern Blot-Analyse	Nachweis von Genfragmenten mit m-RNA

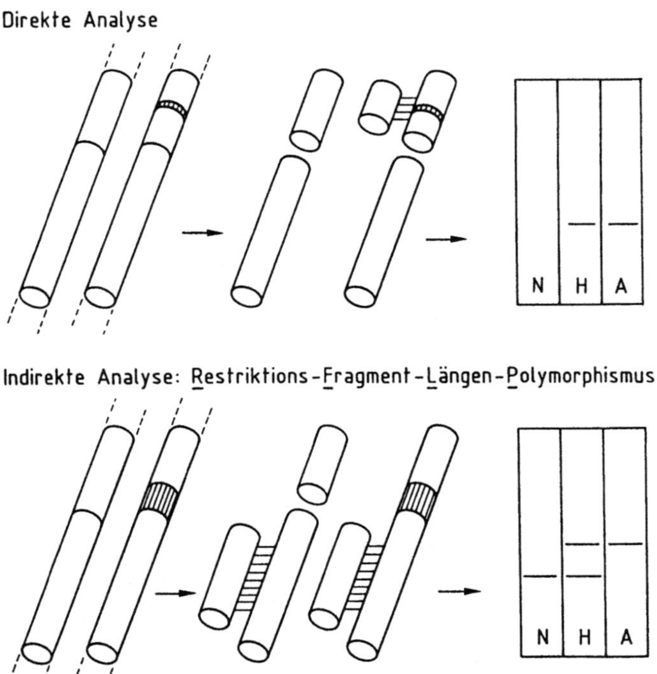

Abb. 2. Ausführungsformen der Southern-Blot-Analyse zum Nachweis von Gendefekten (Copyright: Walter de Gruyter, Berlin) Darstellung der Banden in der Gel-Elektrophorese: N = Normale Person; H = Heterozygote Person; A = Homozygote Person ("Afflicted")

Die Ausführungsform der Southern-Blot-Analyse zum Nachweis von Gendefekten hängt vom Informationsstand über die Lokalisation des Gendefektes bzw. von der Verfügbarkeit von direkt am Defekt bindenden Gensonden ab (Abb. 2). Wenn der Defekt bekannt und eine direkt bindende Sonde vorhanden ist, kann eine direkte Southern-Blot-Analyse durchgeführt werden. Dies ist heute nur bei wenigen Gendefekten der Fall. Wenn die Lokalisation des Defektes nicht exakt bekannt und/oder keine direkt bindende

Tabelle 4. Anwendung der Gen-Analyse

Human-Genetik	Beispiele
Genetische Forschung	Zytogenetik, Gen-Kartierung
Erbkrankheiten	Carrier-, Pränatale, Neugeborenen-Diagnose
Rechtsmedizin	Genetische Individualität
Ökogenetik	
Pharmakogenetik	Arzneitmittel-Therapie
Arbeits-Medizin	Expositions-Risiken
Präventiv-Medizin	Risiko für Krankheiten mit genet. Komponente
Maligne Erkrankungen	Forschung, Differenzierung, Diagnose
Transplantationen	"Organ Matching"
Heterologe Insemination	Spender-Testung
Nachweis von Pathogenen	
Infektionskrankheiten	
"Direktnachweise"	Bakterien, Viren, "STD"
in situ-Nachweis	Zytologie, Histologie
Parasitäre Erkrankungen	Diagnose, Therapiekontrolle

Sonde vorhanden ist, muß eine indirekte Southern-Blot-Analyse, eine RFLP- (Restriktions-Fragment-Längen-Polymorphismus) Analyse durchgeführt werden. Hierbei weist man mit der Sonde ein DNA-Fragment nach, das sich in der Analyse mit dem Gendefekt konkordant verhält. Auf die Bestimmungsgrößen und Fehlermöglichkeiten dieser indirekten Analyse werden die Referenten des heutigen Vormittages eingehen.

Anwendung der Gen-Analyse

Tabelle 4 enthält – soweit mir bekannt – die heute interessanten Gebiete der Anwendung in der Humanmedizin. Man sollte nicht vergessen, daß es über die Humanmedizin hinaus noch eine Reihe weiterer, hochaktueller Anwendungsgebiete gibt, z.B. in der Pflanzenzucht, der Tierzucht und bei der Lebensmittelverarbeitung – dies sind aber keine Themen unseres Symposiums.

In der Humanmedizin gibt es zwei wesentliche Anwendungsgebiete für die Gen-Analyse:

- die Humangenetik, d.h. der Nachweis von spezifischen Eigenschaften oder Veränderungen im menschlichen Gen
- der Nachweis von Pathogenen, d.h. der Nachweis einer Infektion mit artfremder RNA oder DNA

Ein spezieller Sektor der Humangenetik ist die sogenannte Ökogenetik, bei der versucht wird, durch Anwendung genanalytischer

Tabelle 5. Gen-Analyse: Themen des Symposiums

	HUMAN-GENETIK
Freitag Vormittag	Genetische Forschung
Freitag Vormittag	Erbkrankheiten
Freitag Vormittag	Rechtsmedizin
	Ökogenetik
	Pharmakogenetik
	Arbeits-Medizin
Freitag Nachmittag	Präventiv-Medizin
Freitag Nachmittag	Maligne Erkrankungen
	Transplantationen
	Heterologe Insemination
	NACHWEIS von PATHOGENEN
	Infektionskrankheiten
Samstag Vormittag	"Direktnachweise"
Samstag Vormittag	in situ-Nachweise
	Parasitäre Erkrankungen

Methoden die Risiken zu bewerten, die durch das Zusammenwirken von genetischer Prädisposition und Umweltnoxen bedingt sind.

In diesem Symposium kann nicht die ganze Breite der möglichen Anwendungen der Gen-Analyse abgehandelt werden. Wir haben die in Tabelle 5 markierten Gebiete ausgewählt, die Sie im Programm (Inhaltsverzeichnis) wiederfinden. Den Abschluß bilden die Ausführungen von Herrn Reiter über die ethisch-rechtlichen Implikationen der Gen-Analyse (Anmerkung bei der Redaktion: Dieses Referat konnte während des Symposiums nicht gehalten werden; durch das freundliche Entgegenkommen von Herrn Prof. Reiter ist es aber möglich, das Manuskript in diesem Symposienbericht abzudrucken).

Schluß

Ich hoffe, daß wir den Klinischen Chemikern mit Hilfe dieser Tagung einen lebendigen und relevanten Eindruck vermitteln können, was die Gen-Analyse ist, wo sie ihre Anwendung in der Humanmedizin finden wird und in welcher Form sie eventuell für unsere Arbeit bedeutsam werden kann. Ebenso hoffe ich aber, daß die anwesenden Biologen, Genetiker, Chemiker und Kliniker der Arbeitsgemeinschaft für Gen-Diagnostik - die die Rolle übernommen haben, uns den Stand des Wissens zu vermitteln und mit uns zu diskutieren - ebenso mit einem Gewinn vom Symposium nach Hause fahren werden. Nun darf ich den Vorsitz an den Moderator des heutigen Vormittages übergeben.

Das menschliche Genom

Moderator: J. Henke

Die Genkarte des Menschen: 1987

K.-H. Grzeschik

Direkte oder indirekte Diagnose defekter Erbanlagen auf DNA-Ebene beim Menschen erfordert DNA-Sonden, die den Fehler im betroffenen Gen aufdecken oder nachweisen können, daß eine Person das Chromosom mit einer bestimmten Mutation ererbt hat. Um diese DNA-Sonden zu gewinnen, muß das Gen oder müssen Sequenzen aus seiner unmittelbaren Nachbarschaft bekannt und charakterisiert sein.

Auf dem Weg zu diesem Ziel ist es in manchen Fällen möglich, das Gen über defekte Genprodukte aufzuspüren. Bei der Mehrzahl erblicher Erkrankungen ist dagegen der primäre Defekt unbekannt. Hierbei muß das Gen selbst der Ansatzpunkt zur Aufklärung der gestörten Funktion sein.

Vom Phänotyp zum Gen

Der klassische Weg, die chromosomale Lokalisierung eines Gens zu bestimmen, führt vom Phänotyp, vom Genprodukt, zum Genort (Tabelle 1). Phänotypen können hier Erbkrankheiten sein, wie die Phenylketonurie, aber auch Eigenschaften von Zellen in Kultur oder Proteinvarianten wie Zelloberflächenantigene, Serumproteine und andere polymorphe Merkmale (Tabelle 2). Heute können klonierte DNA- oder RNA-Fragmente selbst als Marker eingesetzt werden.

Die Lage der für diese unterschiedlichen Phänotypen verantwortlichen Gene im menschlichen Genom kann mit einer Vielzahl von genetischen, physikalischen sowie zell- und molekularbiologischen Verfahren bestimmt werden, deren Auflösungsvermögen in Tabelle 3 dargestellt ist. Besonders erfolgreich in der Zuordnung zu bestimmten Chromosomen und lichtmikroskopisch unterscheidbaren Chromosomenregionen sind Familienanalyse und Somazellgenetik [1].

Erstere verfolgt die Segregation von Allelen auf den homologen Chromosomen in der Meiose, also bei der Keimzellreifung. Das gleiche Ziel, die Zuordnung zu bestimmten menschlichen Chromosomen, erreicht die Somazellgenetik durch Analyse der mitotischen Segregation in somatischen Mensch-Nagerzellhybriden. Unterschiedlich sind die Kataloge der Merkmale, die mit diesen beiden bisher erfolgreichsten Methoden lokalisiert werden können. Für den zellgenetischen Ansatz eignen sich alle Phänotypen, die in kultivierten Zellen dauerhaft nachweisbar sind. Die Stammbaumuntersuchung dagegen ist auf polymorphe Ausprägung der untersuchten Merkmale in der Bevölkerung angewiesen. Bestimmte Chromosomen kann man auch mit physikalischen Verfahren, wie der Spreitung von Meta-

Tabelle 1. Der Weg vom Phänotyp zum Genort

Klassische Genetik		Reverse Genetik		
Krankheit	PKU	Krankheit	DMD	CF
Funktion	Phe → Tyr	Kartenposition	Xp21.2	7q3 1
Protein	Phe-Hydroxylase	Gen	mRNA	?
Gen	PHA	Protein	Dystrophin	?
Kartenposition	12q 24.1	Funktion	?	?

CF = Cystische Fibrose (Mucoviscidose); DMD = DUCHENNE'sche Muskeldystrophie; PHA = Phenylalanin-Hydroxylase; PKU = Phenylketonurie

Tabelle 2. Kartierte Phänotypen des Menschen

Morphologische Merkmale / Syndrome
Varianten der Chromosomenmorphologie
Wachstumseigenschaften von Zellen in Kultur
Proteine
RNA (c-DNA)
DNA-Abschnitte

Tabelle 3. Techniken zur Isolierung und Lokalisierung von DNA-Sequenzen

Genom	3×10^9 bp	Koppelungsanalyse		
Chromosom 4	3×10^8 bp	Somazellgenetik in situ Hybridisierung		
4p15 - 4pter	3×10^7 bp	Dot-Blots		
G8 - HD - 4pter	3×10^6 bp	Deletionskartierung, etc.		PERT
Linkage clone cluster	3×10^5 bp		Macromapping PFGE Jumping	Microdissection Gentransfer Hefeklonien
Cosmidklon	3×10^4 bp		Walking Molekulares Klonieren	
cDNA	3×10^3 bp		Standard Geleelektrophorese Restriktionskartierung	

4pter = 4p-Terminus (Terminus des kurzen Armes von Chr.4)

phasen auf Objektträgern oder der Sortierung der Größe nach auf Filtern, von den übrigen Chromosomen abtrennen und mit DNA-Hybridisierung auf gesuchte Sequenzen hin analysieren.

Die kleinste Region, der man mit diesen Verfahren Genorte zuweisen kann, liegt in der Regel etwa bei 10^6 Basenpaaren (bp). Im genetischen Maßstab entspricht das etwa einem Centimorgan (cM). Eine schärfere Auflösung mit diesen Methoden gelingt nur mit großem Aufwand oder in besonders günstigen Fällen.

Die Lücke zwischen genetischem und molekularbiologischem Auflösungsvermögen wird gefüllt

Eine Reihe neuer methodischer Ansätze hilft, die Lücke im Bereich von $5 \times 10^4 - 5 \times 10^6$ Basenpaaren zu überspannen, die zwischen den beschriebenen genetischen Verfahren und dem molekularen Klonieren in Verbindung mit Restriktionskartierung und DNA-Sequenzierung liegt. Cosmidvektoren nehmen etwa $3\text{-}4 \times 10^4$ Basenpaare auf. Mit schrittweisem Aneinanderreihen benachbarter Sequenzen aus Cosmidklonen (walking) oder mit speziellen Klonierungsverfahren, die größere Abschnitte auf den Chromosomen überspannen helfen, in Verbindung mit Pulsfeld-Gelelektrophorese, gelingt es, Sequenzen im Bereich von $5 \times 10^4 - 5 \times 10^6$ bp in Reihe zu bringen. Etwa 1% des menschlichen Genoms ist zur Zeit mit solchen Verfahren kartiert. Die Arbeit in diesem Trennbereich wird erleichtert, wenn man über Mikrodissektion, Gentransfer, Klonieren in Hefevektoren oder andere Verfahren (z.B. PERT) [2] einen bestimmten Ausschnitt des Genoms anreichert.

Die Genkarte 1987

Dieser herkömmliche Ansatz zur Kartierung von Genen über die Phänotypen war seit etwa 1970 zunehmend erfolgreich (Abb. 1, [3]).

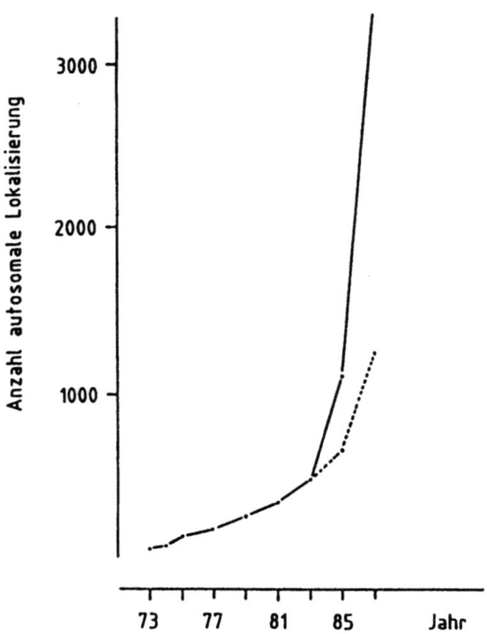

Abb. 1. Anzahl autosomaler Gene des Menschen, die seit 1973 lokalisiert wurden. Die gestrichelt gezeichnete Kurve ab 1983 zeigt autosomale Lokalisierungen ohne willkürlich ausgewählte DNA-Sequenzen

Auf der letzten Genkartierungskonferenz in Paris 1987 wurden etwa 1300 Gene und über 2000 DNA-Fragmente bestimmten Chromosomen oder Chromosomenabschnitten zugeordnet. Von etwa 400 mendelnden Erkrankungen sind die molekularen Defekte bekannt. Diese sind grundsätzlich einer Diagnose auf DNA-Ebene zugänglich. Bezogen auf die Anzahl von etwa 4000 durch mendelnde Phänotypen identifizierte Loci beim Menschen [4] sieht die Bilanz nach etwa 15 Jahren Arbeit nicht schlecht aus. Bedenkt man aber, daß die Anzahl funktionsfähiger Gene 10.000 oder sogar bis 50.000 betragen kann, sieht man, daß bisher allenfalls die Spitze des Eisbergs entdeckt ist. Man kann spekulieren, daß bei gleichartigem exponentiellen Anstieg der Anzahl von Lokalisierungen etwa im Jahre 2005 die meisten menschlichen Gene bekannt und zugeordnet sein könnten, wenn auch die methodische Weiterentwicklung im Tempo Schritt hält.

Reverse Genetik

Die Strategie, die diese Aufgabe lösen soll, wird Reverse Genetik genannt [5], weil sie von einer exprimierten DNA-Sequenz mit bestimmter Kartenposition ausgehend, die zugehörige Funktion aufspürt (Tabelle 1). Sucht man mit diesem Ansatz bestimmte Gene, etwa die für häufige und schwerwiegende Erbkrankheiten, wie Cystische Fibrose (CF) oder Chorea Huntington (HD), die trotz intensiver Bemühungen mit herkömmlichen Verfahren nicht zu finden waren, muß die Familienuntersuchung die Reverse Genetik bei Lokalisierung, Isolierung und Charakterisierung begleiten, um in jedem Schritt sicherzustellen, daß man an der richtigen Stelle sucht. Man vergleicht also an jedem Punkt der Untersuchugen anhand genetischer Kriterien, ob eine bestimmte DNA-Sequenz die Eigenschaften besitzt, die man vom gesuchten Genort erwarten muß. Trifft dies bei allen Schritten zu, kann man das von der Sequenz kodierte Protein auf seine Funktion hin untersuchen.

Mit einem Suchraster aus Restriktionsfragmentlängenpolymorphismen (RFLP) [6] wird die Chromosomenregion aufgespürt, in der das Gen liegen muß (Tabelle 4). Die zur Zeit verfügbaren, lokalisierten RFPLs, die überwiegend einfache 2- oder 3-Allel-Polymorphismen auf DNA-Ebene darstellen, genügen zahlenmäßig, um ein Raster von etwa 5 cM Abstand über alle menschlichen Chromosome zu legen.

Tabelle 4. Wie findet man flankierende gekoppelte Marker?

Durch Familienanalyse mit einem RFLP-Raster

für alle Chromosomen schrittweise oder
eingeengt durch Genetik (z.B. Erbgang, Translokation, Deletionen?
- Funktion (Kandidatengen, z.B. Atherosklerose)
- Tumoren (z.B. Retinoblastom)
- vergleichende Kartierung (z.B. Maus-Mensch)

Engere Maschen (eta 1 cM) versprechen die Poylmorphismen der "zweiten Generation", hochvariable Abschnitte, die aus Tandem-wiederholten kurzen Sequenzen aufgebaut sind (VNTR) [7]. Dieses engere Netz ist erforderlich, weil die Gene, deren Lokalisierung zunächst gelungen ist, günstig gewählt waren, da klare monogene Erbgänge vorlagen und zahlreiche Familien, in denen das betreffende Gen segregierte. Der vor uns liegende, größere Teil muß sich mit polygen oder multifaktoriell bedingten Merkmalen oder erblichen Erkrankungen befassen, die insgesamt sehr selten (unter 1 auf 10.000) sind.

Ist ein Gen durch flankierende gekoppelte Marker eingekreist, können die neuen in Tabelle 2 aufgelisteten Verfahren die Lücke von einigen Millionen Basenpaaren durch Einsetzen neuer Pfeiler überbrücken.

Die Suche nach dem Gen

Ungewisser gestaltet sich die Suche nach einem Kandidatengen in diesem Bereich (Tabelle 5). Hilfestellung leisten Befunde wie der, daß üblicherweise sehr selten schneidende Restriktionsenzyme in der Nachbarschaft mancher exprimierter Gene häufige Schnittstellen aufweisen (HTF-Inseln) [8,9], oder daß exprimierte Sequenzen in der Evolution hohe Sequenzhomologie behalten (Zoo-Blots) [9]. Im übrigen ist man auf die Suche nach exprimierten Sequenzen, offenen Leserastern, Konsensus-splicing-Sequenzen u.ä. angewiesen. Findet man so in der richtigen Chromosomenregion Kandidatengene, müssen diese über ihre cDNA einzeln auf Größe, Sequenz und Funktion des Produkts hin analysiert werden.

Kandidatengene müssen an Patienten und deren Familien und in Funktionstests geprüft werden, ob die genetischen, biochemischen

Tabelle 5. Wie findet man ein Exon (Kandidatengen)?

Translokationen, Deletionen			
Zoo-Blots		Größe	
offene Leseraster	c-DNA:	Sequenz	Kandidatengen
"Consensus splicing" Sequenzen		Funktion	
exprimierte Sequenzen			

Tabelle 6. Wie prüft man ein Kandidatengen?

Crossover zwischen "Gen" und "Krankheit"?
Genetische Heterogenität?
"Typisches" Expressionsmuster
Genveränderungen bei Patienten?
Physiologische Funktionstests: zellfreie Systeme, Korrektur des Defekts?

Tabelle 7. Wozu dient das gefundene Gen?

Gen

Diagnose — Neue Gene — Therapie

Neue Proteine

Neue Funktionen

und physiologische Eigenschaften der Mutanten ausreichen, das Auftreten des Erbleidens zu erklären (Tabelle 6). Relativ weit auf diesem mühsamen Weg ist man bei der Muskeldystrophie Duchenne (DMD) [10] und der Cystischen Fibrose (CF) [9] gekommen.

Sequenzierung des gesamten Genoms?

Betrachtet man den immensen personellen und finanziellen Aufwand, der gerade bei der Erforschung dieser beiden Krankheiten getrieben werden muß, sind Zweifel berechtigt, daß dieser Ansatz auch für die zahlreichen weniger spektakulären und häufigen Erkrankungen gewählt werden kann. Reverse Genetik kann jedoch auch bei Genen eingesetzt werden, bei denen zunächst nicht die Beziehung zu einem bestimmten erblichen Leiden hergestellt werden kann. Wahrscheinlich wird zunächst das menschliche Genom in eine definierte Abfolge von Fragmenten in Megabasengröße zerlegt werden, von denen jeweils Cosmidbibliotheken angelegt werden. In diesen Teilbereichen kann dann nach exprimierten Sequenzen gesucht werden. Nur die so ausgewählten Regionen mit einer möglichen Funktion würden dann bis zur Basensequenz und hinsichtlich der Eigenschaften des Genprodukts analysiert. Diese Bestandsaufnahme funktionsfähiger Abschnitte der Chromosomen ist einer blinden Sequenzierung eines Genoms einer einzigen Person eindeutig vorzuziehen.

Ausblick

Im Rahmen dieses Symposiums richtet sich das Interesse vor allem auf die diagnostischen Möglichkeiten, sei es auf der Ebene der DNA, sei es anhand ihrer Genprodukte (Tabelle 7). Wir schulden aber den Patienten, deren engagierte Mitarbeit für den Erfolg des Ansatzes der reversen Genetik unerläßlich ist, darüberhinaus, daß das Auffinden des Gendefekts neue Überlegungen für eine spezifische und wirksame Therapie anstößt, die ihnen Hoffnung bei der Bewältigung ihres eigenen Schicksals geben kann.

Literatur

1. Grzeschik KH (1986) The role of somatic cell genetics in human gene mapping. Experientia 42:1128-1137
2. Kunkel LM, Monaco AP, Middlesworth W, Ochs HD, Latt SA (1985) Specific cloning of DNA fragments absent from the DNA of a male patient with an X chromosome deletion. PNAS 82:4778-4782
3. Human Gene Mapping 9 (Paris 1987): Cytogent Cell Genet 46 (1987) (Sonderheft)
4. McKusick V (1986) Mendelian inheritance in man. Baltimore and London: Johns Hopkins Univ. Press, 7th edition
5. Orkin SA (1986) Reverse genetics and human disease. Cell 47:845-850
6. Botstein D, White RL, Skolnick M, Davis RW (1980) Construction of a genetic linkage map in man using restriction fragment length polymorphisms. Am J Hum Genet 32:314-331
7. Nakamura Y, Leppert M, O'Connell P, Wolff R, Hohn T, Culver M, Martin C, Fujimoto E, Hoff M, Kumlin E, White R (1987) Variable number of a tandem repeat (VNTR) markers for human gene mapping. Science 235:1616-1622
8. Bird AP (1986) CpG-rich islands and the function of DNA methylation. Nature 321:209-213
9. Estivill X, Farrall M, Scambler PJ, Bell GM, Hawley KMF, Lench NJ, Bates GP, Kruyer HC, Frederick PA, Stanier P, Watson EK, Williamson R, Wainwright BJ (1987) A candidate for the cystic fibrosis locus isolated by selection for methylation-free islands. Nature 326:840-845
10. Koening M, Hoffmann EP, Bertelson CJ, Monaco AP, Feener C, Kunkel LMC (1987) Complete cloning of the Duchenne Muscular Dystrophy (DMD) cDNA and preliminary genomic organization of the DMD gene in normal and affected individuals. Cell 50:509-517

Diskussion

DRIESEL:
Herr Grzeschik, Sie diskutierten die Totalsequenzierung des menschlichen Genoms an und machten gleich schon einschränkende Bemerkungen. Wie sehen Sie das ganze Gebiet? Es wird ja sehr stark diskutiert, und wie wir von Herrn Henke hörten, kommt es jetzt auch vor den Nordrhein-Westfälischen Landtag. Wie sehen Sie da die Entwicklung und wo würden Sie meinen, sollten wir gezielter schauen?

GRZESCHIK:
Ich glaube, daß es keinen Sinn hat, das Genom einer Person von einem zum anderen Ende durchzusequenzieren, sondern es wird sicherlich nützlicher sein, wenn man versucht, nur die Regionen herauszufinden, die tatsächlich irgendeine Funktion haben. Man wird dabei so vorgehen müssen, daß die klinisch besonders interessanten Regionen zuerst sequenziert werden. Dies ist jedoch noch nicht erfolgt. Dann wird man versuchen, auch noch die anderen Gene zu finden, die seltene Erbkrankheiten bedingen, und auch die, bei denen keine Erkrankungen bekannt sind. Das sollte eigentlich genug sein.

GASSEN:
Falls Sie eine Hybridisierung durchführen unter wirklich stringenten Bedingungen, bis zu welchem Homologiegrad können Sie ursächlich schließen? Man könnte z.B. sagen: das ist besser als 98% homolog zu Ihrem unbekannten Gen X.

GRZESCHIK:
Das Problem in dieser Art haben wir eigentlich bei uns nicht, so daß ich Ihnen die Frage nicht sehr präzise beantworten kann. Wir müßten im Grunde auf Southern-Blots die Region erfassen, aus der die DNA-Sonde stammt und nicht irgendetwas anderes, das im gewissen Umfang homolog ist. Was wir üblicherweise einsetzen, sind Waschbedingungen bei 65° und 0,1 mol/l mit Detergens. Das ist die Standardbedingung, unter der wir arbeiten und die wir nur selten variieren.

GASSEN:
Das ist ein Problem, das mich immer beschäftigt. Wir kommen nicht dichter heran als – sagen wir – auf 98-99% Homologie, um das jetzt mal ganz optimal darzustellen. Das heißt, beim Gen, das 2.000 Nukleotidpaare hat, bin ich immer noch in 40 Nukleotiden unsicher. Das ist auch die Frage, bei der ich nach Hybridisierung jetzt begründen muß, daß ich die innere Unsicherheit auch durch noch so stringente Hybridisierungsbedingungen, Salzlösung, Temperatur und ähnliches nicht beseitigen kann, und daß diese letzte Unsicherheit noch immer die Grenze ist, wenn ich Punktmutationen suche.

GRZESCHIK:
Das ist richtig, aber es sind zwei unterschiedliche Punkte. Das eine ist die Diagnose, für die das, was Sie sagen, von Bedeutung ist. Bei der Genkartierung in Zell-Hybriden dürfen die Anforderungen an die Homologie sowieso nicht zu hoch sein, denn wir müssen ja in Zell-Hybriden DNA unterschiedlicher Personen erfassen. Wenn wir auf zu hohe Sequenzhomologie abzielten, dann würden wir möglicherweise nur bei einer Person tatsächlich ein Signal finden und bei allen anderen dann nicht. Dann wäre der ganze Ansatz fehlerhaft.

KNEDEL:
Ist es denn wirklich so? Wenn man hört was Sie sagen, und wenn man auf der anderen Seite von Geräten japanischer Hersteller hört, die seit 1986 verfügbar sind und 300.000 Basen am Tag sequenzieren: ist das sinnvoll – oder ein ganz anderes Arbeitsgebiet?

GRZESCHIK:
Nein, der andere Ansatz ist mir wichtig. Das kann vielleicht Herr Driesel am besten beantworten.

DRIESEL:
Herr Grzeschik hat klar dargelegt, daß es momentan nicht notwendig ist, die 3×10^9 Basenpaare des Genoms zu sequenzieren. Wir sollten uns primär auf die Bereiche kaprizieren, bei denen wir schon an Kandidatengene herangekommen sind. Hier würden DNA-Sequenzierungen schnell helfen, den zugrundeliegenden molekularen Defekt aufzuklären und somit die Grundlage für eine Kausaltherapie legen. Bei der Totalsequenzierung geht es primär in Richtung

Apparateentwicklung. Hier hinken die Deutschen sehr hinterher; wir werden auch im Rahmen der DECHEMA versuchen, hier einiges zu tun, vor allem auch die kleinen und mittelständischen Firmen ansprechen. Ein Treffen und Gedankenaustausch zwischen Gerätebauern, Genetikern und Informatikern scheint mir sinnvoll. Im internationalen Rahmen geht es darum, Gelder in Milliardenhöhe zu bekommen, um letztlich nicht nur das menschliche Genom, sondern auch andere Genome, z.B. die von Tieren und Pflanzen, zu analysieren.

GOEDDE:
Herr Grzeschik hat in seinem vorletzten Dia eine ganz wichtige Einschränkung gebracht: Prüfung des Kandidatengens im Hinblick auf genetische Heterogenität. Ich glaube, wenn wir dann endlich soweit sind, haben wir häufig ein spezifisches Gen gefunden, das aber nur für eine bestimmte Form einer angeborenen Krankheit spezifisch ist. Das heißt also, wenn wir das später in die Routine übertragen möchten, dann müßten wir sagen, wir brauchen häufig für eine angeborene Krankheit verschiedene solcher DNA-Sonden. Das ist ein Problem, das man schon vom klinischen Bild her sieht, das bei der späteren Beurteilung sehr bedeutsam werden kann. Was meinen Sie dazu?

GRZESCHIK:
Ihre Bedenken sind richtig. Das Problem ist, daß bei zahlreichen Kopplungsuntersuchungen Daten verschiedener Familien einfach gepoolt wurden. Man bekommt dann irgendwelche Aussagen über einen genetischen Abstand, die eben sehr falsch sein können. Im Grunde brauchte man einzelne große Familien; dann könnte man an einer Familie sagen, das gesuchte Gen liegt auf dem Chromosom 21 in einer bestimmten Richtung und einem bestimmten Abstand von einem Marker. In der nächsten Familie kann das Gen, das zu einer gleichartigen Krankheit führt, an ganz anderer Stelle liegen. Nur, wenn diese Familie jetzt nicht groß genug ist, wenn sie nur 2 oder 3 Nachkommen umfaßt, wird sie leicht mit anderen Daten vereinigt und wir bekommen dann sehr unpräzise Aussagen.

RECKMANN:
Bezüglich der Anwendung von Jumping- und Hopping-Libraries und deren Konstruktion ist man auch auf die Anwesenheit und auf die Verfügbarkeit von Restriktionsenzymen angewiesen, die sehr wenig spalten, die also eine lange Erkennungssequenz haben. Wie sehen Sie die Möglichkeiten, die neuen chemischen Methoden zur sequenzspezifischen DNA-Spaltung zu integrieren?

GRZESCHIK:
Mit ist aus der Literatur kein Ansatz bekannt, daß man mit solchen Verfahren irgendwo Libraries gemacht hat; vielleicht habe ich das übersehen. Weiß das hier irgend jemand?

GASSEN:
Ja, es gibt unterschiedliche Spaltungsmöglichkeiten. Diese chemischen Methoden haben aber die Schwäche, daß sie alle nur zu 90% selektiv sind. Im Grunde glaube ich, ist das, verglichen mit der Spezifität und der ständig erweiterten Palette der Restriktionsenzyme, ein Irrweg.
Darf ich vielleicht noch einen kurzen Kommentar abgeben zur Gesamtsequenzierung des Genoms? Herr Driesel, ich unterscheide mich

da etwas von Ihrer Meinung. Ich glaube, daß heute bei dem sehr schnellen Durchgriff der Methodik die Totalsequenzierung von zumindestens Chromosomen auf lange Sicht der einzige Weg sein wird, und auch der Weg, der solide Information verschafft, weil letzten Endes die exakte Information immer an der Sequenz hängt. Alles was Hybridisierung ist, "schwärzer oder weniger schwarz", bedarf der Interpretation des Betrachters und der Erfahrung. Die Sequenz ist berechenbar. Ich glaube schon, daß sequenziert werden muß, wenn man exprimierte Sequenzen hat. Dann muß man die weitere Nachbarschaft auch durchsequenzieren. Aber das Genom des Menschen enthält sicherlich einen großen Teil Sequenzen, die man im Augenblick, wenn man aufs Geld schauen muß, vielleicht erst einmal vergessen sollte.
Also: man soll schon sequenzieren, aber gezielt, indem man über die Funktion sich Regionen auswählt, die interessant sind.

DRIESEL:
Herr Gassen, ich glaube, wir sind nicht unterschiedlicher Auffassung. Nur, wenn uns bewußt wird, daß etwa 95% des menschlichen Genoms vielleicht "Junk" ist, das heißt, Sequenzen enhält, die sehr variabel sind, bekommen Sie keine klaren Marker. Wir müssen jetzt Präferenzen setzen, und von den genannten Prämissen ausgehend meine ich, daß eine Totalsequenzierung des menschlichen Genoms, und das war ja die Frage, momentan eigentlich noch etwas hinten ansteht. Natürlich, wenn wir nachher Vergleiche der Sequenzen verschiedener Genome haben, nicht nur des Menschen, wird das sehr interessante biologische Fragen klären können.

GUDER:
Im Mittelpunkt der klassischen Genetik standen ja die Gene, die Krankheiten verursachen. Wenn man jetzt von der reversen Genetik her Informationen primär aus dem Genom bekommt, kommen ja wahrscheinlich häufiger Gene zum Vorschein, die trotz Mutation bzw. Variation keine Krankheiten verursachen. Wie hoch ist der Prozentsatz der Variabilität, der klinisch – oder sagen wir mal – diagnostisch – irrelevant ist?

GRZESCHIK:
Wenn man sich die Zusammenstellung von McKusick anschaut, der ja mit genetischen Verfahren bisher ungefähr 4.000 "Entries" erfaßt, was immer sich dahinter verbergen mag, und wenn wir dies auf die Zahl beziehen, die Herr Driesel nannte, daß wir als Menschen vielleicht 50.000 Strukturgene besitzen, dann wären das grob gerechnet etwa 10% der Gene, die klinisch relevant und darüber erfaßbar sind.

SCHRECKENBACH:
Wäre es nicht ein sinnvoller Ansatz, statt blindlings das Genom zu sequenzieren, von einer gut konstruierten cDNA-Bank auszugehen, so daß man gewebsspezifisch exprimierte Proteine in die Hand bekommt und dabei aber dann gleich die Sequenzdaten hat?

GRZESCHIK:
Das ist durchaus ein Ansatz, den man versuchen kann, daß man sich alles herauspickt, was in der Leber oder im Hirn oder sonst irgendwo exprimiert wird. Das ist ein anderer Aspekt. Man muß aber trotzdem hinterher versuchen, die Nachbarschaft zu finden,

in der die Gene liegen. Man kommt also nicht umhin, in irgendeiner Form dann hinterher doch auf die Karte zu gehen.

WOLF:
Ich will eigentlich in die gleiche Kerbe schlagen. Wenn wir uns anschauen, was wir von der Gesamtsequenzierung eines Virusgenoms gelernt haben, dann haben wir gesehen, daß die Labors, die sich von vornherein darauf versteift haben, große Sequenzen zu bestimmen, eine verdientsvolle Aufgabe hatten. Die Rosinen aber haben sich letztendlich die Leute herausgepickt, die sich konkrete Genregionen angeschaut haben. Ein Weg dazu ist sicherlich, daß man sich die Rosinen über cDNA-Fragmente picken könnte. Letztlich geht es um die Verteilung der Ressourcen. Ich gehe davon aus, daß in Japan und USA eine Gesamtsequenz gemacht wird, und es hat meiner Ansicht nach keinen großen Wert, jetzt mit der gleichen Ambition konkurrieren zu wollen. Hier müßte man eben Rosinen picken.
Eine zweite Bemerkung: Wir wissen, daß zum Beispiel die Tatsache, daß ein Virus bei erhöhter Temperatur nicht wachsen kann, nicht wie man immer gedacht hat, auf einem einzigen Gen beruht. Bei Herpes-Viren zum Beispiel gibt es 8 verschiedene Gene, die dafür verantwortlich sind, und in jedem dieser Gene, wenn ich nun 100 Mutanten anschaue, liegt die Mutation an einer anderen Stelle. Deswegen habe ich Probleme zu glauben, daß mit einer einzigen DNA-Sonde eine genetische Erkrankung zu diagnostizieren sein sollte. Ich weiß nicht, wie optimistisch man da sein kann.

GRZESCHIK:
Ich bin auf die Diagnostik nicht eingegangen, weil ich annehme, daß Herr Olek und die nachfolgenden Kollegen das tun werden. Es ist sicher so, daß wir einzelne Erkrankungen kennen, bei denen die Mutation immer genau an einer definierten Stelle in der Sequenz liegt. Das ist aber die Ausnahme. Bei den meisten ist es tatsächlich so, daß irgendwo im Gen oder vor dem Gen ein Fehler liegen kann, und bei denen muß man im Grunde den indirekten Weg der Diagnose beschreiten, weil der direkte dann sehr mühsam wäre.

GASSEN:
Nur ganz kurz: Was wir heute als "Junk" bezeichnen, ist nichts anderes als DNA einer unbekannten Funktion. Zweitens ist doch das, was wir einmal als gesund und einmal als pathologisch bezeichnen, oft nur eine Sache der Menge, die produziert wird. Das heißt, es ist ganz besonders wichtig, die Direktmutation zu sehen im Sinne der Differenzierung, und hier geben uns auch gerade im flankierenden Bereich Strukturen Auskunft. Deshalb meine ich, es ist wichtig, diese Abschnitte mit zu sequenzieren.

SPRANGER:
Ich störe mich auch ein bißchen, Herr Driesel, an dem Begriff des "Junk". Wir wissen ja, daß gerade die flankierenden Regionen wie Introns Enhancerfunktionen oder Promotorfunktionen haben, daß es Mastergene gibt, daß es Homeoboxen gibt, die nicht in der bisher bekannten Weise fungieren. Ich bin da sehr skeptisch, daß man das als "Junk" bezeichnen könnte.

DRIESEL:
Herr Spranger, ich möchte nicht mißverstanden sein. Als Molekular-

biologe ist mir die Struktur, Funktion und Organisation eines Genes bekannt. Wenn wir davon ausgehen, daß wir etwa 50.000 Gene unterbringen müssen, verschiedener Größe, – wir wissen ja wie sie aussehen können, mit z.B. 50 Exons bei den Collagen-Genen – dann müssen wir in einer Überschlagsberechnung feststellen, daß wir daneben in einem großen Teil des Genoms (etwa 50%) DNA finden, die gar nicht wichtig ist für die Expression der Gene. Wir würden mit einer Sequenzierung auch dieser Bereiche, die sehr variabel gestaltet sein können, Schwierigkeiten bekommen, uns in den DNA-Sequenzen und auch Teilen der Chromosomen zurechtzufinden, wenn wir nicht zusätzliche Marker haben, z.B. selten schneidende Restriktionsenzyme.

SCHMIDT:
Können Sie sich vorstellen, daß man eine andere Dimension in Richtung funktioneller Regulationen und auch Kartierungen herausbekommen könnte, wenn man nicht nur die Nukleotidsequenz betrachten würde, sondern auch die Frage DNA-assoziierter Proteine miteinbeziehen würde?

GRZESCHIK:
In Richtung auf Kartierung wahrscheinlich nicht, aber zur funktionellen Analyse trägt dieser Ansatz auf jeden Fall bei.

Jede monogene Erbkrankheit hat eine eigene diagnostische Problematik

K. Olek

Direkte und indirekte DNA-Analysen

Alle, die wir vor vier oder fünf Jahren Anträge auf Förderung der gentechnologischen Diagnostik von Erbkrankheiten gestellt haben, brachten ein wesentliches Argument vor: Gleichgültig, ob es sich um eine Sichelzellanämie, eine Mukoviszidose oder eine Muskeldystrophie Typ Duchenne handelt, unabhängig auch davon, ob man eine präklinische Diagnose, einen Heterozygotentest oder eine Pränataldiagnose anfertigen will, die analytische Prozedur wird immer der Southern Blot sein. Es war ein überzeugendes Argument für alle diejenigen, die wissen, daß Vereinheitlichung und nach Möglichkeit Standardisierung der Labortechniken ein erhöhtes Maß an Sicherheit und Verläßlichkeit der Diagnose darstellt. Das gilt auch heute noch. Wenn man aber nun molekularbiologische Diagnostik betreibt an mehreren unterschiedlichen Erkrankungen, bemerkt man sehr bald, daß die Probleme nicht eigentlich Laborprobleme sind. Die angenehme Tatsache, daß man immer die Southern-Analytik anwenden kann, geht bald unter in einer Vielzahl von krankheitsspezifischen Fragen.

Kennt man von einer erblichen Erkrankung den krankmachenden Defekt auf der DNA-Ebene, kennt man also etwa die durch die Mutation ausgetauschten Basen, so ist der beste Weg, diese nachzuweisen, das Arbeiten mit sogenannten Oligonukleotiden: eine Variante des Southern Blots, in der die DNA-Sonde nicht ein irgendwie isoliertes und kloniertes Fragment des menschlichen Genoms darstellt, sondern ein zwischen 19 und 22 Nukleotide langes Bruchstück eines Gens. Die Hybridisierungs- und vor allem die Waschbedingungen sind derart präzise gewählt, daß die Sonde die zu ihr komplementäre Sequenz in dem zu untersuchenden menschlichen Genom nicht mehr als Hybridisierungspartner akzeptiert, wenn auch nur eine einzige Base durch Mutation nicht mehr der ursprünglichen entspricht [1].

Dies gestattet in der Regel den sauberen Nachweis des Gendefektes.

Kennt man den krankmachenden Defekt nicht, muß man auf eine Reihe von Hilfskonstruktionen zurückgreifen, die in vielerlei Beziehung viel mehr Aufwand bedeuten. Da diese indirekten Methoden den Umgang mit typisch humangenetischem Gedankengut fordern, möchte ich etwas näher auf sie eingehen.

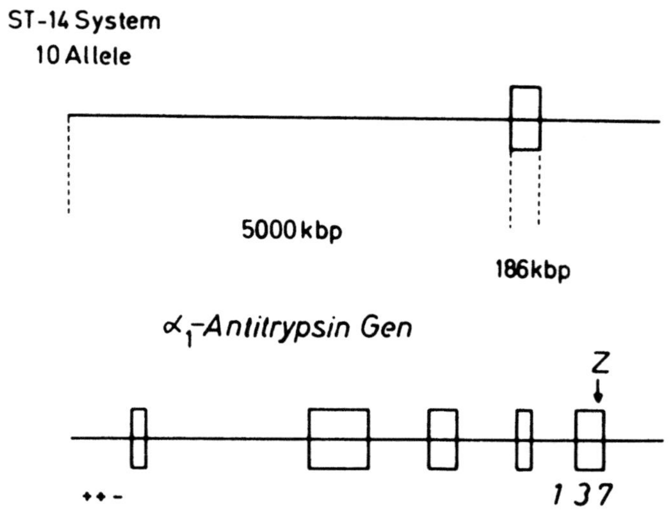

Abb. 1. Schematisierte Darstellung der diagnostischen Polymorphismen des Faktor VIII-Gens und des α_1-Antitrypsin-Gens. Beim Faktor VIII-Gen bezeichnet das Rechteck die Gesamtgröße des Gens. Im α_1-AT-Gen bezeichnen die Rechtecke die Protein codierenden Bereiche (Exons). Die Zahlen 1, 3, 7 bezeichnen die Allele von drei in dieser Position gefundenen Polymorphismen. An der mit ++- gekennzeichneten Stelle sind ebenfalls drei Polymorphismen gefunden worden

Beispiel 1: Hämophilie A

Beschäftigen wir uns mit dem Fall, bei dem wir nicht den Gendefekt, aber das Defektgen kennen: Zwei solcher genetischer Situationen sind in Abbildung 1 dargestellt.

Beim ersten Beispiel handelt es sich um die klassische Bluterkrankheit, die Hämophilie A. Man weiß hier, daß das Gen für den Faktor VIII defekt ist. Vor zwei Jahren hat man einen polymorphen Locus ungefähr 5.000 kbp von diesem Gen entfernt gefunden. Der Polymorphismus (St 14) hat 10 Allele, die Sequenz an dieser Stelle kann also in 10 unterschiedlichen Formen auftreten. Untersucht man die Bevölkerung, ganz unabhängig, ob hämophil oder gesund, kann man alle diese Formen beobachten. Man kann mit der Southern Blot-Technik nachweisen, daß die jeweiligen Allele von Generation zu Generation nach den Mendel'schen Regeln weitergegeben werden.

In Abbildung 2 ist ein Stammbaum gezeigt, in dem man bei einigen männlichen Familienmitgliedern klinisch und biochemisch Hämophilie nachweisen konnte und in dem man diesen polymorphen Locus (St 14) untersucht hat. An diesem Beispiel möchte ich Ihnen den diagnostischen Nutzen dieser polymorphen Marker deutlich machen. Person 4 will wissen, ob sie Überträgerin für den Hämophilie-A-Defekt ist, ob also, statistisch gesehen, 50% ihrer männlichen Nachkommen krank sind oder nicht. Fest steht: Person 1 und Person 2 sind krank, Person 7 ist Überträgerin. Die Kranken haben das Allel 7 von unserem Markerlocus. Wir können nun mit sehr hoher Sicherheit für diese Familie behaupten: Das Allel 7 ist mit dem Defekt verknüpft. Jede Person, die dieses Allel hat, ist

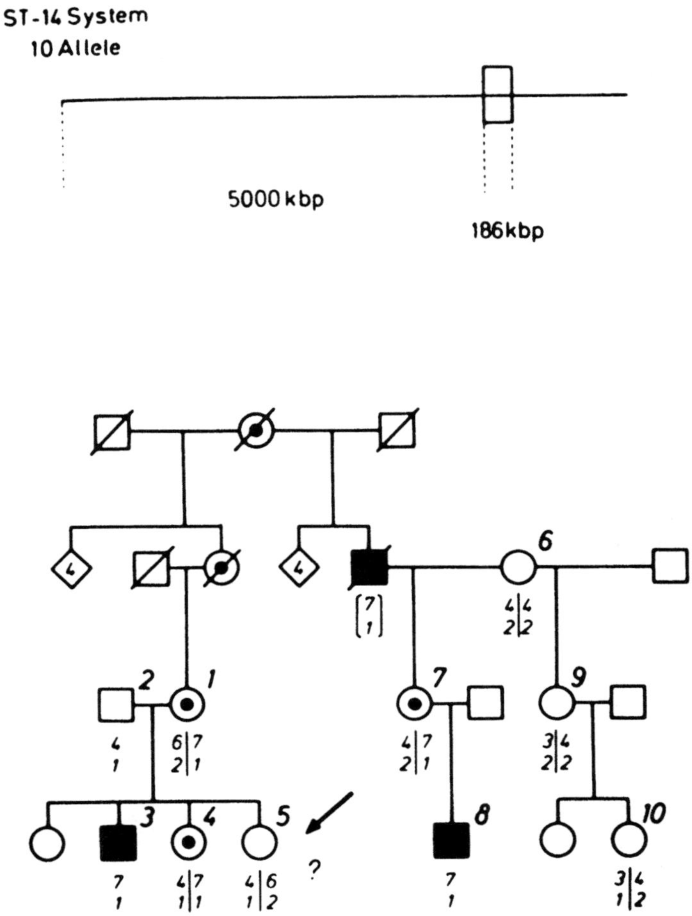

Abb. 2. Stammbaum einer Familie mit mehreren Hämophilie A-Kranken. ■ : Hämophilie A-Patient; ⊙: Überträgerin für die Erkrankung. □, O: gesunde Personen. Mit dem Pfeil ist die ursprünglich Ratsuchende bezeichnet. Rechts über diesen Zeichen ist die Personennummer angegeben. Unter den Symbolen finden sich die Genotypen, also die Gesamtheit der analysierten DNA-Marker. Untereinander stehen die mit Zahlen 1 - 10 bezeichneten Allele jeweils eines Chromosoms (Haplotypen), die erste Ziffer von oben zeigt das Allel des extragenen St 14-Locus (symbolisch über dem Stammbaum dargestellt)

entweder Überträgerin oder – wenn es sich um einen Mann handelt – krank. Person 4 könnte auch in utero diagnostiziert werden. Man könnte also auch eine Pränataldiagnose durchführen.

Wie Sie sehen, muß für solch eine Prozedur die Familie und nicht nur der Proband zur Verfügung stehen. Der hauptsächliche Fehler der Methode liegt in der Rekombinationshäufigkeit. Das ist die Zahl, die angibt, wie oft in der Meiose ein bestimmtes Markerallel gegen ein anderes ausgetauscht wird. Die Zahl ist im vorliegenden Beispiel rund 5%. Die Rekombinationshäufigkeit hängt ihrerseits fast ausschließlich von dem Abstand zwischen Marker-

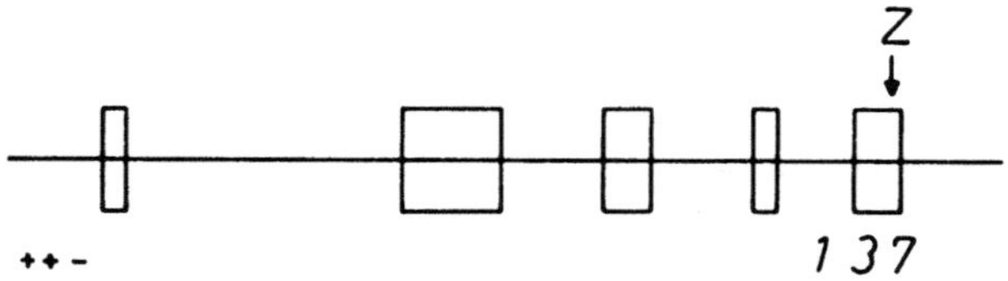

Abb. 3. Schematisierte Darstellung des α_1-AT-Gens. Bedeutung der Symbole wie in Abb. 1

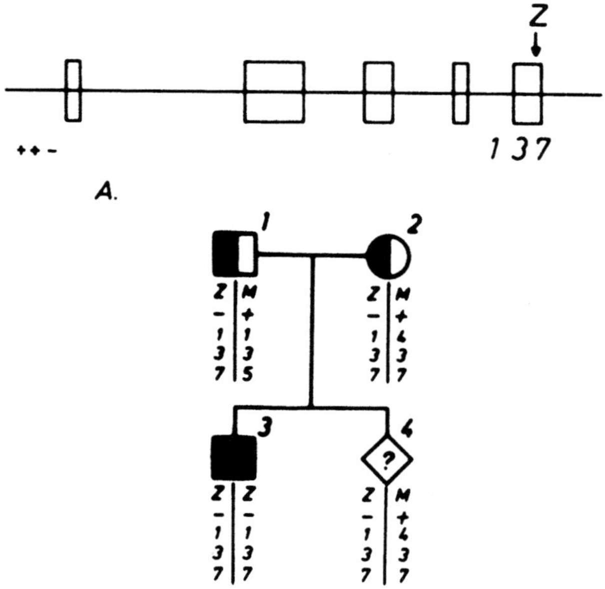

Abb. 4. Stammbaum einer Familie mit einem homozygot Betroffenen der Z-Mutation des α_1-Antitrypsin-Gens. ■: homozygot ZZ. ◧: heterozygot ZM (M entspricht dem Normalgen). ◇?: Fötus, bei dem geklärt werden soll, ob ebenfalls ZZ vorliegt. Über den Personensymbolen ist die Nummer der Person angegeben; unter ihnen steht der ermittelte Genotyp. Untereinander steht jeweils ein Haplotyp (1 Chromosom). Von oben nach unten α_1-AT-Phänotyp Z u. M, ein Marker von Anfang des Gens im Schema des Gens links stehend mit (-) angegeben, nacheinander die drei Marker, im Schema rechts (1,3,7)

locus (hier St 14, Abb. 1,2) und Defektgenlocus ab. Folgerichtig sind die besten indirekten Analysen diejenigen, bei denen die Marker ganz nah beim betroffenen Gen liegen oder sogar im Gen selbst.

Beispiel 2: α_1-Antitrypsin-Defizienz

Das α_1-Antitrypsin-Gen ist in Abbildung 3 dargestellt. Es gilt das gleiche Prinzip; der Betroffene (es handelt sich um eine Pränataldiagnose) hat in Bezug auf die Marker einen bestimmten Genotyp (Abb. 4). Hier muß man beide Chromosomen betrachten, denn es

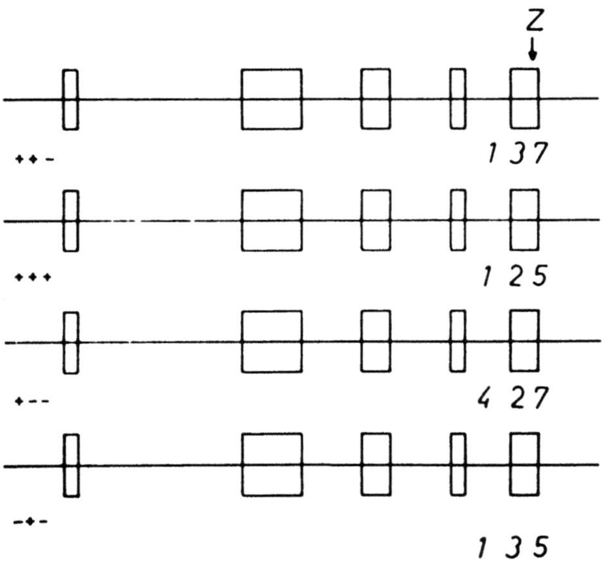

Abb. 5. Schematische Zeichnung von 4 α_1-Antitrypsin-Genen, alle mit unterschiedlichem Markerhaplotyp. Letztere sind wieder dargestellt durch (+) und (-) Zeichen am linken Ende und durch jeweils drei Ziffern am rechten Ende des Gens. Oberhalb des ersten Gensymbols ist die zur α_1-AT-Defizienz führende Mutation mit Z bezeichnet

handelt sich um eine autosomale Erkrankung. Dieser bestimmte Genotyp müßte sich beim Föten wiederholen, wenn es sich um einen homozygot Betroffenen handelt. Die Sicherheit der so gewonnenen Aussage ist wesentlich größer als in dem vorher beschriebenen System, denn Rekombinationen sind fast auszuschließen aufgrund der Lage der Marker innerhalb des Gens.

Man hat in Kanada vor einiger Zeit Familien, in denen jeweils ein Mitglied homozygot für die Z-Mutation des α_1-Antitrypsin-Mangels ist, an diesen Markerloci untersucht [2]. Es zeigte sich, daß alle Chromosomen, die diese Z-Mutation trugen, genau die in Abb. 4 angegebene Allelenkombination ++- 137 trugen. Umgekehrt fand man diesen Haplotyp bisher nie auf einem Normalchromosom, also vom α_1-AT Typ M.

Wenn sich diese Befunde bestätigen lassen, vor allem auch für unsere Bevölkerung, heißt das: Jede Person, die den Haplotyp ++- 137 hat, hat auch die Z-Mutation auf dem entsprechenden Chromosom. Diese Erscheinung, daß die Allele der Markerloci nicht wie in der Normalbevölkerung verteilt sind, sondern daß nur jeweils eines von ihnen mit dem Defekt zusammen vorkommt, nennt man Kopplungsgleichgewicht. In Abbildung 5 ist erklärt, wie es dazu kommen kann.

Die Gesamtheit der beobachteten Allele auf einem Chromosom nennt man also Haplotyp. Betrachtet man mehrere Genloci, so gibt es natürlich viele Kombinationsmöglichkeiten der Allele und damit viele Haplotypen. Diese kann man auch normalerweise in der Bevölkerung beobachten. In Abb. 5 sind einige der Haplotypen der α_1-AT-Polymorphismen skizziert. Irgendwann im Laufe der Evolution ist offenbar bei diesem Haplotyp ++- 137 die α_1-AT-Mutation Typ Z passiert. Dieses Chromosom ist repliziert worden und findet sich so heute noch mit diesem Marker-Haplotyp.

Zu einer abnormen Anhäufung solcher durch einen bestimmten Defekt betroffenen Chromosomen kann es offenbar durch einen sogenannten Heterozygotenvorteil kommen. Nachgewiesen und gut verstanden ist dieser Mechanismus bei der Sichelzellanämie.

Lösungsvorschlag für die DNA-Diagnostik

Im Folgenden soll nun die Diagnostik des α_1-Antitrypsin-Mangels bzw. dessen Pränataldiagnose eingehender besprochen werden. Das Beispiel wurde deswegen gewählt, weil hier alle diskutierten Methoden angewendet werden können; ich bin sogar der Meinung, daß sie alle simultan angewendet werden müssen.

Im Gen des α_1-Antitrypsin (α_1-AT) hat man rund 40 verschiedene Mutationen gefunden; hier soll nur von der Z-Mutation die Rede sein, weil sie so folgenschwer sein kann, und weil ihre Frequenz mit 1 : 2.000 für homozygot Betroffene so außerordentlich hoch ist. 2% der Homozygoten bekommen schon in der Kindheit eine Leberzirrhose, etwas umstritten ist der Prozentsatz derjenigen, die an dem anderen Leitsymptom erkranken, nämlich dem Lungenemphysem. Klar ist, daß die Belastung der Atemwege durch Rauchen u.ä. bei seiner Auslösung eine große Rolle spielt. Genetischen Rat im Hinblick auf eine eventuelle Pränataldiagnose suchen fast ausschließlich Familien mit der Lebersymptomatik.

Man weiß nun, daß ein homozygot Betroffener, der einen Homozygoten mit Lebersymptomatik in seiner Geschwisterschaft hat, ein ca. 40%iges Risiko trägt, ebenfalls eine Zirrhose zu bekommen [3].

Dieses hohe Risiko ist offenbar vielen genetischen Beratern unbekannt. Ich möchte aber nicht die Indikation für einen Abort erörtern, sondern einen Fall vorstellen, wie er kürzlich zur analytischen Bearbeitung an uns herangetragen worden ist: Diese Familie hatte schon ein Kind vom Genotyp ZZ mit dem Leberleiden, die Mutter war wieder schwanger. Einer sehr behutsamen Zurückhaltung der genetischen Berater in Bezug auf eine Pränataldiagnose stand ein außerordentlich klarer und harter Standpunkt der Familie gegenüber: Ohne die Pränataldiagnose nämlich wollten die Eheleute auf jeden Fall den Abort vornehmen lassen.

Zwei DNA-Analysenmethoden sollten mit dem zur Verfügung gestellten Chorionzotten-Material durchführbar sein:

1. Der direkte Mutationsnachweis mit Oligonukleotid-Sonden,
2. der Nachweis des erwähnten Kopplungsungleichgewichtes.

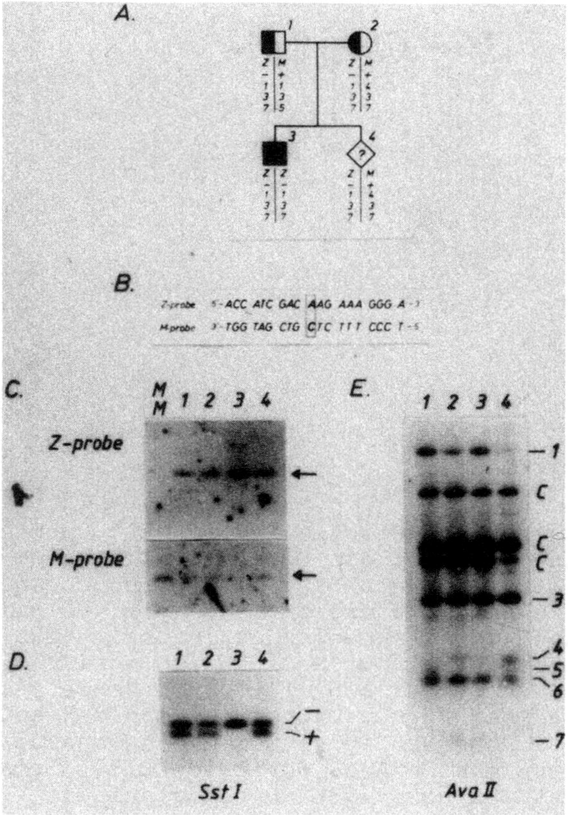

Abb. 6A-E. A zeigt noch einmal den Stammbaum der Familie mit den ermittelten Genotypen (Bedeutung der Symbole ist wie in Abb. 4). B zeigt das Oligonukleotid, das mit der normalen Sequenz hybridisiert (M probe) und das mit der Z-Sequenz reagierende (Z probe) C. Hybridisierungsexperiment mit Z bzw. M probe. Quer über dem Autoradiogramm stehen die Personennummern, entsprechend Abb. 6A. M ist die DNA eines homozygot Normalen als Kontrolle. D Autoradiogramm, auf dem die Hybridisierung eines α_1-AT-Genfragmentes mit Sst I verdauter genomischer DNA gezeigt ist. Rechts vom Autoradiogramm sind die beiden Allele (+) und (-) markiert. E Hybridisierung eines α_1-AT-Genfragmentes mit Ava II verdauter genomischer DNA. Die unterschiedlichen Allele sind mit den rechts neben den Autoradiogrammen stehenden Zahlen bezeichnet. C bezeichnet Banden, die bei jeder Person auftreten. Die entsprechenden Allele finden sich in den Gen-Zeichnungen von Abb. 4 und 5 rechts unten

Leider ist das Arbeiten mit diesen Oligonukleotiden ziemlich problematisch. Es führt gelegentlich zu schwer interpretierbaren Ergebnissen. Die Analyse des Kopplungsgleichgewichtes war für uns zum damaligen Zeitpunkt ebenfalls eine unsichere Angelegenheit, weil zu dieser Fragestellung für unsere Bevölkerung keine Daten existierten. Hinzu kam, daß die Polymorphismen, die verwendet werden, schlecht beschrieben und sehr schwer nachweisbar sind: Von 2 Allelsystemen kennt man nicht die genaue Lage am Gen, andere ergeben nur relativ schwache Signale im Autoradiogramm.

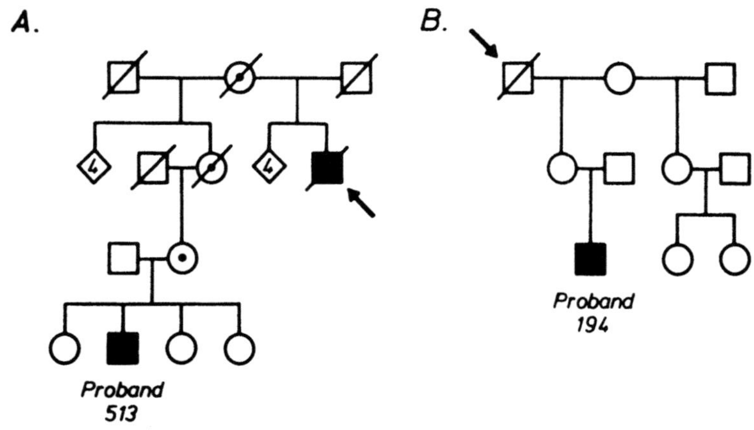

Abb. 7A,B. A zeigt eine Familie mit zwei Betroffenen; B eine mit einem Betroffenen. Die Symbolik entspricht der von Abb. 2

Trotz der schlechten Voraussetzungen entschlossen wir uns, beide Methoden anzuwenden. Abbildung 6B zeigt die Sequenzen der beiden verwendeten Oligonukleotide, 6C die Ergebnisse der entsprechenden Hybridisierung. Es ist zu erkennen, daß die Z-Sonde (Abb. 6A) mit der Kontrolle (in der Abbildung mit MM bezeichnet) nicht hybridisiert, wohl aber die M-Sonde. Die DNA vom Index-Patienten (3) reagiert dagegen mit der Z-Sonde, nicht aber mit der M-Sonde. Für die Heterozygoten (1,2 und den Fötus) beobachtet man den entsprechenden Dosiseffekt. Ein schönes Beispiel für die Anwendung eines gekoppelten Markers sieht man in Abb. 6D: Beide Eltern sind heterozygot, der Index-Patient ist homozygot in Bezug auf das eine Fragment und der zu untersuchende Fötus ist heterozygot. Danach ist er sicher nicht von der Krankheit betroffen. Abb. 6E zeigt den Polymorphismus, von dem eine bestimmte Allelenkombination ausschließlich mit dem Defekt zusammen auftritt.

Auch in unserem Beispiel ist tatsächlich der Haplotyp 1,3,7 assoziiert mit dem mutierten Chromosom. Aber man erkennt auch die schwierigen Intensitätsverhältnisse der einzelnen Banden, die die Interpretation der Autoradiogramme problematisch macht. Man sollte sich bei der Diagnose des α_1-AT-Defekts nicht allein auf diesen Genlocus stützen.

Völlig andere Verhältnisse findet man bei der x-chromosomal vererbten Hämophilie A vor. In fast allen Populationen der Erde ist ihre Inzidenz 1 auf 10.000 männliche Geburten. Es ist die häufigste Störung der Blutgerinnung. Es handelt sich um einen Defekt oder die Abwesenheit von Faktor VIII. Weitaus die Mehrzahl der Betroffenen leidet unter der schweren Form der Erkrankung, in der weniger als 1% Faktor VIII-Aktivität und kein oder nur sehr wenig Faktor VIII-Protein nachzuweisen ist. Fast alle Familien wünschen sich einen Überträgerinnen-Test, für den für die Pränataldiagnose gekoppelte Polymorphismen zur Verfügung stehen. Die meisten Betroffenen erfüllen die genetischen Voraussetzungen für diese Methodik.

Untersuchen wir die Stammbäume der bei uns ratsuchenden Familien, könnten wir bei über 50% annehmen, daß es sich gar nicht um ein genetisches Problem handelt (Abb. 7B). Diese Familien haben nämlich nur einen Betroffenen. Dieser Befund erklärt sich durch die außerordentlich hohe Neumutationsrate bei Hämophilie A. Die Hämophilie A-Mutation ist in diesen Fällen nicht unerkannt von den Vorfahren ererbt worden, sondern ist z.B. in einer Keimzelle der Mutter des Kranken entstanden. Damit hätten Geschwister des Kranken oder weiter entfernte Verwandte kein größeres Risiko als die Normalbevölkerung für das Tragen des Hämophilie A-Defektes. Der Defekt kann sich aber auch tatsächlich über mehrere Generationen hin verborgen haben, oder die interviewten Verwandten wußten die Diagnose eines ihrer Vorfahren nicht. In Abbildung 7 zeige ich Ihnen solch einen Fall: Für uns gab es molekularbiologische Hinweise darauf, daß diese beiden Familien verwandt sind. Erst nach mehreren Gesprächen konnten wir aber diesen Verdacht bestätigen. Die Person, die die beiden Familien miteinander verknüpfte, war als Hämophiler nur der einen Familie bekannt. In Wirklichkeit sah schließlich die Situation wie in Abb. 2 gezeigt aus.

Leider haben wir in solchen Fällen keine Methode zur Verfügung, mit der man wirklich schlüssig entscheiden kann, ob eine De Novo-Mutation vorliegt oder nicht.

Würden sich unsere Kenntnisse auf den in Abb. 7B gezeigten Stand beschränken, könnten wir auch in diesem Fall nicht entscheiden, ob eine Neumutation vorliegt oder nicht. Auf der anderen Seite ist die Aussage, daß Person 3 keine Überträgerin ist (s. Abb. 2), mit sehr hoher Wahrscheinlichkeit richtig, da diese Frau nicht das die Krankheit begleitende Allel trägt. Dagegen könnte man bei Kenntnis nur dieses einen Hämophilen in der Familie die Person 7 nicht als Überträgerin bezeichnen, obwohl sie das Allel hat. Denn wenn die Mutation bei Person 3 in nur einer Keimzelle entstanden ist, ist das Risiko nicht größer als normal. Im Mittel kann man also mit gekoppelten Markern bei nur 50% der Beratungen von 1-Fall-Familien eine sinnvolle Aussage machen. Bei den übrigen muß man wieder auf die konventionelle Analytik zurückgreifen. Allerdings stehen inzwischen einige diagnostisch taugliche Polymorphismen zur Verfügung, die im Faktor VIII-Gen selbst lokalisiert sind. Dabei spielt der Rekombinationsfehler keine Rolle mehr.

Bei etwa 7% der Untersuchungen kann man die krankmachende Mutation sofort bei der Southern-Analyse der Patienten-DNA erkennen. Es handelt sich zum Teil um sehr große Deletionen des Faktor VIII-Gens oder um Punktmutationen, die die Erkennungssequenz des verwendeten Restriktionsenzyms eleminieren. Das molekularbiologische Studium der Deletionen zeigt, daß es bezüglich der Orte der Mutationen im Gen keinerlei Präferenz gibt; es gibt also keine Deletions-"Hot-Spots" wie etwa bei der Muskeldystrophie Typ Duchenne. Deswegen kann man mit Hilfe der Restriktionsanalyse auch nicht auf bestimmte Bereiche des Faktor VIII-Gens zielen, um so etwa mit höherer Ausbeute direkt die Mutationen nachweisen zu können.

So könnte man die molekularbiologische Diagnostik von zahlreichen anderen Erbkrankheiten diskutieren – immer wieder stünde die gleiche, relativ einfache analytische Technik im Mittelpunkt der Analytik, während die eigentlich schwierigen diagnostischen Probleme für jede einzelne Krankheit spezifisch wären.

Literatur

1. Kidd VJ, Wallace RB, Itakura K, Woo SLC (1983) α_1-Antitrypsin deficiency detection by direct analysis of the mutation in the gene. Nature 304, 21: 230-234
2. Wilson DW, Woo SLC, Mansfield T (1985) DNA restriction fragments associated with α_1-antitrypsin indicate a single original for deficiency allele PIZ. Nature 316, 4:79-81
3. Cox DW, Mansfield T (1987) Prenatal diagnosis of α_1-antitrypsin deficiency and estimates of fetal risk for disease. J Med Gen 24:52-59

Diskussion

GOEDDE:
Beim α_1-Antitrypsin kennt man rund 40 Varianten. Wir wissen, daß einige dieser Mutationen Krankheitswert haben und andere nicht. Sie haben hier von der Z-Mutation gesprochen, doch hat z.B. auch das Allel S einen gewissen Krankheitswert. Auch einige Heterozygoten, wie z.B. ZS, haben vergleichsweise hohe Risiken. Es wäre also sicher sinnvoll, wenn wir nicht nur Sonden für Z, sondern auch für S hätten. Würde nicht die auf diese Art und Weise betriebene Diagnostik beim α_1-Antitrypsin-Mangel schließlich außerordentlich umfangreich werden?

OLEK:
Sicher. Fast alles, was ich eben gesagt habe, gilt nur für die Z-Mutation. Ich habe diese gewählt, weil sie den höchsten Krankheitswert hat. Auch diese allelische Assoziation von 1,3,7 ++- ist nur für die Z-Variante gefunden worden.

HENKE:
Es gibt ja auch noch andere Z-Typen. Werden diese mit dem von Ihnen dargestellten Verfahren auch erkannt?

OLEK:
Nein.

GOEDDE:
Ich wollte noch einmal auf die Frage zu sprechen kommen, ob diese Methode realisierbar ist, wenn es sich um die Diagnose aller pathogenen Mutationen handeln soll?

OLEK:
Wir sind bei unseren Bemühungen von vornherein davon ausgegangen, daß nur die Z-Mutation im homozygoten Zustand in bestimmten Familiensituationen eine Pränatal-Diagnose rechtfertigt. Auf der

anderen Seite ist im Prinzip für alle identifizierten Punktmutationen im α_1-Antitrypsin-Gen die Konstruktion entsprechender Oligo-Nukleotide möglich. Und damit auch die hier geschilderte direkte Diagnostik.

GOEDDE:
Es bleibt also dabei: Bei einer betroffenen Familie muß man zunächst einmal mit den üblichen Methoden genau untersuchen, um welche der Mutationen es sich handelt.

SPRANGER:
Gilt die von Ihnen geschilderte Haplotypen-Assoziation mit Z auch für die Bundesrepublik?

OLEK:
Das wissen wir noch nicht. Wir prüfen das augenblicklich bei 40 Familien nach. Wir haben allerdings in diesem einen hier geschilderten Fall tatsächlich auch zusammen mit der Z-Mutation den von den kanadischen Kollegen geschilderten Haplotyp gefunden.

GRIMM:
Also gibt es hier einen ganz enormen Gründer-Effekt (Founder Effect)?

OLEK:
Das kann ich nicht beantworten. Die in Kanada erhobenen Befunde stammen möglicherweise aus einer ethnisch nicht einheitlichen Bevölkerungsgruppe.

PAAR:
Eine Frage zur Hämophilie A-Diagnostik: Wie verhalten Sie sich bei Diskrepanzen zwischen der konventionellen und der molekularbiologischen Diagnostik?

OLEK:
Bei den bisher von uns untersuchten 80 Familien haben wir bisher keinen echten Widerspruch gefunden. Wenn aber einer auftritt, werden wir uns vermutlich an die Aussage halten, die wir mit den vier unterschiedlichen, routinemäßig von uns angewendeten DNA-Markern gewonnen haben.

LANG:
Darf ich die Aussage von Herrn Goedde noch weiter im Sinne dieses Symposiums zuspitzen? Es muß also, wenn verschiedene Mutationen für einunddasselbe Krankheitsbild verantwortlich sein können, immer erst einmal, bevor eine Routineanalytik möglich wird, definiert werden, welche dieser Allele Krankheitswert haben. Und es muß zweitens klargestellt werden, welche der zur Verfügung stehenden DNA-Sonden tatsächlich die optimalen sind.

GIBITZ:
Zum α_1-Antitrypsin: In Tirol gibt es Gegenden, in denen die kindliche Leberzirrhose endemisch auftritt. Von der Stoffwechselseite sind diese Fälle schon vor vielen Jahren untersucht worden. Es handelt sich bei diesen Gegenden um alte Bergaugebiete – könnte auch dabei der α_1-Antitrypsin-Mangel eine Rolle spielen?

OLEK:
Ich könnte mir vorstellen, daß die kindliche Leberzirrhose noch einige andere Ursachen haben kann, die Frage gebe ich aber lieber an einen Pädiater weiter.

SCHMIDT:
Der Genotyp ZZ disponiert zu einer neonatalen Hepatitis. Aber es gibt sicher auch andere Faktoren, die nichts mit ZZ zu tun haben.

GRZESCHIK:
Noch ein Kommentar zu Herrn Sprangers Frage: Es ist – wie wir von der Cystischen Fibrose (CF) wissen – nicht so ungewöhnlich, daß eine Mutation, die beispielsweise vor 20.000 Jahren erfolgt ist und in einen bestimmten Marker-Haplotyp eingebettet ist, sich so ausgebreitet hat, daß die meisten CF-Betroffenen die gleiche Mutation und eben den gleichen Haplotyp haben.

RECKMANN:
Sie haben Schwierigkeiten bei der Anwendbarkeit der Oligo-Nukleotid-Methode zur Detektion von Punktmutationen gezeigt. Wie steht es mit den Methoden, die gestatten sollen, ohne vorhergehende Information eine beliebige Punktmutation bei einem Patienten zu identifizieren und zu diagnostizieren? Solche Prozeduren sind in der Literatur schon beschrieben worden.

OLEK:
Nach diesen Publikationen habe ich davon nichts mehr gehört. Ich weiß allerdings bezüglich der von Richard Meyers beschriebenen Methode: Sie ist angewendet worden von Jane Gitschier bei 30 Hämophilie A-Patienten, und es konnte keine einzige Mutation gefunden werden. Aber diese Methode funktioniert im Prinzip sicher und stellt eine gute Chance dar.

Genetische Individualität

A.J. Driesel

Wenn ich heute über genetische Individualität vor Ihnen spreche, bin ich mir klar darüber, daß diese theoretisch bereits durch das Mendel'sche Gesetz der freien Rekombination der Erbanlagen mit 2^{23} = 8.388.608 (bei 2 Personen 7.04×10^{13}) Möglichkeiten gegeben ist. Methoden der Serogenetik und Biochemie sowie der Molekulargenetik lassen die Individualität schlüssig belegen. Nach den Erbregeln sind nur die eineiigen Zwillinge identisch. Ob sich dies mit den modernen Methoden der Gentechnik auch so bestätigen läßt, bleibt, wie Sie meinen weiteren Ausführungen selbst entnehmen mögen, zunächst noch im Verborgenen.

Serologisch-biochemische Untersuchungen

Bislang wurden zum Nachweis der genetischen Individualität serologisch-biochemische Methoden eingesetzt. In Tabelle 1 sind die gängigen Polymorphismen des menschlichen Blutes dargestellt und die chromosomale Zuordnung ihrer Genorte angegeben. Ein sehr polymorophes System, das erfolgreich zur Individualitätsbestimmung eingesetzt wird, ist das HLA-System, das auf dem kurzen Arm des Chromosoms Nr. 6 lokalisiert ist.

Die durchschnittlichen Ausschlußchancen tatsächlicher Nichtväter in einem Paternitätsgutachen können durch diese Methode wie folgt angegeben werden:

Isoenzympolymorphismen	86%
Isoproteinpolymorphismen	91%
HLA-System	98%
alle drei Systeme	99,95%

Dies besagt, daß bei Untersuchung von 10.000 tatsächlichen Nichtvätern 9995 Männer serogenetisch von der Vaterschaft ausgeschlossen werden könnten.

Werden 33 serologisch-biochemische Marker sowie das HLA-System eingesetzt, läßt sich die Wahrscheinlichkeit für Eineiigkeit P (EZ) folgendermaßen bestimmen:

1. Zwei Geschwister wurden mit diesen Systemen typisiert, Familienangehörige standen *nicht* zur Verfügung. Aufgrund der phänotypischen Übereinstimmungen in allen Systemen läßt sich die Wahrscheinlichkeit P (EZ) mit 19.760.055 : 1 angeben.

Tabelle 1. Zuordnung von Protein-Polymorphismen zu den Chromosomen des Mensch

Polymorphe Marker		Chromosomale Zuordnung		Polymorphe Marker	
PGD	Phosphoglukonat-Dehydrogenase	1p	36.2-36.13	Gt	Galaktose-1-
Rh	Rhesus-Blutgruppe		36.2-34	ABO	ABO-Blutgrup
FUCA1	Alpha-L-Fucosidase		34	AK1	Adenylatkina
UMPK	Uridin-5-mono-P-Kinase		32	ORM	Orosomucoid
PGM1	Phosphoglucomutase 1		22.1	ALAD	Delta Aminol
AMY2	Pankreas-Amylase		21		
Fy	Duffy-Blutgruppe		21 -q23	ESD	Esterase D
AT3	Antithrombin III	q	23 -25		
F13B	Gerinnungsfaktor XIIIB	q		PI	Alpha-1-Anti
				IGH	Gm-Gammaglob
ACP1	Saure Eryhtrozytenphosphatase	2p	25		
IGK	Inv-Gammaglobulinmarker		12	PGP	Phosphoglyko
Jk	Kidd-Blutgruppe			GOT2	Glutamat-Oxa mitochondria
TF	Transferrin	3q	21-26.1	HP	Haptoglobin
AHSG	Alpha 2-HS-Glykoprotein	q			
				PEPA	Peptidase A
GC	Gruppenspezifische Komponente	4q	12-13		
MN/Ss	MN/Ss-Blutgruppen		28-31	C3	3. Komplemen
ME	Malic Enzym, mitochondrial	6p		AHCY	S-Adenylhomo
F13A	Gerinnungsfaktor XIIIA		ter-23	ADA	Adenosin-Dea
HLA	MHC-Antigene Klasse I		21.3		
Bf	Properdinfaktor B		21-31	ACO2	Aconitase, m
GLO1	Glyoxalase 1		21-31-21.1		
PGM3	Phosphoglucomutase 3	q	12	GPT	Glutamat-Pyr
PLG	Plasminogen		25-ter		

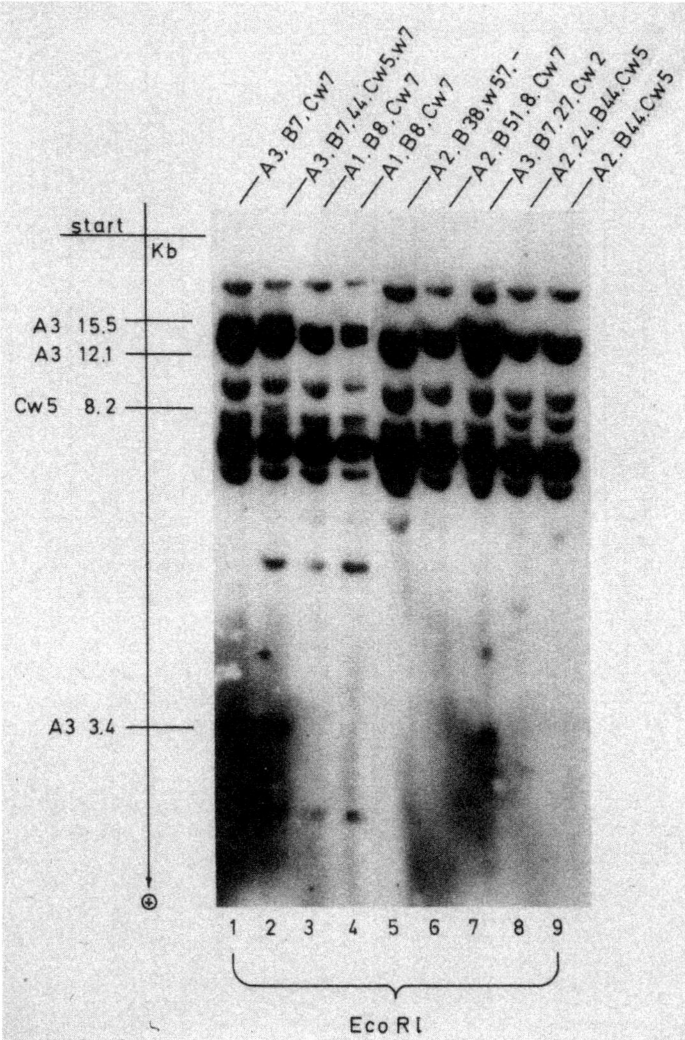

Abb. 1. Autoradiographisches Muster nach Eco R I-Spaltung von Genom-DNA nicht verwandter Personen und Southern-Blot-Hybridisierung mit der DNA-Sonde pHLA 12.4. Das DNA-Muster läßt nach kurzer gelelektrophoretischer Auftrennung die drei möglichen HLA-A3 assoziierten Fragmente von 15,5 Kb, 12,1 Kb und 3,4 Kb erkennen. Der Gendosiseffekt von HLA-Cw5 in einem 8,2 Kb DNA-Fragment ist dargestellt in den Bahnen 2, 8 und 9. Es ist jeweils ein positives und negatives Ergebnis für diese HLA-Typen angegeben (Driesel et al. 1985)

2. Zwei Geschwister *mit* Familienangehörigen werden typisiert. Hier läßt sich die Wahrscheinlichkeit P (EZ) mit 13.422.000 : 1 errechnen.

Betrachten wir zwei unverwandte Personen, die mit den häufigsten Polymorphismen typisiert wurden (6 Blutgruppensysteme, 16 Enzympolymorphismen, 8 Serum-Protein-Polymorphismen), so läßt sich

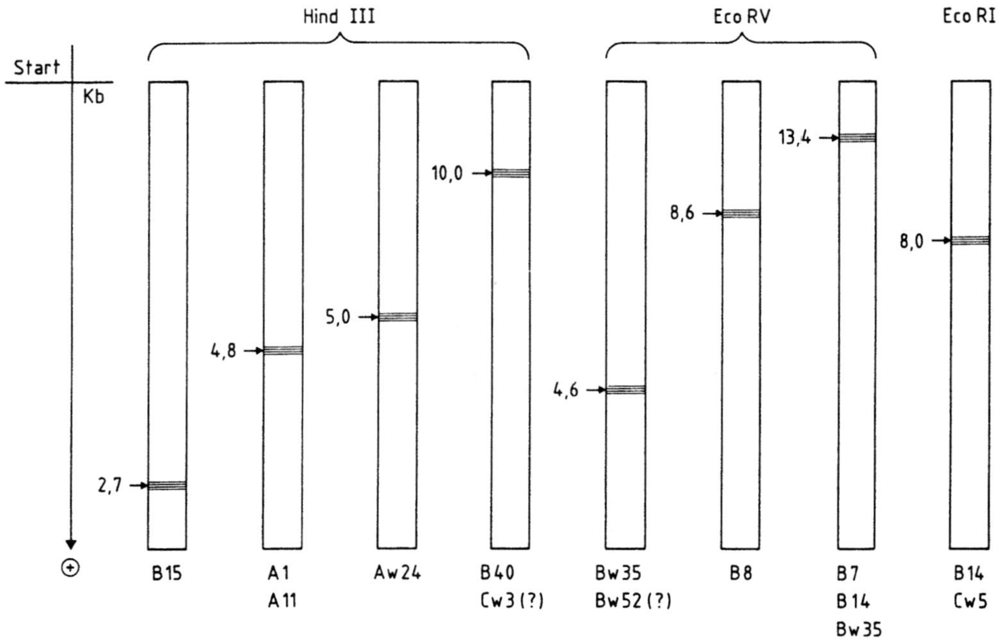

Abb. 2. Graphische Darstellung der DNA/DNA-Hybridisierungsbanden nach Spaltung genomischer DNA mit den Restriktionsenzymen Hind III, Eco R V und Eco R I. Die erzielten DNA-Fragmente sind in Kilobasenpaare (Kb) angegeben; die mit diesen Banden assoziierten serologischen HLA-Typen sind vermerkt

die Wahrscheinlichkeit, daß diese beiden in den häufigsten Phänotypen zufällig übereinstimmen, mit 1 : 514,75 Trillionen angeben (Kömpf, persönliche Mitteilung).

DNA-Analysen

Mit der Isolation erster Genbereiche aus dem HLA-System konnten serologisch definierte Phänotypen erstmals mit DNA-Polymorphismen korreliert werden. Eine solche primär akademische Studie wurde von meiner Arbeitsgruppe im Jahre 1985 publiziert und ist in Abb. 1 exemplarisch dargestellt. Mit diesen Verfahren war es nicht nur möglich, Homo- und Heterozygote durch die gewählte Methode in Form von autoradiographischen Hybridisierungsbanden nachzuweisen, sondern auch gewisse Muster von Restriktionsfragmentbanden bestimmten serologischen Phänotypen zuzuordnen (Driesel et al. 1985). Eine Übersicht der derzeit bekannten Korrelationen zwischen serologisch-biochemischen Phänotypen und den korrespondierenden Bandenmustern nach Autoradiographie durch Einsatz von DNA-Sonden sind in Abb. 2 schematisch dargestellt (zur Übersicht s. ergänzend Mayr, 1986). Dies war der erste Ansatz, die klassischen Verfahren der Serogenetik und Biochemie mit den neuen Methoden der Gentechnik zu kombinieren. Dahinter stand die Zielsetzung (ähnlich wie man bei vielen Proteinsystemen eine verbesserte Auflösung z.B. durch die isoelektrische Fokussierung erzielen konnte), eine weitergehende Auflösung von Haplotypen auf der DNA-Ebene zu erreichen.

Die Notwendigkeit hierzu ergibt sich daraus, daß oftmals Spurenmaterial und Blutproben nicht direkt im nativen Zustand für diese HLA-Analyse eingesetzt werden können. Die durch Degradationen hervorgerufenen Fehlermöglichkeiten galt es mit den Methoden der DNA-Analyse im Sinne einer Validität der Untersuchungsergebnisse auszuschließen.

In der forensischen Medizin lassen sich meist nicht alle der in Tabelle 1 aufgezeigten Systeme verwenden, z.B. lassen sich an Spermaspuren nur die Blutgruppensysteme ABO und Lewis, die Serumgruppen Gm und Km sowie das Enzymsystem PGM nachweisen. In einigen Fällen reichen diese serologisch-biochemischen Merkmale aus, eine Individualisierung herbeizuführen. Auf Grund der geringen Menge der zur Verfügung stehenden Spurenmaterialien, erhofft man, speziell im Bereich der forensischen Anwendung, durch die Analyse von DNA-Polymorphismen eine besssere Lösung dieser Probleme im Sinne der Individualerkennung durch sogenannte "Genetische Fingerabdrücke".

Die Analyse kann an DNA durchgeführt werden, die aus dem Spurenmaterial von bis zu 5 Jahre alten Blut- oder Spermaresten oder auch aus Haarwurzeln gewonnen werden kann (Gill et al. 1985, Giusti et al. 1986, Kanter et al. 1986). Die dabei festgestellten DNA-Polymorphismen müssen mit den Genom-Polymorphismen der in Frage kommenden Personen verglichen werden. Gegenüber konventionellen Methoden ergeben sich also methodischerweise klare Vorteile.

DNA-Gewinnung

Ein schneller Weg, an menschliche DNA zu kommen, ist die Isolation aus Blut. In Abb. 3 ist die Ausbeute an hochmolekularer Genom-DNA an einem Kollektiv von 30 nicht verwandten Personen demonstriert. Von jeder Person wurden Blutvolumen von 2,5, 4,5 und 9,5 ml einer DNA-Extraktion unterzogen (vgl. Schema in Abb. 4). Auf der linken Seite der Abb. 3 sind die Polygonzüge der Einzeluntersuchungen dargestellt. Hierbei läßt sich klar erkennen, daß es Individuen gibt aus deren Blutvolumina extrem viel bzw. extrem wenig DNA isoliert werden konnte (Driesel 1985). Dies liegt an der individuell unterschiedlichen Anzahl an kernhaltigen Zellen des peripheren Blutes. Aus nur 2,5 ml Blut können etwa 60 µg hochmolekulare genomische DNA gewonnen werden. Für eine DNA-Analyse reicht, wie wir aufgrund neuerer Verfahren wissen, ein Tropfen Blut (= 20 µl), 2 µl Sperma oder 1 - 2 Haarwurzeln aus, um damit eine Individualitätsbegutachtung durchführen zu können.

Zur DNA-Gewinnung wird EDTA-Blut zentrifugiert und der "Buffy coat" (kernhaltige Zellen) zur Aufarbeitung entnommen. Abb. 4 zeigt das Vorgehen schematisch. Dieses Verfahren konnte in mehreren tausend Analysen erfolgreich eingesetzt werden und die DNA

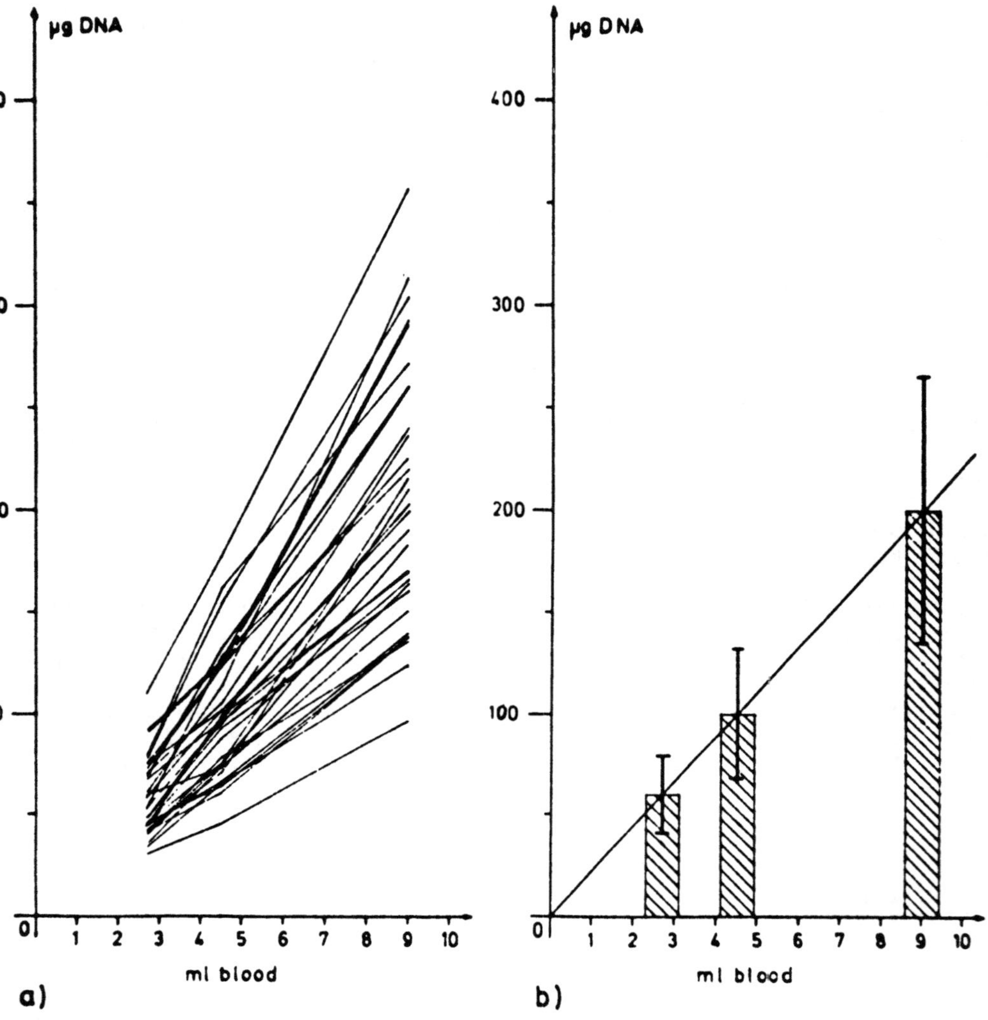

Abb. 3a,b. DNA-Ausbeute aus unterschiedlichen Blutvolumina innerhalb eines Kollektivs von 30 deutschen Blutspendern. a) Werte der Einzelpersonen für alle drei Blutvolumina; b) Gesamtdarstellung der Abhängigkeit zwischen DNA-Menge und Blutvolumen (Mittelwerte, Standardabweichungen)

war mit den unterschiedlichsten RE (Restriktionsendonukleasen) noch nach über 7 Jahren Lagerung bei +4°C spaltbar. Aus heparinisiertem Blut extrahierte DNA läßt sich schlechter oder gar nicht enzymatisch spalten. Andere Verfahren gehen über die Isolierung von Zellkernen, führen jedoch zu gleichen DNA-Ausbeuten.

Restriktions-Fragment-Längen-Polymorphismen (RFLP's)

Die Variabilität genetischer Information auf der Ebene der DNA konnte bislang nur indirekt über die Proteindaten erschlossen

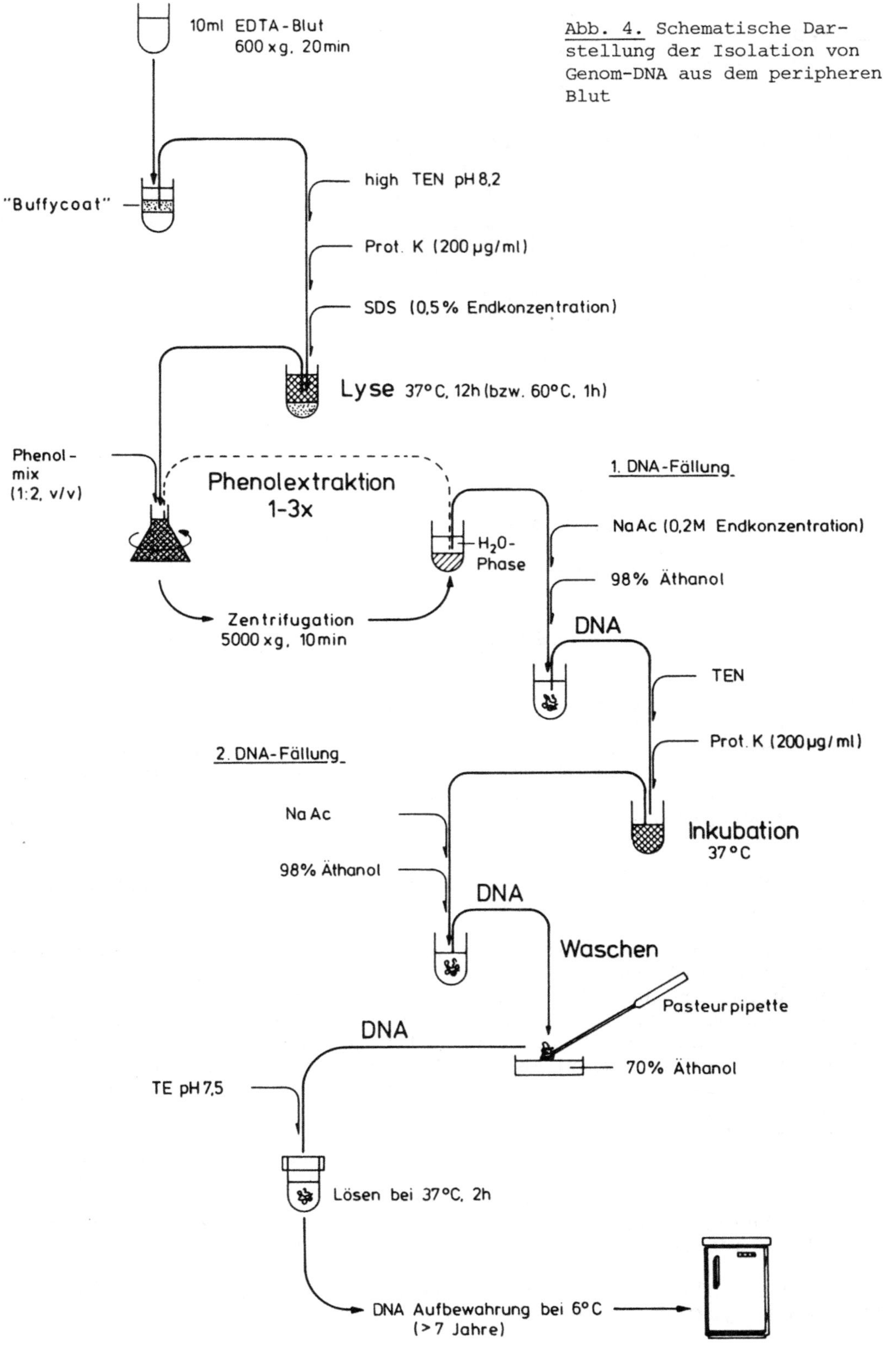

Abb. 4. Schematische Darstellung der Isolation von Genom-DNA aus dem peripheren Blut

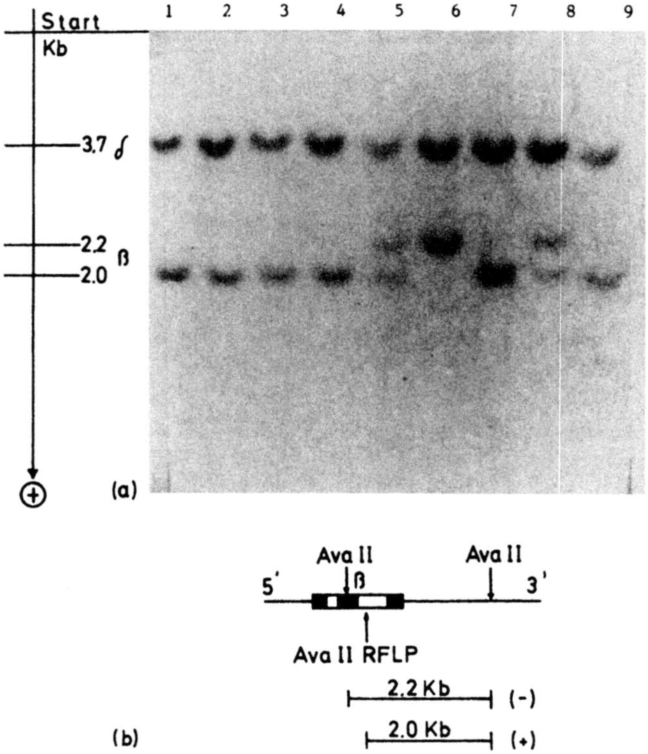

Abb. 5. a) Autoradiogramm des Ava II DNA-Polymorphismus; in den Bahnen 1 - 4, 7 und 9 liegt der häufige homozygote Typ (++) vor, in Bahn 6 hingegen der seltene homozygote Typ (--). Zwei Heterozygote (+-) sind in den Bahnen 5 und 6 wiedergegeben. b) Topographische Lage des Ava II RSP im β-Globingen die alternativ entstehenden DNA-Fragmente sind hervorgehoben, die schwarzen Bereiche symbolisieren die drei Exons, dazwischen liegen die zwei Introns (weiß)

werden. Hierbei wurden nur Basen-Sequenz-Varianten (BSVs) in den DNA-Sequenzen von Strukturgenen erfaßt.

Mit den Methoden der Gentechnik war es erstmals möglich, Sequenzvarianten an unterschiedlichen Stellen des menschlichen Genoms aufzuspüren, und wie Herr Grzeschik in seinem Vortrag darstellte, chromosomal zu lokalisieren. Das Auftreten solcher natürlich vorkommender BSVs wurde erstmals 1974 herangezogen, um die maternale Vererbung mitochondrialer DNA von Esel, Pferd und deren Hybriden nachzuweisen, und um auch unterschiedliche Hefestämme zu charakterisieren. Im Jahre 1978 gelang der erste Nachweis eines RFLPs beim Menschen. Kan und Dozy konnten in einer nicht proteinkodierenden DNA-Sequenz in enger Nachbarschaft zum 3'-Ende des β-Globingenes eine Schnittstellenvariante aufdecken und damit eine Kopplung mit dem Sichelzellgen (Hbβ*S) etablieren. Seit dem letzten "Human Gene Mapping Workshop IX" (Paris 1987) wurden über 600 RFLPs auf den Chromosomen des Menschen beschrieben.

Die im menschlichen Genom vorkommenden RFLPs stellen sich als zwei phänotypische Muster dar:

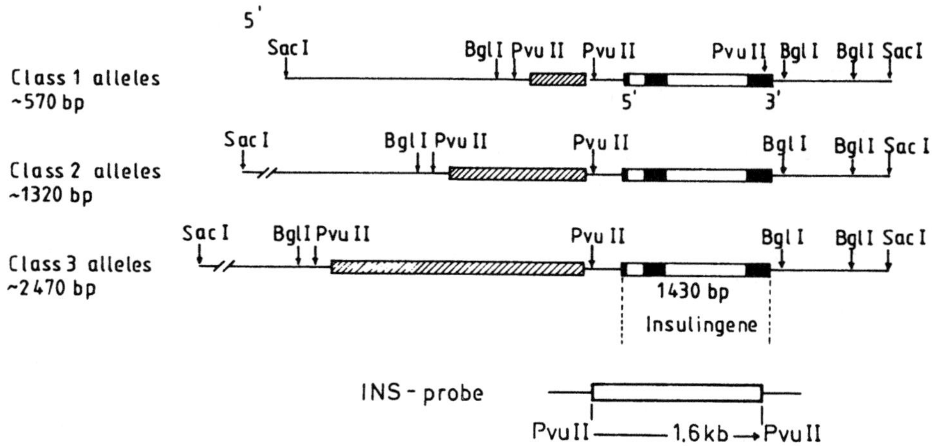

Abb. 6. Schematische Darstellung der Sequenzrepetitionen am 5'Ende des menschlichen Insulingenes. Entsprechend der Anzahl dieser Repetitionen lassen sich nach enzymatischer Spaltung mit Bgl I 3 Klassen von Hybridisierungsfragmenten erhalten. Die Klasse 1 und 3 ist in der europiden Bevölkerung häufig vorhanden (verändert nach Bell et al. 1984)

(i) Restriction-Site-Polymorphism (RSP) und
(ii) Variable-Number-of-Tandem-Repeats (VNTR).

Ein solch einfacher Restriction-Site-Polymorphismus (RSP) ist in der Abb. 5 dargestellt. Hier handelt es sich um einen Polymorphismus im β-Globingen des Menschen auf dem Chromosom Nr. 11. Durch eine Punktmutation im Intron 2 des β-Globingens kommt es zu einer zusätzlichen Restriction-Site (RS) für das Enzym Ava I. Dieses erzeugt dann Fragmente, die mit einer gegebenen DNA-Sonde im Autoradiogramm als kleinere Bande erfaßt werden. Hierbei stellt die Erkennungssequenz von wenigen Nukleotiden den Markerlokus dar. Die Schnittstelle vorhanden (+) bzw. nicht vorhanden (-) stellt die beiden, in diesem System möglichen (kodominanten) Allele dar. Diese lassen sich nach der Southern-Blot-Analyse phänotypisch sichtbar als Banden von 2,2 bzw. 2,0 kb Länge im Autoradiogramm darstellen. Das hybridisierende Fragment im Gel oder auf dem Southern-Blot ist natürlich nicht das Allel, sondern nur ein sehr mittelbares Abbild. Andere Phänotypen (Bilder) würden wir mit anderen Techniken erhalten.

Die erste "hypervariable Region" an einer Stelle im menschlichen Genom wurden von Wyman und White (1980) auf Chromosom 14 beschrieben. Von der pAW 101 DNA-Sonde (D1451) wurden DNA-Fragmente zwischen 32,5 bis 14,4 kb nachgewiesen und diese Variabilität mit bisher 44 verschiedenen Allelen interpretiert. Ein weiteres polymorphes System (HRAS-I) findet ebenfalls verstärkt Einsatz in der Paternitätsanalyse. Ihm liegen DNA-Fragmente von 4,5 - 1,85 kb zugrunde. In diesem System wurden bisher 18 unterschiedliche Allele beschrieben (Baird et al. 1986).

Besitzt der Markerlokus eine Vielzahl von wiederkehrenden Sequenzen (repeats), so handelt es sich im molekularen Maßstab um einen Markerlokus endlicher Ausdehnung, mit in der Regel multiplen, kodominanten Allelen. Die Repetitionen können in unterschiedlicher Anzahl vorliegen und auch invers oder in tandem angeordnet sein. In solchen Bereichen finden häufiger Rekombinationen statt. Dies trifft jedoch nicht unbedingt für alle Sequenz-Repetitionen zu. Ein Grund hierfür ist bis heute weitgehend ungeklärt. Ein solcher Lokus im menschlichen Genom wurde erstmals beim Insulingen beschrieben (Bell et al. 1984). Dieser ist schematisch in Abb. 6 dargestellt. Es lassen sich bei Europiden nur die Allele der Klasse 1 und 3 als jeweils zwei Phänotypen in der Autoradiographie bestimmen. Der in der europiden Bevölkerung äußerst seltene, in der negriden Bevölkerung hingegen häufigere Klasse 2 Typ ist dort wiederfindbar.

Die ersten VNTRs, die eine Mehrzahl von Banden im Autoradiogramm aufzeigen, wurden 1985 von Jeffreys und Mitarbeitern beschrieben. Dieses System hat als DNA "Fingerprinting" euphorischen Einzug in die Individualitätsbegutachtung gefunden, ist jedoch mit äusserster Vorsicht zu betrachten. Die Formalgenetik dieses Systems ist bis heute weigehend ungeklärt. Es fehlen 1. klare Aussagen zu den jeweiligen Markerorten und den dazugehörenden Allelen; 2. gibt es keine Daten über Allelhäufigkeiten und so sind Kopplungsparameter, chromosomale Lokalisationen der Marker sowie genetische Assoziationen von Allelen (Haplotypen) bislang nicht klar definiert worden. Aus diesen Gründen ist es nicht möglich, einen Likelyhood-Quotienten für einen gegebenen Stammbaum zu berechnen. Auf der Grundlage verhältnismäßig kleiner Stichproben (ca. 1000) kommen Jeffreys und Mitarbeiter zur Abschätzung von Fehlerraten in der Größenordnung 1 : 1.000.000 und kleiner. Dies scheint paradox, ist aber zu erklären durch die Vielzahl sehr spezieller Hypothesen zur Formalgenetik dieses Systems. So plausibel diese Hypothesen auch sein mögen, sind sie bis heute weder bewiesen noch belegt. Die Biostatistik steht daher diesem System äußerst kritisch gegenüber (Wienker und Baur, persönliche Mitteilungen).

Von der Arbeitsgruppe Epplen wurden synthetische Oligonukleotide mit einer Vielzahl sogenannter GATA/GACA repetitiver Sequenzen erstellt und diese als DNA-Sonden unter stringenten Bedingungen eingesetzt, um VNTRs auf dem menschlichen Genom aufzuspüren (Ali et al. 1986). Nach Hybridisierung dieser synthetischen Oligonukleotide gegen menschliche Genbanken konnten etwa 10.000 Stellen auf dem Genom ermittelt werden, auf denen solche Sequenzen vorkommen, primär wohl in kodierenden Bereichen (Epplen, persönliche Mitteilung). Die Arbeitsgruppe Henke in Düsseldorf ist derzeit damit beschäftigt, die forensische Anwendbarkeit diesr Oligonukleotid-Sonden zu evaluieren.

Lokusspezifische, hochpolymorphe, formalgenetisch gut definierte Marker-Systeme, werden die restlichen Probleme der Abstammungsdiagnostik zuverlässig lösen. Die zur Zeit eingesetzten Jeffreys-Proben sind vermutlich als Durchgangsstation zu betrachten und dürften bald durch definiertere ersetzt werden.

Vielerorts werden derzeit über snythetische Oligonukleotide menschliche Genbanken nach VNTRs durchforstet. In der Arbeitsgruppe um Grzeschik wurde auf dem Chromosom 1p (telomerischer Bereich) eine solche DNA-Sonde lokalisiert, deren Bandenmuster

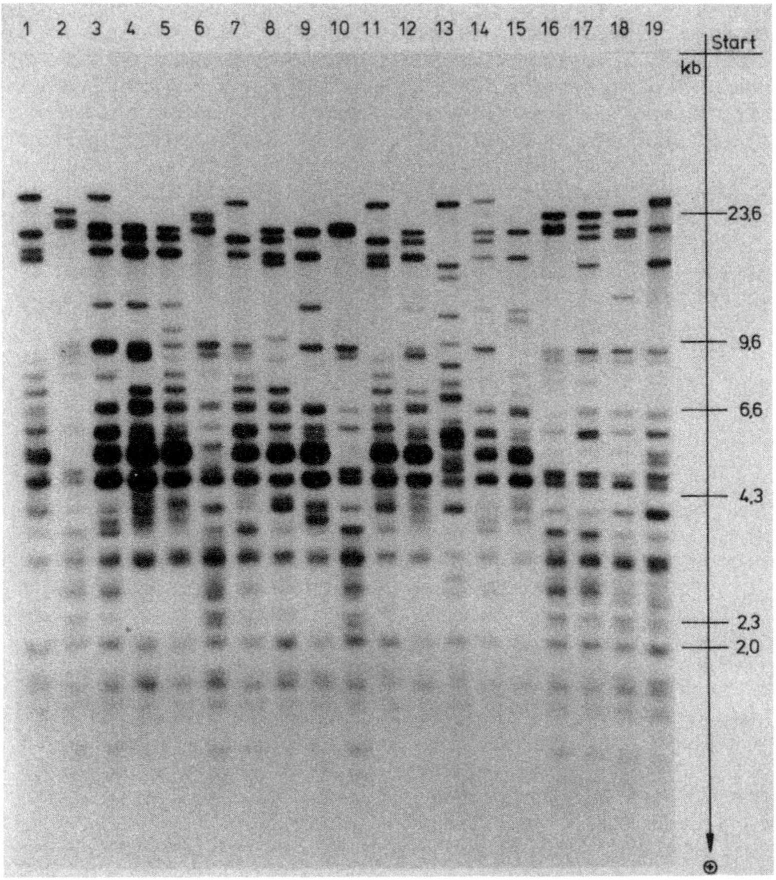

Abb. 7. Autoradiographie nach Spaltung genomischer DNA von 19 nicht verwandten deutschen Personen mit dem Restriktionsenzym Rsa I und Hybridisierung mit einer DNA-Sonde aus dem telomerischen Bereich des Chromosoms 1 q. Die unterschiedlichen Signalbanden ermöglichen eine individuelle Zuordnung über die VNTRs (Grzeschik, persönliche Mitteilung)

nach Spaltung mit dem Enzym RsaI im Autoradiogramm der Abb. 7 dargestellt ist. Zwischenzeitlich konnten eine Anzahl weiterer VNTRs auf dem menschlichen Genom gefunden werden (zur Übersicht siehe Nakamura et al. 1987).

Ausblick

Die serologisch-biochemischen Methoden zur Feststellung der Individualität haben bisher phantastisches geleistet und werden dies auch weiterhin tun. Sicherlich wird man in einigen Fällen, wo man sehr wenig Untersuchungs- bzw. Ausgangsmaterial (Spurenmaterial) hat, auf geeignete DNA-Systeme ausweichen, wenn diese ein Mehr an Information bringen. Gegebenenfalls müßten hier noch Methoden entwickelt werden, die die wenigen DNA-Moleküle, die man aus einem solchen Spurenmaterial gewinnen kann, amplifizieren bzw. die entsprechenden, einer DNA-Analyse zu unterziehenden Bereiche des menschlichen Genoms, gezielt vervielfältigen. Ferner wäre anzustreben, daß bei DNA-Sonden-Diagnostiken in den Fällen, wo Kopplungsanalysen durchgeführt werden, gleichzeitig auch noch die Paternität mit geeigneten VNTRs belegt. Dadurch könnten DNA-Analysefehler von > 2% bei nicht Vaterschaft ausgeschlossen werden. Bei Blutproben wird man sicherlich verstärkt diese neue Technik einsetzen, ferner sollten damit die restlichen Prozente der Ungenauigkeit in Abstammungsdiagnostiken zuverlässig gelöst werden.

Literatur

Ali S, Müller CR, Epplen JT (1986) DNA-fingerprinting by oligonucleotide-probes specific for simple repeats. Hum Gen 74:239-243

Baird M, Balazs I, Giusti A, Miyazaki L, Nicholas L, Wexler K, Kanter E., Gassberg J, Allen F, Rubinstein P, Sussman L (1986) Allele frequency distribution of two highly polymorphic DNA sequences in three ethnic groups and its application to the determination of paternity. Am J Hum Genet 39: 489-501

Bell GI, Horita S, Karam JH (1984) A polymorphic locus near the human insulin gene is associated with insulin-dependent diabetes mellitus. Diabetes 33: 176-183

Driesel AJ (1985) Einsatz von DNA-Sonden zur Erfassung genetischer Defekte beim Menschen. Ferdinand Enke, Stuttgart

Driesel AJ, Römer K, Schunter F, Laryea MD, Schneider EM, Wernet P, Henke J, Basler M, Kömpf J (1985) DNA polymorphism of the major histocompatibility class I genes and their association with serologically defined haplotypes. Immunogenet 21:529-538

Gill P, Jeffreys AJ, Werrett DJ (1985) Forensic application of DNA 'fingerprints'. Nature 318:577-579

Giusti A, Baird M, Pasquale S, Balazs I, Glassberg J (1986) Application of deoxyribonucleic acid (DNA) polymorphisms to the analysis of DNA recovered from sperm. Journal of Forensic Sciences 31:409-417

Jeffreys AJ, Wilson V, Thein SL (1985) Hypervariable 'minisatellite' regions in human DNA. Nature 314:67-73

Jeffreys AJ, Wilson V, Thein SL, Weatherhall DJ, Ponder BAJ (1986) DNA 'fingerprints' and segregation analysis of multiple markers in human pedigrees. Am J Hum Genet 39:11-24

Kanter E, Baird M, Shaler R, Balazs I (1986) Analysis of restriction fragment length polymorphisms in deoxyribonucleic acid (DNA) recovered from dried bloodstains. Journal of Forensic Sciences 31:403-408

Mayr WR (1986) The use of DNA polymorphisms demonstrated by means of the HLA system. Vox Sang 50, 193-197

A.J. Jeffreys wurde 1988 für die Entdeckung und Anwendung des "DNA-Fingerprinting" mit dem Preis "Biochemische Analytik" der Deutschen Gesellschaft für Klinische Chemie ausgezeichnet.

Nakamura Y, Leppert M, O'Connelli P, Wolff R, Holm T, Culver M, Martin C, Fujimoto E, Hoff M, Kumlin E, White R (1987) Variable Number of tandem repeat (VNTR) markers for human gene mapping. Science 235:1616-1622
Stalvey JRD, Erickson RP (1987) An improved method for detecting Y chromosomal DNA. Hum Genet 76:240-243
Wyman AR, White R (1980) A highly polymorphic locus in human DNA. Proc Natl Acad Scie 77:6754-6758

Diskussion

DELBRÜCK:
Inwieweit ist das Zellmaterial, das Sie heranziehen zur DNA-Analyse, noch repräsentativ für die Keimbahn? Leukozyten aus dem Blut, die Sie für diese Analyse verwenden, könnten Variationen zeigen, die einen Unsicherheitsfaktor bei der DNA-Analyse mit einbringen.

DRIESEL:
Sie können davon ausgehen, daß das genetische Material (das Genom) identisch in jeder Zelle vorliegt. Bekanntermaßen werden nicht in jeder Zelle die gleichen Gene exprimiert: In den Leberzellen wird als primäres Produkt Albumin hergestellt, in den Vorstufen der Erythrozyten ist es das Hämoglobin. Bei den reifen T-Zellen finden sich im Gencluster der Immunglobulingene Rearrangements und damit Veränderungen in der DNA. Diese betreffen jedoch nicht das gesamte Genom, sondern nur einen bestimmten Bereich. Um Fehlinterpretationen auszuschließen, die durch DNA-Methylierung hervorgerufen werden, welche im Blut sehr häufig vorkommt, sollten nur solche Restriktionsendonukleasen Einsatz finden, die die DNA methylierungsunempfindlich schneiden. Um DNA-Variationen sicher nachzuweisen, werden meist mehr als eine dieser enzymatischen Scheren eingesetzt, um hier auf der sicheren Seite zu liegen. Für neue VNTR-Systeme wäre es sinnvoll, durch geeignete Ringversuche solche Fehlerquellen auszuschließen.

COLOMBO:
Oft werden Zellkulturen angelegt: Inwieweit verändert die Anzahl der Passagen eigentlich die Treffsicherheit?

DRIESEL:
Daß gerade die Loci, die wir diagnostizieren wollen, verloren gehen, ist sehr unwahrscheinlich. Es ist aber bekannt, daß mit jeder Passage Veränderungen im Genom einhergehen können. Ferner finden sich in Zellkulturen sehr häufig Methylierungsereignisse, so daß hier Schnittstellen für Restriktionsenzyme maskiert werden könnten.

OLEK:
Noch eine Anmerkung zur Frage von Herrn Delbrück: Wenn ein somatisches Mosaik oder eine somatische Mutation zu einer Mutation in dem Bereich der verwendeten DNA-Sonde führt, dann führt das dazu, daß auch eineiige Zwillinge sich unterscheiden können, was wiederum einen Irrtum hinsichtlich dieser Methode hervorrufen kann.

DRIESEL:
Das würde aber voraussetzen, daß diese somatische Mutation an mehreren Zellen zugleich vorliegt.

SEIDEL:
Ich habe da noch eine technische Frage: Was ist die beste Form, das genetische Material zu lagern? Sollte man DNA isolieren bzw. die Zellausschwemmung oder das Vollblut tiefgefrieren?

DRIESEL:
Die isolierte DNA - "da kann man mit dem Hammer draufklopfen" - da passiert daran nichts.

GUDER:
Sie haben als Vorteil der neuen DNA-Analyse ausgeführt, daß man von wenig Material ausgehen kann, um zu einer validen Aussage zu kommen. Wenn Sie den zeitlichen Aufwand für eine klassische Genanalyse anhand der Genprodukte mit dem Zeitaufwand für die DNA-Sondendiagnostik, die ja noch primär mit 32 P-radioaktiver Markierung vorgenommen wird, vergleichen, welche Unterschiede ergeben sich dann?

DRIESEL:
An einem Tropfen Blut, den Sie irgendwo finden, können Sie natürlich nicht die ganze Palette der 33 serologischen Systeme plus HLA durchführen. Sie haben nur die Möglichkeit, einige wenige klassische Systeme hier einzusetzen. Das liegt zum einen daran, daß gewisse Enzymsysteme z.B. im Sperma, gar nicht vorkommen. Ferner kommt hinzu, daß, wenn die Spuren ein gewisses Alter haben, die Genprodukte modifiziert werden. Wenn Sie jetzt DNA-Sonden zur Verfügung hätten, die Ihnen mehr Informationen aufgrund ihrer Hypervariabilität auf dem menschlichen Genom bringen würden, wären Sie natürlich hier für diesen speziellen Fall aus der Kriminalistik auf einer viel sicheren Seite, und könnten obendrein vielleicht auch noch durch eine neu zu entwickelnde Methode der Amplifikation aus diesem einen Molekül DNA einige Tausend herstellen. Hinsichtlich des Zeitaufwandes ist zu sagen, daß die Methoden der DNA-Sondendiagnostik ein sicheres Ergebnis nach einer Woche erbringen. Dies deckt sich auch mit dem Zeitaufwand für die Serogenetik.

HENKE:
Wenn ich dazu noch eine Ergänzung geben darf, denn ich fühle mich hier als Rechtsmediziner oder besser Rechtsbiologe unmittelbar angesprochen: Was hier aufgezeigt wurde, ist sehr optimistisch eingeschätzt. In der Praxis sieht das so aus, daß an einer kleinen Blutspur, die vielleicht so groß wie ein halber Fingernagel ist und 14 Tage oder eine Woche lang ungünstig gelegen hat, eine Blutgruppenbestimmung äußerst mühsam ist. Dann ist die Blutgruppendiagnostik äußerst schwierig und bei anderen Spuren (Speichel, Sperma) finden Sie u.U. gar nichts mehr. Zusätzlich tritt das Problem der mikrobiellen Kontamination auf. Sie wissen sicher, daß die blutgruppenaktiven Substanzen, nämlich N-Acetylgalactosamin (Gruppe A) und D-Galactose (Gruppe B) Bausteine der Membran von Mikroorganismen sind. Hiermit sind viele Fehlermöglichkeiten angedeutet. Daneben gibt es Mikroorganismen, die Enzyme produzieren, welche die Eigenschaft haben, Zucker-Ei-

weißverbindungen von Blutgruppensubstanzen zu spalten. Es gibt also unzählige Fehlerquellen, die offenbar bei der DNA-Technik so nicht auftreten.

GASSEN:
Wenn Sie bakterielle Verunreinigungen in Ihren Proben haben, dann sehen Sie das auch sehr stark in der DNA, und zwar weil man ja kumulieren muß – die Größe der Bakterienchromosomen plus der einzelnen Zellen – und dann haben Sie auch ein Problem in der DNA-Diagnostik.

DRIESEL:
Um ein solches Problem zu umgehen, könnte man sich natürlich auf menschliche Genom-DNA-spezifische Sequenzen (z.B. Alu-Familien) beschränken.

GOEDDE:
Ich glaube, Herr Driesel, Sie haben diese neuen Methoden, die von Jeffreys und Mitarbeiter zuerst publiziert wurden, deswegen an der Paternitätsbegutachtung demonstriert, weil sie sich dort so schön veranschaulichen lassen. Wir stimmen sicher überein, daß für spezielle Identitätsbestimmungen diese Methoden einen sehr hohen Informationswert haben. Bezüglich des Einsatzes der DNA-Analyse in der Paternitätsbegutachtung ist – wie Sie auch schon sagten – eine formalgenetische Absicherung an einem unwahrscheinlich großen Familienmaterial notwendig, ehe wir die Sicherheit erreichen, die man bisher mit den vielen serologischen Systemen erzielt. Außerdem würde wahrscheinlich die DNA-Diagnostik auf Dauer sehr viel preiswerter werden, während sie derzeit bei speziellen Restriktionsenzymen im Vergleich doch noch sehr teuer erscheint. Können Sie etwas darüber sagen, wie das Preisverhältnis dieser neuen Methoden zu dem einer Bestimmung mit den üblichen serologischen Methoden aussieht?

DRIESEL:
Ja, wir können vielleicht einmal versuchen, gemeinsam zu kalkulieren: Ich kann Ihnen sagen, was eine DNA-Sondendiagnose mit einer DNA-Sonde und mit einem Restriktionsenzym kostet. Rechnet man nur das Verbrauchsmaterial, also nicht die Kosten für Räumlichkeiten, Personal und Overhead, so kann man grob über den Daumen ermitteln, daß eine solche Analyse zwischen DM 80 und DM 100 liegt. Ich kenne nicht die genauen Zahlen für die serologische Analytik. Hierzu kann Herr Henke bestimmt Auskunft geben.

HENKE:
Die Kosten für das "Verbrauchsmaterial" in einem Abstammungsgutachten betragen bei 3 Personen je nach Untersuchungsumfang ca. DM 800. Das "Verbrauchsmaterial" im Sinne des Zeugen- und Sachverständigenentschädigungsgesetzes (ZuSEG) spielt – wie wir wissen – bei der DNA-Analyse eine untergeordnete Rolle. Neben den immensen Investitionen sind auch die Arbeitsstunden des besonders qualifizierten Personals in Ansatz zu bringen. Geschieht dies nicht, wird das negative Auswirkungen auf die Arbeitsplätze der Assistenten haben.

GOEDDE:
Die Methodik der DNA-Analyse wäre eben sehr viel einfacher.

DRIESEL:
Ich meine, daß in der Spurenkunde auch ohne populationsgenetische Studien ein Mehr an Information – im Vergleich zu den klassischen Systemen – geliefert werden könnte.

FRAU SCHMIDT:
Ich habe noch eine Frage zur möglichen Anwendung, und zwar für die Verbesserung der Therapie aufgrund der Feststellung eben der Individualität: Sehen Sie da auch Möglichkeiten der Voraussagen für Prädispositionen?

DRIESEL:
Das ist eine sehr schwierige Frage. Wir haben heute noch zuwenig Informationen. Ich denke, daß nachher die Herren Kolb und Assmann über solche Ansätze der Kombination von DNA-Polymorphismen und Krankheitsbildern, die multigenen Ursprungs sind (z.B. Diabetes und auch das Risiko für Herzinfarkt) Auskunft geben können. Ich möchte mich hier bewußt zurückhalten.

Indirekte Genotyp-Diagnostik
Neue Möglichkeiten der Heterozygoten- und Pränatal-Diagnose bei monogenen Erbkrankheiten

T. Grimm und C.R. Müller

Mit Hilfe der DNA-Analyse werden neue Möglichkeiten der Heterozygoten- und Pränataldiagnostik von Erbkrankheiten eröffnet. Der entscheidende Vorteil gegenüber anderen Methoden liegt darin, daß für die DNA-Analyse kein spezifisches Zellmaterial und keine Genexpression benötigt wird, da die DNA in allen kernhaltigen Zellen enthalten ist. Praktisch jede monogene Erkrankung kann mit Hilfe dieser neuen Methoden auf DNA-Ebene nachgewiesen oder ausgeschlossen werden (Genotyp-Diagnostik). Voraussetzung ist "nur", daß der Genort einer Erbkrankheit bekannt ist und DNA-Sonden für diese Erbkrankheit zur Verfügung stehen.

DNA-Sonden sind klonierte DNA-Abschnitte, die entweder das zu untersuchende Gen oder DNA-Abschnitte, die dem zu untersuchenden Genort benachbart sind, umfassen.

Eine weitere Grundvoraussetzung für die DNA-Analyse des menschlichen Genoms wurde durch die Isolierung von Restriktionsendonukleasen aus Mikroorganismen geschaffen.

Restriktionsendonukleasen erkennen in doppelsträngiger DNA eine spezifische Sequenz von 4-6 Nukleotiden und zerschneiden dort die DNA (Smith 1979). Über 500 solcher "enzymatischer Scheren" mit unterschiedlicher Erkennungssequenz sind bekannt. Mit ihrer Hilfe kann hochmolekulare DNA reproduzierbar in definierte Restriktionsfragmente zerlegt werden. Diese lassen sich durch Gelelektrophorese nach ihrem Molekulargewicht auftrennen. Je kleiner die Restriktionsfragmente sind, desto schneller wandern sie bei der Gelelektrophorese. Menschliche DNA wird mit diesen Enzymen in $10^5 - 10^7$ Fragmente zerlegt. Nach Anfärbung mit einem Fluoreszenz-Farbstoff erscheinen sie im Gel als ein "Schleier", der ein Kontinuum von Fragmenten aller Größen darstellt. Mit Hilfe von DNA-Sonden lassen sich jedoch diskrete Fragmente sichtbar machen. Man wendet dabei ein Verfahren an, das 1975 von Southern entwickelt wurde und Southern-Hybridisierung genannt wird.

Restriktions-Fragment-Längen-Polymorphismen

Manche DNA-Sonden hybridisieren mit Restriktionsfragmenten, deren Länge individuell variieren kann. Man bezeichnet diese Längenvariabilität als Restriktions-Fragment-Längen-Polymorphismus (RFLP). Der betreffende DNA-Bereich kann als Mendel'sches Gen aufgefaßt werden. Die unterschiedlich großen Fragmente entsprechen den verschiedenen "Allelen" dieses Genortes. Diese Allele werden kodominant vererbt. RFLPs reflektieren die Nukleotidsequenz-Variabilität der menschlichen DNA. Die molekulare Ursache eines RFLP kann eine Deletion bzw. Insertion von DNA-Sequenzen oder eine einzelne Basensubstitution sein, die die Erkennungssequenz eines Restriktionsenzyms verändert. Mehr als 300 RFLPs der menschlichen DNA sind inzwischen bekannt (Willard et al. 1985). Für einen Teil konnte die chromosomale Lokalisation ermittelt werden.

Genotypdiagnostik

Die direkte Genotypdiagnostik ist erst bei einigen Erbkrankheiten möglich (z.B. Hämoglobinopathien, bei denen die Veränderung der DNA als Folge einer Mutation genau bekannt ist und diese Veränderung mit einer DNA-Sonde erkannt werden kann).

Bei der indirekten Genotypdiagnostik macht man sich die relativ leicht nachweisbaren DNA-Sequenzvarianten (RFLPs) zunutze, um die Segregation bestimmter Chromosomenabschnitte zu verfolgen. Kennt man die chromosomale Lokalisation eines nicht direkt untersuchbaren Gens einer Erbkrankheit, so kann man durch systematische Suche DNA-Sonden aus der Nachbarschaft dieses Gens finden, die RFLPs erkennen und als "Markergene" für diesen Chromosomenabschnitt dienen können. Man ermittelt zunächst, in welcher Korrelation zum Defektallel die Allele der "Markergene" beim Indexpatienten vorliegen (Feststellung der Kopplungsphase). Aus der Segregation der "Markerallele" in der übrigen Familie kann man nun Rückschlüsse auf die Vererbung des Defektallels ziehen, das ja selbst nicht unmittelbar nachgewiesen werden kann. Im Vergleich zur Allelkonstellation des Patienten kann das individuelle Risiko seiner Verwandten errechnet werden. Idealerweise sollten die Markergene und das Defektgen eng gekoppelt sein. Da aber auch bei enger Kopplung grundsätzlich "crossing-over" zwischen diesen beiden Genorten nicht ausgeschlossen sind, handelt es sich bei der indirekten Genotypdiagnose immer um eine Wahrscheinlichkeitsdiagnose. Die erforderliche statistische Auswertung ist praktisch nur noch mit Hilfe der EDV möglich.

Der entscheidende Vorteil der indirekten Genotypdiagnostik liegt darin, daß im Prinzip jede Erbkrankheit ohne direkte Kenntnis der Genstruktur diagnostiziert werden kann.

Die Nachteile des Verfahrens sind, daß die erforderlichen Familienuntersuchungen zeit- und kostenintensiv sind. Die indirekte Genotypdiagnostik kann nur dann zu einem diagnostischen Ergebnis führen, wenn der Stammbaum informativ ist und Schlüsselpersonen im Stammbaum heterozygot für DNA-Marker sind.

Anwendung der indirekten Genotypdiagnose

Eine indirekte Genotypdiagnose kann immer nur im Rahmen einer Familienuntersuchung durchgeführt werden, in die neben dem Patienten und seinen Eltern oft auch andere Angehörige miteinbezogen werden müssen. Anwendbarkeit und Aussagekraft der Methode sind bei den drei klassischen Mendelschen Erbgängen unterschiedlich.

Beim X-chromosomal rezessiven Erbgang müssen insbesondere die männlichen Angehörigen (krank oder gesund) zur Verfügung stehen, da deren X-chromosomale Allelkombination (Haplotyp) eindeutig feststeht. Wichtig sind vor allem der Vater und der Großvater der ratsuchenden Frauen.

Beim autosomal dominanten Erbgang sollten möglichst drei Generationen oder eine große Geschwisterreihe mit gesicherten Kranken und Gesunden zur Verfügung stehen. Die Betroffenen sollten für die RFLPs heterozygot sein.

Beim autosomal rezessiven Erbgang müssen in der Regel nur die Eltern des Patienten, der Patient selbst und ggf. dessen Geschwister untersucht werden. Am günstigsten ist die Situation, in der beide Eltern heterozygot und der Erkrankte homozygot für die RFLP-Allele ist. In allen anderen Konstellationen sind nur begrenzte Aussagen möglich.

In der Regel wird die indirekte Genotypdiagnostik eingesetzt, wenn es gilt den Genotyp (und damit das Überträger-Risiko) von fraglichen Anlageträgern zu ermitteln, die selbst nicht oder noch nicht erkrankt sind. Vom Prinzip her ist das Verfahren aber auch als pränatale Diagnostik anwendbar, doch hängt es vom Ergebnis der vorangegangenen Familienuntersuchung ab, ob im konkreten Einzelfall eine Pränataldiagnose möglich ist.

Aus der indirekten Vorgehensweise (Diagnose des Chromosomenabschnitts, der das fragliche Defektgen enthält) erklärt sich, daß diese Methode grundsätzlich nicht geeignet ist, klinische Diagnosen zu stellen oder zu überprüfen. Erst wenn die Diagnose des Indexpatienten aufgrund klinisch-genetischer Kriterien zweifelsfrei feststeht, kann die indirekte Genotypdiagnose zur Risikoermittlung bei fraglichen Anlageträgern herangezogen werden.

Beispiele der indirekten Genotypdiagnostik beim X-chromosomal rezessiven Erbgang

Die Anwendung einer indirekten Genotypdiagnostik bei X-chromosomal rezessivem Erbgang sollte am Beispiel der *Duchenneschen* Muskeldystrophie (DMD) erläutert werden.

Die DMD ist die häufigste erbliche Muskelerkrankung des Kindesalters. Die Krankheit wird geschlechtsgebunden (X-chromosomal) vererbt und betrifft bei uns ca. 1 unter 3500 Knabengeburten. Etwa ein Drittel der Erkrankten sind Neumutationen, d.h. in diesen Fällen sind die Mütter keine Überträgerinnen. Von der Überträgerinnen sind wiederum die Hälfte Neumutationen. Eine wirkungsvolle Therapie konnte bislang nicht entwickelt werden. Daher kommt der frühzeitigen Diagnose fraglicher Überträgerinnen eine besonders präventive Bedeutung zu. Durch die Anwendung gen-

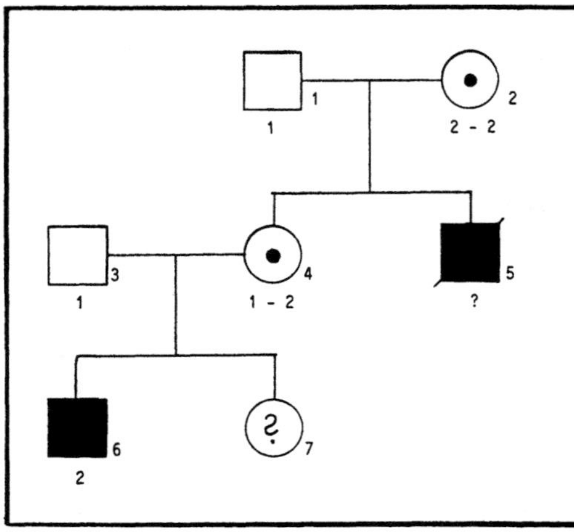

	Genotypen
Großvater (1)	1 A
Großmutter (2) (heterozygot)	2|2 A|a
Vater (3)	1 A
Mutter (4) (heterozygot)	1|2 A|a
Sohn (6) (krank)	2 a
Tochter (7) (Ratsuchende) kann folgende Genotypen haben	1|1 heterozygot Aa : 5,0 % A|? homozygot AA : 95,0 %
	1|2 heterozygot Aa : 95,0 % A|? homozygot AA : 5,0 %

DMD-Genort: A = normales Allel, a = mutiertes Allel
DNA-Marker: Allel 1 und 2
Der genetische Abstand zwischen dem DMD-Genort und dem Genort des DNA-Markers beträgt 5 cM.

Abb. 1. Heterozygoten-Diagnostik bei DMD mit einem DNA-Marker

technischer Methoden sind aus der Region des *Duchenne*-Gens (Bande Xp21) derzeit ca. 25 Markergene (RFLPs) bekannt, die es erlauben, für nahezu jedes X-Chromosom einen Haplotyp zu definieren (Monaco und Kunkel 1987). Dadurch ist es möglich, innerhalb der Familie eines *Duchenne*-Patienten, das X-Chromosom, welches die *Duchenne*-Mutation trägt, von den anderen X-Chromosomen zu unterscheiden. Bei den weiblichen Verwandten des Patienten kann man dann feststellen, ob sie den durch Mutation veränderten oder den intakten Abschnitt des X-Chromosoms geerbt haben. Danach bemißt sich ihr Risiko, diese Erbkrankheit auf ihre Söhne zu übertragen.

Indirekte Genotypdiagnostik mit einem DNA-Marker

Eine Frau (Nr. 7 in Abb. 1) möchte wissen, ob sie Überträgerin für DMD ist. Sie einen kranken (DMD) Bruder (Nr. 6) und einen an DMD verstorbenen Onkel (Nr. 5). Ihre Eltern (Nr. 3 und 4) und ihre mütterlichen Großeltern (Nr. 1 und 2) leben noch. Aufgrund der vorliegenden Stammbauminformation ist ihre Mutter (Nr. 4) obligate Überträgerin für DMD, da diese einen kranken Bruder (Nr. 5) und einen kranken Sohn (Nr. 6) hat. Die ratsuchende Tochter (Nr. 7) hat daher ein a priori-Risiko von 50%, heterzygot für DMD zu sein. Die in dieser Familie durchgeführte DNA-Analyse mit einem intragenen DNA-Marker hat folgende Befunde ergeben: Die Mutter (Nr. 4) der Ratsuchenden ist heterozygot für den DNA-Marker. Da die Großmutter (Nr. 2) homozygot für das Allel 2 des DNA-Markers ist und der kranke Sohn (Nr. 6) ebenfalls das Allel 2 hat, ist die DMD-Mutation (a) in dieser Familie mit dem Allel 2 des DNA-Markers verbunden. Die ratsuchende Tochter (Nr. 7) hat von ihrem Vater (Nr. 3) das Marker-Allel 1 zusammen mit dem normalen Allel (A) des DMD-Gens geerbt. Von ihrer Mutter (Nr. 4) kann sie entweder das Allel 1 oder das Allel 2 des DNA-Markers erhalten haben. Da das Allel 1 vom gesunden Großvater (Nr. 1) stammt, hätte sie in diesem Falle auch das normale Allel (A) der

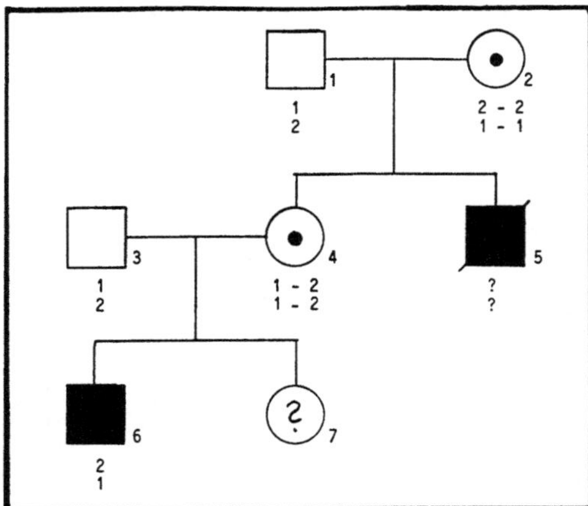

*= crossing-over zwischen den beiden flankierenden DNA-Markern
DMD-Genort: A = normales Allel, a = mutiertes Allel
DNA-Marker: Allel 1 und 2
Der genetische Abstand zwischen dem DMD-Genort und dem Genort des DNA-Markers beträgt 10 cM bzw.5 cM.

	Genotypen
Großvater (1)	1 A 2
Großmutter (2) (heterozygot)	2 | 2 A | a 1 | 1
Vater (3)	1 A 2
Mutter (4) (heterozygot)	1 | 2 A | a 2 | 1
Sohn (6) (krank)	2 a 1
Tochter (7) (Ratsuchende) kann folgende Genotypen haben	1 | 1 heterozygot Aa : 0,6 % A | ? homozygot AA : 99,4 % 2 | 2
	1 | 2 heterozygot Aa : 99,4 % A | ? homozygot AA : 0,6 % 2 | 1
	1 | 1* heterozygot Aa : 67,9 % A | ? homozygot AA : 32,1 % 2 | 1
	1 | 2* heterozygot Aa : 32,1 % A | ? homozygot AA : 67,9 % 2 | 2

Abb. 2. Heterozygoten-Diagnostik bei DMD mit flankierenden DNA-Markern

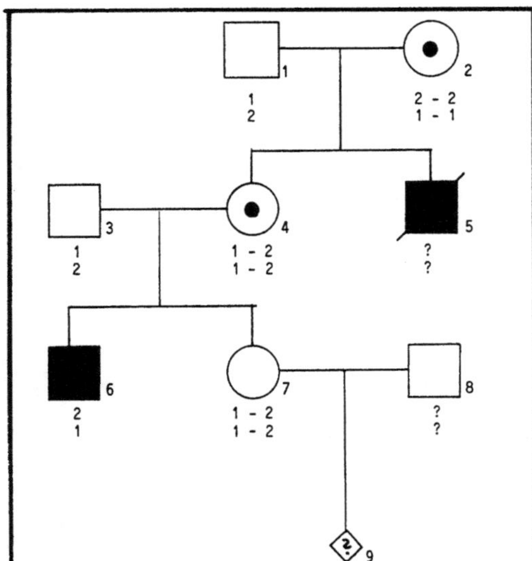

	Genotypen
siehe auch Abb. 2	
Tochter (7) (Ratsuchende)	1 | 2 heterozygot Aa : 99,4 % A | ? homozygot AA : 0,6 % 2 | 1
männl. Foet (9) kann folgende Genotypen haben	2 krank a : 98,8 % ? gesund A : 1,2 % 1
	1 krank a : 0,6 % ? gesund A : 99,4 % 2
	1* krank a : 67,5 % ? gesund A : 32,5 % 1
	2* krank a : 32,0 % ? gesund A : 68,0 % 2

* = crossing-over zwischen den beiden flankierenden DNA-Markern
DMD-Genort: A = normales Allel, a = mutiertes Allel
DNA-Marker: Allel 1 und 2
Der genetische Abstand zwischen dem DMD-Genort und dem Genort des DNA-Markers beträgt 10 cM bzw.5 cM.

Abb. 3. Pränatal-Diagnostik bei DMD mit flankierenden DNA-Markern

DMD geerbt, nur ein crossing-over in der mütterlichen Gamete könnte dazu führen, daß sie mit dem Allel 1 auch das Allel 1 (DMD-Mutation) bekommen hätte. Da die Wahrscheinlichkeit des crossing-over von dem genetischen Abstand zwischen dem Genlocus des DNA-Markers und der DMD-Mutation abhängt (in diesem Beispiel mit 5 cM angenommen), hätte die Ratsuchende (Nr. 7) nur ein geringes Risiko,

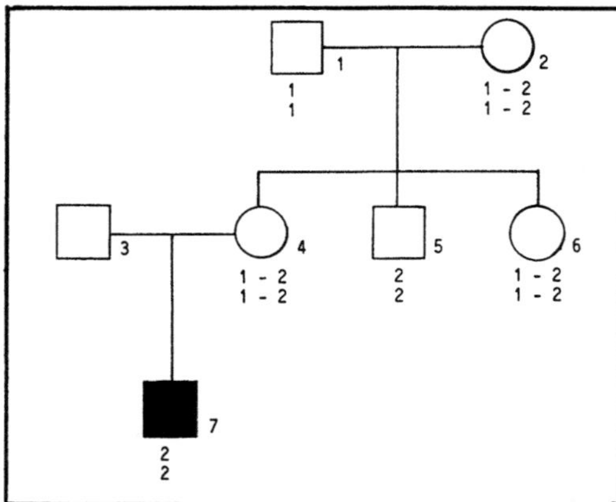

DMD-Genort: A = normales Allel, a = mutiertes Allel
DNA-Marker: Allel 1 und 2
Der genetische Abstand zwischen dem DMD-Genort und dem Genort des DNA-Markers beträgt 10 cM bzw.5 cM.

	Genotypen
Vater (1)	1 A 1
Mutter (2)	1|2 / A|? / 1|2 oder 1|2 / ?|A / 1|2 oder 1|2 / A|? / 2|1 oder 1|2 / ?|A / 2|1 I) nur Stammbauminformation heterozygot : 20,0 % homozygot : 80,0 % II) mit DNA-Markern heterozygot : 1,3 % homozygot : 98,7 %
Tochter (4) (Ratsuchende)	1|2 / A|? / 1|2 I) nur Stammbauminformation heterozygot : 60,0 % homozygot : 40,0 % II) mit DNA-Markern heterozygot : 50,7 % homozygot : 49,3 %
Sohn (7) der Tochter (4) (krank)	2 a 2
Sohn (5) (gesund)	2 A 2
Tochter (6) (Ratsuchende)	1|2 / A|? / 1|2 I) nur Stammbauminformation heterozygot : 10,0 % homozygot : 90,0 % II) mit DNA-Markern heterozygot : 0,7 % homozygot : 99,3 %

Abb. 4. Grenzen der Heterozygoten-Diagnostik bei DMD mit flankierenden DNA-Markern. Für die Frau (Nr. 4) kann mit Hilfe der DNA-Analyse keine eindeutige Aussage gemacht werden (siehe Text)

Überträgerin für DMD zu sein (5%). Hätte sie dagegen von ihrer Mutter (Nr. 4) das Allel 2 des DNA-Markers geerbt, wäre sie mit großer Wahrscheinlichkeit (95%) Überträgerin für DMD, da das Allel 2 des DNA-Markers bei der Mutter (Nr. 4) mit der DMD-Mutation gekoppelt ist.

Indirekte Genotypdiagnostik mit flankierenden DNA-Markern

Werden bei der indirekten Genotypdiagnostik das Krankheitsgen beidseitig flankierende DNA-Marker benutzt, kann nur ein doppeltes crossing-over zu einer falschen Aussage führen. Ein einfaches crossing-over würde keine Informationen liefern. In Abbildung 2 liegt dieselbe Familiensituation wie in Abbildung 1 vor, es stehen jedoch für die DMD-Mutation flankierende DNA-Marker zur Verfügung, wobei der genetische Abstand zwischen der DMD-Mutation und dem Genort der DNA-Marker 10 cM bzw. 5 cM beträgt.

Gegenüber nur einem DNA-Marker sinkt das Risiko der Ratsuchenden (Nr. 7), Überträgerin für DMD zu sein, falls sie von ihrer Mutter das großväterliche X-Chromosom geerbt hat, von 5% auf unter 1%.

Sollte die Ratsuchende (Nr. 6) von ihrer Mutter das großmütterliche X-Chromosom geerbt haben, besteht eine hohe Wahrscheinlichkeit (99,4%) für sie, Überträgerin für DMD zu sein. Es kann dann auf Wunsch eine pränatale Diagnostik mit hoher diagnostischer

Sicherheit bei ihr durchgeführt werden (Abb. 3). Allerdings läßt ein einfaches crossing-over zwischen den beiden flankierenden Markern keine Aussage über den DMD-Genotyp beim Foeten (Nr. 9) zu. Die Wahrscheinlichkeit für ein einfaches crossing-over beträgt bei diesen beiden flankierenden Markern etwa 14%.

Die Heterozygotendiagnostik ist allerdings nicht immer möglich, wie der Stammbaum (Abb. 4) zeigt. Zwei Schwestern (Nr. 4 und 6), die einen gesunden Bruder (Nr. 5) haben, sind Ratsuchende. Die eine Schwester hat einen Sohn (Nr. 7) mit DMD. Aufgrund dieser Stammbaumsituation kann nicht festgelegt werden, wo die Neumutation (DMD) stattgefunden hat. Der Patient (Nr. 7) könnte eine Neumutation sein, dann hätten seine Mutter (Nr. 4) und seine Tante (Nr. 6) kein Risiko, Überträgerin für DMD zu sein. Wäre jedoch die Großmutter (Nr. 2) des Patienten Überträgerin, muß man davon ausgehen, daß die eine Schwester (Nr. 4) mit dem kranken Sohn sichere Überträgerin ist und die andere Schwester (Nr. 6) ein Risiko von 50% hat. Mit Hilfe des Bayesschen Theorem können alle möglichen Situationen für die Risikoschätzung zusammengefaßt werden. Allein aufgrund dieser Stammbauminformation hat die Schwester (Nr. 4) mit dem kranken Sohn ein Risiko von 60% und die andere Schwester (Nr. 6) ein Risiko von 10%, Überträgerin zu sein.

Eine in dieser Familie durchgeführte DNA-Analyse würde folgendes Ergebnis haben (Abb. 4): Der Vater (Nr. 1) der beiden Schwestern hat den Haplotyp 1 - 1. Die Mutter (Nr. 2) und die beiden Schwestern (Nr. 4 und Nr. 6) sind doppelt heterozygot. Der gesunde Bruder (Nr. 5) hat von seiner Mutter (Nr. 2) den Haplotyp 2 - 2 erhalten. Der DMD-Patient (Nr. 7) hat von seiner Mutter (Nr. 4) ein großmütterliches X-Chromosom mit dem Haplotyp 2 - 2 geerbt. Beide Schwestern (Nr. 4 und Nr. 6) und der gesunde Bruder (Nr. 5) haben von ihrer Mutter (Nr. 2) das gleiche X-chromosom geerbt. Daher ist es sehr unwahrscheinlich, daß die Mutter (Nr. 2) Überträgerin ist. Die eine Schwester (Nr. 6) hat praktisch kein Risiko (unter 1%), Überträgerin zu sein. Bei der anderen Schwester (Nr. 4) kann jedoch nicht festgelegt werden, ob sie oder ihr kranker Sohn (Nr. 7) ein Neumutation ist. Die DNA-Analyse liefert für sie nur eine minimale zusätzliche Information für ihr Risiko. Im Falle einer Schwangerschaft kann man ihr jedoch eine pränatale Ausschlußdiagnostik anbieten.

Pränatale Ausschlußdiagnostik

Aufgrund der hohen Neumutationsrate bei DMD wird in einem Teil der DMD-Familien eine Heterozygotendiagnostik mit Hilfe der indirekten Genotypendiagnostik nicht sicher durchführbar sein. Diesen Familien kann jedoch eine pränatale Ausschlußdiagnostik angeboten werden. In der Familie (Abb. 5) (gleiche Familiensituation wie in der Abb. 4) hat die Schwangere (Nr. 4) aufgrund der durchgeführten DNA-Analyse ein Risiko von 51%, Überträgerin zu sein. Der männliche Foet (Nr. 8) kann von seiner Mutter (Nr. 4) entweder das großväterliche oder das großmütterliche X-Chromosom geerbt haben. Hätte er das großväterliche X-Chromosom geerbt, wäre sein Risiko die DMD-Mutation zu haben, sehr gering. Hätte er je-

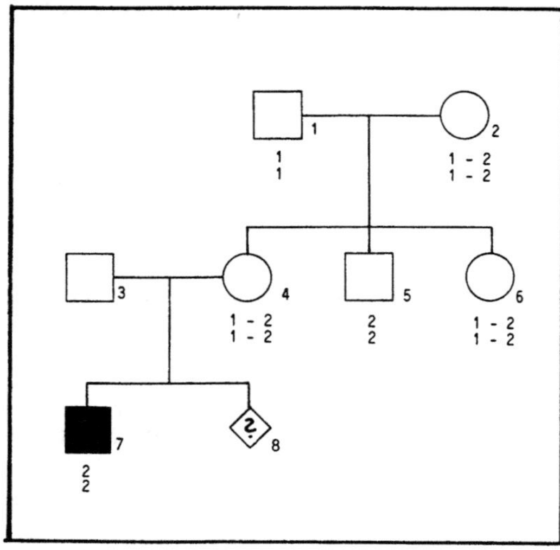

	Genotypen
siehe auch Abb. 4	
Tochter (4) (Ratsuchende)	1 2 / A ? / 1 2 — heterozygot Aa : 50,7 %; homozygot AA : 49,3 %
männl. Foet (8) kann folgende Genotypen haben	1 / ? / 1 — krank a : 0,6 %; gesund A : 99,4 %
	2 / ? / 2 — krank a : 50,1 %; gesund A : 49,9 %
	1* / ? / 2 — krank a : 34,3 %; gesund A : 65,7 %
	2* / ? / 1 — krank a : 16,4 %; gesund A : 83,6 %

* = crossing-over zwischen den beiden flankierenden DNA-Markern
DMD-Genort: A = normales Allel, a = mutiertes Allel
DNA-Marker: Allel 1 und 2
Der genetische Abstand zwischen dem DMD-Genort und dem Genort des DNA-Markers beträgt 10 cM bzw.5 cM.

Abb. 5. Pränatale Ausschluß-Diagnostik bei DMD

doch das großmütterliche X-Chromosom von seiner Mutter (Nr. 4) geerbt, kann sein Risiko, die DMD-Mutation zu haben, nur so groß sein, wie das Risiko seiner Mutter (Nr. 4), Überträgerin für DMD zu sein.

Ergebnisse der indirekten Genotypdiagnostik bei der *Duchenne*-Muskeldystrophie (Pränataldiagnostik) am Institut für Humangenetik der Universität Würzburg

In unserem Institut wird seit 2 Jahren die indirekte Genotypdiagnostik bei der *Duchenne*- und *Becker*-Muskeldystrophie (DMD/BMD) angewandt.

Im Rahmen einer Schwangerschaft konnte man früher einer Ratsuchenden nur eine Geschlechtsdiagnose anbieten, falls für sie ein Risiko bestand, Überträgerin für eine X-chromosomal Muskeldystrophie zu sein. Im Falle eines männlichen Foeten wurde in der Regel ein Schwangerschaftsabbruch durchgeführt, wobei jedoch das durchschnittliche Risiko für den männlichen Foeten unter 50% lag, an DMD/BMD zu erkranken.

An unserem Institut wurden bis Januar 1988 insgesamt 72 Risikoschwangerschaften (DMD/BMD) betreut und die Untersuchungen abgeschlossen. Bei 51 Schwangerschaften wurde eine pränatale Diagnostik durchgeführt (Tabelle 1). Die Chromosomenanalyse aus dem foetalen Gewebe ergab, daß in 27 Fällen ein männlicher Karyotyp vorlag. Nur in 6 Fällen entschieden sich die Eltern aufgrund des festgestellten hohen Risikos für einen Schwangerschaftsabbruch (Tabelle 2).

Tabelle 1. Pränatale DNA-Diagnostik für Muskeldystrophie *Duchenne* am Institut für Humangenetik der Universität Würzburg (Stand Januar 1988)

Gesamtzahl der Anfragen bei bestehender Schwangerschaft:	92
aus Kapazitätsgründen an ein anderes Institut weitergeleitet:	14
bei uns betreut:	78
davon abgeschlossen:	72
noch in Arbeit:	6
Pränatale Diagnostik nicht gewünscht (z.B. aufgrund des Stammbaums niedriges Heterozygoten-Risiko der Ratsuchenden):	14
Risikoberechnung für anderes DNA-Labor:	2
DNA-Analyse ergab niedriges Heterozygoten-Risiko, daher keine pränatale Diagnostik:	5
Abgeschlossene Pränataldiagnosen: (36 Chorionbiopsien, 15 Amniocentesen)	51
weibl. Karyotyp (46,XX), keine weitere DNA-Diagnostik:	21
Karyotypisierung nicht erfolgreich (Ultraschall: weiblich)	
gesundes Mädchen geboren:	1
Chromosomen-Aberrationen:	
45,XO (induz. Abort):	1
47,XX+13 (Fehlgeburt):	1
männl. Karyotyp (46,XY), foetale DNA-Diagnose:	27

Unsere Erfahrungen haben gezeigt, daß in den DMD/BMD-Familien bei der indirekten Genotypdiagnostik durchschnittlich etwa 7.6 Personen mit jeweils 6.8 DNA-Markern untersucht werden müssen. Eine Laborkraft (Wissenschaftler oder TA) kann etwa 1 Familie pro Monat untersuchen. Für die Auswertung der DNA-Analysedaten benötigt ein erfahrener Humangenetiker etwa 2 - 4 Stunden, wobei für die statistische Risikoeinschätzung Computerprogramme zur Hilfe genommen werden müssen.

Wegen der Komplexität der diagnostischen Aussage, die ja immer eine Wahrscheinlichkeitsangabe ist, erscheint es uns unbedingt erforderlich, daß jede Genotypdiagnostik nur im Rahmen einer ausführlichen genetischen Beratung erfolgt. Dabei sollte den Ratsuchenden das Prinzip der Untersuchung in verständlicher Weise erklärt werden und auf die Grenzen des Verfahrens (z.B. nicht informative DNA-Marker, Informationsverlust durch crossing-over) hingewiesen werden (vgl. Empfehlung der Enquete-Kommission "Chancen und Risiken der Gentechnologie" des 10. Deutschen Bundestages, S. 152-153 sowie die Stellungnahme der Arbeitsgemeinschaft für Biotechnologie).

Tabelle 2. Ergebnisse von 27 foetalen DNA-Diagnosen für Muskeldystrophie *Duchenne*

I) Schwangere ist sichere Heterozygote (DMD) oder hat eine hohe Wahrscheinlichkeit für Heterozygotie (DMD):

Nr.	Risiken (%) der Mutter	des Foeten	Schwangerschaftsausgang
3	99.9	0.6	gesund geboren
8	95.0	25.0	induzierter Abort
16	79.1	0.3	gesund geboren
19	99.9	0.6	gesund geboren
28	67.3	61.6	induzierter Abort
29	52.0	49.6	induzierter Abort
56	50.0	?	Fehlgeburt
58	99.2	98.0	induzierter Abort
59	93.0	0.6	läuft noch
61	67.3	< 3.0	läuft noch[1]
66	100.0	< 4.0	läuft noch
71	100.0	95.0	induzierter Abort
72	99.4	5.0	läuft noch
73	13.6	< 4.0	läuft noch
84	20.0	?	Fehlgeburt

II) Bei dem Index-Patienten wurde eine Deletion im DMD-Genbereich nachgewiesen, deswegen wurde bei der Schwangeren eine pränatale Diagnose durchgeführt

Nr.	Risiken (%) der Mutter	des Foeten	Schwangerschaftsausgang
20	< 1.0	< 1.0	gesund geboren
21	< 1.0	< 1.0	gesund geboren
23	100.0	< 1.0	gesund geboren
24	< 1.0	100.0 ?	induzierter Abort[2]
33	< 1.0	< 1.0	gesund geboren[3]
49	< 1.0	< 1.0	läuft noch

[1]zweite Schwangerschaft von Nr. 28
[2]Abbruch wegen aberranter DNA-Fragmente in der foetalen DNA
[3]zweite Schwangerschaft von Nr. 24

Tabelle 2. (Fortsetzung)

III) Pränatale Diagnose wäre nicht erforderlich gewesen, da die Schwangere nur ein geringes Risiko hat, heterozygot (DMD) zu sein, dieser Befund wurde jedoch erst im Rahmen der pränatalen Diagnose erhoben

Nr.	Risiken (%) der Mutter	des Foeten	Schwangerschaftsausgang
1	4.0	1.4	gesund geboren
2	0.4	< 0.1	gesund geboren
15	0.5	0.2	gesund geboren
18	2.8	1.2	gesund geboren
36	0.5	0.1	gesund geboren
52	< 0.1	0.1	läuft noch

Danksagung. Bei der Entwicklung einer Heterozygoten- und Pränataldiagnostik mit molekulargenetischen Methoden in Familien mit DMD/BMD werden wir von dem BMFT (SVG 13), dem Verein zur Förderung der humangenetischen Beratung (HG 175) und der Deutschen Gesellschaft zur Bekämpfung der Muskelkrankheiten e.V. unterstützt.

Literatur

Monaco AP, Kunkel LM (1987) A giant locus for the Duchenne and Becker muscular dystrophy gene. T.I.G. 3:33

Smith HO (1979) Nucleotide sequence specificity of restriction endonucleases. Science 205:455

Southern EM (1975) Detection of specific sequences among DNA fragments separated by gel electrophoresis. J Mol Biol 98:503

Willard HF, Skolnick MR, Pearson PL, Mandel JL (1985) Human gene mapping by recombinant DNA techniques. Cytogenet Cell Genet 40:360

Diskussion

SCHAUB:
Kann man in den Fällen (ca. 10 - 15%), in denen Sie während der Schwangerschaft keine sichere Aussage über die Diagnose beim Foeten machen können, nach einem durchgeführten Abort die Diagnose nachträglich stellen?

GRIMM:
Leider noch nicht. Herr Goebel (Neuropathologie Mainz) hat bisher vergeblich versucht, am foetalen Gewebe die DMD-Diagnose mit histologischen Methoden zu stellen. Gesunde und kranke (DMD) Foeten lassen sich bis jetzt histologisch noch nicht unterscheiden. Inzwischen ist der Basisdefekt bei der DMD bekannt. Es fehlt das Protein Dystrophin. Dieser Defekt kann im foetalen Muskelgewebe bei Vorliegen der Krankheit nachgewiesen werden.

GISSMANN:
Sie geben ja immer noch die CK-Werte an und bestimmen diese auch wahrscheinlich. Wieviel Wert bemessen Sie diesen CK-Werten bei der Heterozygotendiagnostik zu?

GRIMM:
Ich bin immer froh, wenn die CK-Werte bei der Risikoschätzung praktisch keine Rolle spielen. Es gibt jedoch Familiensituationen, wo die DNA-Analyse alleine keine sichere Heterzygotendiagnostik erlaubt, insbesondere ist dies bei Familien mit sporadischen Patienten der Fall, wo der Ursprung der Mutation nicht nachgewiesen werden kann. Wenn jetzt eine Frau hohe CK-Werte und einen kranken Sohn hat, dann ist sie mit sehr großer Wahrscheinlichkeit Überträgerin für DMD. Sollte jedoch bei ihr ein normaler CK-Wert vorliegen, dann kann nicht angegeben werden, sie sei keine Überträgerin. Wir benutzen aber alle CK-Werte (erhöhte und normale) für unsere Risikoschätzung.

BACHMANN:
Sie gewinnen Informationen, wenn Sie viele Familienmitglieder anschauen. Andererseits ist es wahrscheinlich eine Katastrophe, wenn Sie einen lebenden zweijährigen Buben mituntersuchen und feststellen, daß er an einer DMD erkranken wird.

GRIMM:
Zu der Problematik mit den kleinen Jungen, die theoretisch noch an DMD erkranken könnten: Für die DNA-Analyse können wir für die indirekte Genotypdiagnostik in der Regel nur DNA von den männlichen Personen gebrauchen, deren Phänotyp gesichert ist. Die DNA von einem Knaben, der nicht sicher gesund oder sicher krank ist, nützt uns bei der DNA-Diagnostik nicht sehr viel.

BACHMANN:
Wie handhaben Sie einerseits das Hereinholen von DNA-Proben aus der Verwandtschaft und andererseits das Recht dieser Angehörigen auf Nichtwissen über die Untersuchungsbefunde?

GRIMM:
Dies ist durchaus ein Problem. Grundsätzlich haben wir uns entschlossen, daß die Informationen, die wir gewinnen, nur an die weitergegeben werden, die es wissen wollen. Bei der Untersuchung von DMD-Familien müssen in der Regel auch unbeteiligte weibliche Familienmitglieder untersucht werden, die primär nicht um ihr Risiko angefragt haben. Bei Abschluß der Untersuchungen stellen wir jedoch auch automatisch deren Risiko fest, ob sie Überträgerinnen sind. Allerdings fragen wir grundsätzlich diese Frauen, ob sie diese Informationen haben wollen.

BACHMANN:
Fragen Sie die Frauen bevor Sie mit der Diagnostik anfangen, ob sie ein Resultat bekommen wollen?

GRIMM:
Um für eine Frau in einer Familie festzustellen, ob sie Überträgerin ist, müssen in der Regel auch die übrigen weiblichen Angehörigen untersucht werden.

LANG:
Darf ich nochmal auf die CK zurückkomen: Es gibt im süddeutschen Raum ein kommerzielles Labor, das CK-Bestimmungen auf Einsendebasis als Vorsorgeuntersuchungen anbietet. Wieweit ist diese Aktivität aus Ihrer Sicht sinnvoll?

GRIMM:
Dieses Labor in Breitnau (Dr. Scheuerbrandt) führt Screeningtest auf freiwilliger Basis für DMD/BMD bei Knaben durch. Die Hauptschwierigkeit liegt bei diesen Screeningtests darin, daß bis jetzt noch keine Therapie für DMD/BMD zur Verfügung steht. Dies ist auch mit ein Grund, warum dieser Screeningtest kein Routineverfahren ist, sondern auf rein freiwilliger Basis durchgeführt wird. Alle Eltern, die sich für diesen Screeningtest entscheiden, müssen wissen, ob sie praktisch 3 - 4 Jahre im voraus erfahren möchten, ob ihr Kind später diese furchtbare Krankheit bekommen wird.

DRIESEL:
Herr Grimm, Sie haben uns dargelegt, daß dieses Gen bis zu 2 Mio. Basenpaare groß ist. Könnte man sich vorstellen, daß an Stelle der indirekten zukünftig eine direkte Methode für die Diagnostik zur Verfügung stünde?

GRIMM:
Ja, in einigen Familien steht praktisch eine direkte Methode bereits zur Verfügung und zwar in den Familien, wo der Index-Patient eine erkennbare Deletion im DMD-Genbereich hat. Schwierigkeiten bereitet jedoch bis jetzt der Nachweis von Deletionen bei Frauen. In vielen Familien, die uns um Rat fragen, lebt auch der Indexpatient nicht mehr, sodaß die indirekte Genotypdiagnostik noch lange eine Rolle in der Heterozygoten- und Pränataldiagnostik bei DMD und BMD spielen wird.

SCHRECKENBACH:
Ich beziehe mich auf den Satz von Herrn Driesel, daß der juristische Vater mit bis zu 10% Wahrscheinlichkeit nicht der biologische Vater ist. Wenn ich diese Unsicherheit einrechnen muß, kommen Sie ja zu sehr unsicheren Werten, d.h. begleiten die Analysen auch die Vaterschaftsanalyse?

GRIMM:
Nein, wir machen routinemäßig keine Vaterschaftsanalysen in den DMD-Familien. Eine falsche Vaterschaft kann jedoch ein Problem sein. In der folgenden Familie (Abb. 6a) möchte die Ratsuchende (Nr. 4), Schwester von zwei DMD-Patienten (Nr. 5 und Nr. 6), wissen, welches Risiko sie und ihr männlicher Foet (Nr. 7) haben, Genträger für DMD zu sein. Von ihrem Vater (Nr. 1) hat sie das Marker-Allel 1 und von ihrer Mutter (Nr. 2) das Marker-Allel 2 geerbt. Ihre beiden kranken Brüder (Nr. 5 und Nr. 6) haben jedoch von der Mutter das Marker-Allel 1 erhalten. Damit hat die Ratsuchende (Nr. 4) nur eine geringe Wahrscheinlichkeit, Über-

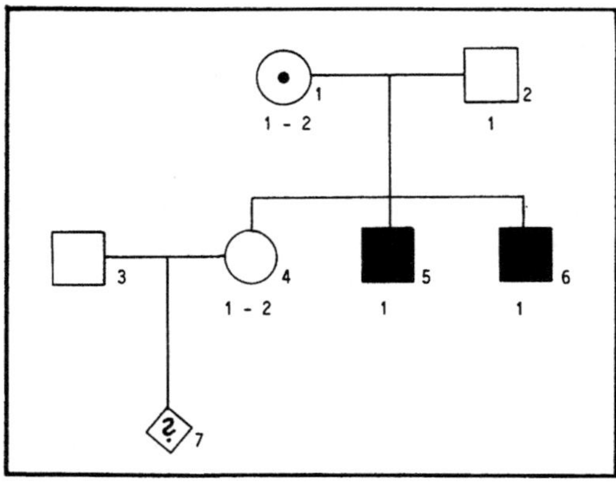

	Genotypen
Vater (2)	1 A
Mutter (1) (heterozygot)	1|2 oder 1|2 a|A A|a
2 Söhne (5, 6) (krank)	1 a
Tochter (4) (Ratsuchende)	1|2 heterozygot Aa : 5,3 % A|? homozygot AA : 94,7 %
männl. Foet (7)	1 krank a : 0,3 ? gesund A : 99,7

DMD-Genort: A = normales Allel, a = mutiertes Allel
DNA-Marker: Allel 1 und 2
Der genetische Abstand zwischer dem DMD-Genort und dem Genort des DNA-Markers beträgt 5 cM.

Abb. 6a. Heterozygoten- und Pränatal-Diagnostik bei DMD. Bedeutung des biologischen Vaters der Ratsuchenden für die Risikoabschätzung (siehe auch Abb. 6b)

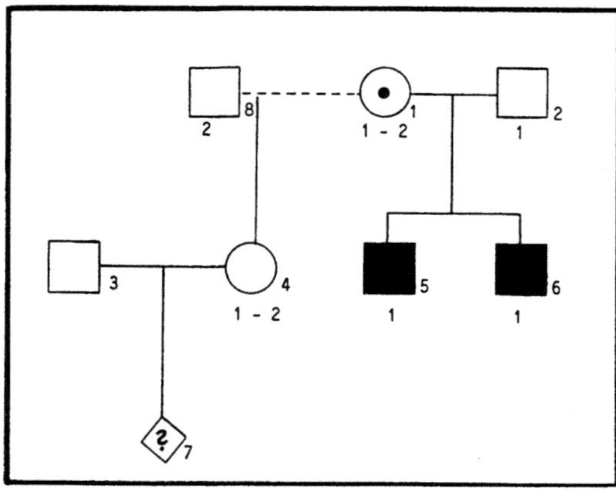

	Genotypen
Vater (2)	1 A
Mutter (1) (heterozygot)	1|2 oder 1|2 a|A A|a
2 Söhne (5, 6) (krank)	1 a
biologische Vater (8)	2 A
Tochter (4) (Ratsuchende)	2|1 heterozygot Aa : 94,7 % A|? homozygot AA : 5,3 %
männl. Foet (7)	1 krank a : 90,0 ? gesund A : 10,0

DMD-Genort: A = normales Allel, a = mutiertes Allel
DNA-Marker: Allel 1 und 2
Der genetische Abstand zwischen dem DMD-Genort und dem Genort des DNA-Markers beträgt 5 cM.

Abb. 6b. Heterozygoten- und Pränatal-Diagnostik bei DMD. Bedeutung des biologischen Vaters der Ratsuchenden für die Risikoabschätzung (siehe auch Abb. 6a)

trägerin zu sein (5,3%). Zusätzlich hat der Foet noch das großväterliche X-Chromosom bekommen. Für den Foeten besteht somit praktisch kein Risiko, später an DMD zu erkranken (0,3%). Sollte jedoch der Vater (Nr. 1) nicht der biologische Vater der Ratsuchenden (Nr. 4) sein (Abb. 6b) und hätte der unbekannte biologische Vater (Nr. 8) das Marker-Allel 2 gehabt, wäre die Ratsuchende (Nr. 4) mit großer Wahrscheinlichkeit (94,7%) Überträgerin. Ihr männlicher Foet (Nr. 7) hätte jetzt ein großmütterliches X-chromosom geerbt und ein sehr hohes Risiko, später an DMD zu erkranken (90%). Aber wir machen diese Vaterschaftsüberprüfung nicht routinemäßig. Wir schreiben jedoch grundsätzlich in jedem Befundbericht, daß unsere Risikoangaben nur stimmen, wenn einmal die Diagnose in der Familie DMD/BMD ist und wenn die biologische Vaterschaft so vorliegt, wie sie uns mitgeteilt worden ist.

Prädispositionen und Präventivmedizin

Moderator: D. Seidel

Primärprävention der koronaren Herzkrankheit und Gendiagnostik bei Fettstoffwechselstörungen

G. Assmann

Bei den atherosklerotischen Gefäßkrankheiten handelt es sich um Erkrankungen mit multifaktorieller Genese. So beanspruchen krankhafte somatische Zustände, wie Fettstoffwechselstörungen, Hypertonus und Diabetes mellitus, sowie verhaltensbedingte Merkmale wie Zigarettenrauchen, Übergewicht und Bewegungsmangel, das Risiko eines späteren Auftretens von klinisch manifesten Herz-Kreislauf-Erkrankungen zu begünstigen. Unter den Risikofaktoren für die koronare Herzkrankheit spielen Fettstoffwechselstörungen eine zentrale Rolle. Der kausale Zusammenhang von Hypercholesterinämie und progredienter Arteriosklerose steht heute außer Frage. Geeignete Vorsorgemaßnahmen, gezielte Diagnostik, d.h. Erkennung von Hochrisikopatienten, und Einsatz moderner Behandlungsverfahren sind gleichermaßen bedeutsam, um Morbidität und Mortalität der koronaren Herzkrankheit zu beeinflussen.

Expertengremien in den USA und Europa haben bezüglich der Primärprävention der koronaren Herzkrankheit und der Therapie von Fettstoffwechselstörungen kürzlich eindeutige Empfehlungen erarbeitet [1-4]. Einheitlich wird in diesen Empfehlungen die Meinung vertreten, daß Cholesterinwerte nicht über 200 mg/dl liegen sollten. Diese Empfehlungen stützten sich auf das Ergebnis verschiedener Untersuchungen [5-8]: Im Multiple Risk Factor Intervential Trial wurde in einem Kollektiv von ca. 350.000 Männern im Alter zwischen 35 und 57 Jahren ein linearer Anstieg der durch koronare Herzkrankheit verursachten Mortalität mit dem Serumcholesterinspiegel bestimmt (Abb. 1) [8]. Bei Cholesterinwerten zwischen 200 mg/dl und 250 mg/dl verdoppelt sich das Risiko, an koronarer Herzkrankheit zu sterben! Die USA-Konsensus-Konferenz hat altersabhängige, behandlungsbedürftige Cholesterinwerte mit mäßig erhöhtem und hohem Koronarrisiko definiert (Tabelle 1).

Eine europäische Konsensus-Konferenz hat inhaltlich sehr ähnliche Empfehlungen ausgesprochen, jedoch stärker in der individuellen Risikoabwägung und Behandlungsnotwendigkeit Serumtriglyzeride, HDL-Cholesterin und das sonstige Gesamtrisiko (Familienanamnese, Rauchgewohnheiten, Hypertonie, Diabetes mellitus, männliches Geschlecht) berücksichtigt (Tabelle 2) [3]. Im Gegensatz zu einer in vielen europäischen Ländern geübten Praxis, nach der Cholesterinwerte ab 260 mg/dl als pathologisch gelten, hat die europäische Konsensus-Konferenz sich darauf verständigt, daß bei allen erwachsenen Personen Cholesterinwerte ab 200 mg/dl der ärztlichen Aufmerksamkeit bedürfen. Für die meisten Personen mit Cholesterinwerten zwischen 200 und 250 mg/dl werden eine Ernährungsberatung und die Behandlung anderer vorliegender Risikofaktoren empfohlen. Bei ausgeprägten Hypercholesterinämien (250-300 mg/dl) werden eine intensive diätetische Behandlung und, wenn nötig, der Einsatz von Lipidsenkern mit regelmäßiger Überprüfung der

Tabelle 2. Richtlinien zur Einteilung und Therapie der Hpyerlipidämien entsprechend der europäischen Empfehlungen [3]

Basisdiagnostik	Weitere Risikoevaluierung	Behandlung
A Gesamtcholesterin 200-250 mg/dl Triglyzeride < 200 mg/dl	Abschätzen des Gesamtrisikos für eine koronare Herzkrankheit unter Berücksichtigung der Familienanamnese, der Rauchgewohnheiten, der Hypertonie, des Diabetes mellitus, des männlichen Geschlechts, des jüngeren Alters und niedriger HDL-Cholesterinwerte unter 35 mg/dl.	Bei Übergewicht Kalorienreduktion. Bieten Sie Ernährungsberatung an und korrigieren Sie etwaige andere Risikofaktoren!
B Gesamtcholesterin 250-300 mg/dl Triglyzeride < 200 mg/dl	Abschätzen des Gesamtrisikos für eine koronare Herzkrankheit unter Berücksichtigung der Familienanamnese, der Rauchgewohnheiten, der Hypertonie, des Diabetes mellitus, des männlichen Geschlechts, des jüngeren Alters und niedriger HDL-Cholesterinwerte unter 35 mg/dl.	Bei Übergewicht Kalorienbeschränkung. Verordnung von fettarmer Kost mit Überprüfung des Effekts und der Compliance. Bleibt das Gesamtcholesterin hoch, kommt ein Lipidsenker in Frage.
C Gesamtcholesterin < 200 mg/dl Triglyzeride 200-500 mg/dl	Suche nach den Ursachen der Hypertriglyzeridämie wie z.B. Adipositas, exzessiver Alkoholgenuß, Diuretika, Betablocker, Östrogenpräparate, Diabetes mellitus	Bei Übergewicht Kalorienbeschränkung. Befassen Sie sich, sofern vorhanden, mit den zugrundeliegenden Ursachen! Verschreiben und kontrollieren Sie eine fettsenkende Diät! Überprüfen Sie die Cholesterin- und Triglyzeridspiegel!
D Gesamtcholesterin 200-300 mg/dl Triglyzeride 200-500 mg/dl	Überprüfen Sie das Gesamtrisiko für die koronare Herzkrankheit wie unter A. Suchen Sie nach zugrundeliegenden Ursachen für die Hypertriglyzeridämie wie unter C.	Bei Übergewicht Kalorienbeschränkung. Befassen Sie sich, wenn vorhanden, mit den zugrundeliegenden Ursachen für die Hypertriglyzeridämie, und gehen Sie vor wie unter A und B! Verordnen Sie fettsenkende Diät, und überprüfen Sie den Effekt! Bleibt die Wirkung auf die Serumlipide inadäquat, und ist das Gesamtrisiko für eine koronare Herzkrankheit hoch, sollten Sie den Einsatz von Lipidsenkern erwägen!

Tabelle 2 (Fortsetzung)

Basisdiagnostik	Weitere Risikoevaluierung	Behandlung
E Gesamtcholesterin > 300 mg/dl und/oder Triglyzeride > 500 mg/dl		Erwägen Sie die Einweisung in eine auf Lipidstoffwechselstörungen spezialisierte Klinik oder die Überweisung an einen Spezialisten zur Diagnostik und Therapieeinleitung!
Gesamtcholesterin 200 mg/dl = 5.2 mmol/l 300 mg/dl = 7.8 mmol/l	HDL-Cholesterin 35 mg/dl = 0.9 mmol/l	Triglyzeride 200 mg/dl = 2.3 mmol/l 500 mg/dl = 5.6 mmol/l

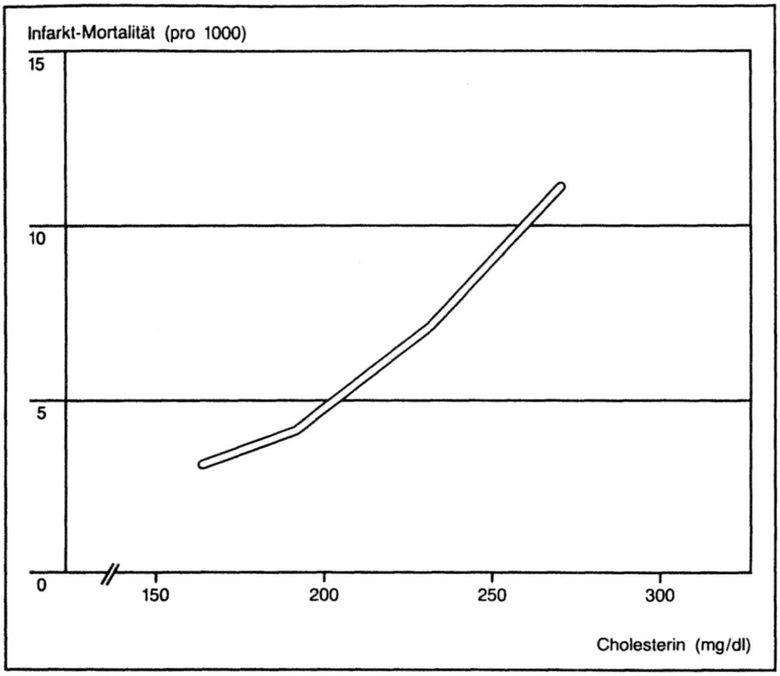

Abb. 1. Herzinfarkt-Mortalität in 6 Jahren entsprechend den Daten der MRFIT-Studie, 356.222 Männer, Alter 35-57 Jahre

Tabelle 1. Behandlungsbedürftige Cholesterinwerte entsprechend den Empfehlungen der USA-Konsensus-Konferenz [1]

Alter (Jahre)	Mäßig erhöhtes Risiko		Hohes Risiko	
	mg/dl	(mmol)	mg/dl	(mmol)
20-29	> 200	(5.17)	> 200	(5.69)
30-39	> 220	(5.69)	> 240	(6.21)
> 40	> 240	(6.21)	> 260	(6.72)

Wirkung angeraten. Bei Cholesterinwerten über 300 mg/dl sollten zwecks Abklärung der exakten Diagnose und Einleitung der Therapie Spezialisten zu Rate gezogen werden. Um die Zielmarke 200 mg/dl Cholesterin zu erreichen und dadurch Häufigkeit und Schweregrad der koronaren Herzkrankheit erfolgreich zu bekämpfen, unterscheidet die europäische Konsensus-Konferenz zwischen Individual- und Massenstrategien. Die Individual- oder Hochrisikostrategie verfolgt das Ziel, durch breitgefächerten Einsatz von klinischen Untersuchungen und Labortests diejenigen Personen in der Bevölkerung zu identifizieren, die ein besonders hohes Herzinfarktrisiko aufweisen (z.B. bedingt durch Hypercholesterinämie). Eine

Multiple Logistische Funktion
– Herzinfarkt in der Familie
– Diabetes mellitus (anamnestisch)
– Rauchen ja / nein
– Angina pectoris ja / nein
– Lebensalter (exakter Wert)
– Systolischer Blutdruck (exakter Wert)
– Gesamtcholesterin (exakter Wert)
– HDL Cholesterin (exakter Wert)

Abb. 2. Strategie zur Früherkennung Herzinfarkt-gefährdeter Männer (40-65 Jahre) mittels multipler logistischer Funktion (MLF) aufgrund der Daten der PROCAM-Studie

Kombination von selektivem Screening (konsequente Fahndung nach Risikofaktoren bei folgender Konstellation: familiäre Disposition für kardiovaskuläre Erkrankungen oder Hyperlipidämie; Xanthome; Xanthelasma oder arcus corneae; Übergewicht; Diabetes mellitus; Hypertension; Rauchen; Gicht) und Screening im Rahmen der ärztlichen Primärversorgung (in regelmäßigen Abständen beim niedergelassenen Arzt, im Rahmen der betriebsärztlichen Vorsorgemedizin, bei Einstellungsuntersuchungen) kann derzeit in den europäischen Ländern als optimale Strategie zur Erfassung einer großen Zahl von Risikopatienten betrachtet werden.

Eine praxisnahe Möglichkeit, Hochrisikopatienten für den Herzinfarkt zu erkennen, besteht darin, Informationen aus mehreren Parametern (den wichtigsten Risikofaktoren) mit Hilfe des mathematischen Verfahrens zur Diskremination und Klassifikation der multiplen logistischen Funktion (MLF) zu analysieren (Abb. 2). Im Taschenrechner "Spirit" werden als Ergebnis der PROCAM-Studie die trennfähigsten unabhängigen Merkmale, d.h. Herzinfarkt in der Familie, Diabetes mellitus, Rauchen, Angina pectoris, Lebensalter, systolischer Blutdruck, Gesamtcholesterin und HDL-Cholesterin, berücksichtigt. Gemäß der individuellen Ausprägung der genannten Parameter wurde für jeden Teilnehmer das Risiko, innerhalb von vier Jahren eine koronare Herzkrankheit zu entwickeln, bestimmt und das Kollektiv nach diesem berechneten Risiko aufsteigend in fünf gleich große Gruppen (Quintile) geordnet (Abb. 3). Während in den beiden untersten Quintilen keine Herzinfarkte auftraten, stieg die Inzidenz vom dritten bis fünften Quintil von 12 über 25 und schließlich sogar 105 pro Tausend an. Auf das oberste Quintil entfielen drei Viertel aller Infarkte. Das

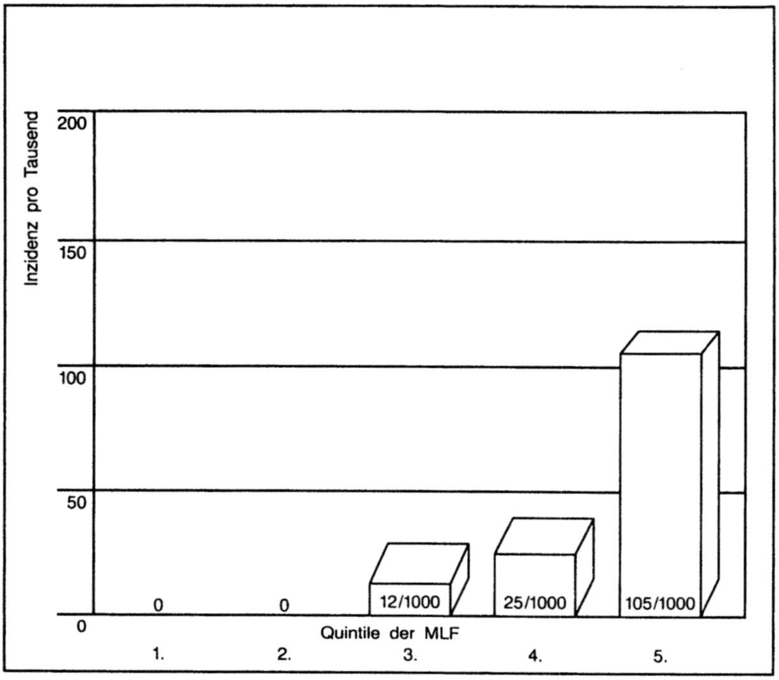

Abb. 3. Vier-Jahres-Inzidenz von Herzinfarkten in Abhängigkeit von der multiplen logistischen Funktion (MLF). Daten der PROCAM-Studie

Risiko dieser Probanden war nahezu zwölffach erhöht – jeder 10. des Risikokollektivs erlitt innerhalb von vier Jahren einen Myokardinfarkt gegenüber jedem 119. in den restlichen 80%.

Die Individualstrategie zur Erkennung von Herzinfarkt-Hochrisikopatienten ist jedoch als alleinige präventivmedizinische Maßnahme unzureichend. Massenstrategische Aspekte sollten die Individualstrategie ergänzen. Die Massenstrategie verfolgt das Ziel, in der Gesamtbevölkerung eine Veränderung der Lebensgewohnheiten zu erreichen, wobei insbesondere durch Umstellung der Ernährungsgewohnheiten, durch regelmäßige körperliche Ertüchtigung und Nikotinabstinenz eine Reduktion des Infarktrisikos in der Bevölkerung erwartet werden kann. Die Ernährungsempfehlungen beinhalten die angepaßte Kalorienzufuhr zur Vermeidung von Übergewicht, die Reduktion des Fettkonsums auf weniger als 30% der täglich aufgenommenen Kalorienmenge, wobei die gesättigten Fettsäuren weniger als 10% ausmachen sollten. Empfohlen werden der Konsum von einfach ungesättigten und mehrfach ungesättigten Fettsäuren sowie die Einschränkung des Cholesterinkonsums auf weniger als 300 mg/Tag bei gleichzeitig erhöhtem Verbrauch von komplexen Kohlenhydraten (Früchte, Gemüse, Faserstoffe sowie Restriktion von Alkohol und Salz). Diese Vorbeugemaßnahmen sollten sowohl bevölkerungsweit als auch inbesondere von Personen mit Cholesterinwerten über 200 mg/dl beachtet werden. Die Implementierung solcher Ernährungsstrategien erfordert die Zusammenarbeit von Ärzten, Regierungsbehörden und der Ernährungsindustrie. Sie erfordert

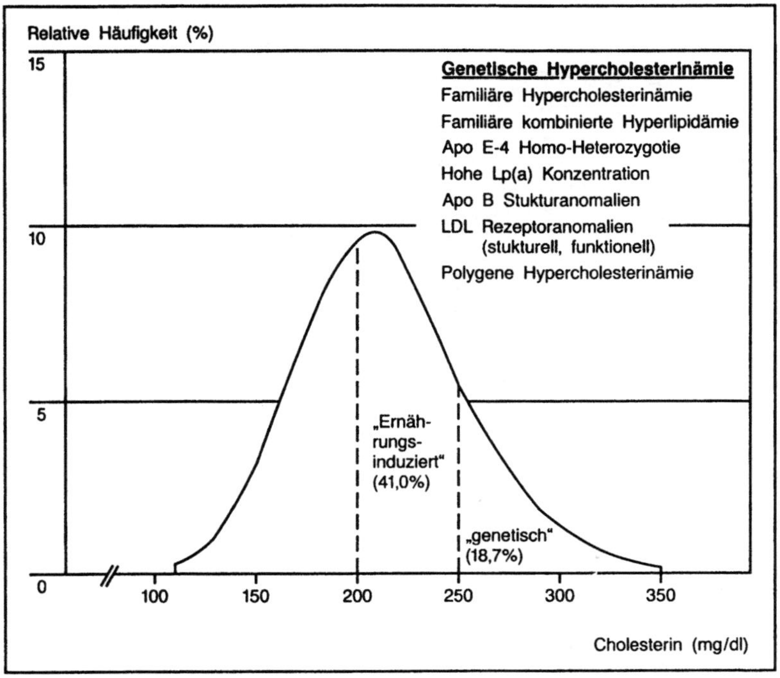

Abb. 4. Häufigkeitsverteilung der Cholesterinwerte bei 20-50-jährigen Männern (n = 11.091). Daten der PROCAM-Studie

öffentliche Erziehungsmaßnahmen, geeignete Etikettierung der Nahrungsmittel und ein ernährungswissenschaftlich wünschenswertes Speisenangebot in Restaurants und Kantinen sowie politische Maßnahmen durch nationale und internationale Organisationen.

Die Hypercholesterinämie ist in Deutschland und anderen europäischen Ländern ein Massenproblem. Aufgrund umfangreicher Untersuchungen in Westfalen und im Ruhrgebiet (Prospektive Cardiovaskuläre Münster [PROCAM]-Studie) [9] fand man bei ca. 60% aller Männer im Lebensalter zwischen 20 und 50 Jahren Cholesterinwerte über 200 mg/dl (Abb. 4). Beim überwiegenden Teil der Hypercholesterinämien mit Werten zwischen 200 und 250 mg/dl (41%) kann durch Korrektur falscher Ernährung (weniger Nahrungscholesterin, weniger gesättigte Fettsäuren, weniger Kalorien) eine Reduktion des Serumcholesterin (LDL-Cholesterin) erreicht werden. Die Pathomechanismen, die eine Überhöhung des LDL-Cholesterins bedingen, werden heute gut verstanden. Eine cholesterinreiche Nahrung führt zu einer Suppression der hepatozellulären LDL-Rezeptoren, eine kalorienreiche Nahrung zur Überproduktion von VLDL und damit indirekt von LDL, gesättigte Fettsäuren bedingen einen verminderten Katabolismus von IDL und LDL.

Hypercholesterinämien mit Werten über 250 mg/dl (18,7%) haben oft eine genetische Komponente (Abb. 4). Laborchemisch können durch LDL-Rezeptorbestimmung, Apolipoprotein-B-Quantifizierung, Lp(a)-Quantifizierung und Bestimmung des Apolipoprotein-E-Poly-

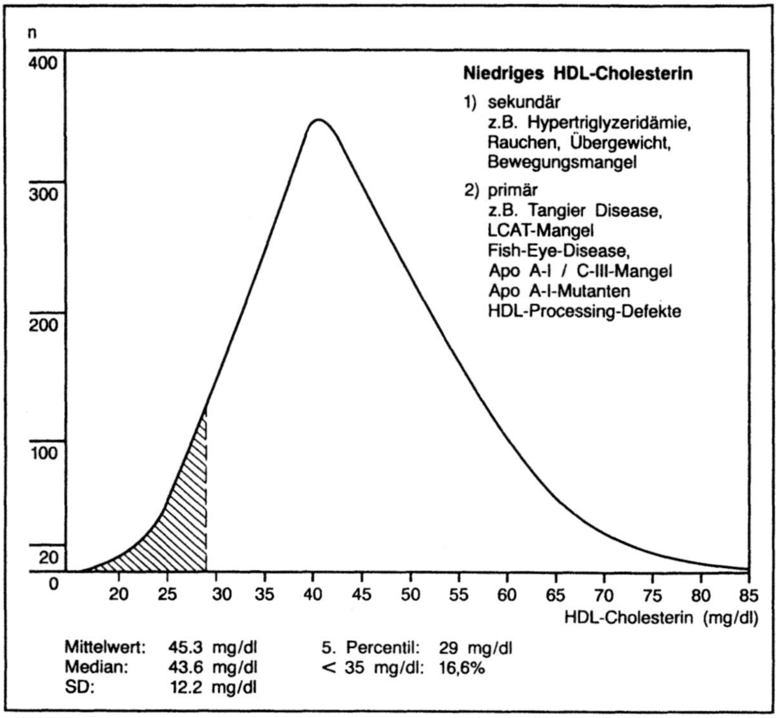

Abb. 5. Häufigkeitsverteilung von HDL-Cholesterin bei 20-60-jährigen Männern (n = 9.124). Daten der PROCAM-Studie

morphismus differentialdiagnostische Untersuchungen durchgeführt werden, deren Ergebnisse in der Regel eine diagnostische Zuordnung zulassen, besonders wenn bei anderen Familienangehörigen entsprechende Konstellationen vorliegen (siehe auch unten).

Die Erkennung von Hochrisikopatienten ist aufgrund alleiniger Cholesterinbestimmung in der Regel nicht möglich. Vielmehr sollten Triglyzeride und HDL-Cholesterin in die Risikobeurteilung eingeschlossen werden. Letztere Parameter sind aufgrund der europäischen Empfehlungen wie folgt zu bewerten:

Im Gegensatz zur Hypercholeserinämie, deren kausale Rolle in der Pathogenese der koronaren Herzkrankheit unstrittig ist, ist die Beurteilung einer Hypertriglyzeridämie hinsichtlich eines assoziierten Koronarrisikos oft schwierig. Leicht erhöhte Triglyzeridwerte sind nicht selten vergesellschaftet mit Adipositas, Alkoholkonsum und/oder schlecht eingestelltem Diabetes mellitus. Eine Korrektur dieser Faktoren kann oft den Triglyzerid-Stoffwechsel normalisieren. Insbesondere bei der familiären kombinierten Hyperlipidämie und der Typ-III-Hyperlipoproteinämie ist die Hypertriglyzeridämie Ausdruck einer Stoffwechselstörung triglyzeridreicher Lipoproteine, die mit einem hohen Koronarrisiko verbunden ist. Triglyzeridwerte über 1000 mg/dl sind mit einem Pankreatitis-Risiko assoziiert und bedürfen der Behandlung.

Niedrige HDL-Cholesterinspiegel sind bei vielen Personen mit einem hohen Koronarrisiko verbunden. In mehreren epidemiologischen Studien konnte eine inverse Beziehung zwischen der Höhe des HDL-Cholsterinspiegels und dem Risiko der koronaren Herzkrankheit bestätigt werden. Niedrige HDL-Cholesterinwerte sind oftmals assoziiert mit Bewegungsmangel, Obesitas, Zigarettenrauchen und/ oder Hypertriglyzeridämie (Abb. 5). Eine Korrektur dieser Faktoren ist in der Regel mit eier Erhöhung der HDL-Cholesterinwerte verbunden. Bei Ausschluß sekundärer Ursachen einer HDL-Cholesterin-Erniedrigung muß an familiär-genetische Defekte im HDL-Stoffwechsel gedacht werden. Einige der genannten Krankheiten (Tangier-Disease, Fish Eye-Disease, Apolipoprotein A-I-C-III-Defizienz) sind selten und bei homozygoten Merkmalsträgern klinisch und laborchemisch eindeutig zuzuordnen. Im übrigen handelt es sich bei den familiären Hypoalphalipoproteinämien um eine Gruppe biochemisch-genetisch verschiedener Erkrankungen mit niedrigem HDL-Cholesterin, denen Störungen der Biosynthese der HDL-Apolipoproteine bzw. des Katabolismus der HDL zugrunde liegen. Im Hinblick auf die wahrscheinlich relative hohe Zahl solcher Defekte in der Bevölkerung ist eine Familienuntersuchung immer angezeigt, wenn bei Probanden (z.B. Herzinfarkpatienten) besonders niedrige HDL-Cholesterinwerte (z.B. unter 30 mg/dl) gefunden werden.

Mäßiggradige Hypercholesterinämien sind nicht selten eine Konsequenz hoher HDL-Cholesterinwerte. Eine Behandlung der Hypercholesterinämie ist in solchen Fällen nicht angezeigt. In der täglichen Praxis wird die Frage der Intensität einer Behandlung einer Hyperlipidämie nicht unwesentlich von der Frage hoher oder niedriger HDL-Cholesterinspiegel beeinflußt.

Eine 2. europäische Konsensus-Konferenz hat empfohlen, daß therapeutische Ziel bei der Behandlung einer Hypercholesterinämie von der Präsenz zusätzlicher Risikofaktoren abhängig zu machen [4]. In der Abwesenheit anderer Risikofaktoren gilt ein LDL-Cholesterin von 155 mg/dl als therapeutischer Richtwert; sofern zusätzliche Risikofaktoren (z.B. niedriges HDL-Cholesterin < 35 mg/dl) bzw. eine Kombination von Risikofaktoren (männliches Geschlecht!, jüngeres Lebensalter!, familiäre Infarktdisposition!, Zigarettenrauchen! etc.) vorliegen, wird ein LDL-Cholesterin von 135 mg/dl als therapeutischer Richtwert empfohlen (Tabellen 3,4) [4].

Die bisherigen Ausführungen zeigen, daß bei Fettstoffwechselstörungen durch Bestimmung von Cholesterin, Triglyzeriden und HDL Cholesterin unter Berücksichtigung der Empfehlungen der 1. und 2. europäischen Konsensus-Konferenz zwar im Regelfall eine eindeutige diagnostische Zuordnung vorgenommen und eine therapeutische Handlungsanweisung für den praktizierenden Arzt gegeben werden kann, andererseits jedoch nicht selten eine Fettstoffwechsel-Spezialdiagnostik erforderlich wird. Ein Spezialist sollte konsultiert werden, wenn eine der folgenden Krankheiten/Situationen vorliegt:

- Herzinfarkt vor dem 45. Lebensjahr
- Herzinfarkt oder Gefäßleiden bei zwei oder mehreren Familienangehörigen
- Cholesterin > 300 mg/dl und/oder Triglyzeride > 500 mg/dl (Gruppe E, Tabelle 2).

Tabelle 3. Therapeutische Zielwerte für Cholesterin, Triglyzeride und LDL-Cholesterin entsprechend den europäischen Empfehlungen [4]

	Keine zusätzlichen koronaren Risikofaktoren nachweisbar		Andere deutlich ausgeprägte oder multiple Risikofaktoren vorhanden	
	mg/dl	mmol/l	mg/dl	mmol/l
Cholesterin	200-215	5.2-5.7	200	5.2
Triglyzeride	200	2.3	200	2.3
LDL-Cholesterin	155	4	135	3.5

Tabelle 4. Risikofaktoren, welche die Therapie der Hyperlipidämie beeinflussen

Modifizierbare Risikofaktoren	Andere Risikofaktoren
Hypertonie	Familiäre Disposition für koronare Herzkrankheit oder periphere Verschlußkrankheit
Zigarettenrauchen	Frühzeitige Manifestation der koronaren Herzkrankheit
Diabetes mellitus	Revaskulaisierung (Bypass, Dilation)
Übergewicht	Männliches Geschlecht
Niedriges HDL-Cholesterin (z.B. < 35 mg/dl)	Jüngeres Lebensalter

Tabelle 5. Apolipoprotein E

Genotyp	E-2/E-2	E-3/E-2	E-2/E-4	E-3/E-3	E-3/E-4	E-4/E-4
Phänotyp	- E-2	- E-3 - E-2	- E-4 - E-2	- E-3	- E-4 - E-3	- E-4
Lipoprotein-Muster	VDL-Chol. LDL-Chol. β-VLDL +	LDL-Chol.$\downarrow$	?	normal	LDL-Chol.$\uparrow$	LDL-Chol.$\uparrow$
Häufigkeit in der Bevölkerung	1%	11%	4%	63%	20%	1%

Wie schon z.T. auf der vorhergehenden Seite aufgeführt, haben sich zur Erkennung familiärer Fettstoffwechseldefekte mit hohem Herzinfarkt-Risiko folgende Untersuchungen besonders bewährt [10-12]:

- LDL-Rezeptor-Bestimmung γ dient der Erkennung der familiären Hypercholesterinämie. Die Quantifizierung der LDL-Rezeptoren

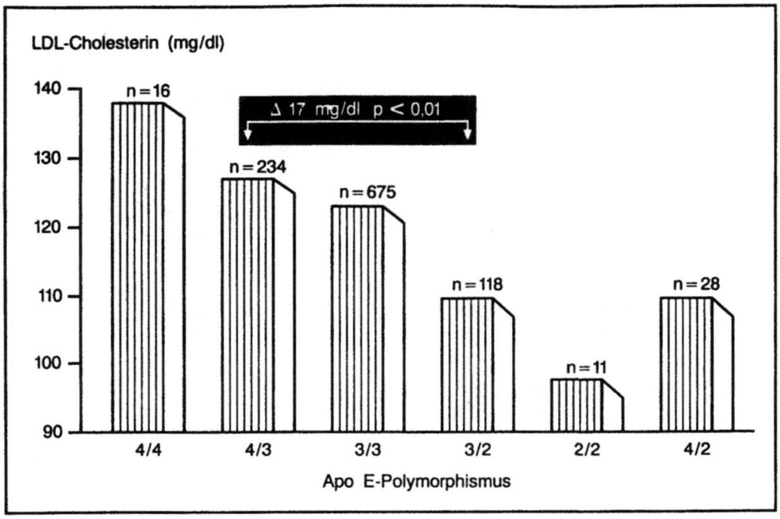

Abb. 6. Apolipoprotein E-Polymorphismus und Effekt auf LDL-Cholesterin (1.082 Teilnehmer der PROCAM-Studie)

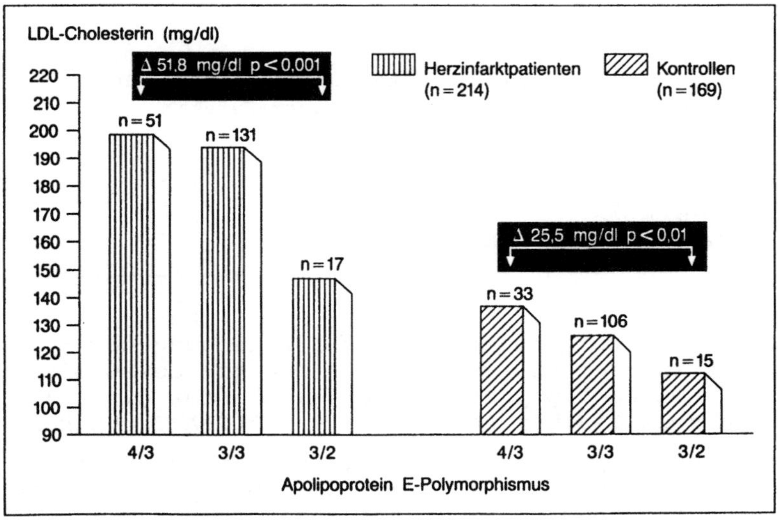

Abb. 7. Apolipoprotein E-Polymorphismus und Effekt auf LDL-Cholesterin bei jungen Herzinfarktpatienten (Alter 41,3 ± 2,8) und Teilnehmern der PROCAM-Studie (Kontrollen, Alter 40,8 ± 2,8)

erfolgt an kultivierten Hautfibroblasten (Gewebekultur), an zirkulierenden Lymphozyten mittels monoklonaler, Fluoreszenz-markierter Rezeptor-Antikörper oder mittels cDNA-Hybridisationstechniken und der Bestimmung von Restriktionsfragmentlängenpolymorphismen.

Tabelle 6. Molekulare Defekte von Apolipoproteinen bzw. im Lipoprotein-Stoffwechsel bei Patienten mit Dyslipoproteinämie

1. Defekte in der Transkription von Apolipoproteinen oder Synthese nichtstabiler mRNA
   a) Apolipoprotein A-I/C-III-Defizienz
   b) Apolipoprotein E-Defizienz

2. Defekte in der Translation oder im intrazellulären Processing
   a) Abetalipoproteinämie

3. Defekte in der Struktur von Apolipoproteinen
   a) Apolipoprotein A-I Varianten mit Hypoalphalipoproteinämie
      A. Apo A-I Milano
      B. Apo-I Münster, Giessen-Varianten
   b) Apolipoprotein B-Variante mit Hypercholesterinämie
   c) Apolipoprotein C-II-Varianten mit Hypertriglyzeridämie
      A. Apo C-II Bethesda
      B. Apo C-II Padua
      C. Apo C-II Münster
      D. Apo C-II Toronto
   d) Apolipoprotein C-III-Varianten mit Hypertriglyzeridämie
      A. Apo $C\text{-}III_3$ Münster
   e) Apolipoprotein E-Isoformen mit Dyslipoproteinämie

4. Defekte im Katabolismus von Lipoproteinen bzw. der Lipoprotein-Rezeptor-Interaktion
   a) Tangier Disease
   b) Apolipoprotein B-Variante mit Hypercholesterinämie (siehe auch 3b)
   c) Familiäre Hypercholesterinämie infolge LDL-Rezeptor-Defekt

5. Defekte in lipolytischen Enzymen
   a) Lipoprotein-Lipase-Mangel mit Hyperchylomikronämie
   b) Hepatischer Lipase-Mangel
   c) Lecithin-Cholesterin- Acyltransferase-Mangel

- Apolipoprotein-B-Quantifizierung: dient der Erkennung der Hyperapobetalipoproteinämie. Die Quantifizierung von Gesamt-Apolipoprotein B und LDL-Apolipoprotein B erfolgt unter Einsatz polyklonaler, monospezifischer Antikörper und ELISA-Techniken.
- Apolipoprotein E-Polymorphismus: dient der Erkennung der familiären Typ-III-Hyperlipoproteinämie (Apo-E-2-Homozygotie). Die isoelektrische Fokussierung der VLDL-Apolipoproteine erlaubt eine Einteilung in sechs Apolipoprotein E-Phänotypen (Tabelle 5). Oligonucleotid-Hybridisationstechniken erlauben eine genotypische Charakterisierung. Relativ hohe LDL-Cholesterinkonzentrationen sind nicht selten die Folge einer Apo-E-4-Homozygotie (2% der deutschen Bevölkerung) bzw. Apo-E-4-Heterozygotie (E4/E3: 20% der deutschen Bevölkerung (Abb. 6). Bei jungen Herzinfarktpatienten steht eine hohe LDL-Cholesterinkonzentration oft im ursächlichen Zusammenhang zu einer Apolipoprotein E-4/E-3 Heterozygotie (Abb. 7).

  Apolipoprotein-Mutanten: Für die Apolipoproteine A-I, A-IV, B, B-II, C-III, E sind verschiedene Mutanten beschrieben (Tabelle 6).

Diese werden mittels isoelektrischer Fokussierung der isolierten Lipoproteine bzw. mit cDNA-Hybridisationstechniken aufgedeckt. Bei der Tangier-Krankheit liegt kein Apolipoprotein-Defekt vor, sondern ein kataboler Defekt der HDL.

- Restriktionsfragmentlängenpolymorphismen (RFLP): Es handelt sich um genetische Marker, die mit Veränderungen regulatorischer oder struktureller Gene gekoppelt sind. Obwohl diese molekulare Diagnostik bisher nur in Einzelfällen erlaubt, Defekte familiär zuzuordnen (Kosegregationsanalysen von Haplotypen und Phänotyp), kann mit einer raschen Entwicklung hinsichtlich der Zuordnung von Krankheiten des Fettstoffwechsels gerechnet werden.
- Lp(a): Gelegentlich ist eine Hypercholesterinämie Folge der Konzentrationserhöhung dieses Lipoproteins; es wird mittels monoklonaler Antikörper und ELISA-Technik oder immunelektrophoretisch quantifiziert.

Die meisten der genannten Spezialuntersuchungen einschließlich der molekulargenetischen Analytik werden bisher nur in wenigen Laboratorien angeboten. Ohne Zweifel wird wegen der therapeutischen Implikationen die Nachfrage zunehmen, und die Laboratorien werden sich dieser Situation anpassen.

Literatur

1. NIH Consensus Development Conference: lowering blood cholesterol to prevent heart disease (1985) J Am Med Assoc 253:2080-2086
2. Report of the National Cholesterol Education Program Expert Panel on Detection, Evaluation, and Treatment of High Blood Cholesterol in Adults (1988) Arch Intern Med 148:36-69
3. Strategy for the prevention of coronary heart disease. A policy statement of the European Atherosclerosis Society (1987) Eur Heart J 8:77-88
4. Recognition and Managment of hyperlipidemia in adults. A policy statement of the European Atherosclerosis Society (1988) Eur Heart J (im Druck)
5. Kannel WB, Gordon T (1976) The Framingham Study: An epidemiological investigation of cardiac disease: The results of the Framingham study applied to four U.S. based epidemiologic studies of cardiovascular disease. Publication (NIH) 76-1083, section 31. US Depth of Health, Education and Welfare
6. Pooling Project Research Group (1978) Relationship of blood pressure, serum cholesterol, smoking habit, relative weight, and ECG abnormality to incidence of major coronary events: Final report of the Pooling Project. J Chronic Dis 31:201-306
7. Multiple Risk Factor Intervention Trial Research Group (1982) Multiple Risk Factor Intervention Trial. Risk factor changes and mortality results. J Am Med Assoc 1982:1465-1477
8. Stammler J, Wentworth D, Neaton JD (1986) Prevalence and prognostic significance of hypercholesterolemia in men with hypertension. Prospective data on the primary screenees of the multiple risk factor intervential trial. Am J Med 80 (supple 2A):33-36
9. Assmann G, Schulte H (1986) PROCAM-TRIAL (Monographie). Panscientia, Zürich

10. Assmann G (1982) Lipidstoffwechsel und Atherosklerose (Monographie). Schattauer, Stuttgart, New York
11. Assmann G (1983) Apolipoproteinopathien. Klin Wschr 61:169-182
12. Assmann G, Lenzen HJ (1985) Apolipoprotein E-Polymorphismen. Hyperlipidämie und Herzinfarktrisiko. Internist 26:692-700

Diskussion

SEIDEL:
Vielen Dank, Herr Assmann. Vielleicht noch zur Verdeutlichung: Der Apo E-Polymorphismus ist im wesentlichen durch Herrn Uttermann in Innsbruck erarbeitet worden; auch die daraus resultierenden Stoffwechselanomalien.

RICK:
Ich bin beeindruckt, aber doch auch enttäuscht über die Schlußfolgerungen. Läßt sich eine umgekehrte Schlußfolgerung exakter oder günstiger formulieren, so daß man den Ausschluß des Herzinfarkt-Risikos sicherer treffen kann?

ASSMANN:
Der Ausschluß des Infarktrisikos ist eine Frage noch größerer Dimension. Es ist die Frage: wer ist resistent gegen Arteriosklerose, hierbei befinden wir uns noch am Anfang. Wir stehen vor der Notwendigkeit, die epidemiologischen Erkenntnisse nicht pauschal auf die Bevölkerung zu übertragen, sondern ein Risiko zu individualisieren.

LANG:
Ich beziehe mich auf die bevorstehende Einführung der Gen-Analyse in die Risiko-Diagnostik: Wir lernen langsam die Nomenklatur der Genetiker, und diese haben für die Validierung eines Markers mit dem Begriff des "Relativen Risikos" eine sehr gute Meßgröße. Das Relative Risiko gibt an, wievielmal häufiger ein Marker-Positiver erkrankt als ein Marker-Negativer. In der Beurteilung der Analyse von Gen-Produkten haben wir bisher die in der Klinischen Chemie üblichen Kriterien Sensitivität und Spezifität verwendet. Wie sind hier die Zusammenhänge? Können Sie eventuell Angaben machen über das Relative Risiko der von Ihnen analysierten genetischen Marker?

ASSMANN:
Zunächst ist festzuhalten, daß 80% aller Infarkte mit multipler logistischer Funktionsanalyse erklärbar sind. Man kann heute in 20% der Gesamtbevölkerung 80% aller Infarkte prognostizieren. Der Rest ist Spezialdiagnostik, die sich im wesentlichen auf familiäre Disposition beschränken sollte und nicht populationsmedizinische Aspekte beinhalten kann.
Ihre Frage kann man daher so nicht stellen, weil jeder Infarkt einen komplexen multifaktoriellen Hintergrund hat. Wo eine solche Vielzahl von Faktoren partizipiert, kann man nicht sagen: hier ist ein Genort mit einem relativen Risiko von x-Prozent.

LANG:
Es werden bereits von amerikanischen Firmen verschiedene Gen-Sonden für Apo B-, Apo C- und Apo E-Polymorphismen angeboten. Es wird angegeben, daß die mit diesen Sonden analysierten Marker ein Relatives Risiko von etwa 5 haben. Wir wissen heute, daß für eine ausreichende diagnostische Sensitivität und Spezifität ein Marker ein Relatives Risiko von mindestens 50 haben muß – daher meine Frage.

ASSMANN:
Die Ausführungen sind eindeutig. Ich stelle fest, daß für verschiedene RFLPs eine Diskrimination zwischen gut definierten Kollektiven nicht möglich ist.

DRIESEL:
Wie sehen Sie das in Familien, wo gehäuft Herzinfarkt oder Schlaganfälle auftreten?

ASSMANN:
Ja, da wird es interessant: Man findet zuerst einmal einen Phänotyp, z.B. eine Hypercholesterinämie. Danach stellt sich die Frage nach dem warum. Liegt es am Apo B, am Apo E, am LDL-Rezeptor, und findet man vielleicht, daß diejenigen Infarkte bekamen, die einen gewissen Genotyp aufweisen? Wenn das der Fall ist, dann nimmt man natürlich dieses Gen, kloniert es und schaut nach, was los ist.

DRIESEL:
Meine Frage zielte eigentlich darauf hin, ob man in Familien mit gehäuften Herzinfarkten für die einzelne Person eine Aussage machen kann, sofern man die Familienmitglieder untersuchen kann.

ASSMANN:
Wenn noch kein Infarkt aufgetreten ist?

DRIESEL:
Ja, ob ein Familienmitglied einen Infarkt bekommen wird oder nicht: wie groß ist das Risiko der einzelnen Personen. Das wäre dann eine Aussage zum "Relativen Risiko".

ASSMANN:
Ich kann nur wiederholen, daß in solchen Fällen in der Tat eine Vorhersage möglich ist.

SEIDEL:
Die Vorhersage bezieht sich natürlich letztendlich auf die Gen-Produkte bzw. auf die Konzentration von Gen-Produkten. Die Messung der Konzentration von Gen-Produkten bietet nach meiner Meinung die stärkere Aussage als die Untersuchung von Kandidaten-Genen. Denn das Problem ist doch, ob die Kandidaten-Gene einen relevanten Ort für die Atherogenese abdecken – hier kommt das mehrfach erwähnte "Relative Risiko" ins Spiel – was meines Wissens derzeit noch eine offene Frage ist.

ASSMANN:
Ich glaube, hier verliert sich die Diskussion im Niemandsland. Ich kann nur sagen, daß die Analytik so gestaltet ist, daß mit

den genannten 8 Faktoren 80% aller Infarkte erklärbar sind. Und natürlich möchten wir im Restkollektiv mit der Gen-Diagnostik weiterkommen.

GRESSNER:
Gibt es LDL-Rezeptor-Polymorphismen? Wenn ja, welchen diagnostischen Stellenwert hat die Untersuchung solcher Polymorphismen?

ASSMANN:
Das geht ganz gut. Bei der heterozygoten Form der familiären Hypercholesterinämie ist die Zahl der LDL-Rezeptoren auf die Hälfte reduziert. Bei der Masse der Leute, die erhöhte LDL-Werte haben, könnte eine verminderte Funktion des LDL-Rezeptors vorliegen, z.B. das Recycling des Rezeptors gehemmt sein.

SEIDEL:
Was ist sinnvoller: die Leistung des Rezeptors zu messen oder seine Genetik? Was zählt, ist doch sicher seine Leistung.

ASSMANN:
Das eine ist vom anderen unabhängig.

SEIDEL:
Die große Variabilität wird von endogenen und exogenen Faktoren bestimmt.

ASSMANN:
Ich glaube, in den Fällen, in denen das Gen-Produkt in seiner Konzentration oder seiner Physiologie bestimmt werden kann, sollten wir uns, jedenfalls kurz- und mittelfristig, zunächst der Analyse der Gen-Produkte zuwenden.

SEIDEL:
Völlig einverstanden; nur paß das nicht zur Aussage Ihres Vortrages. Einverstanden, weil die LDL-Rezeptor-Aktivität, so wie man sie in vitro am Fibroblasten messen kann, einer sehr großen Zahl von beeinflussenden Faktoren unterliegt.

GABL:
Falls es sich um eine bedrohte Familie handelt, wie definieren Sie die Familie; aus wieviel Mitgliedern muß sie bestehen?

ASSMANN:
Bei einer Studie an 20.000 Probanden – eine einzige Untersuchung nimmt ja 30 Minuten in Anspruch – muß man sich bescheiden, und man bescheidet sich mit den anamnestischen Fragen, die ich kurz geschildert habe. Das hat natürlich eine große Unschärfe. Wenn trotzdem ein solches Ergebnis herauskommt, ist es bedeutsam zu sehen, daß familiäre Disposition und Fettstoffwechsel in direktem Zusammenhang stehen.

BACHMANN:
Es ist ja so, als beiße sich Ihre Frage in den eigenen Schwanz: Sie haben als Faktor Cholesterin, das könnte familiär abhängig oder unabhängig durch Diabetes oder Zigarettenrauchen bedingt sein. Wie holen Sie Ihre Aussage aus unabhängigen Variablen mit Hilfe der Multiplen Funktion heraus?

ASSMANN:
Man geht mit mathematischen Modellen heran. Wenn z.B. 2 Faktoren eine sehr hohe Korrelation aufweisen, wie z.B. Triglyzeride und VLDL-Cholesterin, dann wird einer dieser beiden Parameter im Ansatz eliminiert. Es ist so, daß man davon ausgehen muß, daß sowohl die essentielle Hypertonie, der Diabetes mellitus, wie auch die Hypercholesterinämie starke genetische Komponenten haben.

SEIDEL:
Könnte man so vorgehen, wie es heute Morgen für die Mukoviszidose aufgezeigt wurde – oder geht dieser Ansatz grundsätzlich bei Krankheiten mit multifaktorieller Genese nicht?

ASSMANN:
Nach meiner Sicht der Dinge ist für das LDL-Cholesterin und HDL-Cholesterin ein substantieller Anteil der Variabilität genetisch erklärbar. Für beide Lipoproteine gibt es Kandidaten-Gene, die die Distribution erklären, so daß der logische Zusammenhang zwischen Gen und Gen-Produkt, die Sequenz von LDL-Cholesterin-Erhöhung und Herzinfarkt, eigentlich gut nachvollziehbar ist.

SEIDEL:
Gut, aber wo bleibt dann der Sinn Ihrer Analyse? Die räumliche Nähe eines Kandidaten-Gens der Arteriosklerose, z.B. zum Gen des LDL-Rezeptors oder dem des Apo B, ist ja noch unbewiesen.

DRIESEL:
Herr Assmann, wäre es nicht vielleicht auch denkbar, mit Hilfe von DNA-Sonden, die VNTRs (Variable Numbers of Tandem Repeats) auf dem gesamten menschlichen Genom herausgreifen, Familien mit vermehrtem Herzinfarktrisiko auf der einen Seite und eine Kontrollpopulation zu screenen, um dann vielleicht Assoziationen mit bestimmten Hybridisierungsbandenmustern zu erhalten?

ASSMANN:
Durchaus. Die Reservation, die man im allgemeinen als Arzt hat, ist, daß man nicht nur genetische Assoziationen aufzeichnen, sondern auch ein gutes pathophysiologisches Konzept hierzu haben möchte, welches erklären kann, daß zum Beispiel der Marker X mit dem Phänomen "Infarkt" coinzidiert. Das konnten wir bisher nachweisen in der Sequenz des Apo E, das gilt auch für die anderen Proteine. Hier kann man also die Kausalitätsstrecke verfolgen; und damit ist man relativ sicher, daß man nicht im Dunkeln tappt, sondern zwischen Genotyp, Phänotyp und Infarkt eine erklärbare Sequenz der Ereignisse findet.

BÜTTNER:
Es soll gewisse Relationen geben zwischen Cholesterin-Konzentration und Karzinom-Risiko. Lassen sich solche Relationen auch bei Apolipoproteinen nachweisen?

ASSMANN:
Soweit mir bekannt, ist das in der Literatur so bisher nicht berichtet worden. Allerdings findet sich zwischen einem Cholesterin-Wert von 170 und 210 mg/dl nicht nur die niedrigste koronare Mortalität, sondern auch die geringste Gesamtmortalität. Die Arbeitshypothese geht dahin, daß stark erniedrigte Cholesterin-Werte Folge eines wachsenden Tumors, der LDL-Rezeptoren exprimiert, sein könnte. Es wäre danach falsch anzunehmen, daß eine Erniedrigung des Cholesterins in irgendeiner Weise Krebs induziert.

Diabetes-Risiko, Diabetes-Pathogenese: Eine Übersicht

T. Deufel

Einleitung

Zwei grundlegende Beobachtungen haben die Forschung um Ursache und Therapie des Typ I-Diabetes in den letzten Jahren entscheidend bestimmt [1]:

Die Beschreibung zahlreicher immunologischer Veränderungen hat die Hypothese gestützt, daß es sich bei dem Prozeß, in dessen Verlauf über Jahre selektiv die β-Zellen des endokrinen Pankreas untergehen, um ein Autoimmungeschehen handelt. Die Tabelle 1 faßt die humoralen immunologischen Veränderungen, die bei Manifestation der Erkrankung beobachtet werden können, zusammen.

Tabelle 1. Typ I-Diabetes: Humorale Immunologische Veränderungen (Prävalenz in % bei Erkrankungsbeginn)

Inselzell-Cytoplasma-Antikörper (ICA)	80 - 90
Inselzell-Oberflächen-Antikörper (ICSA)	70 - 80
Complement-abhängige Cytotoxizität	50 - 70
Antikörper-abhängige zellul. Cytotoxizität	7
Immunpräzipitierende Antikörper	80
Organspezifische Autoantikörper	30
Immunkomplexe	50

Da bisher weder die auslösende Ursache noch letzte Einzelheiten des Ablaufs gesichert sind, können die Spezifität der einzelnen Parameter und ihre Bedeutung für die Pathogenese schwer beurteilt werden. Als wichtige Konsequenz aus der Annahme der Autoimmungenese des Typ I-Diabetes werden jedoch zahlreiche Versuche einer Immunprophylaxe der Erkrankung unternommen. Da alle diese therapeutischen Ansätze eingreifende Schritte bedingen, denen im Fall der Unterlassung eine schwere Erkrankung mit gesicherten Spätfolgen gegenübersteht, hat andererseits die zweite Beobachtung, die genetische Disposition, zur Suche nach spezifischen und zuverlässigen Prädiktoren für das Risiko, einen Typ I-Diabetes zu entwickeln, geführt. In diesem Zusammenhang hat insbesondere die Assoziation der Erkrankung mit bestimmten HLA-Spezifitäten großes Interesse gefunden. Wie die Zusammenstellung in Tabelle 2 zeigt, sind die HLA-Klasse II-Spezifitäten DR3 und DR4 bei Typ I-Diabetikern erheblich überrepräsentiert. Weit über

Tabelle 2. Typ I-Diabetes: Assoziation mit HLA-System

HLA-Typ	Häufigkeit in % Typ I-Diab.	Kontr.	Relatives Risiko
B8	19-55	2-20	2.4
B15	4-50	2-26	2.1
B18	5-59	5-50	1.7
DR2	3	25	0.1
DR3	54	29	2.9
DR4	72	32	5.4
DR3/4	34	4	44.4

90% aller Typ I-Diabetiker tragen mindestens eine der Spezifitäten DR3 und/oder DR4.

Das hier herausgestellte, suggestive Nebeneinander von Autoimmunität und genetischer Assoziation mit einer HLA-Klasse II-Spezifität legte nahe, in HLA-Klasse II-Antigenen selbst, deren Bedeutung für die Regulation der Immunantwort, insbesondere der Antigenpräsentation, zunehmend erkannt wurde, Faktoren in der Pathogenese des Typ I-Diabetes zu sehen. In diesem Referat möchte ich versuchen, Ihnen Fragestellungen besonders an die Molekularbiologie und die molekulare Genetik vorzustellen. Darüberhinaus sollen einige Lösungsvorschläge zu den beiden Komplexen Risiko-Prädiktoren und Untersuchung des HLA-Systems als möglichem Krankheits-Suszeptibilitätsfaktor, vorgetragen werden.

Molekularbiologische Fragestellungen und Lösungsvorschläge zu Diabetes-Risiko und Diabetes-Pathogenese

1. Können mit Methoden der Gendiagnostik engere Assoziationen hergestellt werden, als es die Serotypisierung bisher konnte? Vor dem Hintergrund, daß DR3 und DR4 zwar die besten bisher erhältlichen Marker sind, das relative Risiko aber nicht hoch genug ist, um durch Bestimmung dieser Marker allein wirklich verläßliche Voraussagen über das Krankheitsrisiko zu treffen, (wobei hier auch noch mitspielt, daß exogene Faktoren sicher die Ausbildung der Erkrankung entscheidend beeinflussen und genetische Indikatoren allein nicht für eine Risikobestimmung genügen), werden zahlreiche Studien über Restriktionsfragmentlängen-Polymorphismus (RFLP)-Muster der HLA-Klasse II-Gene bei Typ I-Diabetes unternommen.

2. Die vermutete Rolle der HLA-Klasse II-Gene als Diabetes-Suszeptibilitätsgene zwingt dazu, sich mit der Struktur vermuteter, Typ I-Diabetes-assoziierter HLA-Klasse II-Gene über das durch Studium der RFLP erreichbare Maß hinaus vertraut zu machen.

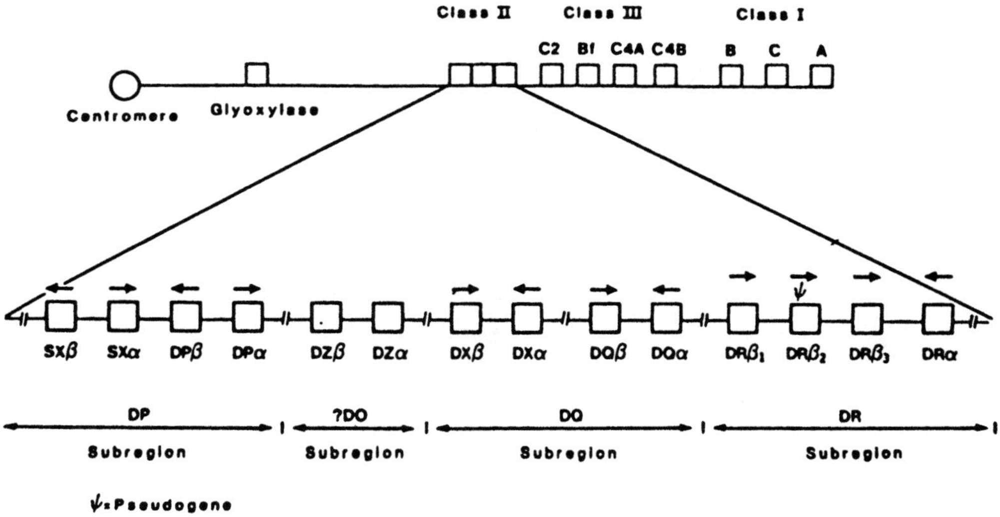

Abb. 1. Organisation des menschlichen Histokompatibilitäts-Komplexes auf dem kurzen Arm von Chromosom 6 (aus [10]). Die genaue Orientierung der Gene zueinander ist nicht bekannt. Die DO-Region ist in ihrer Lage nicht exakt zugeordnet

Hieraus leiten sich Bemühungen ab, Diabetes-assoziierte HLA-Klasse II-Gene zu klonieren und strukturell genau zu charakterisieren.

3. Werden dann solche vermuteten Diabetes-assoziierten Strukturen gefunden, muß untersucht werden, ob und wo diese exprimiert werden, und welche Funktionen der sie exprimierenden Zellen, insbesondere hinsichtlich der Antigenpräsentation, eventuell verändert sind. Hier bieten sich neben dem, mittlerweile schon "klassischen" Weg, bei bekanntem, das heißt auch isoliertem, Antigen monoklonale Antikörper einzusetzen, auch die Techniken der Erzeugung von Antikörpern gegen synthetische Peptide und der Expression von klonierten Genen auf beliebigen Trägerzellen an.

RFLP-Studien

Zu diesem gesamten Komplex wird anschließend auch Herr Kolb berichten, so daß ich mich hier auf eine kurze Zusammenfassung und einige Schlüsse beschränken kann.

Bei den Bemühungen, über die "Risiko-Spezifitäten" DR3 und DR4 hinaus enger assoziierte Marker mit höherem relativem Risiko zu finden, verfolgt man zwei Ziele: Zum einen sucht man, mit einem Marker diese Spezifitäten so aufzuspalten, daß eine Diabetes-assoziierte Subspezifität bei Nicht-Diabetikern deutlich weniger häufig auftritt, als dies für DR3 und DR4 mit immerhin noch ca. 60% in der Hintergrundsbevölkerung der Fall ist [1]. Auf der

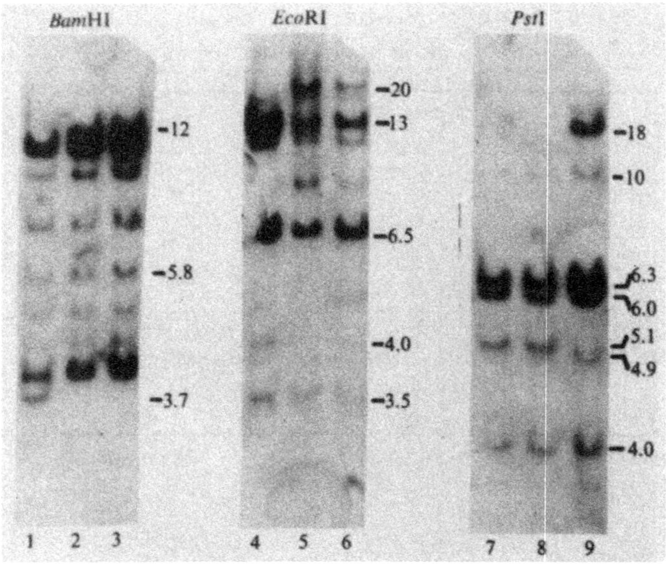

Abb. 2. Restriktionsfragmente bei Hybridisierung einer DQ-β-Ketten cDNA und DNA von Lymphozyten von HLA DR3/4-Individuen. (aus [2])

anderen Seite sollten mit einem solchen Marker auch Diabetiker erfaßt werden, die nicht DR3 und/oder DR4 positiv sind. Hierbei richtet sich besonderes Interesse auf die normalerweise negativ mit Typ I-Diabetes assoziierte Spezifität DR2.

David Owerbach konnte mit den Kollegen am Hagedorn Laboratory in Kopenhagen als erster zeigen [2], daß eine HLA-DQ-β-Ketten-Probe RFLPs aufwies, die Typ I-Diabetiker von HLA-identischen Kontrollen unterschieden. So fand sich ein Bam HI-3.7 kb-Fragment (Abb. 2) bei Diabetikern signifikant vermindert. In der Folge dieser Arbeiten sind mehrere Studien mit einer Vielzahl von Proben, sowohl DR- als auch DQ-, -alpha- und -beta-Ketten-Proben, unternommen worden. Die dabei bisher erreichten Ergebnisse darf ich so zusammenfassen:

1. Die ursprünglich beobachteten Polymorphien konnten bestätigt, weitere Polymorphien beschrieben werden [3,4,5,6,7,8,9,10].

2. Praktisch alle diese RFLP lassen sich in Haplotyp-spezifischen Gruppen einordnen (z.B. [11]). Insbesondere konnte die Spezifität DQw3 in mindestens zwei wichtige Subspezifitäten aufgespalten werden, von denen eine mit Diabetes-Risiko korreliert ist. Außerdem entsprechen diese durch RFLPs definierten Muster der durch monoklonale Antikörper (A-10-83/9w790) definierten DQw3-Subspezifität TA-10 [6,7,8,9,11]. Zudem finden sich diese Subspezititäten auch bei DR3/DR4-negativen Diabetikern.

3. Es werden sowohl mit DR3 als auch mit dem DR4 gekoppelte Spezifitäten gefunden.

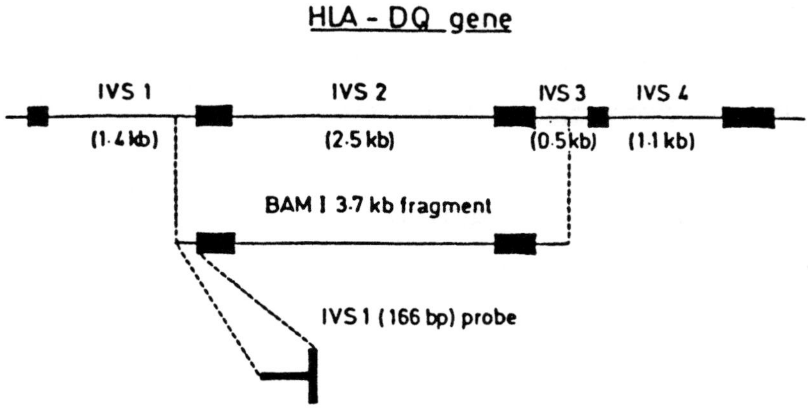

Abb. 3. Lage des klonierten BamHI-Fragments und der IVS-Probe auf dem DQ-Gen (aus [14] Birgitte Michelsen und Åke Lernmark 1987)

Die letztere Beobachtung ist interessant vor dem Hintergrund, daß DR3/4-Individuen ein besonders hohes Typ I-Diabetes-Risiko aufweisen. Dies fügt sich gut in die Hypothese einer kombinierten Wirkung zweier, unterschiedlich gekoppelter Suszeptibilitätsgene, die von der klinischen Genetik seit längerem vertreten wird. In diesem Zusammenhang soll auch erwähnt werden, daß kürzlich der Nachweis von DQ-Transkomplementationsprodukten beim Typ I-Diabetes gelang [12]. Dies ist die Möglichkeit, aus väterlichem und mütterlichem Haplotyp völlig neue dimere Genprodukte zu exprimieren.

Klonierung von Typ I-Diabetes-assoziierten HLA-Klasse II-Genen

RFLP-Studien geben naturgemäß nur einen sehr groben Hinweis auf strukturelle Unterschiede der untersuchten Gene. Gerade bei der Frage aber, ob Typ I-Diabetes assoziierte HLA-Klasse II-Antigene ursächlich an der Ausbildung des Autoimmungeschehens beteiligt sind, ist die genaue Struktur solcher Gene von besonderem Interesse.

Birgitte Michelsen aus der Gruppe von A. Lernmark hat unter dieser Fragestellung die Klonierung des bereits erwähnten, mit Typ I-Diabetes negativ assoziierten Bam HI-3.7 kb-Fragments unternommen. Aus der genomischen DNA-library einer DR3/4-Nicht-Diabetikerin hat sie dieses Fragment klonieren und sequenzieren können (Abb. 3, [13,14]). Es besteht aus den beiden vollständigen Exons der extrazellulären Domänen einer DQ-ß-Kette. Es zeigt sich dabei, daß der RFLP eine Sequenz im nicht kodierenden Teil, nämlich in der ersten Intervening Sequenz (IVS) erkennt.

Bei Verwendung einer aus dieser IVS hergestellten Probe konnte sie wesentlich vereinfachte RFLP-Muster erhalten, die nicht durch die üblicherweise auftretende starke Kreuzhybridisierung von DR-,

```
pWa-1:    TCAACATCACATTGCTTATCAATTGGCCCTTACTCACAGAAGGTCTTTCTNAGACCACCTTCCTC
                    * *   * *    *   *  *                   *      *
pIIA-5:   TCAACATCACCTGGCTGAGCAATGGGCACTCAGTCACAGAAGGTGTTTCTGAGACCAGCTTCCTC
   435              *                                              *
pWA-4:       ACATCACATGGCTGAGCAATGGGCACTCAGTCACAGAAGGTGTTTCTGAGACCAGATTCCTC


pWA-1:    TCCAAGAGTGATCATTCCTTCTTCAAGATCAGTTACCTCACCCTCCTCCCTTCTGCTCCGGAGAG
                                                    *              ***    *
pIIA-5    TCCAAGAGTGATCATTCCTTCTTCAAGATCAGTTACCTCACCTTCCTCCCTTCTGCTGATGAGAT

pWa-4:    TCCAAGAGTGATCATTCCTTCTTCA
                                 77


pWA-1:    TTATCCGTCCA GGTGGAGCCNTGGC CCTGGCA ACCCTCTTC
              *** *            *   **     ***        171
pIIa-5:   TTATGACTGCAAGGTGGAGCACTGGGGCCTGGATGAGCCTCTTC
```

Abb. 4. Sequenz der Klone pWa-1 und pWa-4, verglichen mit einer bekannten DQ-alpha-Kette (Schenning et al. 1984)

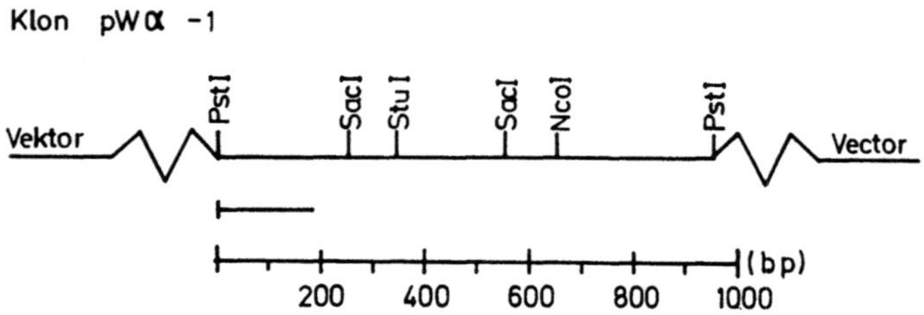

Abb. 5. Restriktionskarte eines alpha-Ketten cDNA-Klones aus einer cDNA-Bank eines DR3/4-Typ I-Diabetikers

DP-, und DQ-Genen untereinander beeinträchtigt werden. Es gelang auch der Nachweis, daß bei fehlendem 3.7 kb-Fragment, gehäuft also bei Diabetikern, ein 12 kb-Fragment vorkam [14].

In unserer Gruppe sind wir darangegangen, aus cDNA-Banken von DR3/4-Diabetikern HLA-Klasse II-Gene zu klonieren (Abb. 4 und 5), die noch näher zu charakterisieren sind. Solche cDNA-Klone können neben der Untersuchung der Frage Diabetes-spezifischer Strukturen auch zur gezielten Expression von definierten Hybridmolekülen verwendet werden und damit vielleicht bei der Untersuchung der Funktion von DQ-Transkomplementationsprodukten helfen.

Aus der Gruppe von Bach wurde kürzlich ebenfalls die Klonierung von HLA-Klasse II-cDNA-Klonen von Diabetikern berichtet [15]. Die Sequenzierung hat dabei keine verwertbaren Unterschiede der Primärstruktur gegenüber Nichtdiabetikern ergeben.

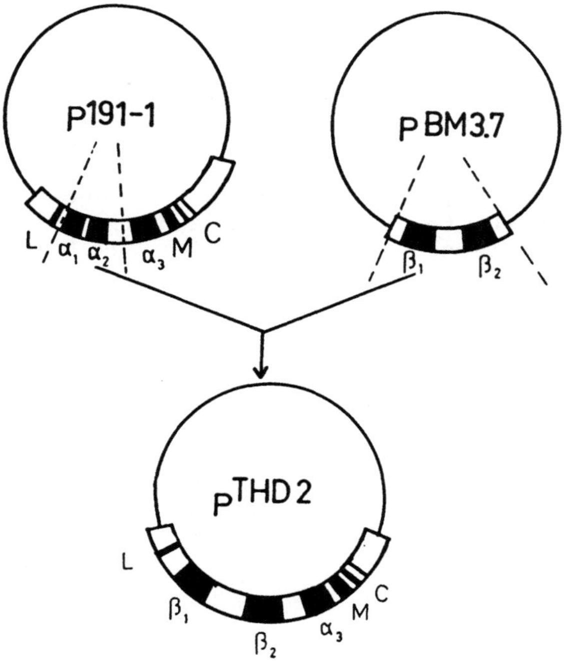

Abb. 6. Konstruktion des Hybridgens pTHD-2 aus einem Maus-Klasse I-Klon p191-1 [16] und dem BamHI-3.7 kb-Fragment [14]

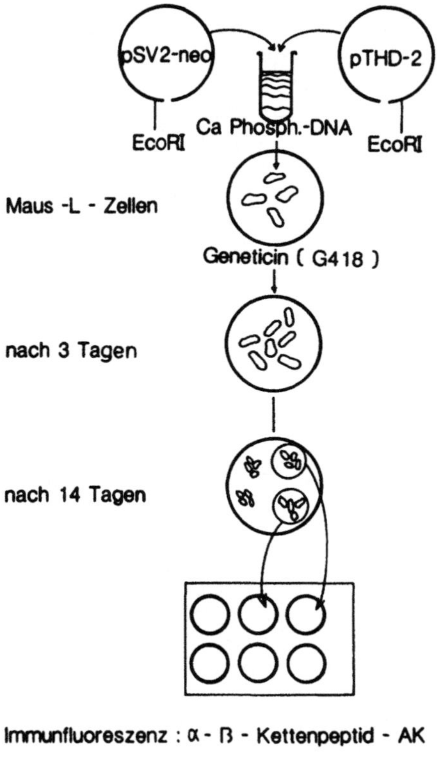

Abb. 7. Expression des Hybridgens pTHD-2 in Maus-L-Zellen nach Kotransfektion mit psV2-neo [17] und Selektion mit G418. Der Nachweis der Expression erfolgte durch Immunfluoreszenz mit einem anti-DQ(123-129)-Kaninchen-Antikörper [19]

Expression von Diabetes-assoziierten HLA-Genen

Die Klonierung ist eine wichtige Voraussetzung für Versuche, solche Diabetes-assoziierten Gene gezielt zur Expression zu bringen. Dies gilt sowohl in zunächst Klasse II-negativen Modellzellen, als auch in Zellen, vorzugsweise Inselzellen, die dadurch für die Pathogenese des Typ I-Diabetes wichtige Funktionsänderungen erfahren könnten. Solche Transfektanten lassen sich zudem als Antigene für die Erzeugung spezifischer Immunreagenzien zum Nachweis der in vivo-Expression solcher Gene einsetzen.

Wir haben versucht, das von B. Michelsen klonierte 3.7 kb-Fragment, das für sich ja kein komplettes HLA-Klasse II-Antigen kodiert, als Hybrid eingebaut in ein Klasse I-Antigen auf Zellen zu exprimieren. Hierzu haben wir aus einem von Sune Kvist [16] klonierten Maus-Klasse I-Gen durch "exon schuffling" mit dem 3.7 kb-Fragment ein Hybridgen (Abb. 6) konstruiert, das wir dann zusammen mit dem pSV2-neo-Vektor auf Maus-L-Zellen kotransfiziert haben. Mit dem selektierbaren Marker des Neomycin-Resistenzgens konnten durch Selektion mit G418 (Geneticin) Kolonien isoliert werden, die das Gen exprimieren (Abb. 7).

Nachweis der Expression mit Antikörpern gegen synthetische Peptide mit HLA Klasse II-Sequenzen

Eine Schwierigkeit bestand nun darin, auch die Expression des Hybridgens nachzuweisen, da nicht damit zu rechnen war, daß herkömmliche anti-Klasse I- oder anti-Klasse II-Antikörper das sicher in seiner Struktur abweichende Expressionsprodukt erkennen würden. Hier erwies sich die Erzeugung von Antikörpern gegen synthetische Peptide als hilfreich. Bei dieser von R. Lerner beschriebenen Technik [17] werden synthetische Peptide, deren Aminosäuresequenz aus der Basensequenz eines interessanten Gens vorhersagbar ist, zur Erzeugung von Antikörpern eingesetzt. Diese reagieren zu einem hohen Prozentsatz nicht nur mit dem zur Immunisierung verwendeten Peptid, sondern auch mit dem Protein, welches die verwendete Sequenz enthält. Auf diese Weise lassen sich sozusagen maßgeschneiderte Immunreagenzien erzeugen. Die mit ihnen erfaßten Antigene müssen nicht einmal isoliert worden sein, sofern die entsprechenden Gensequenzen bekannt sind. Sie lassen sich darüber hinaus immer dort einsetzen, wo herkömmliche Antiseren nicht die gewünschten, z.B. polymorphen Sequenzen erkennen, weil diese vielleicht am Gesamtprotein als nicht Antigendeterminanten wirken.

In unserem Fall gelang mit einem Kaninchen-Antikörper gegen ein Heptapeptid mit einer Sequenz aus der β_2-Domäne einer DQ-β-Kette [18] der Nachweis, daß mehrere der von uns isolierten Transfektanten-Kolonien das Hybridgen exprimieren. Dies ließ sich auch durch Nachweis von mRNA im Northern-blot bestätigen. Damit steht nun wiederum ein Substrat für die Herstellung spezifisch gegen das 3.7 kb Fragment gerichteter Antikörper zur Verfügung, so daß dessen Expression näher untersucht werden kann.

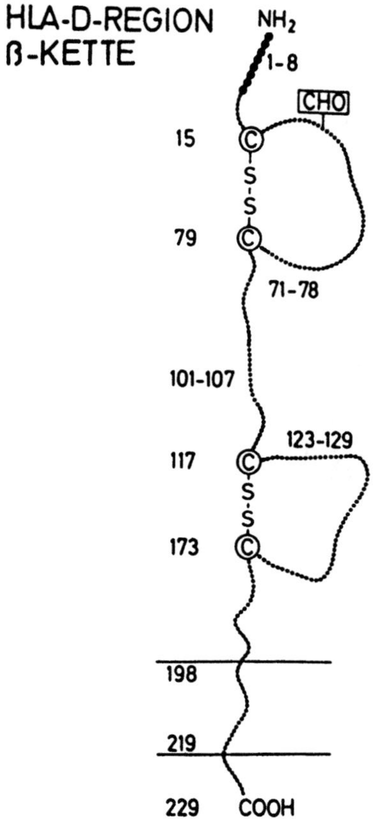

Abb. 8. HLA-D β-Kette. Eingezeichnet sind die Regionen (DQ(1-8), DR(1-8), DQ(71-78), DQ(101-107) und DQ(123-129)), gegen die reaktive Peptid-Antikörper erhalten wurden

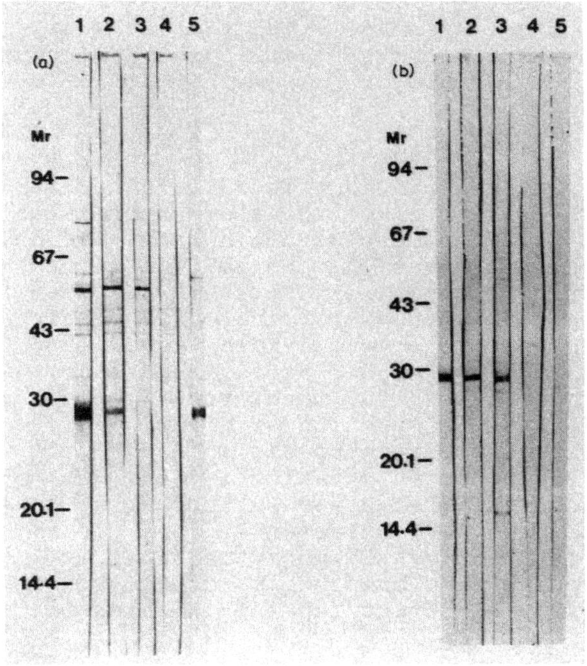

Abb. 9a,b. Antikörper gegen Peptide der N-terminalen Sequenzen der DQ- (a) und DR- (b) β-Kette: Western-blot von Membranpräparationen der B-LCL AL34. Beide Antikörper reagieren jeweils mit einem Protein von MG 29 000 (Spuren 1), entsprechend einer Klasse II-β-Kette. Zugabe des freien Peptids in steigenden Konzentrationen (0.1, 1.0 und 5.0 mg/ml, Spuren 2, 3 und 4) hemmt die jeweilige Bindung des entsprechenden Antikörpers, Zugabe des anderen Peptids (5 mg/ml, Spuren 5) dagegen nicht

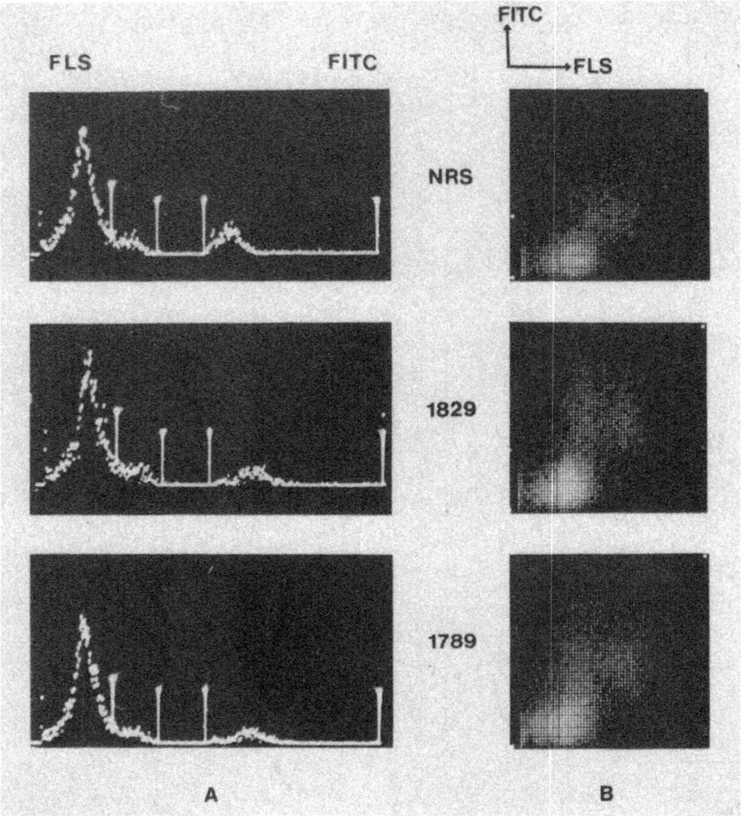

Abb. 10a,b. Bindung der Antiseren gegen DQ-(1789, unten)- und DR-(1829, Mitte)-N-terminale Peptide an periphere Blutzellen im Vergleich mit Normal-Kaninchenserum (NRS, oben). Immunfluoreszenzmessung (FACS, Beckton-Dickinson); FLS: Forward Light Scatter, FITC: Fluoreszenz mit Fluoreszein (FITC). Methodische Details siehe [18]

Wir haben Antikörper gegen synthetische Peptide daraufhin untersucht, ob mit ihrer Hilfe HLA-Klasse II-Antigene auch auf intakten Zellen nachgewiesen und differenziert werden können. Die Abbildung 8 zeigt die Regionen der Klasse II-β-Kette, die wir synthetisiert haben. Dabei ist es gelungen, mit Antikörpern gegen die jeweils für den Locus spezifischen, N-terminalen Sequenzen der DQ- und DR-β-Kette Antikörper zu erzeugen, die in Membranpräparationen Klasse II-positiver B-Lymphoblastenlinien (Abb. 9) mit Proteinen des Molekulargewichts 29 000 reagieren. Dies entspricht einer Klasse II-β-Kette. Die Reaktion wird durch das jeweilige Peptid verdrängt, ist also sequenzspezifisch. Sie läßt sich auch mit der Technik der Immunpräzipitation zeigen. Wie Abbildung 10 schließlich zeigt, reagieren diese Antikörper auch mit einer Fraktion von peripheren mononukleären Zellen, die Monozyten und wenigen Klasse II-positiven Lymphozyten entspricht [19]. Damit stellt diese Technik eine brauchbare Methode zum Nachweis polymorpher HLA-Klasse II-Strukturen auf intakten Zellen dar. Diese Antikörper können das Spektrum möglicher Reagenzien zur Aufdeckung eines Typ I-Diabetes-Risikos bei entsprechenden Patienten ergänzen.

Literatur

1. Scott J, Nerup J, Lernmark A (1984) "Immunologic Factors in Diabetes Mellitus". In: Franklin EC (Hrsg) Clinical Immunology, Bd 3, Elsevier
2. Owerbach D, Lernmark A, Platz P, Ryder LP, Rask L, Peterson PA, Ludvigsson J (1983) HLA-D region ß-chain DNA endonuclease fragments differ between HLA-DR identical healthy and insulin-dependent diabetic individuals. Nature 303:815-817
3. Cohen D, Cohen O, Marcadet A, Massart C, Lathrop M, Deschamps I, Hors J, Schuller E, Dausset J (1984) Class II HLA-DC ß-chain DNA restriction fragments differentiate among HLA-DR2 individuals in insulin-dependent diabetes and multiple sclerosis. Proc Natl Acad Sci (USA) 81:1774-1778
4. Stetler D, Grumet FC, Erlich HA (1985) Polymorphic restriction endonuclease sites linked to the HLA-DR-alpha gene: Localization and use as genetic markers of insulin-dependent diabetes. Proc Natl Acad Sci (USA) 82: 8100-8104
5. Arnheim N, Strange C, Erlich H (1985) Use of pooled DNA samples to detect linkage disequilibrium of polymorphic restriction fragments and human disease: Studies of the HLA class II loci. Proc Natl Acad Sci (USA) 82: 6970-6974
6. Kim SJ, Holbeck SL, Nisperos B, Hansen JA, Maeda H, Nepom GT (1985) Identification of a polymorphic variant associated with HLA-DQw3 and characterized by specific restriction sites within the DQ ß-chain gene. Proc Natl Acad Sci (USA) 82:8139-8143
7. Festenstein H, Awad J, Hitman GA, Cutbush S, Groves AV, Cassell P, Ollier W, Sachs JA (1986) Nature 322:64-67
8. Schreuder GM, Tilanus MG, Bontrop RE, Bruining GJ, Giphart MJ, van Rood JJ, de Vries RR (1986) HLA-DQ polymorphisms associated with resistance to type I diabetes detected with monoclonal antibodies, isoelectric point differences and restriction fragment length polymorphisms. J Exp Med 164: 938-943
9. Henson V, Maclaren N, Riley W, Wakeland EK (1987) Polymorphisms of DQß genes in HLA-DR4 haplotypes from healthy and diabetic individuals. Immunogenetics 25:152-160
10. Hitman GA, Niven MJ, Festenstein H, Cassell PG, Awad J, Walker-Smith J, Leonard JN, Fry L, Ciclitira P, Kumar P, Sachs JA (1987) HLA class II alpha-chain gene polymorphisms in patients with insulin-dependent diabetes mellitus, dermatitis herpetiformis, and celiac disease. J Clin Invest 79:609-615
11. Cohen-Haguenauer O, Robbins E, Massart C, Busson M, Deschamps I, Hors J, Lalouell J-M, Dausset J, Cohen D (1985) A systematic study of HLA class II-ß DNA restriction fragments in insulin-dependent diabetes mellitus. Proc Natl Acad Sci (USA) 82:3335-3339
12. Nepom BS, Schwarz D, Palmer JP, Nepom GT (1987) Transcomplementation of HLA genes in IDDM: HLA-DQ alpha- and ß-chains produce hybrid molecules in DR/4 heterozygotes. Diabetes 36:114-117
13. Michelsen B, Kastern W, Lernmark A, Owerbach D (1985) Identification of an HLA-DQ ß-chain related genomic sequence associated with insulin-dependent diabetes. Biomed Biochim Acta 44:33-36

14. Michelsen B, Lernmark A (1987) Molecular cloning of a polymorphic DNA endonuclease fragment associates insulin-dependent diabetes mellitus with HLA-DQ. J Clin Invest 79:1144-1152
15. Freeman SM, Saunders TL, Madden M, Segall M, Bach FH, Wu SK (1987) Comparison of DR β1 alleles from diabetic and normal individuals. Hum Immunol 19:1-6
16. Kvist S, Roberts L, Dobberstein B (1983) Mouse histocompatibility genes: structure and organization of a K_d gene. EMBO J 2:245-254
17. Lerner RA (1982) Tapping the immunological repertoire to produce antibodies with predetermined specificity. Nature 299:592-596
18. Deufel T, Vissing H, Kofod H, Lernmark A (1984) Antibodies against synthetic peptides recognize an HLA-Class II positive subpopulation of human peripheral blood cells. Modern approaches to vaccines, Sept 12-16. Cold Spring Harbor Lab, USA (Abstr)
19. Deufel T, Grove A, Kofod H, Lernmark A (1985) Locus-specific detection of HLA-DQ and -DR antigens by antibodies against synthetic N-terminal octapeptides of the β-chain. FEBS Lett 189:329-337

Möglichkeiten der HLA-Diagnostik beim Typ I-Diabetes

H. Kolb und K. Fehsel

Einleitung

Pathogenetisches Charakteristikum des Typ I-Diabetes ist der überwiegend selektive Verlust der Insulin-produzierenden Betazellen des endokrinen Pankreas. Der daraus resultierende Insulinmangel ist nach heutigen Vorstellungen die Folge einer chronisch-progredienten Inselentzündung, die sich in der Regel über mehrere Jahre, in Einzelfällen auch über Jahrzehnte erstrecken kann [1,2]. Mit dieser Erkenntnis ergibt sich ein neues therapeutisches Ziel: Die Prävention des Typ I-Diabetes, bzw. die erfolgreiche Unterdrückung einer chronischen Inselentzündung, noch bevor sie möglicherweise zum akuten Insulinmangel geführt hat.

Im folgenden soll diskutiert werden, inwieweit die HLA-Diagnostik einen Beitrag zur Früherkennung des Typ I-Diabetes leisten kann. Obwohl dies nicht separat angesprochen wird, ergeben sich daraus auch Konsequenzen, inwieweit die HLA-Bestimmung bei der Differentialdiagnose Typ I-Diabetes/Typ II-Diabetes hilfreich sein könnte. Es gibt erste Hinweise, daß der HLA-Typus eines Patienten eine Voraussage über die Wirksamkeit einer Immunintervention bei Manifestation des Insulinmangels erlaubt. Hier sind die Daten aber noch vorläufig, so daß dieser Aspekt der HLA-Typisierung nicht diskutiert werden wird.

Genetische Assoziation des Typ I-Diabetes

Die Bedeutung genetischer Faktoren beim Typ I-Diabetes läßt sich anhand von Familienstudien belegen [1-4]. Die Konkordanz bei eineiigen Zwillingen beträgt etwa 30-40% (Tabelle 1). Bei anderen Geschwistern beträgt sie 5-7%. Kinder eines Vaters mit Typ I-Diabetes tragen ein Erkrankungsrisiko von ebenfalls 5-7%, bei einer diabetischen Mutter liegt das Risiko der Kinder nur bei 1-2%. Die Gründe für diesen Unterschied sind nicht genau bekannt. Die Beobachtung der Geschwister diabetischer Kinder zeigte, daß der HLA-Bereich den größten Beitrag zur genetischen Prädisposition liefert. Im HLA identische Geschwister tragen ein Erkrankungsrisiko von 12-30%, während im HLA verschiedene Geschwister ein kaum über normal liegendes Risiko aufweisen (Tabelle 1).

Innerhalb des HLA-Komplexes besteht die stärkste Krankheitsassoziation zur D-Region [1-4]. Über 95% der Patienten mit Typ I-Diabetes tragen die Haplotypen HLA-DR3, -DR4, -DR1. Dabei kommt DR1 meist in Assoziation mit DR4 vor (Tabelle 2). Die Haplotypen

Tabelle 1. Genetische Assoziation des Typ I-Diabetes (siehe Referenzen [1-4])

	Prävalenz Typ I-Diabetes
Gesamtbevölkerung	ca. 0,3%
Kinder diabetischer Mütter	1-2%
Kinder diabetischer Väter	5-7%
Geschwister diabetischer Kinder:	
eineiige Zwillinge	30-40%
sonstige Geschwister	5-7%
im HLA identisch	12-30%
im HLA halbidentisch	8-12%
im HLA verschieden	ca. 1%

Tabelle 2. HLA-DR-Assoziation des Typ I-Diabetes (nach Bertrams und Baur, HLA-Workshop 1986)

HLA-DR-Typ	Prävalenz (%)	
	Typ I-Diabetes	erwartet
DR3/4	36	2-5
DR4/4	4	1-2
DR4/X (X≠3,4)	37	20
(DR4/1	21	3)
DR3/3	8	1
DR3/X	9	14
DRX/X	6	61

HLA-DR2,5 sind beim Typ I-Diabetes überzufällig selten, haben also protektiven Charakter [1-4]. Die Angaben gelten für Kaukasier.

Stärkere Assoziation des Typ I-Diabetes mit HLA-DR-Subtypen

Im Rahmen einer internationalen Studie (Genetic Analysis Workshop V) haben wir die "Allele" HLA-DR3 und -DR4 durch den Einsatz von Restriktionsendonukleasen in Subtypen aufgespalten und ihre Prävalenz bestimmt. Die Analyse erfolgte bei 20 Familien mit Mehrfacherkrankungen (Multiplex) von Typ I-Diabetes.

Von insgesamt 48 diabetischen Familienmitgliedern (nur Kinder) trugen 36% HLA-DR3, 44% HLA-DR4 und 7% HLA-DR1. Aus der Vielzahl

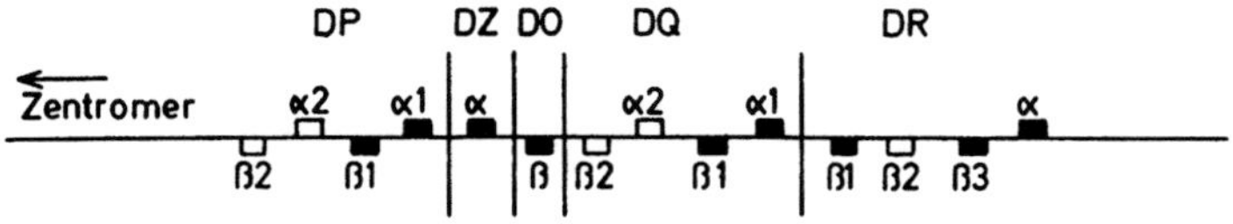

Abb. 1. Genkarte der HLA-DR-Region (nach Ref. [5]). ■ exprimierte Gene; □ nicht-exprimierte Gene

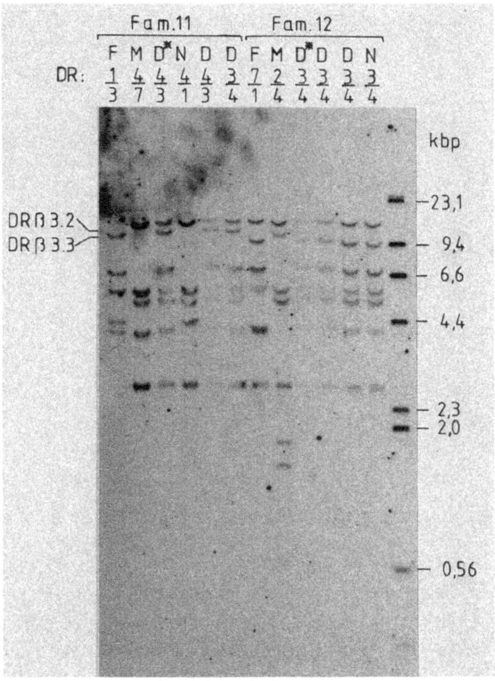

Abb. 2. Restriktionsfragmentlängenpolymorphismus von DRβ nach Verdauung mit Taq I (nach Ref. [8]). RFLP-Muster von 2 Familien mit Angabe der serologisch bestimmten HLA-DR Phänotypen. F - Vater; M - Mutter; D* - Indexpatient = ältestes, diabetisches Kind; D - diabetische Geschwister; N - nichtdiabetische Geschwister

der in der DR-Region lokalisierten Gene (Abb. 1) prüften wir auf Subtypen (Allele) des DRβ-Genes und des DQβ-Genes.

DNS wurde nach Standardmethoden aus Blutleukozyten isoliert [6]. Jeweils 10 µg DNS wurden nach Vorschrift des Herstellers (Boehringer, Mannheim) mit den Restriktionsendonukleasen Taq I oder BamH I verdaut. DNS-Fragmente wurden mittels Elektrophorese auf TAE-Agarosegelen aufgetrennt und auf Nylonmembranen übertragen ("Southern-blotting", Ref. [7]). Transferierte DNS wurde durch UV-Bestrahlung quervernetzt, mit radioaktiven cDNS-Sonden hybridisiert und gewaschen. Anschließend wurde eine Autoradiographie durchgeführt [8]. Zur Analyse des DRβ-Polymorphismus benutzten wir ein 519 bp PstI-Fragment des Plasmids HLA DR beta-1, zur Analyse des DQβ Genes setzten wir das 630 bp Ava I-Fragment des

Tabelle 3. Prävalenz von HLA-DRβ3.2 und HLA-DRβ3.3 bei Typ I-Diabetes (nach Ref. [8])

Subtypisierung von HLA-DR3	DRβ3.2	DRβ3.3
	(positiv/total)	
Multiplex-Familien	3/14	11/14
HLA-DR-3 positive Familienmitglieder (nur Kinder)	9/31	22/31
Normalpersonen (nach Ref. [9])	45%	55%

Tabelle 4. Prävalenz von DRβ-Subtypen bei HLA-DR3/4, DR3/3 und DR3/X (nach Ref. [8])

HLA-DR-Typ	Familienangehörige (Zahl) mit Typ I-Diabetes (nur Kinder)		ohne Typ I-Diabetes	
	DRβ3.2	DRβ3.3	DRβ3.2	DRβ3.3
DR3/4	7	15	1	5
DR3/3	0	2	0	3
DR3/X (X≠4)	0	5	1	4

Plasmids pII-beta-1 ein [8]. Personen mit HLA-DR3 weisen zwei unterschiedliche Taq I-Schnittmuster des DRβ-Genes auf. Die cDNS-Sonde des DRβ-Genes hybridisiert bei einem Teil der Personen – unter anderem – mit einem ca. 12 kb langen genomischen DNS-Fragment (Subtyp "DRβ3.2"), alternativ sieht man Hybridisierung mit einem ca. 10 kb langen Fragment (Subtyp "DRβ3.3") (Abb. 2). Elf der 14 DR3-positiven Familien gehören zum Subtyp DRβ3.3. Unter den diabetischen Familienmitgliedern (nur Kinder) sind es 71% (Tabelle 3). Arnheim et al. [9] beobachteten einen analogen Restriktionsfragmentlängenpolymorphismus (RFLP) in der Normalbevölkerung. Die Prävalenz von DRβ3.3 betrug 55%. Von besonderer Bedeutung ist die Beobachtung, daß der seltenere Subtyp DRβ3.2 bei diabetischen Familienmitgliedern nur in Assoziation mit DR4 auftauchte (Tabelle 4). Ein Diabetesrisiko für Träger von DRβ3.2 besteht demnach nur bei gleichzeitigem Vorliegen von DR4.

Für den serologisch definierten Typ HLA-DR4 sind bereits seit einiger Zeit zwei Subtypen bekannt, die auf unterschiedlichen Allelen im Genort DQβ beruhen [10]. Wie erwartet, fanden wir daher bei Personen mit HLA-DR4 zwei unterschiedliche Taq I-Schnittmuster des DQβ-Genes. Die cDNS-Sonde des DQβ-Gens hybridisierte bei einem Teil der Personen – unter anderem – mit einem ca. 4.5 kb langen genomischen DNS-Fragment (Subtyp DQw3.1), bei der großen Mehrzahl fanden wir stattdessen eine charakteristische Bande im

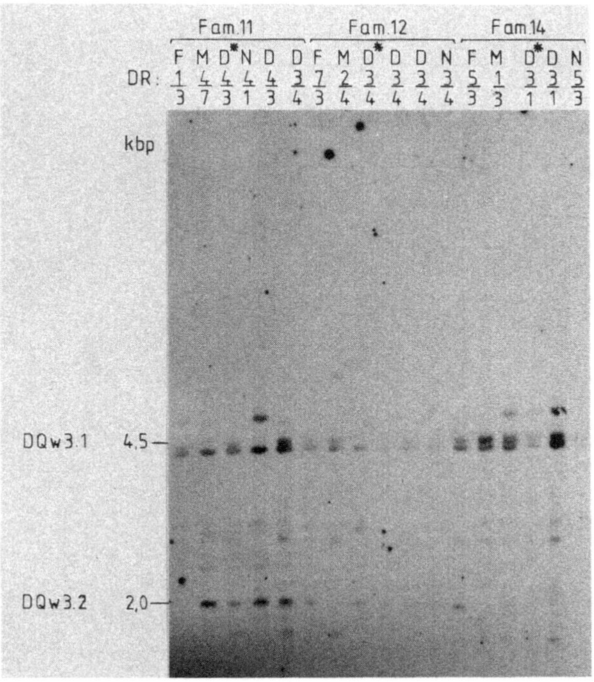

Abb. 3. RFLP von DQβ nach Verdauung mit Taq I (nach Ref. [8]). RFLP-Muster von 3 Familien mit Angabe der serologisch bestimmten HLA-DR-Phänotypen. F - Vater; M - Mutter; D* - Indexpatient = ältestes, diabetisches Kind; D = diabetische Geschwister; N - nichtdiabetische Geschwister

Tabelle 5. Prävalenz von HLA-DQw3.1 und DQw3.2 bei Typ I-Diabetes (nach Ref. [8])

Subtypisierung von HLA-DR4	DQw3.1 (positiv/total)	DQw3.2 (positiv/total)
Multiplex-Familien	3/15	12/15
HLA-DR4-positive Familienmitglieder (nur Kinder)	4/37	33/37
Normalpersonen (nach Ref. [10,11])	30-40%	60-70%

2 kb Bereich (Abb. 3). Bei allen DR4-positiven Familien ließ sich diese Subtypisierung durch die Analyse des RFLP nach BamH I Verdauung bestätigen, hier ist der Subtyp DQw3.1 durch ein 3.7 kb Fragment und der Subtyp DQw3.2 durch ein 12 kb Fragment identifizierbar. Von 15 DR4-positiven Familien weisen 12 den Subtyp DQw3.2 auf. Unter den diabetischen Familienmitgliedern (nur Kinder) sind es 89% (Tabelle 5). Die Prävalenz von DQw3.2 in der Normalbevölkerung beträgt nur 60-70% [10,11].

Tabelle 6. Prävalenz des Typ I-Diabetes in Abhängigkeit vom HLA-Typ

HLA und Diabetes - Risiko	Prävalenz
Gesamtbevölkerung	ca. 0.3%
HLA-DR3/X (X≠4)	0,4-0,5%
HLA-DR4/X (X≠3)	0,5-0,8%
HLA-DR3/4	3-4%
HLA-DR3 Subtypen	
DRβ3.2/X	nahe 0%
DRβ3.3/X	0,5-0,8%
HLA-DR4-Subtypen	
HLA-DQw3.1/X	0,1-0,2%
DQw3.2/X	0,7-1,1%
HLA-DR3/DQw3.2/X	4,0-5,5%

Einsatz der HLA-Bestimmung zur Analyse des Typ I-Diabetes-Risikos?

Wie aus Tabelle 2 ersichtlich, kommen die für den Typ I-Diabetes prädisponierenden HLA-Typen DR3 und DR4 bei insgesamt etwa 40% der Bevölkerung vor. Setzt man die Prävalenzen in der Gesamtbevölkerung und beim Typ I-Diabetes ins Verhältnis, so ergeben sich für Personen mit DR4 (ohne DR3) oder DR3 (ohne DR4) kaum erhöhte Risiken (Prävalenzen) (Tabelle 6). Bei heterozygoten Merkmalträgern HLA-DR3/4 steigt zwar die Prävalenz deutlich an, bleibt aber mit 3-4% in einem Bereich, der für eine individuelle Prognose ungenügend ist.

Durch die HLA-Subtypisierung mittels RFLP-Analyse läßt sich der Kreis der prädisponierten Personen nur wenig eingrenzen (Tabelle 6). Es bleibt offen, ob durch feinere Analyse des gesamten HLA-DR Bereiches weitere Charakteristika des Typ I-Diabetes entdeckt werden, die eine deutlich bessere Identifizierung von Personen mit Erkrankungsrisiko erlauben. Aus Familienstudien und der Analyse eineiiger Zwillinge ergibt sich die Abschätzung, daß das genetisch bedingte Risiko bei maximal 30-40% liegt. Der Beitrag der HLA-DR Region wird mit etwa der Hälfte angenommen, so daß die HLA-Typisierung maximal ein Diabetesrisiko von 15-20% aufzeigen könnte.

Unter der Voraussetzung, daß eine Prävention des Typ I-Diabetes durch rechtzeitige Immunintervention realisierbar wird, stellt sich die Frage nach dem Nutzen der HLA-Typisierung bei der Früherkennung des Typ I-Diabetes. Nach den Zahlen in Tabelle 6 erscheint ein Durchtesten der Bevölkerung zur Zeit nur denkbar, um heterozygote Merkmalsträger DR3/DR4 zu identifizieren. Damit würden 35-40% der späteren Erkrankungen erfaßt. Da die selektionierte Personengruppe aber nur ein Diabetesrisiko von 3-5,5% aufweist, müßten regelmäßige Untersuchungen nachfolgen, um den sich entwickelnden Typ I-Diabetes anhand immunologischer und physiologischer Hinweise zu identifizieren.

Anders sieht es bei Personengruppen aus, die aufgrund anderer Merkmale bereits mit hohem Risiko für Typ I-Diabetes behaftet sind. Dies trifft z.B. zu für Verwandte ersten Grades von Patienten mit Typ I-Diabetes und für jüngere und/oder normalgewichtige Personen mit zunächst nicht insulinpflichtigem Diabetes. Hier ist der erste wichtige Nutzen der *Ausschluß* eines erhöhten Diabetesrisikos. Durch die RFLP-Analyse können auch die nicht Risikobehafteten DR3- und DR4-Subtypen differenziert werden.

Zum zweiten kann in Familien bei HLA-Identität des Geschwisters ein sehr hohes Risiko belegt werden (siehe auch Tabelle 1). Nach heutiger Vorstellung sind in Familien mit Typ I-Diabetes offenbar die relevanten HLA-Haplotypen mit einem ebenfalls für Diabetes prädisponierenden genetischen Hintergrund zusammengetroffen, so daß das HLA-DR assoziierte Risiko sich stärker ausprägt. Abgesehen von der Inzuchtsituation ändert sich der genetische Hintergrund bereits in der nächsten Generation, und das durch die HLA-Bestimmung definierbare Risiko sinkt wieder. Diese Annahme wird gestützt durch den Befund, daß nur 15-20% der Fälle von Typ I-Diabetes familiär assoziiert sind. Die HLA-Bestimmung in Familien mit Typ I-Diabetes kann demnach nur einen Teil der Krankheitsfälle erfassen.

Schlußbemerkung

Zusammenfassend läßt sich sagen, daß durch die HLA-Bestimmung Personen mit erhöhtem bzw. erniedrigtem Risiko für Typ I-Diabetes identifiziert werden können. Die Subtypisierung von HLA-DR mittels RFLP-Analyse der DRß und DQß Gene erlaubt eine partiell bessere Risikoabschätzung, insbesondere können unter den Merkmalträgern für DR3 und DR4 diejenigen erkannt werden, welche *kein* erhöhtes Erkrankungsrisiko tragen. Innerhalb von Familien mit Typ I-Diabetes liegen die höchsten per HLA-Bestimmung zu ermittelnden Risiken bei 12-30%, außerhalb von Familien bei deutlich unter 10%. Das bedeutet, daß die HLA-Typisierung Teil eines mehrstufigen Vorgehens zur Vorhersage des Typ I-Diabetes sein muß. Immunologische und physiologische Teste auf das Vorliegen und den Schweregrad bzw. die Progredienz einer chronischen Inselentzündung sind erforderlich. Die Vorhersage des Typ I-Diabetes basiert demnach auf dem Nachweis der Krankheits-prädisponierenden Gene im HLA-DR Bereich und der Frühdiagnose einer progredient verlaufenden Inselentzündung.

Literatur

1. Eisenbarth GS (1986) Type I diabetes mellitus. A chronic autoimmune disease. N Engl J of Med 1360-1368
2. Kolb H, Gries FA (1986) Neue Vorstellungen zur Ätiologie des Diabetes Typ I. Med Welt 37:1004-1006
3. Bertrams J (1985) Genetische Polymorphismen und Krankheiten: Mit molekularbiologischen Methoden auf neuen Wegen zur Erforschung der Genetik des Diabetes mellitus. In: "Der nicht insulinabhängige Diabetes (Typ II), Drost H, Gries FA, Jahnke K (Hrsg). Schattauer, Stuttgart, S 14-21
4. Boehm BO, Scherbaum WA, Pfeiffer EF, Schöffling K (1987) Immungenetik des Typ-1-(insulinpflichtigen) Diabetes mellitus. Med Klin 82:439-442
5. Sullivan KE, Calman AF, Nakan Ishi M, Tsang SY, Wang Y, Peterlin BM (1987) A model for the transcriptional regulation of MHC class II genes. Imm Today 8:289-293
6. Holbeck SL, Kim SJ, Silver J, Hansen JA, Nepom GT (1985) HLA-DR4- associated haplotypes are genotypically diverse within HLA. J Immunol 135: 637-641
7. Southern EM (1975) Detection of specified sequences among DNA sequences separated by gel electrophoresis. J Mol Biol 98:503-517
8. Fehsel K, Bertrams J, Rothe H, Meisert S, Baur MP, Driesel AJ, Kolb H (1987) Polymorphic genes for HLA-DRß, DQß and insulin studied in 20 multiplex families affected with IDDM. Zur Publikation eingereicht.
9. Arnheim N, Strange C, Ehrlich H (1985) Use of pooled DNA samples to detect linkage disequilibrium of polymorphic restriction fragments in human disease: studies of the HLA class II loci. Proc Natl Acad Sci USA 82: 6970-6974
10. Owerbach D, Lernmark A, Platz P, Ryder L, Rask L, Peterson PA, Ludwigsson J (1983) HLA-D region ß chain DNA endonuclease fragments differ between HLA-DR identical healthy and insulin-dependent diabetic individuals. Nature 303:815-817
11. Boehme J, Carlsson B, Wallin B, Möller E, Persson B, Peterson PA, Rask L (1986) Only one DQ-ß restriction fragment pattern of each DR specificity is associated with insulin-dependent diabetes. J Immunol 137:941-947

Diskussion Diabetes

SCHAUB:
Die entscheidende Frage für den Kliniker ist: Was machen Sie, wenn Sie bei einem halbjährigen Kind DR 3/4 (DQW 3.2) gefunden haben und – wie von Ihnen dargestellt – nur 10 von 240 Kindern später erkranken? Was machen Sie mehr, als wir jetzt schon sowieso machen, nämlich gegen Mumps impfen?

KOLB:
Die erste Antwort ist, daß wenn wir ein Krankheitsgeschehen beeinflussen wollen, wir natürlich zuerst einmal aufklären wollen, wie sich die Krankheit entwickelt. Bisher hatten wir den Typ I-Diabetes erst ab Manifestation zur Analyse, und das ist ein Termin, wo das Krankheitsgeschehen praktisch beendet ist, den 80 bis 90% der ß-Zellen sind zerstört. Eine Kausaltherapie resultiert letztlich aus dem Verständnis einer Krankheit.

Die zweite Antwort ist, daß wir an eine kontrollweise Erprobung von Methoden zur Prävention der späteren Diabetes-Manifestation denken. Die Studien mit Cyclosporin A, an denen wir in Düsseldorf beteiligt sind, haben bewiesen, daß die Immunsuppression zumindest bei einem Teil der Patienten die Inselzerstörung verzögern oder aufhalten kann. Damit ergibt sich eine theoretische Grundlage für die Prävention. Natürlich denken wir primär an den Einsatz von "milden" Immunregulatoren.

SEIDEL:
Wann würden Sie im Einzelfall mit der Prävention beginnen?

KOLB:
Die erste, nachweisbare Störung der Inselfunktion ist ein Abfall der Insulinsekretion in den ersten Minuten nach intravenöser Infusion von Glukose. Wir haben im letzten Jahr an 100 Personen die Normalverteilung gemessen. Einen Wert unterhalb der 2,5ten Percentile betrachten wir als gestört. Bei Vorliegen von Diabetes-Risikofaktoren (Inselzell-Antikörper, Insulin-Antikörper, HLA-Typ) kommt die Aufnahme in eine Präventionsstudie in Frage.

SCHMIDT:
Sie sprachen von Diabetes-Risikogenen. In Wirklichkeit meinen Sie doch wohl ein Gen, das allgemein für Autoimmunkrankheiten prädisponiert – nicht nur im Pankreas?

KOLB:
Die genetische Prädisposition für Typ I-Diabetes ist nicht identisch mit der für thyrogastrische Autoimmunität. Dies wurde in einer Familienstudie von Cudworth gezeigt. Auch findet sich die Heterozygotie HLA-DR 3/4 speziell nur beim Typ I-Diabetes gehäuft. Ein Teil der Diabetes-assoziierten DNS-Sequenzen liegt vielleicht im nicht exprimierten Bereich des Genoms und ist daher noch nicht identifiziert.

DEUFEL:
Es gibt eine Reihe von Autoimmunerkrankungen, die mit DR 3 und dann jeweils mit einer anderen Spezifität des DR 4 gekoppelt sind. Man könnte daraus eine Hypothese ableiten, wonach es ein DR 3-assoziiertes, generelles Risiko für die Ausbildung von Autoimmunerkrankungen gibt, dessen Organspezifität dann von der Assoziation an eine zweite Spezifität abhängt.

SCHMIDT:
Wenn man von Typ I-Diabetes spricht, meint man im Grunde genommen nur eine chronische Entzündung des Pankreas. Der Diabetes ist doch eine sekundäre Folge einer primären, übersichtlichen, autonomen Reaktion, die von irgend einem Ereignis initiiert wird. Dabei besteht dann eine auffällige Organotropie.

KOLB:
Unsere heutige Vorstellung ist, daß Entzündungen des Inselapparates bei fast jedem Menschen als Folge von Virusinfekten, Umweltbelastungen oder diätetischen Faktoren vorkommen. Auch im Tiermodell sieht man eine Insulitis wesentlich häufiger als einen manifesten Diabetes. In meinen Augen bedingen "Krankheits-Risikogene" primär die chronische Progredienz einer einmal angestoßenen Inselentzündung.

GRZESCHIK:
Ich habe einige Bedenken gegen HLA-Analysen bei Patienten ohne das Einbeziehen der Familie. Ohne Familien-Analysen haben wir zu wenig Informationen über den speziellen HLA-Typ, über das Vorliegen Diabetes-assoziierter Mutationen. Familienstudien zur besseren Charakterisierung der betroffenen Genombereiche sollten nach meiner Meinung im Vordergrund stehen.

KOLB:
In der Tat ist, wie vorhin diskutiert, die HLA-Bestimmung außerhalb von Familien nur von beschränktem Nutzen für die Früherkennung des Typ I-Diabetes. Falls eine erfolgreiche Prävention zur Verfügung steht, lohnt sich vielleicht aber doch, in Hinsicht auf die ersparten Folgekosten, die Identifizierung der Personen mit HLA-DR 3/4-Heterozygotie. Aus Kostengründen setzen wir zur Zeit als ersten Test den Nachweis von Inselzell-Antikörpern ein. Neben Diabetesfamilien berücksichtigen wir auch jüngere und schlanke Personen mit Typ II-Diabetes, da bei einem Teil der Fälle ein verzögerter Typ I-Diabetes vorliegt.

KRIEG:
Läßt sich bei einem genetisch gesteuerten Prozeß eine Prävention langfristig erreichen? Ist eine solche Behandlung dann nicht nur eine Alternative zur Insulingabe?

KOLB:
Wenn die präventiven Maßnahmen weniger Komplikationen als die Insulintherapie aufweisen, würde ich sie vorziehen.
Zur Frage der genetischen Steuerung: Auch bei eineiigen Zwillingen erkranken nur in einem Drittel der Fälle beide Kinder. Der Krankheitsprozeß ist demnach nicht 100%ig genetisch determiniert und kann daher vermutlich aufgehalten werden.

SEIDEL:
Darf ich zu dieser Diskussion noch folgendes abschließend sagen: Wir haben bei der genetischen Kontrolle des Typ I-Diabetes eine Prädisposition zu einer Ausprägung, welche immer von der Umwelt abhängt. In Bezug auf exogene Faktoren sind Strategien zur Vermeidung oder zur Vorsorge möglich, soweit wir ein entsprechendes Wissen haben.

Die Bedeutung von Onkogenen für Entstehung und Progression menschlicher Tumoren

C. Wagener

Einleitung

Unter retroviralen Onkogenen versteht man Gensequenzen, die in das replikative Genom von Retroviren integriert sind. Die retroviralen Onkogene (v-*onc*) sind für die transformierende Wirkung der Viren essentiell. Retrovirale Onkogene sind normalen Genen des Menschen homolog, die daher auch als zelluläre Onkogene (c-*onc*) oder Protoonkogene bezeichnet werden. Einige der Protoonkogene kodieren für Proteine, die eine zentrale Bedeutung für die Regulation von Wachstum und Differenzierung besitzen. Die transformierende Wirkung retroviraler Onkogene und der Bezug retroviraler und zellulärer Onkogene zur Wachstumsregulation haben dazu geführt, Protoonkogenen einen zentralen Stellenwert für Entstehung und Progression maligner Tumoren des Menschen zuzuweisen.

Das Onkogen-Konzept

Retrovirale Onkogene

Der Begriff "Onkogen" wurde 1969 von Huebner und Todaro eingeführt. Die Autoren gingen davon aus, daß "in die DNA von vielen, wenn nicht allen Vertebraten das Genom von RNA-Viren integriert ist, welches neben viralen Bestandteilen sogenannte Onkogene enthält" [1]. Dieses Konzept besagt, daß retrovirale Onkogene über die Keimbahn vererbt und durch somatische Proliferation an die einzelnen Zellen des Organismus weitergegeben werden. Die Aktivierung der Onkogene soll durch exogene Einflüsse (z.B. Karzinogene oder Alterungs-Prozesse) erfolgen. In der Folgezeit gelang der Nachweis, daß in das Genom von Retroviren aus Tumoren von Vögeln, Nagern, Katzen und in einem Fall auch von Affen, Gene rekombiniert sind, die nicht Bestandteil des replikativen Virusgenoms sind. Durch die Analyse von temperaturempfindlichen und Defekt-Mutanten konnte die onkogene Wirkung dieser Retroviren den rekombinierten, virusfremden Genen zugeordnet werden [2].

Mit Hilfe molekularbiologischer Methoden ließ sich nachweisen, daß die retroviralen Onkogene normalen zellulären Genen homolog sind, die in ihrer Mehrzahl im Verlauf der Phylogenese bemerkenswert konserviert wurden. Diesen zellulären Onkogenen oder "Protoonkogenen" wurde eine wichtige Rolle im Rahmen von Proliferationskontrolle und/oder Differenzierung zugewiesen [3,4]. Die Hypothese von Huebner und Todaro, daß zelluläre Onkogene in normalen Zellen von retroviralen Sequenzen flankiert sind, ließ sich nicht bestätigen.

Retrovirale Promotor-Insertion

Neben onkogenen Retroviren mit integrierten Onkogenen gibt es onkogene Retroviren, z.B. das "avian leukosis virus (ALV)", die keine zellulären Sequenzen in das retrovirale Genom integriert haben [2]. In ALV-transformierten Zellen werden in der Regel keine retroviralen Proteine exprimiert, das onkogene Potential ist Teilen des viralen Genoms zugeordnet, die nicht für virale Proteine kodieren. Da in transformierten Zellen chimäre mRNAs mit retroviralen und zellulären Sequenzen nachweisbar sind, wurde postuliert, daß promotorähnliche Sequenzen des retroviralen Genoms zelluläre Gene aktivieren. So wurde z.B. nachgewiesen, daß durch Integration des LTR (long terminal repeat) von ALV in die Wirts-DNA das zelluläre Homolog eines retroviralen Onkogens, nämlich c-*myc*, verstärkt transkribiert wird [2,5,6]. In der Folge wurden vergleichbare Aktivierungsmechanismen für weitere zelluläre Gene mit Homologien zu retroviralen Onkogenen beschrieben, so z.B. c-*erb B*, c-*mos*, c-*myb* und c-*H-ras* [6]. Nach neueren Befunden können auch Gene hämatopoetischer Wachstumsfaktoren (Interleukin 2 und Interleukin 3) durch diesen Mechanismus in Leukämiezellen exprimiert werden [6].

Gen-Transfer

Durch Kalziumphosphat vermittelten Transfer von DNA aus kultivierten menschlichen Tumorzellen und soliden Tumoren in NIH-3T3 Fibroblasten läßt sich ein substratunabhängiges Wachstum und vielfach auch ein Tumorwachstum in immundefizienten Wirten induzieren [7]. Die Tatsache, daß die DNA entsprechender Normalzellen ein deutlich geringeres transformierendes Potential besitzt, läßt den Schluß zu, daß bestimmte tumorspezifische DNA-Sequenzen in dem beschriebenen experimentellen Modell als dominante Onkogene wirken. Die DNA von ca. 20% der im NIH 3T3-Transfektionsassay getesteten Zellinien und soliden Tumoren bewirken eine Transformation, die transformierenden Gene sind in ca. 80% den *ras*-Onkogenen der Harvey- und Kirsten-Sarkom-Viren homolog [8]. Die transformierenden Sequenzen aus menschlichen Tumoren sind jedoch nicht in Retroviren integriert. Es wurde daher geschlossen, daß zelluläre Gene, die retroviralen Onkogenen homolog sind, durch entsprechende strukturelle Veränderungen ein transformierendes Potential erwerben können. In der Folge wurde das transformierende Potential Mutationen im 12., 13. oder 61. Kodon der zellulären *ras*-Onkogene zugeordnet. Diese Positionen der Punktmutationen entsprechen denjenigen der retroviralen Onkogene [8].

Translokation

Die spezifischen Translokationen von Onkogenen bei Burkitt-Lymphom und chronisch-myeloischer Leukämie ist ein weiteres Argument für die Bedeutung von zellulären, den retroviralen Onkogenen homologen Genen, für die Genese menschlicher Tumoren. In Burkitt-Lymphomzellen finden sich regelmäßig Translokationen des distalen Endes von Chromosom 8 in die Genloci der schweren Immunglobulin-Ketten auf Chromosom 14 (t(8;14)(q24;q32)) in ca. 80% der Fälle bzw. in die Loci der leichten Immunglobulin-Ketten (t(2;8)(q11; q24)) und (t(8;22)(q34;q11)) in den verbleibenden Fällen [4,9]. Da in unmittelbarer Nähe der Bruchstelle von Chromosom 8 das *myc*-Protoonkogen lokalisiert ist, wurde postuliert, daß das translozierte Onkogen unter dem Einfluß von Promotor- bzw. Enhancer-Sequenzen der Immunglobulin-Gene verstärkt und/oder qualitativ verändert transkribiert wird.

Mehr als 95% der chronisch-myeloischen Leukämien (CML) des Menschen sind durch eine spezifische reziproke Translokation zwischen Chromosom 9 und 22 (t(9;22)(q34;q11)) gekennzeichnet [10]. Das veränderte Chromosom 22 ist als "Philadelphia-Chromosom" bekannt. Die Bruchstelle auf Chromosom 9 befindet sich in einem variablen Abstand zwischen 14 und 100 kb stromaufwärts des ersten bekannten Exons des c-*abl* Onkogens. Die Bruchstelle auf Chromosom 22 ist mit 5 kb eng umgrenzt und wird als "*bcr*" Region ("breakpoint cluster region") bezeichnet. Während beim Burkitt-Lymphom ein unverändertes c-*myc*-Transkript nachweisbar ist, resultiert das DNA-Rearrangement bei der CML in der Synthese eines Fusionsproteins mit *abl*- und *bcr*-spezifischen Sequenzen [10]. Die Regelmäßigkeit, mit der c-*myc* bzw. c-*abl* bei den genannten Tumoren transloziert werden, wurde als Hinweis auf eine kausale Bedeutung dieser Gene für die Genese der genannten Tumoren gedeutet.

Amplifikation

Durch in-situ Hybridisierung wurden amplifizierte Onkogene, speziell Onkogene der *myc*-Gruppe (N-*myc*, L-*myc*) bestimmten Chromosomen-Anomalien zugeordnet, die das Banden-Muster normaler Chromosomen zerstören [6]. Es handelt sich hierbei um sog. "homogeneously staining regions" und "double minute chromosomes". Die Amplifikation der Onkogene führt zu einer entsprechend gesteigerten Transkriptionsrate. Trotz möglicher Artefakte durch die Zellkultur bzw. die Selektion bestimmter Klone wurde die Amplifikation von Onkogenen als weiterer Hinweis auf die Bedeutung zellulärer Gene, die retroviralen Onkogenen homolog sind, für das maligne Wachstum gewertet.

Onkogene und Proliferationskontrolle

Die strukturellen Homologien zwischen den durch Protoonkogene kodierten Proteinen einerseits und Wachstumsfaktoren bzw. Rezeptoren für Wachstumsfaktoren und Hormone andererseits haben das Onkogenkonzept weiter unterstützt. Weitgehende strukturelle Homologien wurden für PDGF/B ("platelet derived growth factor") mit dem v-*sis* Onkoprotein, dem EGF-("epidermal growth factor")-Rezeptor und dem v-*erb B* Onkoprotein, dem CSF-1 ("colony stimulating factor-1")-Rezeptor und dem *fms*-Onkoprotein sowie dem T3-Rezeptor und dem v-*erb A* Onkoprotein [6,11] beschrieben. Weiterhin sind die Tyrosinkinase-Domänen einiger Onkoproteine und Wachstumsfaktor-Rezeptoren einander homolog [12]. Ob die Onkoproteine der *ras*-Gruppe zur Klasse der G-Proteine gehören und so die Kopplung zwischen Wachstumsfaktor-Rezeptoren und Effektor-Enzymen beeinflussen, ist bisher nicht sicher geklärt.

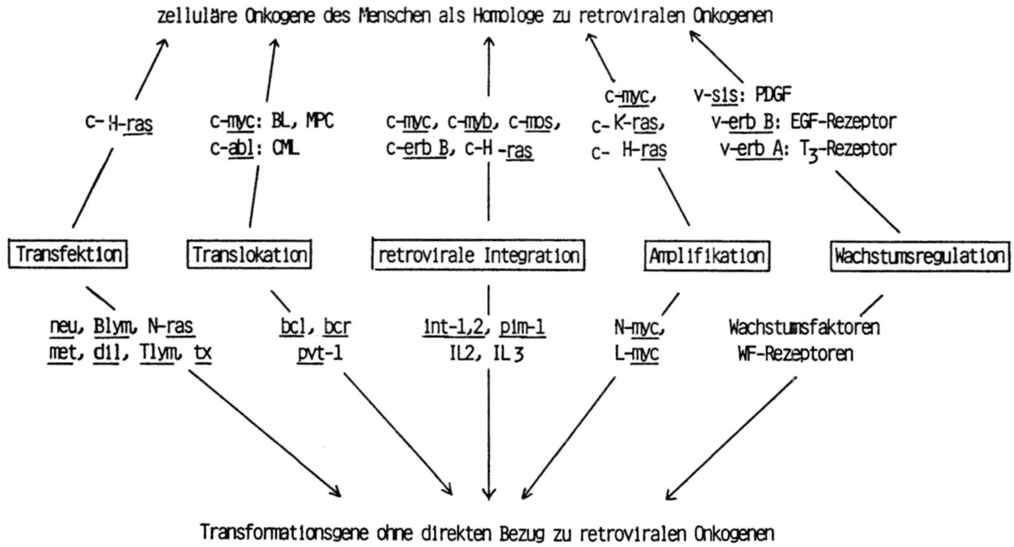

Abb. 1. Entwicklung des Onkogen-Konzepts. Abkürzungen: BL, Burkitt-Lymphom; CML, chronisch-myeloische Leukämie; EGF, epidermal growth factor; MPC, mouse plasmocytoma; PDGF, platelet derived growth factor. Literaturstellen s. Text

Weitere Hinweise auf die Bedeutung von Onkogenen im Rahmen der Wachstumsregulation sind die schnelle Aktivierung der *myc*- und *fos*-Protoonkogene als Antwort auf verschiedene Wachstumsstimuli wie Wachstumsfaktoren und Phorbolester [13], aber auch auf eine Unterbrechung des interzellulären Kontakts [14].

Modifikation und Erweiterung des Onkogen-Konzepts

Entwicklung, Modifikation und Erweiterung des Onkogen-Konzepts sind in Abbildung 1 dargestellt. Das ursprüngliche "Onkogen-Konzept" beinhaltet, daß Onkogene Bestandteile des retroviralen Genoms sind. Mittels molekularbiologischer Methoden wurde gezeigt, daß die transformierenden Sequenzen normalen zellulären Genen homolog sind [3]. Da für die Integration dieser zellulären Gene in das retrovirale Genom mindestens 2 illegitime Rekombinationen erforderlich sind, ist es verständlich, warum bisher (mit Ausnahme des Erythroblastose-Virus des Huhns) nur ca. 50 Virus-Isolate in der wissenschaftlichen Literatur beschrieben wurden [15,16]. Weiterhin ist bemerkenswert, daß das Wirtsspektrum im wesentlichen auf Nager, Katzen und Vögel beschränkt ist. Das einzige retrovirale Onkogen, welches aus höheren Vertebraten isoliert wurde, ist das v-*sis*-Onkogen des Simian-Sarkom-Virus (SSV). Die Tatsache, daß bisher keine retroviralen Onkogene aus menschlichen Tumoren isoliert wurden, hängt möglicherweise mit der im Vergleich zu Nagern, Katzen und Vögeln höheren Stabilität des menschlichen Genoms zusammen [17]. Hierfür spricht auch, daß Onkogene Retroviren ohne transformierende Sequenzen Nagerzellen in vitro wesentlich effizienter transformieren als menschliche Zellen. Aus den genannten Gründen ist eine Bedeutung retroviraler Onkogene für die Genese menschlicher Tumoren unwahrscheinlich.

Wie oben dargestellt, wurden für einige Onkogene in menschlichen Tumoren charakteristische strukturelle Anomalien beschrieben, die eng mit dem malignen Phänotyp assoziiert sind. Hierbei handelt es sich im wesentlichen um Punktmutationen der *ras*-Protoonkogene, die Translokation des *myc*-Protoonkogens sowie die Fusion des *abl*-Protoonkogens mit Sequenzen des *bcr*-Locus. Hieraus wurde der Schluß gezogen, daß die Veränderung zellulärer Onkogene, die retroviralen Onkogenen homolog sind, ursächlich an der Genese menschlicher Tumoren beteiligt sind. Das modifizierte Onkogen-Konzept besagt also, daß auf Grund somatischer Mutationen normale zelluläre, retroviralen Onkogenen homologe Gene in ihren kodierenden Sequenzen verändert und/oder verstärkt transkribiert werden und so an der Entstehung des malignen Phänotyps beteiligt sind.

Der Begriff "Onkogen" wurde in den letzten Jahren erheblich erweitert. Manche der durch Transfektionsassays definierten Onkogene menschlicher Tumoren gehören auf Grund von Sequenzhomologien zur Familie der Protoonkogene im engeren Sinn (d.h. derjenigen zellulären Onkogene, die retroviralen Onkogenen homolog sind), sie sind jedoch auf Grund ihrer Basensequenz als eigenständige Gene abzugrenzen (z.B. N-*ras*, N-*myc* [6]). Ein Teil der im Transfektionsassay aktiven DNA-Sequenzen aus menschlichen Tumoren weist keine Homologien zu retroviralen Onkogenen auf (s. Abb. 1). Wie am Beispiel des *abl*-Protoonkogens gezeigt, sind bei manchen Translokationen die Genloci, in die zelluläre Onkogene transloziert werden, relativ genau definiert. Diesen Sequenzen könnte daher ebenfalls eine Bedeutung für die Ausprägung des malignen Phänotyps zukommen. Weiterhin werden durch Integration onkogener Retroviren ohne Onkogene in das Wirts-Genom nicht nur zelluläre Gene aktiviert, die retroviralen Onkogenen homolog sind (z.B. c-*myc*), sondern auch zelluläre Gene mit unbekannter Funktion (z.B. *int-1*, *int-2*) oder, wie kürzlich gezeigt, Gene hämatopoetischer Wachstumsfaktoren (Interleukin-2, Interleukin-3 [6]). In amplifizierten Gen-Loci wurden ferner, ähnlich wie durch Transfektionsversuche, Gene nachgewiesen, die zwar zur Familie der Protoonkogene im engeren Sinne gehören, sich von diesen jedoch strukturell unterscheiden (z.B. N-*myc*, L-*myc*). Auf Grund der strukturellen Verwandtschaft zwischen einigen Onkoproteinen und Wachstumsfaktoren bzw. Rezeptoren für Wachstumsfaktoren und Hormone sind schließlich alle an der Wachstumsregulation beteiligten Gene potentielle Onkogene.

Eine allzu große Erweiterung des Begriffs "Onkogen" würde eine kritische Stellungnahme zu den bisher an menschlichen Tumoren erhobenen Daten unmöglich machen. Der Begriff "Onkogen" wird daher im folgenden in seinem engeren Sinn verwendet, d.h., er umfaßt nur solche Gene, die weitgehende Homologien zu retroviralen Onkogenen aufweisen. Wachstumsfaktor-Rezeptoren, deren Homologie zu retroviralen Onkogenen auf die Tyrosinkinase-Domäne beschränkt ist, fallen nicht unter diese Definition. Andere zelluläre Gene, für die eine Beteiligung an der malignen Transformation belegt ist oder vermutet wird, werden im folgenden als "Transformations-Gene" bezeichnet.

Kritik des Onkogenkonzeptes

Das Onkogen-Konzept wurde in den letzten Jahren insbesondere von Duesberg einer radikalen Kritik unterzogen. Es wird als unzulässig erachtet, wenige, in einer limitieren Zahl an Species und an speziellen Tumoren erhobene Befunde auf alle zellulären Gene zu erweitern, die retroviralen Onkogenen homolog sind und diese somit als Protoonkogen anzusehen, die auch beim Menschen an der Entstehung maligner Tumoren beteiligt sind. Folgende Punkte stehen im Zentrum der Kritik Duesbergs [5,15,16,18]:

- Isolate von Retroviren mit integrierten *onc*-Genen sind eine extreme Rarität (mit Ausnahme von v-*erb* bisher weniger als 50 Isolate). Aus menschlichen Tumoren wurden solche onkogenen Retroviren bisher nicht isoliert.
- Mit Ausnahme des Simian Sarkom Virus ist das Wirtsspektrum von Onkogen-haltigen Retroviren auf Vögel, Nager und Katzen beschränkt.
- Im Gegensatz zu retroviralen *onc*-Genen transformieren zelluläre *onc*-Gene keine diploiden Zellen. Dies wird auf die fehlende Isogenie zwischen retroviralen und zellulären Onkogenen zurückgeführt.
- Im Gegensatz zu menschlichen Tumoren mit aktivierten Onkogenen weisen v-*onc* transformierte Zellen zu Beginn keine Chromosomen-Anomalien auf.

Die Kritik des Onkogen-Konzeptes muß den Befunden Rechnung tragen, daß in menschlichen Tumoren *ras*-Onkogene nachgewiesen wurden, die Punktmutationen aufwiesen, die denjenigen der retroviralen Onkogene entsprechen [8]. Wichtige Argumente gegen eine kausale Bedeutung von *ras*-Mutationen für das menschliche Tumorwachstum sind:

- c-*ras*-Mutationen sind in spontanen menschlichen Tumoren selten.
- Im Vergleich zur statistischen Häufigkeit von *ras*-Mutationen (1 von 10^7 Mitosen) sind Transformationen pro Mitose extrem selten (1 von 10^{17})
- *ras*-Aktivierungen gehen regelmäßig mit ausgeprägten Chromosomen-Anomalien einher.
- Die Übertragung der transformierenden Wirkung punktmutierter Onkogene im NIH-3T3 Transfektionsassay auf menschliche Tumoren ist unzulässig (Aneuploidie und immortalisiertes Wachstum der Empfängerzellen, spontane Transformationen, transformierendes Potential von Kalziumphosphat, Rearrangements und Punktmutationen von Protoonkogenen durch Gen-Transfer).

Nach Duesberg sprechen einige Argumente auch gegen eine kausale Bedeutung der c-*myc* Translokation für die Genese des Burkitt-Lymphoms:

- Es wurden Burkitt-Lymphome ohne Translokation von c-*myc* beschrieben.
- Es wurden Burkitt-Lymphome ohne Alteration von Chromosom 8 beschrieben.
- In der wissenschaftlichen Literatur findet sich kein Bericht über eine transformierende Wirkung des zellulären *myc*-Onkogens. (Zwischenzeitlich wurde jedoch die transformierende Wirkung von c-*myc* in transgenen Mäusen nachgewiesen).

Inzwischen liegt eine Fülle von Daten zur Expression von Onkogenen in menschlichen Tumoren vor. Im folgenden soll daher an Hand dieser Daten zur Kritik Duesbergs am Onkogen-Konzept Stellung genommen werden. Hierbei werden, wenn immer möglich, Studien mit ausreichend hohen Fallzahlen berücksichtigt. Da widersprüchliche Ergebnisse in der Regel methodische Ursachen haben, werden die Grenzen der angewandten Methoden diskutiert.

Aktivierung von Onkogenen in menschlichen Tumoren

Amplifikation von Onkogenen

Der Nachweis amplifizierter Onkogene kann prinzipiell durch direkte in-situ Hybridisierung an Metaphasen-Chromosomen oder indirekt durch Southern Blot erfolgen. Amplifizierte Onkogene wurden mittels in-situ Hybridisierung karyotypischen Besonderheiten, nämlich "homogeneously staining regions (HSR)" und "double minute chromosomes (DMC)" zugeordnet [19]. Da die in-situ Hybridisierung an Metaphasen-Chromosomen erfolgt, ist die Anwendung dieser Methode in der Regel auf Zellkulturen beschränkt. Zellkulturen lassen jedoch aus verschiedenen Gründen nur bedingt Rückschlüsse auf den Ausgangstumor zu. Durch Zellkultur werden unter den Tumorzellen die malignen Varianten selektiert. So ließen sich z.B. Zellen kleinzelliger Lungenkarzinome nach Chemotherapie in einem deutlich höheren Prozentsatz als vor Chemotherapie in Kultur bringen [20]. Weiterhin können im Verlauf der Zellkultur Onkogene strukturell verändert werden [21]. Schließlich ist eine Quantifizierung der in-situ Hybridisierungen nur bedingt möglich. Die genannten Schwierigkeiten sind wohl der Grund dafür, daß nur wenige Einzelberichte über in-situ Hybridisierung von Onkogenen existieren.

Der Nachweis von Amplifikationen mittels Southern Blot ist technisch einfach und in gewissen Grenzen auch standardisierbar. Die Bestimmung des Amplifikationsfaktors erfordert die Quantifizierung der Signale der hybridisierten Gen-Sonden sowie den Bezug auf einen geeigneten Standard. Eine Schätzung des Amplifikationsfaktors kann durch Verdünnung der zellulären DNA (z.B. [22]) oder Densitometrie (z.B. [23,24]) erfolgen. Als Standard kann die DNA von Zellinien mit singulären Kopien desselben Gens dienen [22]. Diese Methode erfordert, daß entsprechende Zellinien zur Verfügung stehen. Die Standardisierung gegen ein vom Onkogen verschiedenes "single copy gene" der Tumorzellen hat den Vorteil eines internen Standards, auf den unterschiedliche DNA-Konzentrationen

Tabelle 1. Amplifikation von Onkogenen

Tumor	Onkogen	Herkunft der DNA	Anteil an Ampl.	max. Ampl. Faktor	Klinische Informationen	Ref.
Kleinzelliges Lungenkarzinom	c-*myc*	Zellinien	8/18	76	-	[23]
	c-*myc*[a]	Zellinien	11/25	k.A.	während/nach	[20]
		Zellinien	2/19	k.A.	vor Therapie	
Neuroblastom	N-*myc*	Primärtumoren	24/63	300	pos. Korrelation mit Tumorstadium	[54]
Retinoblastom	N-*myc*	Primärtumoren Zellinien Nacktmaus	3/11	200	-	[22]
Mammakarzinom	c-*erb B-2*	Primärtumoren	40/86	> 20	pos. Korrelation mit Tumorstadium	[55]
	c-*erb B-2*	Primärtumoren	12/36	>100	-	[25]
Mammakarzinom	c-*myc*	Primärtumoren	16% (n=53)	3-10	pos. Korrelation mit Tumorstadium	[56]
	c-*erb B-2*	Primärtumoren	16% (n=53)	3-10		
	c-*myb*	Primärtumoren	2/53			
	c-K-*ras*	Primärtumoren	1/53			
Verschiedene Karzinome	c-K-*ras*	solide Tumoren	1/71	k.A.	-	[24]
	c-*myc*	solide Tumoren	8/71	8	-	
	c-H-*ras*, C-N-*ras*, C-*fos*, C-*fes*, c-*abl*, C-*mos*, c-*myb*	solide Tumoren	keine Amplifikationen			

[a] c-*myc*, N-*myc*, L-*myc*;
k.A. = keine Angabe

bezogen werden können (z.B. [23,25]). Da die "single copy" Gene jedoch in der Regel auch in Stromazellen des Tumorgewebes vorhanden sind, kann der Anteil an Stromagewebe den Ampifikationsfaktor erheblich beeinflussen.

In Tabelle 1 sind Ergebnisse von Untersuchungen zur Häufigkeit amplifizierter Onkogene in verschiedenen menschlichen Tumoren dargestellt. Unter den Primärtumoren fand sich eine Amplifikation von N-*myc* relativ häufig in Neuroblastomen und Retinoblastomen. c-*erb B*-2 war in einem relativ hohen Anteil von Mammakarzinomen amplifiziert. Generell fanden sich amplifizierte Onkogene häufiger in fortgeschrittenen Tumorstadien.

Rearrangement kodierender Onkogen-Sequenzen

Mit Ausnahme der v-*src* und v-*erb-B*-Onkogene sind die in das retrovirale Genom integrierten Onkogene durch Deletionen, sonstige Mutationen und Fusion mit kodierenden Sequenzen des viralen Genoms gekennzeichnet. Nach Duesberg kommt diesen DNA-Rearrangements eine entscheidende Bedeutung für die retrovirale Onkogenese zu [15,16]. Es ist daher bemerkenswert, daß in menschlichen Tumoren ein Rearrangement kodierender Onkogensequenzen nur für ein Onkogen, nämlich c-*abl*, in einer hinreichenden Fallzahl belegt ist. Beim Burkitt-Lymphom liegt die Bruchstelle von c-*myc* in der Regel im ersten, nicht kodierenden Exon; Rearrangements kodierender Sequenzen sind die Ausnahme [4].

In mehr als 95% der chronisch-myeloischen Leukämien (CML) findet sich eine reziproke Translokation zwischen Chromosom 9 und 22 (t(9;22)(q34;q11)). Hierbei wird in der Regel c-*abl* von Chromosom 9 mit dem 5'-Ende der *bcr*-Region auf Chromosom 22 fusioniert [10]. Die rearrangierte DNA kodiert über ein mRNA-Hybrid für ein Fusionsprotein ($p210^{bcr-abl}$), dessen Tyrosinkinase-Aktivität – ähnlich wie diejenige des retroviralen *gag-abl* Fusionsproteins – deutlich höher ist als diejenige des normalen *abl*-Onkoproteins. Die Bedeutung des c-*abl*-*bcr*-Rearrangements wird durch Daten zu Ph^1-negativen chronisch-myeloischen Leukämien belegt, in denen c-*abl* und *bcr*-Sequenzen auf Chromosom 12 transloziert wurden [26].

Die pathogenetische Bedeutung des c-*abl*-*bcr*-Rearrangements ist jedoch noch nicht endgültig geklärt. So wurde z.B. über eine Bruchstelle distal von c-*abl* mit einem begleitenden Rearrangement des *bcr*-Locus und einem entsprechend veränderten *bcr*-Transkript (bei unverändertem c-*abl*) berichtet [27]. Ferner läßt sich in 10-15% akuter myeloischer Leukämien ebenfalls ein Ph^1-Chromosom nachweisen, welches sich zytogenetisch nicht von demjenigen der CML unterscheidet. In diesen Fällen wird c-*abl* jedoch nicht in die *bcr*-Region rearrangiert, sondern weiter in Richtung Centromer transloziert [28]. Kürzlich wurde in einigen Ph^1-positiven akuten lymphatischen Leukämien ein Onkoprotein mit *abl*-Sequenzen nachgewiesen, dessen Molekulargewicht mit 185 kD höher lag als dasjenige von $p145^{c-abl}$. Offenbar wird auch in diesen Fällen c-*abl* mit Sequenzen auf Chromosom 22 fusioniert, die von *bcr*-Sequenzen verschieden sind [29].

Punktmutationen

Die Protoonkogene der *ras*-Gruppe (c-H-*ras*, K-*ras*, N-*ras*) werden durch somatische Punktmutationen in den Kodons 12, 13 und 61 aktiviert. Durch gezielte Mutagenese lassen sich transformierende Punktmutationen auch in andere Positionen des Gens einführen, diese wurden jedoch in viralen oder aktivierten zellulären *ras*-Onkogenen bisher nicht beobachtet [8]. Die Literaturangaben zur Häufigkeit aktivierender Punktmutationen von *ras*-Onkogenen variieren erheblich. Dies hat vor allem methodische Gründe:

- Die aus menschlichen Primärtumoren extrahierte DNA ist häufig partiell degradiert. Dieses Problem macht sich bei größeren Genen verstärkt bemerkbar. Dies ist möglicherweise der Grund für die relativ geringe Häufigkeit, mit der aktivierte K-*ras* Onkogene im Transfektionsassay nachweisbar sind [30].
- Bei hohem Anteil an Stroma-Gewebe können mutierte Onkogene dem Nachweis entgehen.
- Durch die Verwendung eines bestimmten Onkogenfragments als Sonde (z.B. H-*ras*) werden Mutationen in anderen Onkogenen der *ras*-Familien (z.B. K-*ras*) nicht erfaßt.
- Bei Verwendung von Restriktionsendonukleasen in Verbindung mit Southern Blots ist die Zahl der nachweisbaren Mutationen durch die Erkennungssequenzen der Enzyme begrenzt.

Auf Grund der methodischen Grenzen von Transfektionsassays und Southern Blots nach Restriktionsenzym-Fragmentierung der DNA wurden in den letzten Jahren alternative Methoden zum Nachweis mutierter *ras*-Onkogene entwickelt. Von Forrester et al. [31] wurde die "RNA-RNA-mismatch" Methode zur Analyse von Punktmutationen der *ras*-Onkogene eingesetzt. Diese Methode beruht auf dem Befund, daß Hetero- oder Homoduplex-Paarungen durch RNAase A an Punkten einzelner Fehlpaarungen oder kleiner Deletionen gespalten werden. Die gespaltene RNA wird von ungespaltener RNA mit Hilfe von Northern Blots differenziert. Von Bos und Mitarbeitern [30] wurden synthetische Oligonukleotide gegen alle möglichen Mutationen in Kodons 12, 13 und 61 nach Amplifikation der Gewebs-DNA für Hybridisierungsversuche mittels Dot Blot verwendet. Ein anderer Ansatz besteht im Nachweis von mutierten *ras*-Onkoproteinen mittels Antikörpern, die gegen synthetische Peptide mit den entsprechenden Punktmutationen induziert wurden. Auf Grund der Kreuzreaktion solcher Antikörper sowie der Hydrophobizität der antigenen Determinanten sind aussagekräftige Bindungsstudien nur in Verbindung mit Western Blots möglich, in denen offenbar die antigenen Determinanten von $p21^{ras}$ durch SDS-Behandlung exponiert werden [32-37]. Die Reaktivität von Antikörpern gegen synthetische Peptide mit nativen oder punktmutierten $p21^{ras}$-Onkoproteinen ist in Tabelle 2 wiedergegeben.

Die in Tabelle 3 aufgeführten Daten zeigen, daß Southern-Blots nach Restriktionsenzym-Fragmentierung der DNA mit H-*ras*-Sonden, die das 1. oder 2. Exon umfaßten, nur selten Mutationen des H-*ras* Onkogens in menschlichen Tumoren nachweisbar waren [38,39]. Durch Southern Blots und Transfektionsassays wurden Mutationen von N-*ras* in akuten myeloischen Leukämien immerhin in 4/5 Fällen gefunden [40]. Dieser Befund wird auf dem Hintergrund der höheren

Tabelle 2. Verwendung von Antikörpern gegen synthetische Peptide zum Nachweis von Punktmutation im 12. Kodon von p21*ras*-Onktoproteinen

ras-Peptid[1]		Ref.		Aminosäuren in Position 12 von p21*ras*						
Sequenz	AS, 12.Kodon			c-*ras* Gly	v-K-*ras* Ser	c-H(EJ)-*ras*[2] Val	v-H-*ras*[3] Arg	c-N(PA1)-*ras*[4] Asp	Ala	Cys
5-17	Gly	37		-	-	-	ND	ND	ND	ND
1-18		35		ND	ND	ND	+	ND	ND	ND
5-17	Ser	37		-	++++	-	-	-	+	-
1-18		35		ND	+++	ND	+++	ND	ND	ND
5-17	Val	37	AS 1[5]	-	-	++	-	-	+	-
			AS 2	++	++	++	ND	ND	ND	ND
1-18		35		ND	-	ND	-	ND	ND	ND
5-16		32		-	-	++	-	-	ND	ND
5-17	Arg	37		-	-	-	+++	-	-	-
1-18		35		ND	-	ND	-	ND	ND	ND
5-17	Asp	37		-	-	-	-	+++	-	+/-
5-17	Ala	37		+++	+++	+++	+++	+/-	+++	+++
5-17	Cys	37		-	ND	ND	ND	ND	ND	-

[1]Identische AS-Sequenz von c-H-*ras* 1, c-K-*ras* 2 und N-*ras* in Pos. 1-18.

[2]Punktmutation von c-H-*ras* in verschiedenen menschlichen Tumoren.

[3]Punktmutation von c-K-*ras* in verschiedenen menschlichen Tumoren.

[4]Punktmutation in PA1-Teratokarzinom-Zellinie.

[5]AS = Antiserum

ND = not done

Tabelle 3. Punktmutation von *ras*-Onkogenen in menschlichen Tumoren

Sonde, Antikörper	Tumoren	Methode	Kodon AS-/Basen-Austausch	Häufigkeit	Ref.	Anmerkungen
H-*ras*	Blasenkarzinom (n=9) Colonkarzinom (n=9) Lungenkarzinom (n=9)	Southern Blot Msp I/Hpa II	12. Kodon jeder AS-Austausch	0/29	[38]	
H-*ras* 1. Exon	Urotheliale Carcinome (n=47)	Transfektion	61. Kodon Glu → Arg Glu → Leu	 1/38 1/38	[39]	In einem Tumor Mutationen im 12. und 61. Kodon
		Southern Blot Msp I/Hpa II	12. Kodon jeder AS-Austausch			
2. Exon		Southern Blot Bst N I	61. Kodon jeder Basen-Austausch außer A→T	1/32		
N-*ras* 2. Exon	akute myeloische Leukämie	Transfektionsassay Southern Blot synth. Oligonukleotide	13. Kodon	4/5	[40]	
K-*ras* 1. Exon	Colonkarzinom	RNA: RNA-mismatch	12. Kodon	26/66	[31]	
Synth. Oligonukleotide gg. Mutationen von H-*ras*, K-*ras*, N-*ras* in Kodon 12, 13, 61	Colonkarzinom (n=27)	DNA-Amplifikation, Oligonukleotid-Hybridisierung	12. Kodon	K-*ras*: 9/27 N-*ras*: 1/27	[30]	
			61. Kodon	K-*ras*: 1/27		
			total:	11/27		

Tabelle 3 (Fortsetzung)

Sonde, Antikörper	Tumoren	Methode	Kodon AS-/Basen-Austausch	Häufigkeit	Ref.	Anmerkungen
	Adenokarzinom der Lunge (n=10)	DNA-Amplifikation Oligonukleotid-Hybridisierung	12. Kodon, K-*ras*	5/10	[41]	keine Mutation in Kodon 13 und 61. Keine Mutation in H-*ras* und N-*ras*
						keine *ras*-Mutation in anderen histologisch verschiedenen Tumoren
Mab gegen synth. *ras*-Peptid	Colon (n=4) Lunge (n=4) Brust (n=4) sonst. (n=7)	Western-Blot	12. Kodon Gly → Val	0/20	[32]	
	Lungen-, Colon-, Mammakarzinom	Immunhisto-chemie	12. Kodon Gly → Val	27/56		3 positive Tumoren in Western Blots überprüft, in keinem Fall Gly-Val Austausch nachweisbar

Effizienz von N-*ras* im Vergleich zu K-*ras* in Transfektionsassays verständlich. Erst durch die Anwendung neuer Techniken bzw. die Verwendung von Oligonukleotiden, die gegen alle möglichen Punktmutationen in verschiedenen Kodons der unterschiedlichen *ras*-Onkogene gerichtet waren, wurde eine realistische Schätzung der Häufigkeit von Mutationen dieser Gen-Familie, insbesondere von c-K-*ras* möglich. So wurde kürzlich von zwei unabhängigen Arbeitsgruppen mit unterschiedlichen Methoden gezeigt, daß die Häufigkeit von Punktmutationen in kolorektalen Karzinomen zwischen 30 und 40% liegt [30,31]. Hierbei ist in erster Linie das 12. Kodon des K-*ras* Onkogens betroffen. In beiden Studien wurden K-*ras*-Mutationen auch in frühen Tumorstadien nachgewiesen. In einer weiteren Studie wurde gezeigt, daß in Bronchialkarzinomen Mutationen auf Adenokarzinome und das K-*ras* Onkogen beschränkt waren [41].

Die Verwendung von Antikörpern gegen punktmutierte synthetische *ras*-Peptide zum Nachweis punktmutierter *ras*-Onkoproteine ist mit methodischen Problemen verbunden, insbesondere wenn immunhistochemische Techniken angewandt werden. So wurde z.B. berichtet, daß Antikörper gegen punktmutierte *ras*-Peptide in 23/47 Kolonkarzinomen mehr als 20% der Tumorzellen banden, während in 4/18 Gewebsproben normaler Kolonschleimhaut <1% der Zellen positiv und in den restlichen Gewebsproben keine Reaktivität nachweisbar war [42]. Carney et al. [32] zeigten jedoch, daß Antikörper, die gegen synthetische Peptide gerichtet waren, in denen Glycin in Position 12 gegen Valin oder Cystein ausgetauscht war, zwar in 48% der untersuchten Karzinome bei Anwendung immunhistochemischer Methoden eine starke Reaktion zeigten; in Western Blots, durch die spezifische Mutationen in $p21^{ras}$ nachweisbar sind, waren die immunhistochemisch als positiv eingestuften Tumoren jedoch negativ. Eine mögliche Erklärung hierfür ist der Befund, daß Antikörper gegen punktmutierte synthetische *ras*-Proteine mit verschiedenen Proteinen kreuzreagieren, die nicht zur *ras*-Onkoproteinfamilie gehören [36]. Die Verwendung solcher Antikörper zum immunchemischen Nachweis von $p21^{ras}$ Onkoproteinen in Protein-Gemischen ist daher problematisch.

Verstärkte Transkription von Onkogenen, erhöhte Synthese von Onkoproteinen

Während der Nachweis rearrangierter oder mutierter Onkogene mittels qualitativer Methoden möglich ist, erfordert der Nachweis einer verstärkten Transkription und/oder einer erhöhten Translation den Einsatz quantitativer Methoden. Einige der Probleme, die sich hier insbesondere bei soliden Tumoren ergeben, wurden im Rahmen des Nachweises amplifizierter Onkogene bereits diskutiert. Der RNA-Nachweis ist zusätzlich noch durch die rasche Degradation der RNA im Tumorgewebe kompliziert. Eine weitere Schwierigkeit ist die Definition der Bezugsgröße, die der Quantifizierung der Transkription bzw. Onkoprotein-Biosynthese zu Grunde gelegt wird.

Es ist allgemein üblich, die Expression von Onkogenen auf Normalgewebe zu beziehen. Falls das Normalgewebe jedoch aus heterogenen Zellpopulationen besteht, spielt der Anteil der Population, von der Tumoren ausgehen, an der gesamten Zellpopulation eine wichtige

Tabelle 4. Expression von Onkogenen in malignen Tumoren des Menschen. In keinem der 54 untersuchten Tumoren ließ sich die Expression von *erb-A*, *erb-B*, *mos*, *rel*, *sis* oder *yes* nachweisen (nach Slamon et al. [43])

Tumor	Anteil Tumoren mit pos. mRNA Nachweis mittels Sonden für								
	abl	*fes*	*fos*	*fms*	*myb*	*myc*	H-*ras*	K-*ras*	*src*
Nierenkarzinom	0/9	2/9	7/9	4/9	0/9	8/9	7/9	5/9	0/9
Adenokarzinom des Ovar	0/6	0/6	6/6	4/6	0/6	6/6	6/6	4/6	0/6
Adenokarzinom des Uterus	0/1	0/1	0/1	0/1	0/1	0/1	0/1	0/1	0/1
Colorektales Karzinom	0/9	0/9	9/9	1/9	0/9	8/9	7/9	6/9	0/9
Lungenkarzinom	0/4	4/4	4/4	2/4	1/4	4/4	4/4	4/4	0/4
Mammakarzinom	0/4	3/4	4/4	3/4	2/4	4/4	4/4	3/4	0/4
AML	1/7	7/7	6/7	2/7	7/7	6/7	6/7	7/7	0/7
CML	2/2	2/2	1/2	1/2	2/2	2/2	2/2	2/2	1/2
ALL	0/2	2/2	2/2	0/2	2/2	2/2	2/2	2/2	0/2

Rolle. So könnte z.B. eine erhöhte mRNA- oder Onkoproteinsynthese dann vorgetäuscht werden, wenn sich der Tumor aus einer Zellpopulation entwickelt, die im Normalgewebe nur gering vertreten ist (z.B. die Entwicklung von kleinzelligen Lungenkarzinomen aus neuroektodermalen Zellen). Eine Begrenzung der Gen-Expression auf bestimmte Zelltypen läßt sich durch Untersuchungen am Gewebsschnitt mittels in-situ Hybridisierung (mRNA-Nachweis) oder immunhistochemischer Methoden verifizieren. Neben der begrenzten Möglichkeit zur Quantifizierung der Ergebnisse ergeben sich hier jedoch noch erhebliche methodische Probleme wie z.B. die Fixierung von RNA und Proteinen sowie bei immunhistochemischen Methoden insbesondere die Spezifität der verwendeten Antikörper und der Einfluß der Fixierung auf die Konformation antigener Determinanten.

Die Bedeutung einer verstärkten Transkription des translozierten c-*myc* Onkogens beim Burkitt-Lymphom ist noch nicht endgültig zu beurteilen. Einige Untersucher berichten über eine verstärkte Transkription im Vergleich zu Kontrollzellen, andere fanden jedoch normale Konzentrationen c-*myc* spezifischer mRNA [18]. In einer umfangreichen Untersuchung von Slamon und Mitarbeitern [43] wurde RNA aus verschiedenen soliden und hämatologischen menschlichen Tumoren in Northern Blots und Dot Blots mit Sonden von 15 verschiedenen Onkogenen hybridisiert (Tabelle 4). In keinem der in Tabelle 4 aufgeführten Tumoren ließen sich Transkripte der zellulären Onkogene *erb-A*, *erb-B*, *mos*, *rel*, *sis* oder *yes* nachweisen, *src*-spezifische mRNA fand sich nur in einem Tumor. Die Expression des *abl*-Onkogens war auf akute und chronische myeloische Leukämien beschränkt. Am häufigsten waren Transkripte von H-*ras*, K-*ras*, *myc* und *fos* nachweisbar. In einem Teil der Tumoren konnte die Expression auch im angrenzenden Normalgewebe untersucht werden. Der densitometrisch ermittelte Quotient zwischen

Tabelle 5. Western Blots von *ras*-Onkoproteinen aus Adenokarzinomen und Normalschleimhaut des Gastrointestinaltrakts (nach Tanaka et al. [36])

Gewebe	Expression	Spezifität des Antikörpers	
		H-*ras*[1] K-*ras*	H-*ras*[2]
Karzinom	-	0/19	1/18
	+	4/19	10/18
	++	10/19	7/18
	+++	5/19	0/18
Normal-Gewebe	-	0/9	0/8
	+	3/9	5/8
	++	6/9	3/8
	+++	0/9	0/8

[1]Bindung an N-*ras* nicht getestet, 94% Homologie des immunogenen Peptids zu N-*ras*.

[2]Keine oder schwache Bindung an K-*ras*. Bindung an N-*ras* nicht getestet.

den Hybridisierungssignalen in Tumor- und Normalgewebe lag im allgemeinen zwischen 1 und 4, höhere Faktoren wurden bei Analyse von 5 verschiedenen Onkogenen (*myc*, *fos*, H-*ras*, K-*ras*, *fms*) und 16 unterschiedlichen Tumoren (Karzinome von Niere, Lunge, Kolon, Dünndarm und Ovar) für *myc* (2x) und *fos* (2x) gefunden.

Untersuchungen zur Expression der *ras*-Onkogene in menschlichen Tumoren, insbesondere zur Synthese der entsprechenden Onkoproteine, sind widersprüchlich. Die mRNAs verschiedener *ras*-Onkoproteine wurden in einer größeren Zahl kolorektaler Karzinome nachgewiesen [43,44]. Nach Slamon et al. [43] war bei Verwendung von K-*ras* und H-*ras* spezifischen Sonden die Expression der entsprechenden Gene maximal vierfach verstärkt. Spandidos und Kerr [44] legten der Beurteilung der mRNA-Konzentration im Gewebe arbiträre Einheiten zu Grunde. Im normalen kolorektalen Gewebe lagen diese Einheiten zwischen 1.0 und 4.1 (K-*ras* als Sonde) bzw. 0.3 und 3.5 (H-*ras* als Sonde). Die entsprechenden Einheiten lagen in kolorektalen Polypen zwischen 9.5 und 22 (K-*ras* als Sonde) bzw. 9.1 und 31 (H-*ras* als Sonde). In kolorektalen Adenokarzinomen fanden sich Werte zwischen 1.9 und 19 bei einem Median von 6.5 (K-*ras* als Sonde) bzw. zwischen 1.5 und 14 bei einem Median von 4.5 (H-*ras* als Sonde). Slamon et al. [43] zeigten jedoch durch histologische Untersuchungen eines Kolonkarzinoms und der angrenzenden Schleimhaut, daß im Karzinomgewebe 80% aller intakt erscheinenden Zellen epithelialen Ursprungs waren, während dies nur für 10-15% der normalen Schleimhaut zutraf. Dies zeigt, wie bedingt ein Vergleich von Normal- und Tumorgewebe sein kann.

In Magenkarzinomen und angrenzender Normalschleimhaut wurde eine Quantifizierung von in-situ Hybridisierungen versucht [45]. Im Vergleich zum Normalgewebe war die Expression von c-H-*ras* (2.0-18.4fach, Median: 11.2), nicht aber von c-K-*ras* verstärkt.

In einigen Untersuchungen wurde das p21^{c-ras}-Onkoprotein nach Western Blot densitometrisch quantifiziert. Ein Teil der Ergebnisse der Untersuchung von Tanaka et al. [36] sind in Tabelle 5 zusammengefaßt. Es wird deutlich, daß mittlere Konzentrationen der H-*ras*-und/oder K-*ras*-Onkoproteine sowohl im Tumor- als auch im Normalgewebe anzutreffen sind. Eine deutlich höhere Synthese im Tumorgewebe fand sich nur in einem Fall. Aus der differentiellen Reaktion der Antiseren ergibt sich der Schluß, daß eine alleinige Synthese von p21^{K-ras} nur in einem der untersuchten gastrointestinalen Tumoren nachweisbar war. Unter den 10 untersuchten Mammakarzinomen wurden *ras*-Onkoproteine in 8 Fällen nachgewiesen; hierbei handelte es sich überwiegend um andere als p21^{H-ras}. Gallick et al. [33] fanden in 4/17 kolorektalen Karzinomen Konzentrationen von p21^{ras}, die über dem vierfachen des entsprechenden Normalgewebes lagen. Hierbei lagen in Tumoren der Dukes-Stadien B und C die Konzentrationen deutlich höher als in Tumoren des Stadiums D. In allen 9 untersuchten Fernmetastasen war die p21^{ras}-Konzentration niedriger als in normaler Kolonschleimhaut. Von 23 Lungenkarzinomen zeigten mit einer Ausnahme nur Plattenepithelkarzinome erhöhte p21^{ras}-Konzentrationen [34].

Die immunhistochemischen Untersuchungen zur Expression von *ras*-Onkoproteinen in verschiedenen menschlichen normalen sowie benigne und maligne veränderten Geweben sind ebenfalls widersprüchlich. Untersuchungen der Arbeitsgruppe Schlom wiesen im Vergleich zu Normalgeweben eine signifikant höhere Bindung von Antikörpern gegen p21^{ras} für Kolon- [42,46], Mamma- [46,47] und Magenkarzinome [45] nach. In deutlichem Gegensatz hierzu stehen die Ergebnisse von Chesa et al. [48]. Die Autoren verwandten für ihre Untersuchungen u.a. einen monoklonalen Antikörper, der auch von der vorgenannten Arbeitsgruppe für einen Teil der Bindungsstudien eingesetzt wurde. Chesa et al. wiesen eine Expression von p21^{ras} in den verschiedensten terminal differenzierten Normalgeweben wie z.B. im Oberflächenepithel von Dünn- und Dickdarm, in weiteren Epithelien, in glatter, quergestreifter und Herz-Muskulatur, in Hepatocyten, Neuronen u.a. nach. Das Vorkommen von p21^{ras} in verschiedenen Normalgeweben wird durch die Untersuchungen von Kerr et al. bestätigt [49], obwohl die Immunreaktivität z.T. anderen Zelltypen zugeordnet wurde als in der vorgenannten Untersuchung. Da von den zitierten Arbeitsgruppen z.T. identische Antikörper und vergleichbare Fixierungstechniken für die Gewebe verwendet wurden, sind die Widersprüche schwer zu erklären.

Schlußfolgerungen

Experimentelle und statistische Daten sprechen dafür, daß sich die maligne Entartung einer normalen Zelle in mehreren Schritten vollzieht. Die statistische Auswertung von Alters-Inzidenz-Kurven ergab eine Schätzung von 3-4 Mutations-ähnlichen Ereignissen für Leukämien und 6-7 solcher Ereignisse für Karzinome [50]. Mit der Progression des malignen Phänotyps ist neben diesen kausalen genetischen Ereignissen eine zunehmende Instabilität des Genoms verbunden, die häufig mit karyotypischen Anomalien einhergeht.

Daher ist es schwierig, in einem malignen Tumor, der sich in der letzten Phase der beschriebenen Entwicklung befindet, kausale genetische Veränderungen von sekundären Veränderungen abzugrenzen, die für die Entstehung des Tumors nicht oder nur von begrenzter Bedeutung sind.

Um die kausale Bedeutung einer potentiell transformierenden genetischen Veränderung experimentell zu verifizieren, müßte sie in einen Zusammenhang mit weiteren genetischen Veränderungen gestellt werden. Dies ist jedoch nur dann möglich, wenn diese Veränderungen auf molekularer Ebene definiert sind. Die Homologien zwischen retroviralen Onkogenen und zellulären Onkogenen hat in den letzten Jahren das wissenschaftliche Interesse auf ca. 20 von 10^6 eukaryonten Genen gelenkt [16].

Durch Transfektionsversuche, durch Analyse der Integrationsstellen von Onkogenen sowie durch Sequenzierung der durch retrovirale Promotorinsertion aktivierten zellulären Gene wurde das Spektrum potentieller Transformations-Gene bereits erheblich erweitert. Ferner mehren sich die experimentellen Befunde, daß neben den aktivierten, dominant wirkenden Onkogenen der Verlust von Tumorsuppressor-Genen eine wichtige Rolle für die Entstehung des malignen Phänotyps spielt [17]. Protoonkogene stellen somit nur einen Bruchteil der möglichen Gene, die kausal an Entstehung und Erhalt des malignen Phänotyps beteiligt sind.

Diploide embryonale Fibroblasten der Ratte lassen sich durch Kooperation verschiedener viraler und aktivierter zellulärer Onkogene transformieren [51]. Hierbei können komplementäre Gruppen von Onkogenen bzw. Onkogenprodukten unterschieden werden. Eine Aktivierung von Onkogenen aus verschiedenen Gruppen bewirkt eine Transformation, während den Onkogenen innerhalb einer Gruppe offenbar vergleichbare Funktionen im Rahmen der malignen Transformation zukommen. So gehören z.B. das große T-Antigen des Polyoma Virus, das E1a-Antigen eines Adenovirus sowie das *myc*-Onkoprotein zu einer Gruppe, während das mittlere T-Antigen und $p21^{ras}$ zu einer komplementären Gruppe gehören. Embryonale Rattenfibroblasten ließen sich durch Kombination von großem T-Antigen, $p62^{myc}$ oder E1a-Antigen auf der einen Seite und $p21^{ras}$ auf der anderen Seite transformieren. Eine Kombination des mittleren T-Antigens mit $p21^{ras}$ war hingegen unwirksam. Das Argument Duesbergs, daß die Kombination von zwei oder mehr aktivierten Onkogenen in menschlichen Tumoren eher eine Ausnahme ist, trifft zu [15,16]. Es muß jedoch berücksichtigt werden, daß bisher nur ein Bruchteil transformierender Gene des Menschen bekannt ist. Die limitierte Zahl der bisher bekannten humanen transformierenden Gene schließt zum jetzigen Zeitpunkt eine experimentelle Verifizierung der kausalen Bedeutung von Onkogenen im engeren Sinn (d.h. von zellulären Onkogenen, die retroviralen Onkogenen homolog sind) für die maligne Transformation diploider humaner Zellen aus.

Die umfangreichen Daten zur Expression von Onkogenen in menschlichen Tumoren erlauben den Schluß, daß einige der Onkogene keine oder nur eine begrenzte kausale Bedeutung für Entstehung und Progression des malignen Wachstums besitzen (s.u.). Umgekehrt ist es aus den oben genannten Gründen zur Zeit nicht möglich, eine kausale Rolle der verbleibenden Onkogene experimentell zu verifizieren. Die regelmäßige Assoziation bestimmter struktureller Veränderungen kodierender oder regulatorischer Onkogensequenzen mit bestimmten Tumoren erhöht jedoch die Wahrscheinlichkeit, daß die betreffenden Onkogene kausal an der malignen Transformation beteiligt sind.

Die transformierende Wirkung der meisten retroviralen Onkogene beruht auf strukturellen Veränderungen der homologen zellulären Onkogene wie Deletionen und Punktmutationen [15,16,18]. Daher können definierte Strukturveränderungen von Protoonkogenen des Menschen als wichtiger Hinweis auf deren transformierende Funktion gewertet werden. Dies gilt für die Translokation des c-*abl* Onkogens bei chronischen myeloischen Leukämien und akuten lymphatischen Leukämien sowie die regelmäßige Translokation von c-*myc* in Burkitt-Lymphomen. Während die im Vergleich zum *abl*-Onkoprotein verstärkte Tyrosinkinase-Aktivität des *abl*-*bcr*-Fusionsproteins eine molekulare Erklärung für die transformierende Wirkung des *abl*-Rearrangements liefert, ist die Rolle der *myc*-Translokation beim Burkitt-Lymphom trotz einer Fülle molekularbiologischer Daten noch weitgehend ungeklärt. Dies hängt mit der Komplexität und Heterogenität des *myc*-Rearrangements in verschiedenen Burkitt-Lymphomen zusammen [4].

Punktmutationen der *ras*-Onkogene, insbesondere des K-*ras*-Onkogens, sind in bestimmten menschlichen Karzinomen, so z.B. in kolorektalen Karzinomen, häufiger als zunächst angenommen; dennoch sind in über der Hälfte der menschlichen kolorektalen Karzinome *ras*-Mutationen nicht nachweisbar. *ras*-Mutationen sind somit keine notwendige Bedingung für die Entstehung dieser Karzinome. Entsprechend der These kooperierender transformierender Gene müßte in *ras*-negativen Karzinomen eine genetische Veränderung postuliert werden, die einer Punktmutation von *ras*-Protoonkogenen äquivalent ist.

Eine verstärkte Transkription zellulärer Onkogene kann Ursache oder Folge des malignen Wachstums sein. Als Ursache kommen Amplifikationen sowie Veränderungen der regulatorischen Onkogensequenzen in Betracht. Amplifikationen von Onkogenen scheinen mit Ausnahme von Retinoblastomen, Neuroblastomen und evtl. kleinzelligen Lungenkarzinomen nur sporadisch aufzutreten. Über den Vergleich regulatorischer Onkogensequenzen im Normal- und Tumorgewebe liegen noch keine ausreichenden Informationen vor.

Die Transkription einiger Onkogene wie c-*myc*, c-*fos* und c-*myb* wird durch verschiedene Wachstumsstimuli wie z.B. Wachstumsfaktoren, aber auch durch Unterbrechung des interzellulären Kontakts [14], aktiviert. Es ist daher möglich, daß die Transkription dieser Onkogene autokrin oder parakrin oder aber durch eine Verminderung des interzellulären Kontakts stimuliert wird. Als Beispiel für einen solchen Mechanismus sei das kleinzellige Lungenkarzinom angeführt, welches durch autokrine Synthese von Bombesin das eigene Wachstum stimuliert [52]. Bombesin aktiviert seinerseits das *fos*-Protoonkogen [53].

Die Bedeutung einer verstärkten Transkription von Onkogenen der *ras*-Gruppe für Entstehung und Progression menschlicher Tumoren ist ebenfalls noch nicht geklärt. Eine verstärkte Transkription des normalen, nicht-mutierten zellulären H-*ras* Onkogens transformiert NIH-3T3 Fibroblasten [8]. Ein ähnlicher Mechanismus könnte daher für menschliche Tumoren angenommen werden. Die Tatsache, daß Onkoproteine dieser Familie sowohl in den verschiedensten terminal differenzierten Geweben als auch in frühen Stadien verschiedener Tumoren nachweisbar sind, spricht jedoch eher dafür, daß in frühen Tumorstadien differenzierte zelluläre Funktionen beibehalten werden. Der Befund, daß Onkoproteine der *ras*-Gruppe in fortgeschrittenen Tumorstadien und Fernmetastasen kolorektaler Karzinome in geringerer Konzentration nachweisbar sind als im Normalgewebe [33] spricht dagegen, daß eine verstärkte Synthese dieser Onkoproteine für den Erhalt des malignen Wachstums erforderlich ist.

Die Subsummierung zellulärer Gene, die retroviralen Onkogenen homolog sind, unter den Begriff Protoonkogene impliziert, daß alle Gene dieser Gruppe einen wichtigen Stellenwert für die Tumorentstehung besitzen. Die bisherigen Daten zur Expression dieser "Onkogene" in menschlichen Tumoren verbieten jedoch eine solche Verallgemeinerung, da die Expression einiger der so definierten Onkogene, wie z.B. von c-*erb-A*, c-*erb-B*, c-*mos*, c-*rel*, c-*sis*, c-*yes* oder c-*scr* in menschlichen Tumoren nicht oder nur vereinzelt nachgewiesen wurde.

Die bisherigen Daten zeigen, daß eine Übertragung der Transformationsmechanismen retroviraler Onkogene auf menschliche zelluläre Gene, die retroviralen Onkogenen homolog sind, nur bedingt möglich ist. Für viele der Onkogene ließ sich eine Expression in menschlichen Tumoren nicht oder nur sporadisch nachweisen. Rearrangements und Mutationen, denen eine zentrale Bedeutung für die transformierende Wirkung retroviraler Onkogene zukommt, sind nur für wenige Onkogene und ein begrenztes Spektrum an Tumoren belegt. Der Befund, daß retrovirale und zelluläre Fusionsproteine mit *abl*-Sequenzen eine verstärkte Tyrosinkinase-Aktivität besitzen, sowie Punktmutationen der *ras*-Onkogene an Positionen, die denjenigen der retroviralen Onkogene entsprechen, stellen die einzigen bisher abgesicherten Analogien zur retroviralen Onkogenese dar.

Auch wenn das Onkogen-Konzept für die Diagnose menschlicher Tumoren nur eine begrenzte Bedeutung haben sollte, hat dieses Konzept unser Wissen über die molekularen Mechanismen der malignen Transformation entscheidend vertieft.

Literatur

1. Huebner RJ, Todaro GJ (1969) Oncogenes of RNA tumor viruses as determinants of cancer. Proc Natl Acad Sci USA 64:1087-1094
2. Bishop JM (1985) Viral oncogenes. Cell 42:23-38
3. Bishop JM (1983) Cellular oncogenes and retroviruses. Ann Rev Biochem 52: 301-354
4. Nishimura S, Sekiya T (1987) Human cancer and cellular oncogenes. Biochem J 243:313-327
5. Duesberg PH (1987) Retroviruses as carcinogens and pathogens: expectations and reality. Cancer Res 47:1199-1220

6. Bishop JM (1987) The molecular genetics of cancer. Science 235:305-311
7. Weinberg RA (1982) Oncogenes of spontaneous and chemically induced tumors. Adv Cancer Res 36:149-163
8. Barbacid M (1987) *ras* genes. Ann Rev Biochem 56:779-827
9. Alitalo K, Koskinen P, Mäkelä TP, Saksela K, Sistonen L, Winqvist R (1987) *myc* oncogenes: activation and amplification. Biochim Biophys Acta 907:1-32
10. Saglio G, Guerrasio A, Gavosto F (1986) Proto-oncogene activation in human hematologic malignancies. Haematologica 71:497-509
11. Sap J, Munoz A, Damm K, Goldberg Y, Ghysdael J, Leutz A, Beug H, Vennström B (1986) The c-*erb-A* protein is a high-affinity receptor for thyroid hormone. Nature 324:635-640
12. Hunter T, Cooper JA (1985) Protein-tyrosine kinases. Ann Rev Biochem 54: 897-930
13. Müller R, Bravo R, Burckhardt J, Curran T (1984) Induction of c-*fos* gene and protein by growth factors precedes activation of c-*myc*. Nature 312: 716-720
14. Wichelhaus O, Olek K, Wappenschmidt C, Wagener C (1987) Rapid expression of c-fos specific messenger RNA after wounding of a BALB/c-3T3 fibroblast monolayer. J Clin Chem Clin Biochem 25:419-421
15. Duesberg PH (1983) Retroviral transforming genes in normal cells? Nature 304:219-226
16. Duesberg PH (1987) Cancer genes: Rare recombinants instead of activated oncogenes (a review). Proc Natl Acad Sci USA 84:2117-2124
17. Sager R (1986) Genetic suppression of tumor formation: a new frontier in cancer research. Cancer Res 46:1573-1580
18. Duesberg PH (1985) Activated proto-onc genes: sufficient or necessary for cancer? Science 228:669-677
19. Alitalo K, Schwab M, Lin CC, Varmus HE, Bishop JM (1983) Homogeneously staining chromosomal regions contain amplified copies of an abundantly expressed cellular oncogene (c-*myc*) in malignant neuroendocrine cells from a human colon carcinoma. Proc Natl Acad Sci USA 80:1707-1711
20. Johnson BE, Ihde DC, Makuch RW, Gazdar AF, Carney DN, Oie H, Russell E, Nau MM, Minna JD (1987) *myc* family oncogene amplification in tumor cell lines established from small cell lung cancer patients and its relationship to clinical status and course. J Clin Invest 79:1629-1634
21. Tainsky MA, Cooper CS, Giovanella BC, Vande Woude GF (1984) An activated *ras*^{N} gene: detected in late but not early passage human PA1 teratocarcinoma cells. Science 225:643-645
22. Lee WH, Murphree AL, Benedict WF (1984) Expression and amplification of the N-*myc* gene in primary retinoblastoma. Nature 309:458-460
23. Little CD, Nau MM, Carney DN, Gazdar AF, Minna JD (1983) Amplification and expression of the c-*myc* oncogene in human lung cancer cell lines. Nature 306:194-196
24. Yokota J, Tsunetsuga-Yokota Y, Battifora H, Le Fevre C, Cline MJ (1986) Alterations of *myc*, *myb*, and *ras*$^{H-a}$ proto-oncogenes in cancers are frequent and show clinical correlation. Science 231:261-265
25. Venter DJ, Tuzi NL, Kumar S, Gullick WJ (1987) Overexpression of the c-*erbB*-2 oncoprotein in human breast carcinomas: immunohistological assessment correlates with gene amplification. Lancet II:69-72
26. Bartram CR, Kleihauer E, de Klein A, Grosveld G, Teyssier JR, Heisterkamp N, Groffen J (1985) c-*abl* and *bcr* are rearranged in a Ph^1-negative CML patient. EMBO J 4:683-686
27. Bartram CR (1985) *bcr* rearrangement without juxtaposition of c-*abl* in chronic myelocytic leukemia. J Exp Med 162:2175-2179
28. Erikson J, Griffin CA, Ar-Rushdi A, Valtieri M, Hoxie J, Finan J, Emanuel BS, Rovera G, Nowell PC, Croce CM (1986) Heterogeneity of chromosome 22 breakpoint in philadelphia positive (Ph^+) acute lymphocytic leukemia. Proc Natl Acad Sci USA 83:1807-1811

29. Chan LC, Karhi KK, Rayter SI, Heisterkamp N, Eridani S, Powles R, Lawler SD, Groffen J, Foulkes JG, Greaves MF, Wiedemann LM (1987) A novel *abl* protein expressed in philadelphia chromosome positive acute lymphoblastic leukaemia. Nature 325:635-637
30. Bos JL, Fearon ER, Hamilton SR, Verlaan-de Vries M, van Boom JH, van der Eb AJ, Vogelstein B (1987) Prevalence of *ras* gene mutations in human colorectal cancers. Nature 327:293-297
31. Forrester K, Almoguera C, Han K, Grizzle WE, Perucho M (1987) Detection of high incidence of K-*ras* oncogenes during human colon tumorigenesis. Nature 327:298-303
32. Carney WP, Petit D, Hamer P, Der CJ, Finkel T, Cooper GM, Levebvre M, Motaker H, Delellis R, Tischler AS, Dayal Y, Wolfe H, Rabin H (1986) Monoclonal antibodies specific for an activated RAS protein. Proc Natl Acad Sci USA 83:7485-7489
33. Gallick GE, Kurzrock R, Kloetzer WS, Arlinghaus RB, Gutterman JU (1985) Expression of $p21^{ras}$ in fresh primary and metastatic human colorectal tumors. Proc Natl Acad Sci USA 82:1795-1799
34. Kurzrock R, Gallick GE, Gutterman JU (1986) Differential expression of $p21^{ras}$ gene products among histological subtypes of fresh primary human lung tumors. Cancer Res 46:1530-1534
35. Tanaka T, Slamon DJ, Cline MJ (1985) Efficient generation of antibodies to oncoproteins by using synthetic peptide antigens. Proc Natl Acad Sci USA 82:3400-3404
36. Tanaka T, Slamon DJ, Battifora H, Cline MJ (1986) Expression of p21 *ras* oncoproteins in human cancers. Cancer Res 46:1465-1470
37. Wong G, Arnheim N, Clark R, McCabe P, Innis M, Aldwin L, Nitecki D, McCormick F (1986) Detection of activated M_r 21,000 protein, the product of *ras* oncogenes, using antibodies with specificity for amino acid 12. Cancer Res 46:6029-6033
38. Feinberg AP, Vogelstein B, Droller MJ, Baylin SB, Nelkin BD (1983) Mutations affecting the 12th amino acid of c-Ha-*ras* oncogene product occurs infrequently in human cancer. Science 220:1175-1177
39. Fujita J, Srivastava SK, Kraus MH, Rhim JS, Tronick SR, Aaronson SA (1985) Frequency of molecular alterations affecting *ras* protooncogenes in human urinary tract tumors. Proc Natl Acad Sci USA 82:3849-3853
40. Bos JL, Toksoz D, Marshall CJ, Verlaan-de Vries M, Veeneman GH, van der Eb AJ, van Boom JH, Janssen JWG, Steenvorden ACM (1985) Amino-acid substitutions at codon 13 of the N-*ras* oncogene in human acute myeloid leukemia. Nature 315:726-730
41. Rodenhuis S, van de Wetering ML, Mooi WJ, Evers SG, van Zandwijk N, Bos JL (1987) Mutational activation of the K-*ras* oncogene. A possible pathogenetic factor in adenocarcinoma of the lung. N Engl J Med 317:929-935
42. Thor A, Hand PH, Wunderlich D, Caruso A, Muraro R, Schlom J (1984) Monoclonal antibodies define differential *ras* gene expression in malignant and benign colonic disease. Nature 311:562-565
43. Slamon DJ, deKernion JB, Verma IM, Cline MJ (1984) Expression of cellular oncogenes in human malignancies. Science 224:256-262
44. Spandidos DA, Kerr IB (1984) Elevated expression of the human *ras* oncogene familiy in premalignant and malignant tumours of the colorectum. Br J Cancer 49:681-688
45. Ohuchi N, Hand PH, Merlo G, Fujita J, Mariano-Costantini R, Thor A, Nose M, Callahan R, Schlom J (1987) Enhanced expression of c-Ha-*ras* p21 in human stomach adenocarcinomas defined by immunoassays using monoclonal antibodies and *in situ* hybridization. Cancer Res 47:1413-1420
46. Hand PH, Thor A, Wunderlich D, Muraro R, Caruso A, Schlom J (1984) Monoclonal antibodies of predefined specificity detect activated *ras* gene expression in human mammary and colon carcinomas. Proc Natl Acad Sci USA 81:5227-5231

47. Ohuchi N, Thor A, Page DL, Hand PH, Halter SA, Schlom J (1986) Expression of the 21,000 molecular weight *ras* protein in a spectrum of benign and malignant human mammary tissues. Cancer Res 46:2511-2519
48. Chesa PG, Rettig WJ, Melamed MR, Old LJ, Niman HL (1987) Expression of $p21^{ras}$ in normal and malignant human tissues: Lack of association with proliferation and malignancy. Proc Natl Acad Sci USA 84:3234-3238
49. Kerr IB, Lee FD, Quintanilla M, Balmain A (1985) Immunocytochemical demonstration of p21 *ras* family oncogene product in normal mucosa and in premalignant and malignant tumours of the colorectum. Br J Cancer 52:695-700
50. Klein G, Klein E (1985) Evolution of tumours and the impact of molecular oncology. Nature 315:190-195
51. Land H, Parada LF, Weinberg RA (1983) Cellular oncogenes and multistep carcinogenesis. Science 222:771-778
52. Cuttitta F, Carney DN, Mulshine J, Moody TW, Fedorko J, Fischler A, Minna JD (1985) Bombesin-like peptides can function as autocrine growth factors in human small-cell lung cancer. Nature 316:823-826
53. Bravo R, Macdonald-Bravo H, Müller R, Hübsch D, Almendral JM (1987) Bombesin induces c-*fos* and c-*myc* expression in quiescent swiss 3T3 cells. Comparative study with other mitogens. Exp Cell Res 170:103-115
54. Brodeur GM, Seeger RC, Schwab M, Varmus HE, Bishop JM (1984) Amplification of N-*myc* in untreated human neuroblastomas correlates with advanced disease stage. Science 224:1121-1124
55. Slamon DJ, Clark GM, Wong SG, Levin WJ, Ullrich A, McGuire WL (1987) Human breast cancer: correlation of relapse and survival with amplification of the HER-2/*neu* oncogene. Science 235:177-182
56. Cline MJ, Battifora H, Yokota J (1987) Proto-oncogene abnormalities in human breast cancer: correlation with anatomic features and clinical course of disease. J Clin Oncol 5:999-1006

Diskussion

LIPP:
Ich möchte mich doch noch etwas näher mit der Onkogen-Hypotheke befassen, die Sie eben beschrieben haben. Es ist eigentlich niemals behauptet worden, daß die viralen Onkogene auch zelluläre Onkogene in dem Sinne sind, daß sie in die Zelle eingebracht, zu einer Transformation der Zelle führen. Im Gegenteil: das Konzept war immer, daß die sogenannten zellulären Onkogene ganz normale Gene sind, die jeder besitzt, die während der Differenzierung eine wichtige Funktion erfüllen, die aber zu zellulären Onkogenen werden, wenn sie entweder strukturell durch Punktmutation verändert werden, wenn eine Expressiom zum falschen Zeitpunkt erfolgt oder wenn eine erhöhte Expression erfolgt. Das allein reicht aber nicht aus, um menschliche Zellen zu transformieren. Mindestens ein zusätzlicher Faktor, wenn nicht mehrere, scheinen notwendig, wenn man das Konzept der multifaktorellen Tumorgenese akzeptiert. Der Vergleich mit einer retroviralen Infektion einer Inzuchtmaus oder von Hühnern schafft ganz andere Voraussetzungen, weil die Targetzellen in gar keinem Vergleich zu einem möglichen mutagenen Ereignis im Organismus von den Retroviren überschüttet werden. Nur in einem Bruchteil der Zellen kommt es wirklich zur

Transformation. Nicht jede Zelle, die infiziert wird durch das Virus, wird auch transformiert. Außerdem werden in der Regel Inzuchtstämme verwendet, so daß die genetische Prädisposition ein Faktor sein kann, der zusätzlich aktiviert wird. Wer schon einmal probiert hat, menschliche Zellen zu transformieren, der weiß, daß es eben nicht so einfach ist, daß dazu mehrere Faktoren nötig sind.

WAGENER:
Die Tatsache, daß die in das retrovirale Genom integrierten Onkogene normalen zellulären Genen homolog sind, ist weniger erstaunlich als häufig dargestellt. Welche Gene außer zellulären Genen sollten sonst von Retroviren rekombiniert werden? Die Kritik des Onkogenkonzepts zielt auf die Generalisierung, sämtliche zelluläre Gene des Menschen, die retroviralen Genen homolog sind, als Onkogene anzusehen. Viele der retroviralen Onkogene wirken nur durch Rekombination mit dem retroviralen Genom transformierend. Die Hypothese, daß durch Kooperation verschiedener aktivierter Onkogene menschliche Tumoren entstehen, ist zwar attraktiv; die Hypothese wurde bisher jedoch nur in Nager-, nicht jedoch in diploiden Zellen des Menschen experimentell verifiziert.

GERBITZ:
Herr Wagener, eine Reihe der onkogenen Produkte sind Tyrosinkinasen, ist Ihnen in irgendeinem Fall ein spezifisches Substrat bekannt, denn das wäre ja an sich die Spezifizierung, die Tyrosinkinase selbst ist ja eine relativ allgemeine Reaktion für den *ras*?

WAGENER:
Trotz intensiver Untersuchungen sind bisher nur wenige Proteine bekannt, die durch Onkoproteine mit Tyrosinkinase-Aktivität phosphoryliert werden. Eines dieser Proteine ist Vinculin, welches in Adhäsionsstellen von Fibroblasten lokalisiert ist. Ein zweites Phosphoprotein wird entsprechend dem Molekulargewicht als p36 bezeichnet. Für beide Proteine ist eine Interaktion mit den Aktin-Filamenten der Zelle wahrscheinlich. Wie kürzlich gezeigt, ist auch der Fibronektin-Rezeptor ein Substrat für die Tyrosinkinase-Domäne des src-Onkoproteins. Die Tatsache, daß dieses Substrat den zuvor angewandten Methoden zum Nachweis der an Tyrosin phosphorylierten zellulären Proteine entging, zeigt, daß auf Grund der kurzen Halbwertzeit der Phosphotyrosin-Reste sowie der geringen Konzentration der an Tyrosin phosphorylierten Proteine die Suche nach Substraten von Onkoproteinen mit Tyrosinkinase-Aktivität methodisch äußerst schwierig ist.

RECKMANN:
Könnten Sie vielleicht die biologische Bedeutung der Suppressor-Onkogene kurz darstellen? Gibt es aufgrund des Wirkungsmechanismus Erklärungen für die Gewebsspezifität der Suppressor-Onkogene im Gegensatz zu den dominant wirkenden Onkogenen?

WAGENER:
Ein Beispiel für Tumor-Suppressor-Gene sind die rezessiven Transformationsgene des Retinoblastoms und des Wilms-Tumors. Im Retinoblastom befindet sich der Genlocus auf Chromosom 13, im Wilms-Tumor auf Chromosom 11. Die Wahrscheinlichkeit, an einem Retinoblastom zu erkranken, erhöht sich bei Defekt eines Allels, ein Defekt des zweiten Allels aufgrund somatischer Mutationen führt im Alter von bis zu fünf Jahren zur Entstehung des Tumors. Das rezessive Retinoblastom-Gen wurde in der Zwischenzeit kloniert und sequenziert. Ein experimenteller Ansatz zum Nachweis von Tumor-Suppressor-Genen besteht in der Fusion von Tumorzellen mit nicht-transformierten Zellen. In diesem experimentellen Modell wurde u.a. gezeigt, daß der maligne Phänotyp trotz unveränderter Transkription eines aktivierten ras-Gens in Zellhybriden supprimierbar ist. Die Gruppe der Tumor-Suppressor-Gene scheint bezüglich der Wirkungsmechanismen mindestens so heterogen zu sein wie die Gruppe der dominant wirkenden Onkogene. Die Charakterisierung von Tumor-Suppressor-Genen stellt daher einen vielversprechenden neuen Ansatz in der Tumorforschung dar.

Molekulargenetische Analyse tumorspezifischer Chromosomen-Translokationen am Beispiel des BURKITT-Lymphoms

M. Lipp, H. Synovzik, P. Hartl, P. Groitl, G. Lenoir und J.-M. Bechet

Einleitung

Der Entwicklung von Normalzellen – das sind Zellen in einem bestimmten Differenzierungsstadium – zu Tumorzellen müssen mehrere molekulare Veränderungen vorausgegangen sein, die direkt oder indirekt die Kontrolle der Zellteilung beeinflussen. Dabei werden die Analyse und Aufklärung dieser Mechanismen durch die anfangs unterschätzte Anzahl der beteiligten zellulären Faktoren und vor allem durch deren mögliche vielfältige Kombination erheblich erschwert. Wenn man von dieser allgemein akzeptierten Hypothese einer Mehrschritt-Karzinogenese ausgeht, bietet die Untersuchung von Tumoren mit konstanten chromosomalen Aberrationen den Vorteil, bereits einen wichtigen Faktor der Tumorigenese identifiziert zu haben, der in einigen Fällen schon jetzt, in anderen in Zukunft auch auf molekulargenetischer Ebene analysiert werden kann. Die Grundlage dafür haben in den letzten Jahren die Cytogenetiker geschaffen, die durch verbesserte Techniken der Chromosomendarstellung, so wie der in situ Hybridisierung, bestimmten malignen Erkrankungen konsistente chromosomale Defekte zuordnen konnten [1]. Da diese chromosomalen Umlagerungen besonders häufig bei B-Zell-spezifischen Leukämien und Lymphomen im Bereich der Immunglobulin-Loci beobachtet wurden, wurde erstmals von George Klein im Jahre 1981 die Hypothese formuliert, daß durch Translokationen zelluläre Onkogene aktiviert würden.

Diese Hypothese konnte für einige menschliche Leukämien und Lymphome auch auf molekulargenetischer Ebene bestätigt werden. Tabelle 1 faßt den Stand des heutigen Wissens zusammen. Dabei gibt es verschiedene Mechanismen der Aktivierung. Im Falle der Burkitt-Lymphome kommt es als Konsequenz der Transposition des c-myc-Gens auf Chromosom 8 in den Bereich der Immunglobulin-Gene auf Chromosom 14, 2 oder 22 zu einer Deregulation und einer erhöhten Expression dieses Onkogens [2, 3]. Ähnlich wird in über 60% der Fälle des follikulären Lymphoms durch eine t(14;18)-Translokation ein zelluläres Gen, bcl-2, aktiviert, dessen Funktion allerdings noch unbekannt ist [4]. Regelmäßige Translokationen werden auch bei einigen T-Zell-Leukämien beobachtet, in denen häufig der Genort der α-Kette des T-Zell-Rezeptors (TCR), auf Chromosom 14 gelegen, involviert ist. Relativ selten, jedoch in Analogie zu den Burkitt-Lymphomen kann es dort ebenfalls zu einer Aktivierung des c-myc-Gens kommen. Eine Reihe anderer spezifischer Bruchpunkte von B- und T-Zell-Lymphomen wurden zwar kloniert – sie werden mit bcl-1, tcl-1, tcl-2 und tcl-3 bezeichnet (Tabelle 1) –, es konnten bisher aber keine Gene im Bereich der Translokationen nachgewiesen werden [5].

Tabelle 1. Beteiligung zellulärer Onkogene an chromosomalen Aberrationen

Onkogene	Aktivierungsmechanismus	Tumor
MYC	t(8;14), t(2;8), t(8;22)	Burkitt-Lymphom
	t(8;14)	T-Zell-Lymphom
	Amplifikation	SCLC, PML, Brust- und Dickdarmkarzinome
N-MYC	Amplifikation	Neuroblastom, SCLC, Retinoblastom
L-MYC	Amplifikation	SCLC
BCR/ABL	t(9;22)	CML
BCL-1 (?)	t(11;14)	B-Zell-Lymphome (CLL)
BCL-2	t(14;18)	Follikuläres Lymphom
TCL-1 (?)	t(14;14)	T-Zell-Lymphom
TCL-2 (?)	t(11;14)	und
TCL-3 (?)	t(10;14)	Leukämien

? = Gen noch nicht identifiziert

Onkogene können nicht nur durch Chromosomen-Translokationen, sondern auch durch Amplifikation aktiviert werden. Die amplifizierten Gene – bisher wurden vorwiegend Mitglieder der myc-Genfamilie identifiziert – sind dabei in spezifischen Chromosomenanomalien, den "double minutes" (DMs) oder den "homogeneously staining regions" (HSR's), lokalisiert. Beim Neuroblastom konnte man nachweisen, daß die Genamplifikationen mit einer Tumorprogression korreliert sind und nicht primär zur Ätiologie dieses Tumors beitragen [6].

Einen im Vergleich zur c-myc-Aktivierung qualitativ völlig verschiedenen Mechanismus beobachtet man bei der chronisch-myeloischen Leukämie (CML), die durch das sogenannte Philadelphia Chromosom [t(9;22)] charakterisiert ist. Als Folge dieser Translokation entsteht ein Fusionsprotein zwischen dem bcr-Gen auf Chromosom 22 und dem c-abl-Onkogen auf Chromosom 9, das bezogen auf das normale c-abl-Protein veränderte, transformierende Eigenschaften besitzt [7].

Im folgenden sollen anhand einer detaillierten molekulargenetischen Analyse einer spezifischen Chromosomentranslokation beim Burkitt-Lymphom Möglichkeiten aufgezeigt werden, durch welche Mechanismen Translokationen entstehen und Onkogene aktiviert werden können.

Chromosomale Translokationen in Burkitt-Lymphomen

Burkitt-Lymphome (BL) weisen alle, unabhängig von der geographischen Herkunft des Patienten oder einer möglichen Assoziation mit dem Epstein-Barr-Virus (EBV), eine von drei spezifischen reziproken Translokationen auf. Zytogenetisch ist immer der c-myc-Locus auf Chromosom 8 betroffen und entweder in ungefähr 80% der Fälle der Locus für die schwere Kette der Immunglobulin-Gene [t(8;14)(q24;q32)], oder in jeweils 10% der Fälle die Loci für die beiden leichten Ig-Ketten κ [t(2;8)(p11;q24)] und λ [t(8;22)-(q24;q11)]. Letztere werden deshalb auch als sogenannte "variante" BL bezeichnet. Die Analyse der chromosomalen Bruchpunkte zahlreicher BL durch in situ-Hybridisierung, Kartierung und Sequenzierung hat einerseits eine starke Heterogenität aufgezeigt, andererseits aber auch gewisse Gemeinsamkeiten erkennen lassen, die für die verschiedenen Translokationstypen charakteristisch zu sein scheinen. Man unterscheidet bei den t(8;14)-Translokationen die "endemischen" Burkitt-Lymphome (eBL) (die so genannt werden, da dieser Tumor vorwiegend in bestimmten Teilen Zentralafrikas auftritt und zu 95% mit EBV assoziiert ist) von den "sporadischen" Burkitt-Lymphomen (sBL), weil sie seltener in Nordamerika und Europa vorkommen und nur zu 15%-20% EBV-positiv sind. Während bei den sBL der Bruchpunkt innerhalb der Regulationsregion des c-myc-Gens lokalisiert ist, liegt er bei den eBL häufig weit proximal von c-myc, bei den meisten varianten t(2;8)- und t(8;22)-Translokationen dagegen weit distal von c-myc. Dennoch spielt das c-myc-Gen auch in Fällen, bei denen der Bruchpunkt weit entfernt liegt, eine entscheidende Rolle für die Tumorentstehung, da nur das c-myc-Gen auf dem Translokations-Chromosom, nicht jedoch das des normalen Allels transkribiert wird.

Molekulare Analyse von Burkitt-Lymphomen mit t(2;8)-Translokation

Die Analyse von Burkitt-Lymphom-Zellinien mit varianten t(2;8)-Translokationen scheint uns ein geeignetes Modellsystem zu sein, um einmal BL-spezifische, aber auch prinzipielle Fragestellungen der Differenzierungs- und Wachstumskontrolle von B-Zellen untersuchen zu können. Im Vordergrund stand dabei zunächst eine strukturelle Charakterisierung des gesamten translozierten c-myc-Ig κ-Locus, aus der wir hofften, auch funktionell wichtige Mechanismen ableiten und untersuchen zu können. Einige dieser Fragestellungen sind: Entstehen Translokationen ausschließlich durch stochastische Prozesse oder sind dafür spezifische Mechanismen verantwortlich? Besitzt der Ig-Locus einen dominanten Einfluß auf die Expression des c-myc-Gens oder spielen somatische Mutationen für die Allel-spezifische Deregulation eine entscheidende Rolle? Werden durch die Translokation andere Gene betroffen und verändert, die zu dem Transformationsprozeß beitragen?

Beteiligung eines Zelltyp-spezifischen Rekombinationssystems bei der Entstehung chromosomaler Translokationen

Um einen Zugang zu diesen Fragestellungen zu bekommen, wurde von uns zunächst die t(2;8)-Translokation der Burkitt-Lymphom-Zellinie BL64 im Detail auf DNA-Ebene charakterisiert. Aus einer genomi-

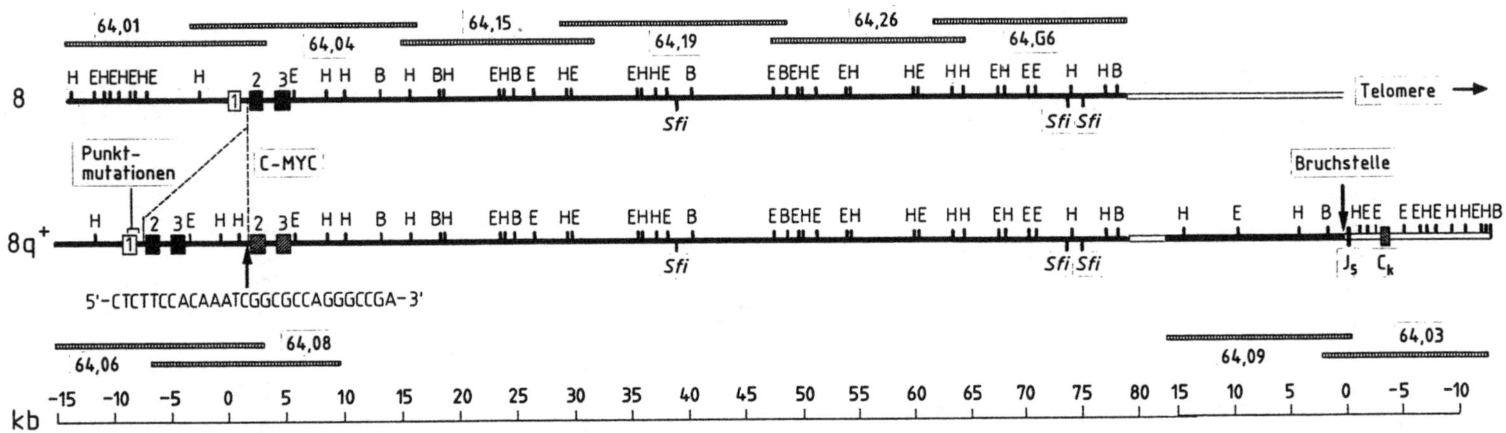

Abb. 1. Struktur des normalen c-myc-Allels (8) und des translozierten c-myc-kappa-Locus (8q+) aus der Burkitt-Lymphom-Zellinie BL64. Die horizontalen Balken repräsentieren überlappende rekombinante Lambda-Phagen, die aus einer genomischen Bank isoliert und kartiert wurden. Die Exons des c-myc- und des kappa-Gens sind durch Rechtecke gekennzeichnet. Der rechte vertikale Pfeil zeigt den Bruchpunkt zwischen Chromosom 8 (schwarz) und Chromosom 2 (weiß). 28 Basen der Sequenz, die den Bruchpunkt der 9.0kb-Duplikation innerhalb des c-myc-Gens überspannen, sind ebenfalls eingezeichnet. Weitere Erklärungen siehe Text. Abkürzungen: B, Bam HI; E, Eco RI; H, Hind III; Sfi, Sfi I; kb, Kilobasenpaare

schen Bank, die in einem Lambda-Vektor angelegt worden war, wurden mit Hilfe von κ-spezifischen Hybridisierungsproben rekombinante Lambda-Phagen identifiziert, die die Translokationsstelle des Marker-Chromosoms $8q^+$ enthielten (Abb. 1). Die DNA-Sequenzierung der Übergangsstelle zwischen Chromosom 8 und 2 ergab, daß der Bruch vor einem J(oining)-Element des κ-Locus, exakt innerhalb der Signalsequenzen eingetreten war, die für die sogenannte V-J-Umlagerung während der Differenzierung der B-Zellen verantwortlich sind. Dabei handelt es sich um konservierte Heptamer- und Nonamer-Sequenzen, die distal von den V(ariablen)-Genen und proximal von den J(oining)-Genen angeordnet sind (Abb. 2A). Diese werden von einem spezifischen Rekombinationssystem erkannt, das die beiden DNA-Segmente in einer Palindromstruktur stabilisiert, aufschneidet und wieder zusammenfügt, so daß ein beliebiges V-Gen mit einem der fünf J-Segmente auf DNA-Ebene verbunden ist. Da der Bruchpunkt in BL64 genau innerhalb der Nonamer-Sequenzen lokalisiert ist, suchten wir nach ähnlichen Signalmotiven im Bereich des Bruchpunkts auf Chromosom 8. Tatsächlich konnten beide Se-

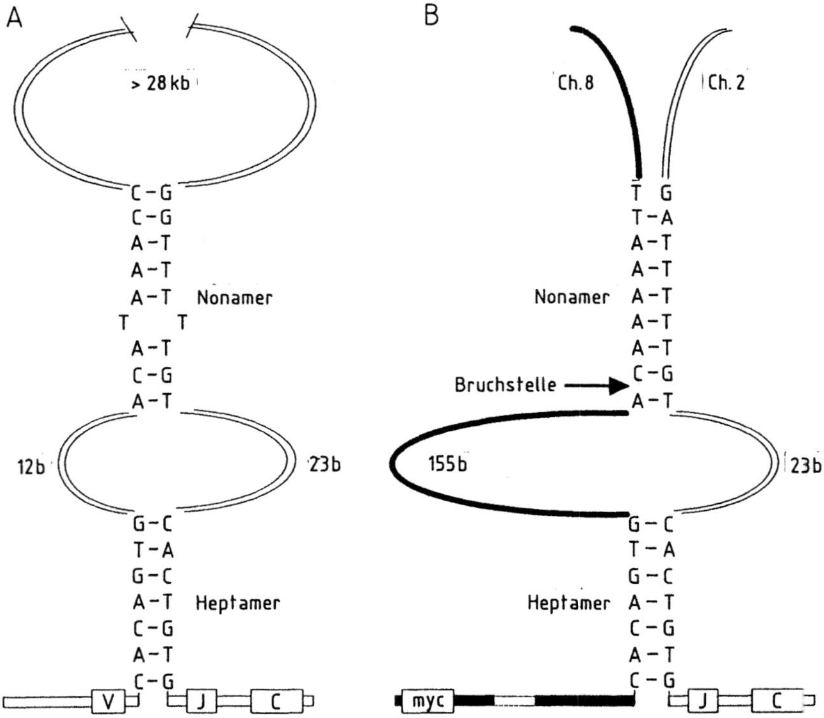

Abb. 2A,B. Modell für die Entstehung der t(2;8)-Translokation in BL64 über die Signalsequenzen des Ig-Rekombinationssystems. A: Sekundärstruktur bei der Umlagerung der V- und J-Gene zur Bildung einer funktionellen kappa-Kette. Heptamer und Nonamer dienen dabei als Erkennungssequenzen für das Rekombinationssystem, das diese Struktur stabilisiert, aufschneidet und wieder zusammenfügt. B: Analoge interchromosomale Sekundärstruktur zwischen Chromosom 8 und 2 über Heptamer- und Nonamer-Sequenzen im Bereich des Bruchpunktes (Pfeil). Weitere Erklärungen siehe Text

quenzen, Nonamer und Heptamer, in einer ähnlichen Konfiguration, wie sie distal von den V-Genen auftreten, identifiziert werden. Abbildung 2B zeigt die mögliche interchromosomale Struktur. Dieser Befund macht die Hypothese sehr wahrscheinlich, daß die Translokation in BL64 nicht durch eine zufällige, nicht homologe Rekombination entstanden ist, sondern durch das B- und T-Zell-spezifische Rekombinationssystem katalysiert wurde [8, 9].

Heptamer- und Nonamer-ähnliche Sequenzen, wenn auch nicht in perfekter Homologie wie in BL64, wurden auch von der Arbeitsgruppe C. Croce (Philadelphia) im Bruchpunktbereich verschiedener B- und T-Zell-Leukämien gefunden [10]. Dies macht es wahrscheinlich, daß es sich um einen wichtigen Mechanismus handelt, durch den Translokationen entstehen können. Die Beteiligung eines Zelltyp-spezifischen Rekombinationssystems könnte darüber hinaus die relative Häufigkeit von Tumor-spezifischen Translokationen im Bereich der Ig- und TCR-Loci erklären.

Struktur und Deregulation des c-myc-Gens

Das c-myc-Gen besteht aus drei Exons, die durch zwei kurze Introns getrennt sind. Das 2. und 3. Exon kodieren für das c-myc-Protein, ein Phosphoprotein, das im Kern lokalisiert ist und DNA-bindende Eigenschaften besitzt, dessen Funktion aber noch nicht aufgeklärt werden konnte. Sein Vorhandensein scheint jedoch für alle proliferierenden Gewebe und Zellen unabdingbar zu sein. Das 1. Exon ist nicht kodierend, und man nimmt an, daß es eine wichtige Rolle für die Regulation spielt. Die Transkription startet von zwei Promotoren, P1 und P2, wobei es in Burkitt-Lymphomen zu einer Verschiebung der Promotorbenutzung zugunsten von P1 kommt. Die normale Regulation wird durch negative und positive Kontrollelemente gesteuert, jedoch ist über die Kooperation dieser Faktoren noch wenig bekannt [11, 12]. Kürzlich konnte ein Transkriptionsblock am Ende des 1. Exons identifiziert werden [13].

Um die Allel-spezifische Deregulation des c-myc-Gens in Burkitt-Lymphomen untersuchen zu können, wurden von uns beide Allele aus der Genbank der BL64-Zellinie isoliert. Die Unterscheidung der beiden Allele war möglich, da in BL64 in einem Allel eine Duplikation des 2. und 3. Exons des c-myc-Gens (Näheres dazu weiter unten) aufgetreten war (Abb. 1). Die Frage war nun, ob sich beide c-myc-Allele in ihrer Regulationsregion unterscheiden. In der Tat ergab die Sequenzierung der beiden 1. Exons und der flankierenden Regionen vier Punktmutationen, die nur in einem Allel auftraten. Durch Verwendung einer synthetischen Oligonukleotid-Hybridisierungsprobe, die eine Mutation aus dem 1. Exon überspannte, konnten wir zeigen, daß in BL64 nur das mutierte c-myc-Allel transkribiert wird [9]. Wir postulierten deshalb, daß dieses Allel auf dem $8q^{+}$-Chromosom lokalisiert ist (Abb. 1). Interessanterweise liegen zwei dieser Mutationen in einem Bereich, für den ein Elongationsblock der Transkription beschrieben wurde. Restriktionspolymorphismen am Ende des 1. Exons wurden auch für andere Burkitt-Lymphome beschrieben [14]. Die Rolle dieser somatischen Punktmutation für die Deregulation des c-myc-Gens wird gegenwärtig von uns in vitro durch eine Promotor-Analyse und in vivo mit Hilfe transgener Mäuse untersucht.

Genetischer Polymorphismus im c-myc-Gen

Wie bereits erwähnt, weist das translozierte Allel eine Duplikation eines 9 kb großen Fragments auf, das das 2. und 3. Exon des c-myc-Gens einschließt. Zunächst lag es nahe anzunehmen, daß dieses Rearrangement eine Folge des Translokationsereignisses sei. Die DNA-Analyse einer lymphoblastoiden Zellinie (IARC 549) des gleichen Patienten zeigte eine identische Veränderung, so daß es sich um einen genetischen Polymorphismus handeln mußte. Darüber hinaus wurde in der Zellinie eines weiteren algerischen Patienten mit einem Ewing-Sarkom sowie in einer EBV-immortalisierten Zelllinie dieses Patienten (IARC 316) ein ähnliches DNA-Spaltmuster gefunden [15]. Die Frage war nun, ob diese beiden Polymorphismen auch auf molekularer Ebene identisch sind. Der Bruchpunkt der Duplikation aus BL64 wurde sequenziert, und mit einer syntheti-

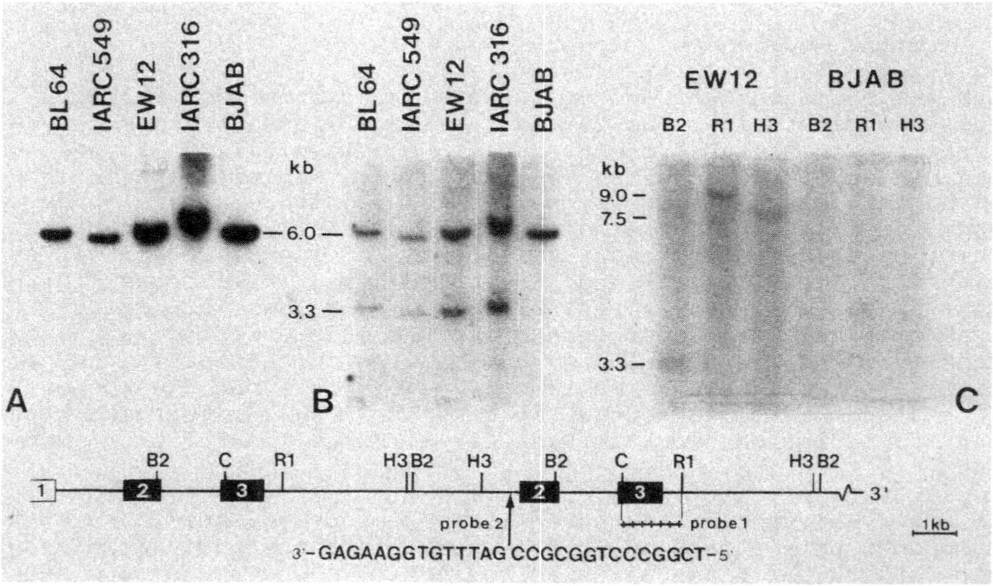

Abb. 3A-C. Nachweis der molekular identischen Struktur eines genetischen Polymorphismus innerhalb des c-myc-Gens in den Tumor- und Normalzellen zweier Patienten mit einem Burkitt-Lymphom (BL64, IARC 549) und einem Ewing-Sarkom (EW12, IARC 316). A: Die DNA der Zellinien (Kontrollzelle: BJAB) wurde mit Bgl II (B2) geschnitten, aufgetrennt, auf Nitrozellulose geblottet und mit Probe 1 hybridisiert. Das Autoradiogramm zeigt ein 6.0kb-Fragment, das innerhalb der Duplikation liegt und deshalb zweimal in diesem Allel auftritt. B: Der gleiche Filter wurde mit einer 28b-langen Oligonukleotid-Probe, die den Bruchpunkt der Duplikation beiderseits mit 14b überspannt (isoliert und bestimmt aus BL64), nachhybridisiert unter Bedingungen, bei denen nur alle 28 Basen als Hybrid stabil sind. Nur in den DNA's der Tumorpatienten, nicht jedoch in der Kontroll-DNA läßt sich das für die Duplikation spezifische 3.3kb Bgl II-Fragment nachweisen. C: EW12-DNA und BJAB-DNA wurden mit Bgl II (B2), Eco RI (R1) und Hind III (H3) geschnitten. In einer Southernblot-Analyse mit Probe 2 lassen sich nur die varianten, für die Duplikation typischen Fragmente nachweisen

schen Oligonukleotid-Probe, die jeweils 14 Basenpaare beiderseits des Bruchpunktes enthielt, konnte mit Hilfe einer Southernblot-Analyse nachgewiesen werden, daß beide Patienten Träger des identischen Polymorphismus waren (Abb. 3).

Da dies der erste Nachweis eines genetischen Polymorphismus innerhalb des c-myc-Proto-Onkogens bei zwei Tumorpatienten ist, stellt sich die Frage, ob der Träger dieses Polymorphismus mit einem erhöhten Tumorrisiko belastet ist. In einer ausgedehnten Familien- und Feldstudie wurden zunächst die beiden Familien aus Laghoat und Medea (Algerien) untersucht. Über vier Generationen konnte das polymorphe c-myc-Allel nachgewiesen werden (Abb. 4); es ergab sich aber bisher kein Hinweis auf gehäufte Tumorerkrankungen in beiden Familien. Von je 100 nichtverwandten Einwohnern der gleichen Wohnorte konnten nur in Laghoat vier Träger des Polymorphismus nachgewiesen werden, nicht jedoch in mehr als 200 gesunden Blutspendern der algerischen Bevölkerung. Interessanterweise wurde jedoch in einem Patienten einer pädiatrisch-onkologischen Abteilung in Oran der Polymorphismus ein weiteres Mal beobachtet (Lenoir et al., zur Veröffentlichung eingereicht). Der von uns gefundene und in der Struktur aufgeklärte c-myc-Polymorphismus stellt sicherlich keinen "high risk"-Faktor dar, an

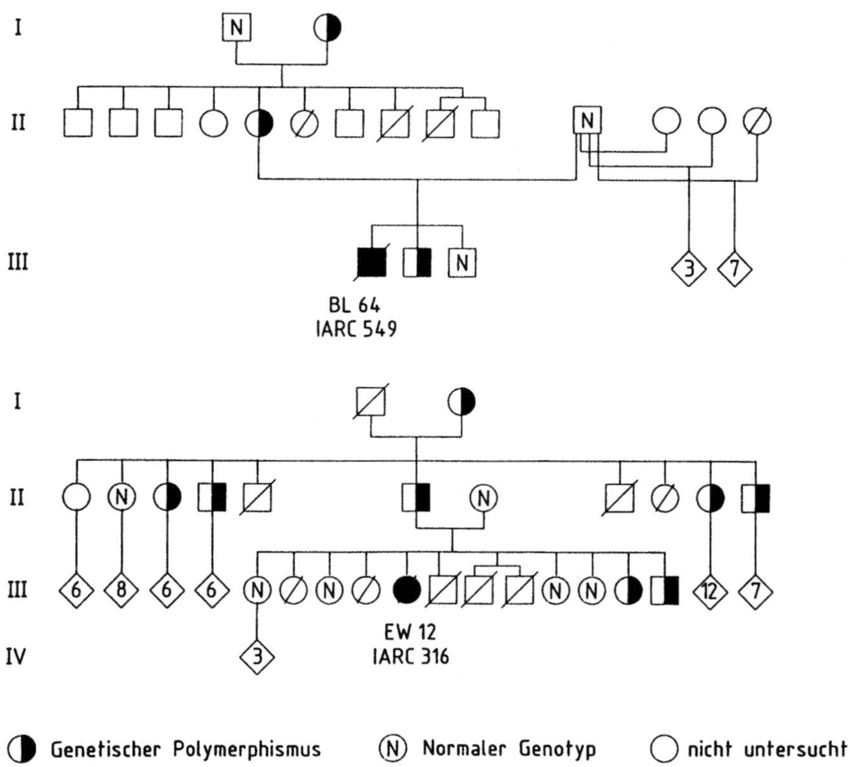

Abb. 4. Nachweis des genetischen Polymorphismus im c-myc-Gen in den Familien zweier Patienten mit einem Burkitt-Lymphom (BL64) und einem Ewing-Sarkom (EW12). Weitere Erklärungen siehe Text

einem malignen Tumor zu erkranken, dagegen spricht auch die stabile Vererbung über mehrere Generationen, aber es könnte sich durchaus um einen "low risk"-Faktor handeln, der in Kooperation mit anderen seltenen Ereignissen für eine maligne Erkrankung prädisponiert.

Kartierung der Bruchpunkte der t(2;8)-Translokationen durch PFGE

Bisher gibt es keine konkreten Vorstellungen darüber, auf welche Weise der Ig-Locus die Expression des c-myc-Gens beeinflussen könnte. Konsistent für alle untersuchten varianten t(2;8)-Translokationen ist, daß der Bruchpunkt unmittelbar innerhalb des κ-Locus liegt und daß immer der κ-spezifische Enhancer, der in dem Intron zwischen J und C lokalisiert ist, und die konstante Region ($C_κ$) auf dem $8q^+$-Chromosom erhalten bleibt. Wie aus der Übersicht in Abbildung 1 hervorgeht, ist es uns bisher nicht gelungen, durch chromosomales Wandern auf der DNA von c-myc und von dem Bruchpunkt in BL64 aus beide Loci miteinander zu verbinden, obwohl wir inzwischen mehr als 95.000 Basenpaare in 3'-Richtung von c-myc als rekombinante Phagen charakterisiert haben.

Ein Grund für diese zunächst deskriptive strukturelle Analyse ist unsere Überzeugung, daß in der Region distal von c-myc möglicherweise weitere wichtige Gene lokalisiert sind. Diese Annahme wird unterstützt von der Beobachtung, daß der sogenannte pvt-1-Locus der Maus und der mis-1-Locus der Ratte, die häufig in t(6;15)-Translokationen bei Maus-Plasmacytomen involviert sind bzw. eine präferentielle retrovirale Integrationsstelle in M-MuLV induzierten Maus-T-Zell-Lymphomen und Ratten-Thymomen darstellen, homolog sind zu dem Bruchpunkt der Burkitt-Lymphom-Zellinie JBL2 [16].

Um endlich Klarheit über die Entfernungen der Bruchpunkte bei den t(2;8)-Translokationen zu bekommen, haben wir eine Region, die ca. 1000 Kilobasenpaare (kb) distal von c-myc umfaßt, mit Hilfe der Puls-Feld-Gel-Elektrophorese (PFGE) analysiert und die Bruchpunkte von sechs BL-Linien innerhalb dieser Region relativ zu c-myc und relativ zueinander kartiert [17]. Abbildung 5 zeigt eine Zusammenfassung dieser Ergebnisse. Unsere PFGE-Ergebnisse demonstrieren, daß der menschliche pvt-1-Locus ca. 250 kb von c-myc entfernt ist. Der Bruchpunkt der BL-Linie Ly66 liegt weitere 60-80 kb telomerwärts. Das Thryroglobulin-Gen (TG) kartiert außerhalb der erfaßten Region des langen Arms von Chromosom 8. Der chromosomale Bruchpunkt der Zellinie JI wurde ebenfalls sequenziert und liegt 28 kb distal von c-myc [18].

Neben BL64 wurde kürzlich auch der Bruchpunkt der Zellinie Ly91 isoliert (B. Henglein, Freiburg). Der Austausch und die vergleichende Hybridisierung verschiedener Phagen aus BL64 und Ly91 ergaben, daß beide Bruchpunkte sehr nahe, innerhalb von 6 kb, beieinanderliegen. Interessanterweise zeigte sich bei der Analyse der Zellinie BL21, daß der Bruchpunkt zwischen dem der Linie BL64 und Ly91 liegt. Da drei von sechs analysierten Bruchpunkten von t(2;8)-Translokationen innerhalb dieser kurzen DNA-Region kartieren, haben wir diesen Locus bvr-1 genannt, für "Burkitt

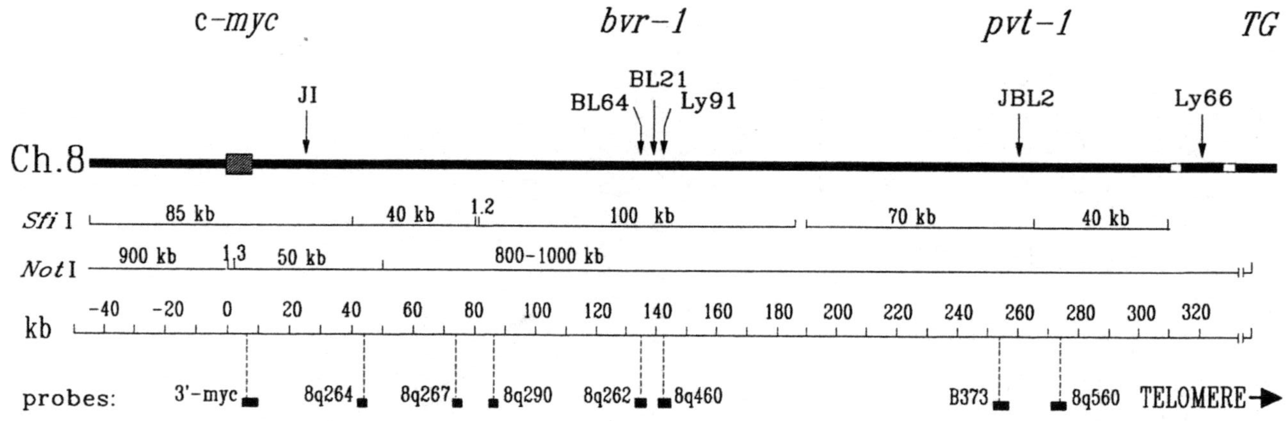

Abb. 5. Kartierung der chromosomalen Bruchpunkte von sechs Burkitt-Lymphom-Zellinien mit t(2;8)-Translokationen durch Puls-Feld-Gel-Elektrophorese (PFGE). Die Region des Chromosoms 8q24 wurde mit Hilfe der Restriktionsenzyme Sfi I und Not I und den angegebenen Proben kartiert. Die Lage der Bruchpunkte auf dem $8q^{+}$-Chromosom der verschiedenen Zellinien ist durch Pfeile angegeben. Die Loci c-myc, bvr-1, pvt-1 und TG werden im Text erklärt

variant's rearranging"-Region. Durch PFGE konnte bvr-1 in einer Entfernung von ca. 140 kb distal von c-myc kartiert werden [17].

Die Entdeckung des bvr-1-Locus wirft eine andere wichtige Frage auf, ob etwa ein zweites Gen neben c-myc durch variante Translokationen bei Burkitt-Lymphomen betroffen und verändert wird. Uns stehen rekombinante DNA-Proben, die DNA-Sequenzen 95 kb 3' von c-myc und 30 kb um bvr-1 repräsentieren, zur Verfügung, um nach einem solchen putativen Gen zu suchen. Nicht unerwähnt bleiben sollte, daß diese Proben auch zu diagnostischen Zwecken eingesetzt werden können, um variante Translokationen schnell zu identifizieren. Durch neuere methodische Verbesserungen läßt sich die PFGE ähnlich einfach durchführen wie ein routinemäßiger Southern-Blot.

Perspektiven

Als ein gemeinsames Merkmal besitzen alle Burkitt-Lymphome ein aktiviertes c-myc-Gen. Einen entscheidenden Schritt stellt dafür die Transposition in den Bereich der Ig-Loci während der B-Zell-Differenzierung dar, wofür wiederum in vielen Fällen das spezifische Rekombinationssystem dieses Zelltyps verantwortlich sein dürfte. Ob zusätzliche somatische Mutationen innerhalb der Regulationsregion des c-myc-Gens unabdingbar für seine Aktivierung sind oder nur zur Tumorprogression beitragen, müssen weitere Untersuchungen zeigen. Sicher wird es auch eine wichtige Aufgabe sein, die Funktion des c-myc-Proteins selbst aufzuklären. Darüber hinaus weiß man, daß ein aktiviertes c-myc-Gen allein nicht für eine Transformation ausreicht. Deshalb wird es eine vordringliche Aufgabe sein, andere zelluläre oder EBV-induzierte Faktoren zu identifizieren, die miteinander kooperieren müssen, um den Phänotyp eines Burkitt-Lymphoms hervorzurufen.

Literatur

1. Yunis JJ (1983) The chromosomal basis of human neoplasia. Science 221:227-236
2. Klein G (1983) Specific chromosomal translocations and the genesis of B-cell-derived tumors in mice and men. Cell 32:311-315
3. Leder P, Battey J, Lenoir G, Moulding C, Murphy W, Potter H, Stewart T, Taub R (1983) Translocations among antibody genes in human cancer. Science 222:766-778
4. Cleary ML, Sklar J (1985) Nucleotide sequence of a t(14;18) chromosomal breakpoint in follicular lymphoma and demonstration of a breakpoint-cluster region near a transcriptionally active locus on chromosome 18. Proc Natl Acad Sci USA 82:7439-7443
5. Haluska FG, Tsujimoto Y, Croce CM (1987) Oncogene activation by chromosome translocation in human malignancy. Ann Rev Genet 21:321-345
6. Alitalo K, Schwab M (1986) Oncogene amplification in tumor cells. Adv Cancer Res 47:235-281

7. Heisterkamp N, Stam K, Groffen J (1985) Structural organization of the bcr gene and its role in the Ph' translocation. Nature (London) 315:758-761
8. Lipp M, Hartl P (1986) Possible role of immunoglobulin recombination sequences in the genesis of variant t(2;8) translocations of Burkitt's lymphoma. Curr Top Microbiol Immunol 132:162-168
9. Hartl P, Lipp M (1987) Generation of a variant t(2;8) translocation of Burkitt's lymphoma by site-specific recombination via the κ-light chain joining signals Mol Cell Biol 7:2037-2045
10. Haluska FG, Tsujimoto Y, Croce CM (1987) Mechanisms of chromosome translocation in B- and T-cell neoplasia. Trends Genet 3:11-15
11. Chung J, Sinn E, Reed RR, Leder P (1986) Trans-acting elements modulate expression of the human c-myc gene in Burkitt lymphoma cells. Proc Natl Acad Sci USA 83:7918-7922
12. Lipp M, Schilling R, Wiest S, Laux G, Bornkamm GW (1987) Target sequences for cis-acting regulation within the dual promoter of the human c-myc gene. Mol Cell Biol 7:1393-1400
13. Bentley DL, Groudine M (1986) A block to elongation is largely responsible for decreased transcription of c-myc in differentiated HL60 cells. Nature (London) 321:702-706
14. Szajnert M-F, Saule S, Bornkamm GW, Wajcman H, Lenoir GM, Kaplan J-C (1987) Clustered somatic mutations in and around first exon of non-rearranged c-myc in Burkitt lymphoma with t(8;22) translocation. Nucl Acids Res 15:4553-4565
15. Lipp M, Hartl P, Bechet JM (1987b) Structure and control of the translocated c-myc locus in Burkitt's lymphoma. In: H zur Hausen and JR Schlehofer (eds) Accomplishments in Oncology "The role of DNA amplification in carcinogenesis". JB Lippincott, Philadelphia, Vol 2, pp 224-233
16. Graham M, Adams JM (1986) Chromosome 8 breakpoint far 3' of the c-myc oncogene in a Burkitt's lymphoma 2;8 variant translocation is equivalent to the murine pvt-1 locus. EMBO J 5:2845-2851
17. Henglein B, Synovzik H, Groitl P, Bornkamm GW, Hartl P, Lipp M (1989) Three breakpoints of variant t(2;8) translocations in Burkitt's lymphoma fall within a region 140 kb distal from c-*myc*. Mol Cell Biol 9:2105-2113
18. Klobeck H-G, Combriato G, Zachau HG (1987) N segment insertion and region directed somatic hypermutation in a kappa gene of a t(2;8) chromosomal translocation. Nucl Acid Res 15:4877-4888

Diskussion

WOLF:
Es bleibt ja die Tatsache, daß in bestimmten geografischen Gebieten Burkitt-Lymphome doch sehr viel häufiger sind und daß diese Zunahme EBV-korreliert ist. Könnte es beispielsweise sein, daß die Rekombinationsrate in EBV-infizierten Zellen höher ist?

LIPP:
Natürlich besitzt das Epstein-Barr-Virus auch ein eigenes Replikationssystem, und die Frage ist offen, ob möglicherweise virale Proteine zusammen mit zellulären Faktoren an dieser spezifischen Rekombination beteiligt sind. Die Entwicklung der Burkitt-Lymphome in den Endemiegebieten, die dort vor allem im Kindesalter auftreten, ist in der Regel mit einer vorausgehenden Immunsuppression verbunden, die mit einer Malariainfektion einhergeht. Durch eine fehlende Immunkontrolle könnte sich der Pool der B-

Zellen erheblich erhöhen und damit mit größerer Wahrscheinlichkeit eine Translokation eintreten. Einen ähnlichen Mechanismus könnte man sich bei den AIDS-assoziierten Burkitt-Lymphomen vorstellen. Im Falle der sporadischen Burkitt-Lymphome, die nur zu 15%-20% EBV-positiv sind, befindet sich der Bruchpunkt nicht im Bereich der D- und J-Gene, sondern oft im Bereich der Switch-Sequenzen, die wiederum in Verbindung mit einem zellulären Rekombinasesystem für das sogenannte "Class-Switching" der Immunglobuline verantwortlich sind. Dementsprechend weisen die B-Zellen der sporadischen Burkitt-Lymphome ein späteres Entwicklungsstadium auf. Es gibt also durchaus Unterschiede, die man feststellen kann.

WOLF:
Wenn ich das recht verstanden habe, führt dieser Polymorphismus zum Verlust des ersten Exons und damit der Kontrollregion. Wie wirkt sich diese Veränderung auf die Transkription aus?

LIPP:
Ich bin aus Zeitgründen nicht auf die Regulation des c-myc-Gens eingegangen. Wir haben bisher die Expression speziell des duplizierten zweiten und dritten Exons nicht nachweisen können, da in BL64 die normalen Promotoren verwendet werden. Aber einige Mutationen, die wir auf dem translozierten Allel gefunden haben, befinden sich im Bereich eines Transkriptions-Stopsignals am Ende des ersten Exons. Auch bei anderen Burkitt-Lymphomen wurden in diesem Bereich Restriktionsenzym-Polymorphismen gefunden. Dies könnte ein möglicher Mechanismus sein, der zur Deregulation des c-myc-Gens führt.

WOLF:
Burkitt-Lymphom-Zellen unterscheiden sich ja von normalen, z.B. EBV-immortalisierten, B-Lymphozyten unter anderem dadurch, daß an der Oberfläche die HLA-Expression reduziert ist. Gibt es Vorstellungen, ob durch eine kontinuierliche c-myc-Aktivität bestimmte Funktionen der Zelle gestört oder verändert werden?

LIPP:
Für einige Burkitt-Lymphom-Zellen und auch bei einigen Melanom-Zellinien wurde eine inverse Korrelation zwischen hoher c-myc- und reduzierter HLA-Expression gezeigt. Sicher kann man lymphoblastoide Zellen und Burkitt-Zellen nicht absolut vergleichen, da sie zwar beide EBV enthalten, sich aber in einem etwas anderen Differenzierungsstadium befinden, so daß ein Teil der Oberflächenantigene verschieden ist.

WAGENER:
Könnte es ein Effekt von c-myc sein, daß das Differenzierungsstadium zementiert wird?

LIPP:
Ja, das ist sogar eine wahrscheinliche Annahme. Eine Hypothese ist, daß eine erhöhte c-myc-Expression dazu führt, daß eine Zelle nicht in die sogenannte G_0-Phase eintreten kann, die nötig ist, damit die Zelle für weitere Differenzierungsfaktoren empfänglich wird und sich erneut teilen kann.

GERBITZ:
Zum letzten Punkt: Eine ganz neue Arbeit zeigt, daß eine Antisense-RNA gegen c-myc den Eintritt der Zelle in die G1- und S-Phase inhibiert. Meine Frage ist, ob – ähnlich wie in B-Zell-Tumoren, bei denen es durch das Rekombinationssystem der Immunglobulingene häufig zu spezifischen Translokationen kommt – auch in anderen Tumoren, in denen man spezifische Translokationen findet, z.B. der CML, ähnliche Mechanismen zur Rekombination führen?

LIPP:
Gerade bei der CML sind sehr viele chromosomale Bruchpunkte sequenziert. Dort, glaube ich, spielen diese Rekombinasen keine Rolle, sondern die Selektion liegt auf der Bildung des Fusionsproteins, das, wenn auch selten, durch die Mechanismen der nichthomologen Rekombination entstehen kann.

GERBITZ:
Ich möchte gerne einen allgemeinen Kommentar machen: Ich habe als klinischer Chemiker die beiden letzten Vorträge sehr interessant gefunden, soweit ich sie verstanden habe; aber was mir ein bißchen fehlt und was mich etwas konfus macht: Welche praktischen Konsequenzen ergeben sich für uns klinische Chemiker? Ich denke an zwei Dinge: Es gibt Arbeiten, die zeigen, daß in bestimmten Tumoren spezifische Onkogene amplifiziert oder mutiert sind. Das schienen mir Dinge zu sein, die man unmittelbar in die Untersuchung miteinbeziehen könnte. Sehen Sie das auch so, oder liege ich hier falsch?

LIPP:
Eine Amplifikation von Genen der myc-Familie läßt sich natürlich sehr leicht nachweisen. Für Neuroblastome ist der Grad der Amplifikation von N-myc sicher ein Kriterium für das Tumorstadium. Molekularbiologisch schauen wir im Moment, ob wir im Bereich des c-myc-Gens einen Startpunkt für die Replikation nachweisen können. Das würde zumindest das häufige Auftreten solcher Amplifikationen während der Tumorprogression erklären. Was die Diagnostik betrifft, so können wir mit unseren DNA-Proben eine Region von ungefähr einer Million Basenpaare distal von c-myc überblicken, so daß chromosomale Veränderungen, bei denen das c-myc-Gen nicht unmittelbar betroffen ist, erfaßt werden können. Wenn die Puls-Feld-Gel-Elektrophorese in Zukunft routinemäßig durchgeführt werden kann, können diese Proben natürlich sehr hilfreich sein.

GREILING:
Oft wird der Nachweis eines aktivierten c-myc-Gens und eines mutierten c-ras-Gens als Beweis einer Kausalkette für die Entstehung eines bestimmten Tumors angeführt. Das ist meiner Ansicht nach genauso ein Unsinn wie die frühere Behauptung, daß die Reversetranskriptase-Aktivität kausal etwas mit einem Tumor zu tun hätte. Jetzt meine Frage als klinischer Biochemiker: Sehen Sie für die Zukunft irgendwelche Möglichkeiten, wie man in Bezug auf die Onkogene an Spezifität gewinnen könnte?

LIPP:
Dies hängt sicherlich vom Onkogen selbst ab. Zum Beispiel c-sis ist ein Gen, das sehr Zelltyp-spezifisch exprimiert wird. Wenn

Sie in einem Tumor eine hohe c-sis-Expression nachweisen können, dann könnte dies etwas kausal mit dem Tumor zu tun haben. Finden Sie dagegen eine leicht erhöhte c-myc-Expression, sagt das in diesem Sinne nichts, da c-myc in allen proliferierenden Zellen oder Geweben mehr oder weniger stark exprimiert wird.

GUDER:
Eine Bedingung für die Herstellung einer Kausalkette zwischen Translokation und malignem Tumor wäre, daß eine solche Translokation bei Normalzellen nicht oder nicht so häufig vorkommt. Gibt es Untersuchungstechniken, mit denen man dies nachweisen könnte?

LIPP:
Der Nachweis einer Translokation in Normalzellen ist praktisch nicht möglich, da sie nur sehr selten auftreten. Der anfängliche Pool von B-Zellen ist relativ groß, aber nur ein Bruchteil dieser Zellen – vielleicht .5% – überleben, und zwar nur dann, wenn es zu einer funktionellen Umlagerung der Immunglobulin-Gene gekommen ist. Solche B-Zellen, in denen durch eine Translokation eine Aktivierung des c-myc-Gens eintritt, besitzen wahrscheinlich einen gewissen Wachstumsvorteil; zusätzliche Ereignisse wie eine EBV-Infektion, induzierte oder veränderte zelluläre Faktoren führen schließlich zur malignen Transformation.

Infektionskrankheiten

Moderator: K.-H. Meyer zum Büschenfelde

Was kann die Molekulargenetik zur Bekämpfung von bakteriellen Infektionen beitragen?

J. Heesemann, H. Karch und M. Pulz

Einleitung

Als van Leeuvenhoek im Jahre 1673 die Existenz von Bakterien entdeckte, lag es dem medizinischen Denken noch fern, daß diese Mikroorganismen auch als Krankheitserreger eine Rolle spielen könnten. Erst über 200 Jahre später wurden durch die Henle-Koch'schen Postulate (Abb. 1) Kriterien festgelegt, wann ein Mikroorganismus als Infektionserreger klassifiziert werden kann. Mit der kausalen Erklärung für das Infektionsgeschehen war es dann auch möglich, epidemiologische Zusammenhänge zu analysieren und die Bekämpfung der klassischen Seuchen wie Pest, Cholera, Tuberkulose und Typhus mit Erfolg anzugehen. Die Infektionskrankheiten stellen aber auch heute noch – trotz Antibiotika und Schutzimpfungen – eine ernste Bedrohung für die Menschen der Industriestaaten und besonders der Entwicklungsländer dar. So sterben täglich 15.000-20.000 Kinder in der Welt allein an Durchfallerkrankungen. Können wir eigentlich den Kampf gegen die Mikroben gewinnen?

Mit der Änderung von Ernährung, Sexualverhalten, Reisegewohnheiten sowie der Therapie und Prophylaxe von Infektionskrankheiten hat sich auch ein Wandel der Infektionserreger vollzogen. Die klassischen Seuchenerreger spielen in Westeuropa keine Rolle mehr. An ihre Stelle sind neue Krankheitserreger getreten, die den Infektiologen herausfordern. Hier soll einmal der ständige Wechsel im Erregerspektrum der nosokomialen Infektionen genannt werden, der sicher im Zusammenhang mit dem starken Selektionsdruck durch neue Antibiotika steht, aber auch auf das veränderte Patientenkollektiv z.B. in der Onkologie und Transplantationschirurgie zurückzuführen ist. Zum anderen beobachten wir, wie die klassischen darmpathogenen Erreger *Salmonella typhi* und *Vibrio cholerae* durch enteritische Salmonellen, Campylobacter, Yersinien und *Escherichia coli* in der Enteritisdiagnostik ersetzt werden. Haben wir es hier mit Erregern zu tun, die im Laufe der Evolution durch Genaustausch (Abb. 2) mit klassischen Seuchenerregern Virulenzfaktoren erworben haben und jetzt auftauchen, weil sie besser an die veränderte "Umwelt" angepaßt sind? Daß der Genaustausch zwischen verschiedenen Arten und Gattungen schwerwiegende Konsequenzen haben kann, haben wir bereits bei der Antibiotikaresistenzentwicklung der Bakterien kennengelernt. In diesem Bericht möchten wir zeigen, wie die Molekulargenetik helfen kann, die Pathogenese von Bakterien zu analysieren und dadurch einen neuen Beitrag zur Diagnostik und Prophylaxe von Infektionskrankheiten leisten kann. Als Lehrbeispiel haben wir aus unserem Forschungsgebiet die Enteritiserreger *Yersinia enterocolitica* und *Escherichia coli* gewählt.

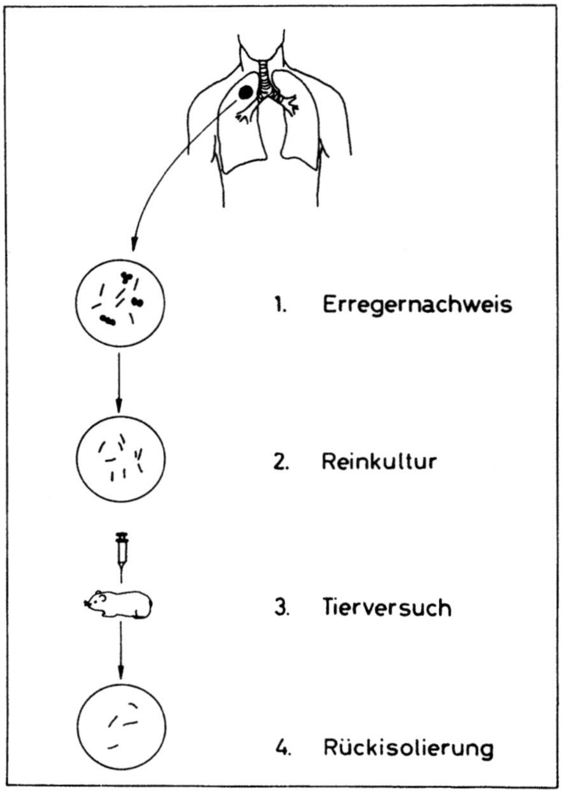

Abb. 1. Henle-Kochsche Postulate: *Mycobacterium tuberculosis* ist der Erreger der Lungentuberkulose

Das Problem

Ein Krankheitserreger muß die Henle-Kochschen Postulate (Abb. 1) erfüllen; das gilt auch heute noch! Für viele neue Krankheitserreger konnten aber noch keine adäquaten Tiermodelle oder Zellkultursysteme etabliert werden. Um aus diesem Dilemma herauszukommen, werden seit über hundert Jahren serologische Typisierungen von Patienten- und Umweltisolaten vorgenommen und in Korrelation zu bestimmten Infektionserkrankungen gesetzt. Der Erfolg dieser Methode manifestiert sich in der Salmonellen-Diagnostik durch die Arbeiten von Kauffmann und White. Jedoch kann die serologische Typisierung von Bakterien auch Verwirrung stiften wie z.B. bei der Identifizierung von enteropathogenen Yersinien und *Escherichia coli*-Stämmen. Wir kennen inzwischen über 50 verschiedene O-Serotypen bei *Yersinia enterocolitica* und 171 O-Serotypen bei *Escherichia coli* [1, 2]. Aber nur wenige charakteristische Serotypen dieser Spezies kommen als humanpathogene Bakterien in Frage. Anders als bei den obligat-pathogenen Salmonellen läßt sich die Frage nach der Virulenz hier nicht durch die Identifizierung der Spezies hinreichend beantworten, sondern erfordert auch den Nachweis von typischen Pathogenitätsfaktoren. Wir benötigen deshalb sinnvolle und praktikable Testsysteme für die Auffindung und Charakterisierung von Pathogenitätsfaktoren.

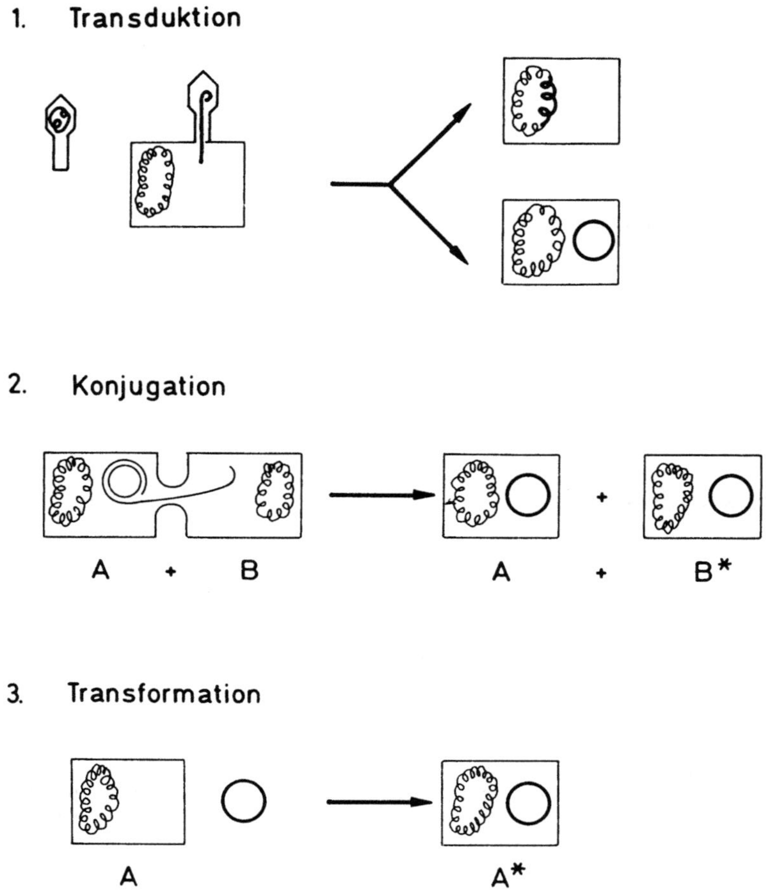

Abb. 2. In der Natur vorkommende Austauschmechanismen für genetische Information zwischen Bakterien. 1: DNA verpackt in Phagen (Viren, die Bakterien "infizieren"); 2: DNA-Austausch über Zellwandbrücken; 3: Aufnahme von "nackter" DNA

Gentechnologische Methoden zur Analyse der Pathogenese

Schon die Analyse der Antibiotikaresistenz bei Bakterien hat uns gelehrt, daß den Plasmiden als mobile Genträger eine wichtige Rolle zukommt. Ähnlich verhält es sich auch bei vielen pathogenen Bakterien, bei denen wichtige "Virulenzgene" auf Plasmiden lokalisiert sind. Dieses Prinzip finden wir bei den humanpathogenen Yersinien, Shigellen, Salmonellen, Klebsiellen und *Escherichia coli*, aber auch bei pflanzenpathogenen Bakterien wie *Agrobacterium tumefaciens* [3-5].

Die Bedeutung solcher Plasmide für die Pathogenität kann in erster Näherung durch ein sogenanntes Plasmidheilunsexperiment erbracht werden (Abb. 3). Hierbei entsteht ein isogenes Paar (identische Chromosomen). In einem geeigneten Testsystem wird dann das

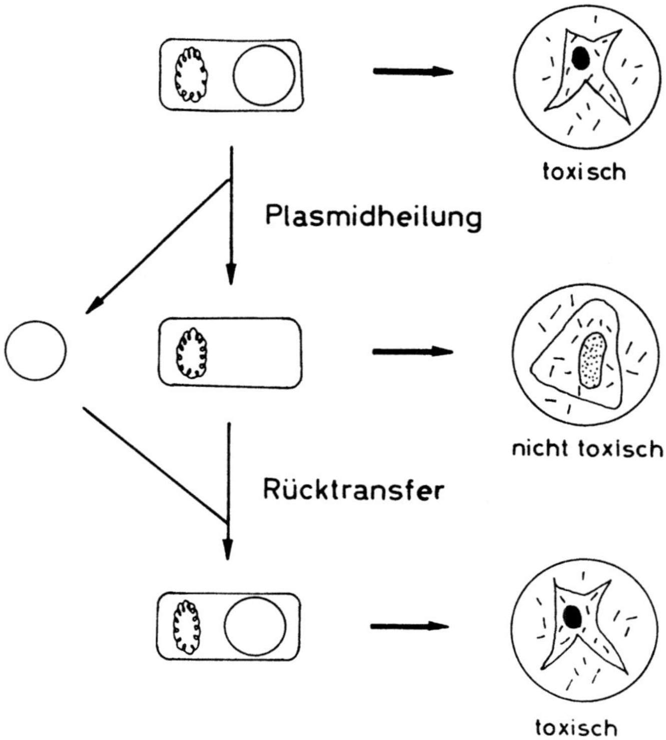

Abb. 3. *Oben:* Bakterienzelle mit Virulenzplasmid wirkt zytotoxisch auf humane Intestinalzellen in Kultur. *Mitte:* Nach Eliminierung des Plasmids entsteht eine isogene (gleiches Chromosom wie der Mutterstamm) plasmidfreie Mutante, die ihre Zytotoxizität verloren hat. *Unten:* Durch Rücktransfer des "Virulenzplasmids" wird bewiesen, daß dieses Plasmid und nicht eine andere Mutation für die Zytotoxizität verantwortlich ist

Virulenzpotential des Mutterstammes mit dem des plasmidlosen Derivates verglichen (Abb. 3). Durch den Plasmidheilungsvorgang könnten auch chromosomale Mutationen hervorgerufen werden, die das Virulenzpotenial verändern. Um diese Möglichkeit zu überprüfen, wird in das "geheilte" Derivat das ursprüngliche Plasmid wieder eingeführt. Der so entstandene plasmidhaltige Stamm wird dann mit dem Mutterstamm erneut verglichen (Abb. 3). Als Testsysteme eignen sich nicht nur Zellkulturen und Versuchstiere, sondern auch unsere eigenen Abwehrsysteme wie das Komplement, Monozyten, Granulozyten. Weiterhin können in vitro Adhärenztests mit isolierten Uroepithel-, Darmepithel- und Bronchialepithelzellen durchgeführt werden.

Mit Hilfe dieser isogenen Mutanten können häufig auch die vom Virulenzplasmid kodierten Produkte wie Membranproteine, Zytotoxine, Fimbrien u.a. leicht identifiziert werden. Der nächste Schritt in der genetischen Analyse richtet sich auf die Lokalisierung und Ausschaltung einzelner "Virulenzgene". Dies läßt sich erreichen mittels Transposonmutagenese (Abb. 4). Ein Transposon

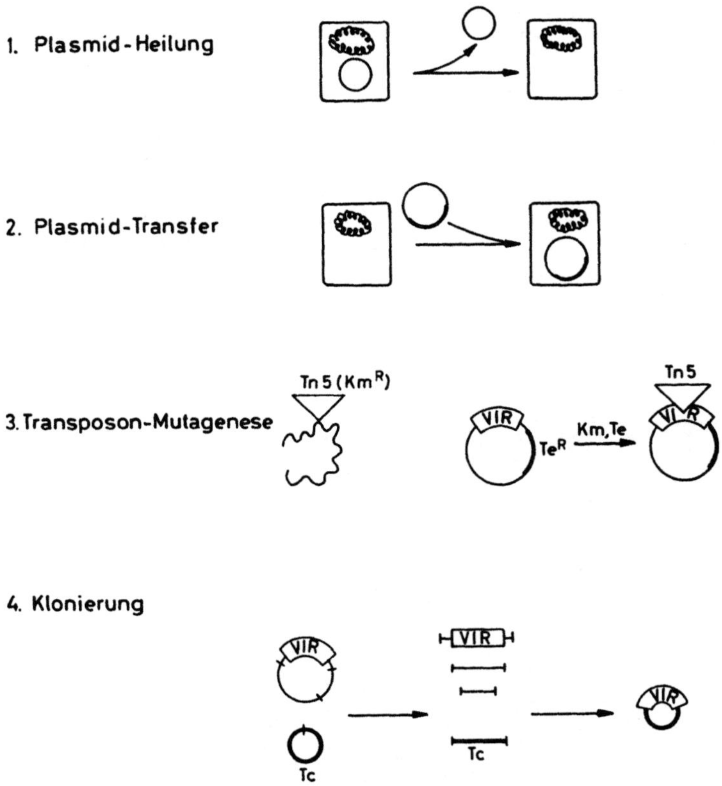

Abb. 4. Gentechnologische Methoden zur Analyse der Pathogenität von Bakterien (nähere Erläuterung im Text)

kann z.B. ein "springendes" Antibiotikaresistenzgen sein, das in irgendeinen Ort des Plasmids inseriert und dadurch die Transkription von Strukturgenen unterbricht. Mit solchen "Insertionsmutanten" kann untersucht werden, welchen Einfluß die verschiedenen Virulenzgene auf die Pathogenese haben. Mit Hilfe von Restriktionsenzymen läßt sich der Insertionsort des Transposons leicht bestimmen, was dann die gezielte Klonierung und Sequenzierung des Virulenzgens ermöglicht (Abb. 4). Nach Abschluß dieser Arbeit haben wir dann die Möglichkeit, nach einem molekulargenetischen Baukastenprinzip Stämme zu konstruieren, die

1. uns Aufschluß über die Sequenz der Einzelergebnisse im Infektionsprozeß geben,
2. eine sichere Immunprophylaxe durch aktive Impfung erlauben und
3. eine spezifische serologische Diagnostik mittels klonierter Antigene ermöglichen.

Genetische Analyse der Pathogenität von Yersinien

Alle humanpathogenen Yersinien (*Y. pestis Y. pseudotuberculosis* und *Y. enterocolitica* der Serotypen O:3, O:9, O:5,27, O:8) haben ein Plasmid (Abb. 5) mit der Größe von 42-46 Megadalton [1, 6]. Durch DNA-DNA-Hybridisierungen konnten wir zeigen, daß diese Plasmide einen hohen Grad von Basensequenzhomologie aufweisen und nicht mit Plasmiden anderer Serotypen (z.B. O:4,32) hybridisieren (Abb. 6). Diese Korrelation war der erste Hinweis, daß es sich hier um Virulenzplasmide handeln könnte. Durch Plasmidheilung und phänotypischen Vergleich der isogenen Paare konnten wir dann zahlreiche plasmidassoziierte Pathogenitätsfaktoren identifizie-

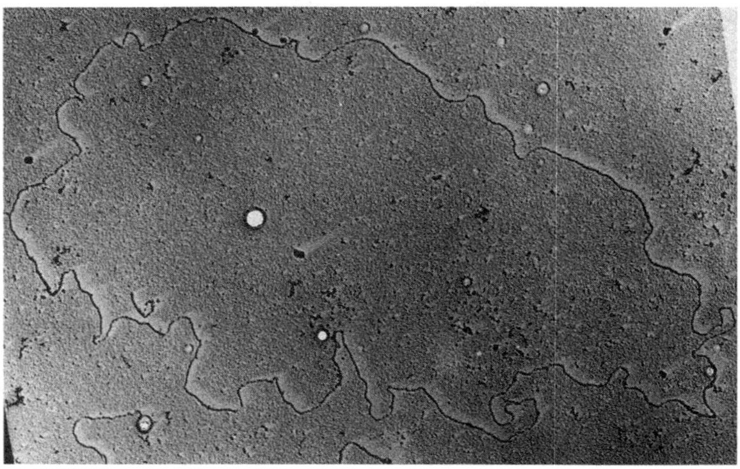

Abb. 5. Elektronenmikroskopische Darstellung eines Virulenzplasmids von *Yersinia enterocolitica* (Länge ca. 22 µm)

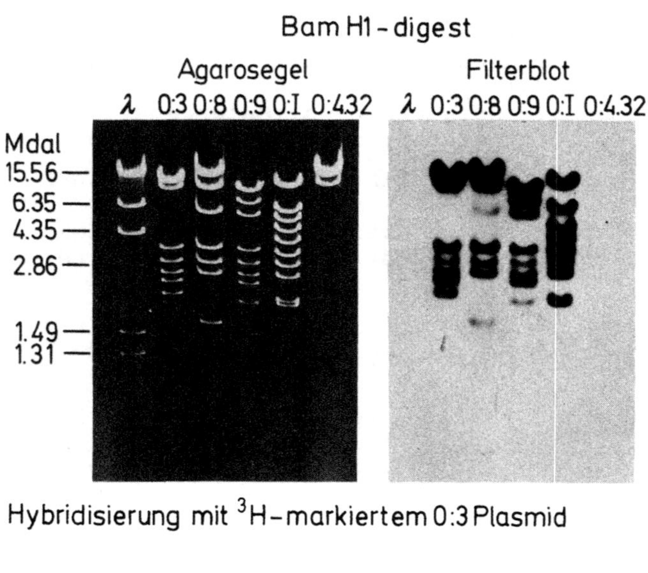

Abb. 6. DNA-DNA Hybridisierung von Plasmid-DNA verschiedener *Yersinia*-Stämme nach Restriktionsenzymverdauung. λ: Phagen/DNA von λ als Größenmarker. O:3, O:8, O:9 und O:4,32: Serotypen von *Yersinia enterocolitica*. O.I: *Yersinia pseudotuberculosis* Serotyp I

ren. Da diese Plasmide nicht natürlicherweise übertragbar sind, haben wir durch einen molekulargenetischen Trick (Fusion des Virulenzplasmids mit einem mobilisierbaren Vektorplasmid über homologe Rekombination in vivo) mobilisierbare Plasmide konstruiert, die mittels Helferplasmiden wieder zurücktransferiert werden können [7, 8]. Folgende übertragbare und mit der Virulenz assoziierte Phänotypen wurden identifiziert:

1. Serumresistenz
2. Zelladhärenz für Epithelzellen
3. Zytotoxizität
4. Phagozytoseresistenz
5. Tiervirulenz (Enteritis und Sepsis in der Maus)
6. Plasmidkodierte Proteine

Durch Transposonmutagenese konnten wir dann die Gene ausschalten, die Zelladhärenz oder Zytotoxizität und Tiervirulenz kontrollieren [9, 10].

Abbildung 7 gibt ein Beispiel, wie die genetische Veränderung eines *Yersinia*-Wildstammes sich im Zellkultur-Infektionsmodell manifestiert (Zytotoxizität/Adhärenz: +/+, -/+, -/-). Zu diesen Virulenz-assoziierten Phänotypen konnten wir schließlich auch die entsprechenden Makromoleküle finden, wie plasmidkodierte äußere Membranproteine, YOPs, und sezernierte Proteine, RPs (Abb. 8) [11, 12].

Es hat sich nun gezeigt, daß diese Proteine (YOPs, RPs) für die Pathogenese, aber auch für die Diagnose der Yersiniose eine wichtige Rolle spielen. Durch Klonierungsexperimente konnten wir nachweisen, daß das große 200-Kilodalton-Membranprotein, YOP-1, die

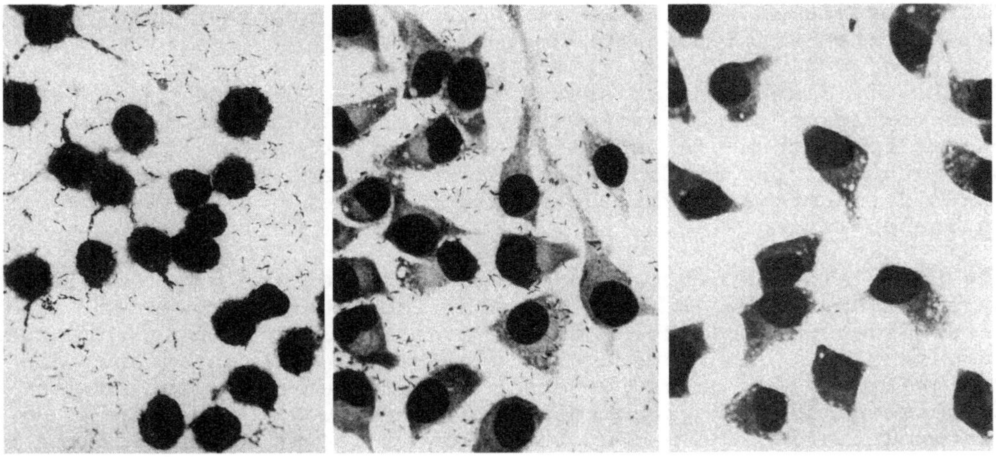

Abb. 7. Interaktion von Bakterien mit Intestinalzellen in Kultur (Henle-Zelle). *Links:* Zytotoxisch geschädigte Zellen nach Infektion mit virulenten Yersinien (abgerundete Zellen). *Mitte:* Intakte Zellen nach Infektion mit einer Tn5-mutagenisierten Yersinie (Zytotoxizität wurde durch Tn5-Insertion ausgeschaltet). *Rechts:* Zellen ohne Bakterien; Inkubation mit einer nichtadhärenten Mutante (Ausschaltung des Adhäsins)

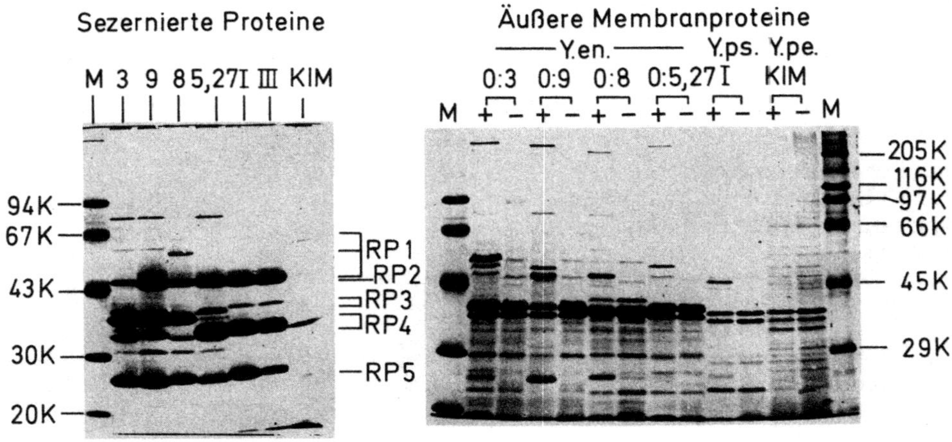

Abb. 8. Darstellung der plasmidkodierten sezernierten Proteine (RPs) und der äußeren Membranproteine von plasmidhaltigen (+) bzw. plasmidlosen (-) *Yersinia enterocolitica*-Stämmen der Serotypen O:3, O:9, O:8, O:5, 27, von *Y. pseudotuberculosis* Serotyp I und III sowie *Y. pestis* Stamm KIM

Zelladhärenz und die Phagozytoseresistenz im Epithelzellsystem vermittelt [13]. Für die mausletale Wirkung ist dieses Membranprotein aber nicht unbedingt erforderlich. Vielmehr scheint es darauf anzukommen, daß Yersinien die Fähigkeit haben, plasmidkodierte Proteine zu sezernieren. Allerdings mußten wir bald feststellen, daß nicht alle sekretionspositiven *Yersinia enterocolitica*-Stämme mausletal sind. Dies veranlaßte uns, auch nach chromosomalkodierten Virulenzfaktoren zu suchen.

Von *E. coli*-Blutkulturisolaten ist bekannt, daß diese in der Regel Eisenkomplexone, sogenannte Siderophore, bilden. Diese Siderophore ermöglichen ein schnelles Wachstum auch unter Eisenmangelbedingungen, z.B. in Gegenwart von Serum-Transferrin. Somit können Siderophore als typische Virulenzfaktoren von Sepsiserregern angesehen werden [14].

Mit Hilfe eines Siderophorindikator-Agars konnten wir bei allen mausletalen *Y. enterocolitica*-Stämmen Siderophore nachweisen. Wird diese Siderophorproduktion durch Transposoninsertion im Chromosom ausgeschaltet, dann verlieren diese Insertionsmutanten auch die Fähigkeit, in der Maus eine Sepsis zu erzeugen [15]. Interessanterweise werden Siderophor-positive *Y. enterocolitica*-Stämme praktisch nur in den USA und nicht in Europa isoliert. Dies stimmt mit der Beobachtung überein, daß die europäischen Stämme der Serotypen O:3, O:9 und O:5,27 in der Regel keine Sepsis verursachen. Liegt aber bei dem Patienten ein erhöhter Eisenspiegel vor, wie bei Thalassämie oder anderen hämolytischen Anämien (Eisenüberladung: Serumferritin >500 ng/ml), oder steht der Patient unter DESFERAL-Therapie, dann können auch die europäischen Yersinien eine Sepsis verursachen [16, 17]. Eine Zusammenfassung der genetischen Analyse der Pathogenität von *Y. enterocolitica* ist

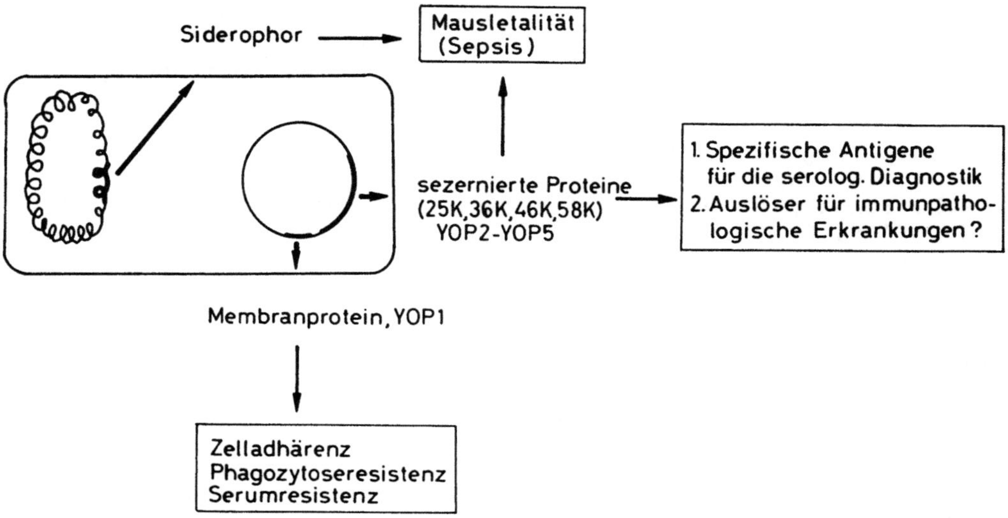

Abb. 9. Zusammenstellung der Pathogenitätsfaktoren und Lokalisierung der entsprechenden Gene auf Chromosom bzw. Plasmid

in Abbildung 9 dargestellt, wobei das Zusammenwirken der verschiedenen Komponenten, besonders die Funktion der sezernierten Proteine, teilweise noch unklar ist. Auf die serologische Bedeutung der plasmidkodierten Proteine wird am Schluß des Beitrages noch eingegangen.

Die genetische Analyse der Enteropathogenität von *Escherichia coli*

Die *E. coli*-Isolate der physiologischen Darmflora sind in der Regel nicht enteropathogen. Sie sind aber häufig befähigt, extraintestinale Infektionen wie Zystitis, Pyelonephritis, Meningitis, Sepsis u.a. zu verursachen.

Daneben gibt es auch *E. coli*-Stämme, die verschiedenartige intestinale Krankheitsbilder hervorrufen können. Durch serologische Typisierung der O-Antigene von *E. coli* konnte eine gewisse Korrelation zwischen Krankheitsbildern und bestimmten Serotypen festgestellt werden. So gehören mehr als 80% der Liquor- und Blutisolate von Kindern mit *E. coli*-Meningitis den Serotpyen O7:K1 oder O75:K1 an [18]. Andererseits stellt man bei rezidivierenden Harnwegsinfekten einen häufigen Serotypwechsel fest, was darauf hinweist, daß das O-Antigen bei *E. coli* kein spezifischer Pathogenitätsfaktor sein kann. Bei *E. coli*-Isolaten, die als Durchfallerreger infrage kommen, kennen wir bereits über 39 verschiedene O-Antigen-Typen, die bei der Enteritisdiagnostik berücksichtigt werden müßten [2]. Leider reicht aber auch in diesem Fall die O-Serotypisierung (im Gegensatz zur Salmonellen-Typisierung) nicht aus, um die Enteropathogenität festzustellen. Wir benötigen deshalb praktikable Methoden, um Pathogenitätsfaktoren zu identifizieren. Durch genetische Analyse konnten bei *E. coli* zahlreiche Faktoren, die die Enteropathogenität vermitteln, identifiziert werden. Diese Untersuchungen haben schließlich dazu geführt, daß wir heute mindestens vier verschiedene Wirkungstypen mit spezifischen enteritischen Krankheitsbildern kennen:

1. Enteropathogene *E. coli* (EPEC), 1923

Typische Serotypen: O:18, O:26, O:44, O:55, O:86, O:111, O:112, O:114, O:119, O:125, O:126, O:127, O:128, O:142.
Krankheitsbilder: Säuglingsenteritis, schleimiger Durchfall.
Pathogenitätsfaktoren: Plasmidkodiertes nichtfimbrielles Adhäsin, phagenkodiertes Zytotoxin (Verozelle).

2. Enterotoxische *E. coli* (ETEC), 1971

Typische Serotypen: O:6, O:8, O:15, O:20, O:25, O:27, O:63, O:78, O:80, O:85, O:115, O:128, O:139, O:148, O:153, O:159, O:167.
Krankheitsbilder: Choleraähnlicher Durchfall, Reisediarrhoe.
Pathogenitätsfaktoren: Plasmidkodierte fimbrielle Adhäsine (CFA/I, CFA/2), hitzestabile und hitzelabile Enterotoxine (ST und LT).

3. Enteroinvasive *E. coli* (EIEC), 1971

Typische Serotypen: O:28, O:29, O:124, O:136, O:143, O:144, O:152, O:164, O:167.
Krankheitsbild: Ruhrartiger, blutiger Durchfall.
Pathogenitätsfaktoren: Plasmidkodierte Proteine, die Shigellaähnliche Invasivität vermitteln.

4. Enterohämorrhagische *E. coli* (EHEC), 1982

Typische Serotypen: O:26, O:111, O:157.
Krankheitsbilder: Enterohämorrhagische Colitis, hämolytisch-urämisches Syndrom (HUS).
Pathogenitätsfaktoren: Plasmidkodierte fimbrielle Adhäsine, phagenkodierte Shigatoxin-ähnliche Toxine.

Diese unterschiedlichen *E. coli*-Durchfallerreger könnten durch Genaustausch mit anderen Bakterienarten entstanden sein: Das Enterotoxin LT der ETEC und die Zytotoxine von EPEC und EHEC zeigen eine starke Kreuzreaktion mit dem Cholera- bzw. dem Shigatoxin; das Plasmid der EIEC ist fast identisch mit dem Virulenzplasmid von Shigellen [2].

Inzwischen konnten verschiedene toxinkodierende Phagen bei EPEC und EHEC nachgewiesen werden, die serologisch unterschiedliche Toxine kodieren [19-22]. Dies ist für die Impfstoffherstellung wichtig, da die Immunisierung gegen ein Toxin nicht unbedingt neutralisierende Antikörper gegen andere Toxine von EPEC oder EHEC induziert. In Abbildung 10 sind ein sogenannter Tox-Phage eines O:157-EHEC und das entsprechende Toxin (Verotoxin) dargestellt.

Typisch für viele bakterielle Toxine ist die Zusammensetzung aus A- und B-Untereinheiten, die zytotoxische (aktive) bzw. bindende (Rezeptorspezifität) Funktionen haben.

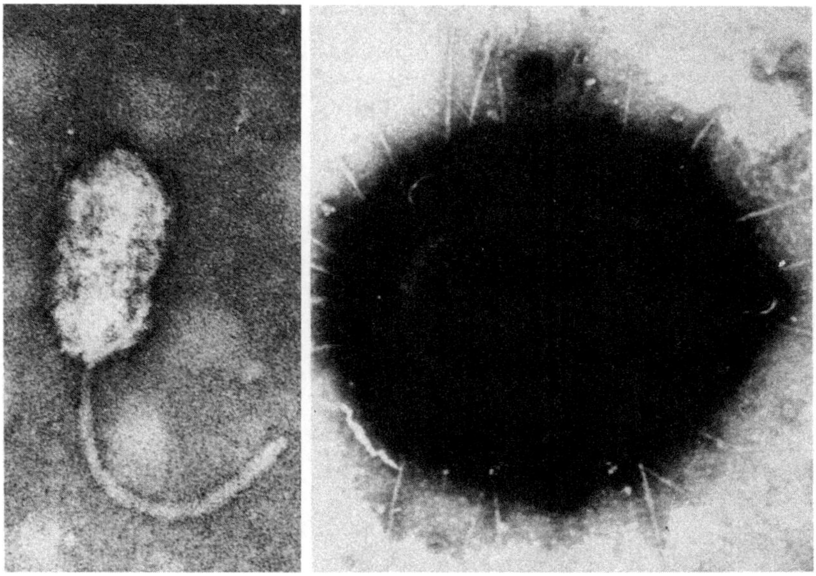

Abb. 10. Elektronenoptische Darstellung eines sogenannten Tox-Phagen *(links)* und des dazugehörigen EHEC-Stammes O.157 *(rechts)*. Im Genom des Phagen befindet sich das Gen für das Verotoxin. Die dargestellten Fimbrien *(rechts)* vermitteln die Zelladhärenz

Was trägt die genetische Analyse der Pathogenese zur Diagnostik bei?

Die konventionelle Diagnostik von bakteriologischen Infektionskrankheiten bemüht sich im wesentlichen um die Anzüchtung und Speziesidentifizierung von Bakterien sowie den Nachweis von spezifischen Serumantikörpern gegen pathogene Mikroorganismen. Wie im Abschnitt "Das Problem" schon angesprochen wurde, ist es häufig schwierig, die pathogenen von den apathogenen Bakterien durch O-Antigentypisierung oder biochemische Teste zu unterscheiden. Viel sinnvoller wäre es, wenn man die relevanten Pathogenitätsfaktoren mit einfachen Methoden identifizieren könnte. Solche Methoden sollen hier an den eben besprochenen Beispielen demonstriert werden.

1. Enteropathogene Yersinien produzieren das plasmidkodierte Membranprotein YOP-1, das ein agglutinierendes Virulenzantigen ist. Antiserum gegen YOP-1 des Serotyp-O:3-Stammes agglutiniert z.B. mit allen virulenten europäischen *Y. enterocolitica*-Isolaten (O:3, O:9 und O:5,27). Dieser Test kann durch einfache Objektträgeragglutination durchgeführt werden [6, 8, 13].

2. Etwas aufwendiger als der erste Test ist der Toxinnachweis bei EHEC mittels Kolonienblot (Abb. 11 und 12), der auch mit Primärkulturen (Stuhlausstrich) durchgeführt werden kann. Dieser Aufwand erscheint sinnvoll, denn nur 5% der ausgeschiedenen

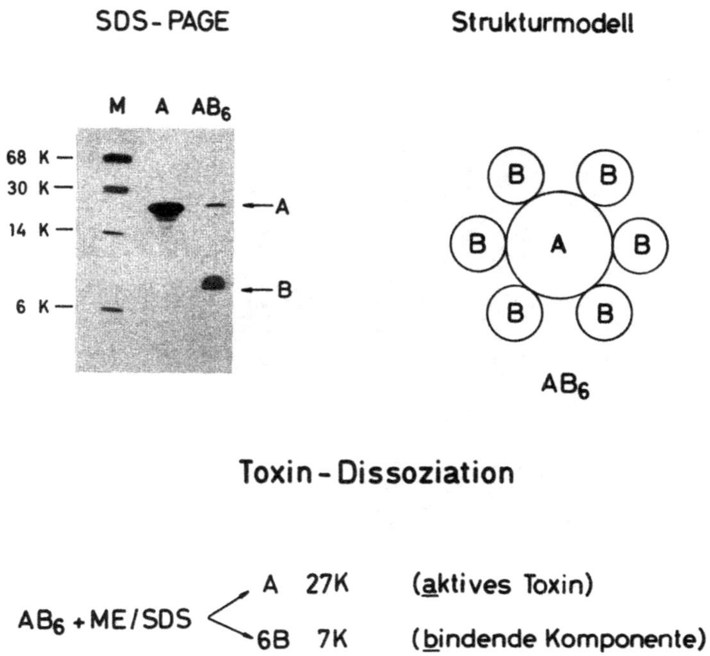

Abb. 11. Das Verotoxin (Shiga-like Toxin) läßt sich durch Merkaptoäthanol in sieben Komponenten aufspalten. Sechs Untereinheiten sind identisch. Sie bewirken die spezifische Bindung der Toxine an Zellmembranen. Die A-Untereinheit wird in die Zelle eingeschleust und inhibiert die Proteinsynthese

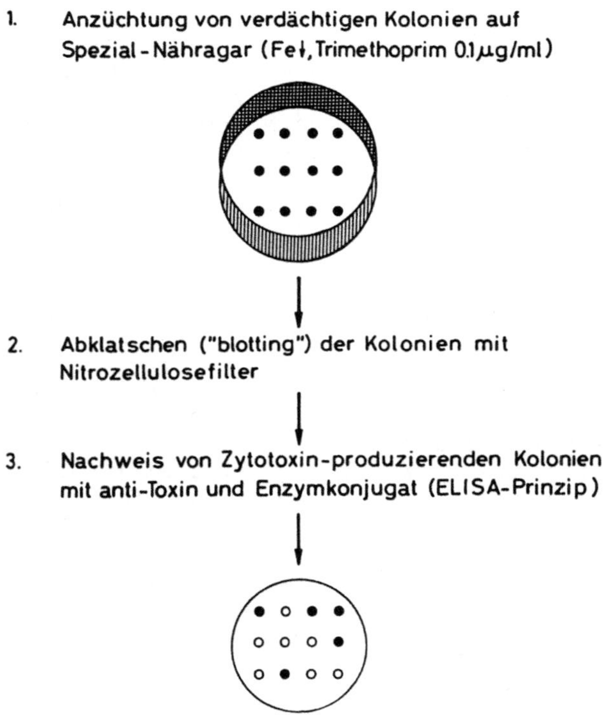

Abb. 12. Prinzip des Kolonienblots

E. coli bei enterohämorrhagischer Colitis sind zytotoxinpositiv [20-22].

3. Pathogenitätsfaktoren und virulenzassoziierte Proteine sind starke Antigene, gegen die der Erkrankte Antikörper erzeugt. Da diese Antigene spezifisch für pathogene Bakterien sind (keine Kreuzreaktivität mit der physiologischen Keimflora), sind sie den herkömmlichen komplexen Antigenpräparationen in der serologischen Diagnostik überlegen [23-25]. In Abbildung 13 ist der Verlauf der klassenspezifischen Antikörperantwort gegen die sezernierten, plasmidkodierten *Yersinia*-Proteine RP eines Kaninchens nach experimenteller *Yersinia*-Infektion im Immunoblot dargestellt. Die RP-Antigene kommen bei allen pathogenen Yersinien vor, und jeder Yersiniainfizierte produziert Antikörper gegen RPs. Folglich können wir mit einem einzigen Test spezies- und serotypunabhängig Infektion mit Yersinien generell erfassen [23, 24, 26]. Der klassenspezifische Antikörpernachweis gibt zusätzlich noch einen Hinweis auf das Stadium der Infektion.

Gentechnologische Herstellung von Impfstoffen

Infektionserreger, deren Eintrittspforte im Bereich der Darm- oder Bronchialschleimhäute liegt, werden durch das lokale Immunsystem (GALT bzw. BALT) abgewehrt. Entsprechend muß ein Impfstoff gegen diese Erreger auch das lokale Immunsystem aktivieren. Diese Forderung läßt sich gentechnologisch erfüllen. In Abbildung 13 ist das Pathogenitätsprinzip eines enterotoxischen *E. coli* dargestellt. Der Stamm hat ein chromosomalkodiertes Adhäsin und ein plasmidkodiertes Enterotoxin. Die Forderungen an den Impfstamm sind: 1. Kolonisierung der Darmschleimhaut (intaktes Adhäsin)

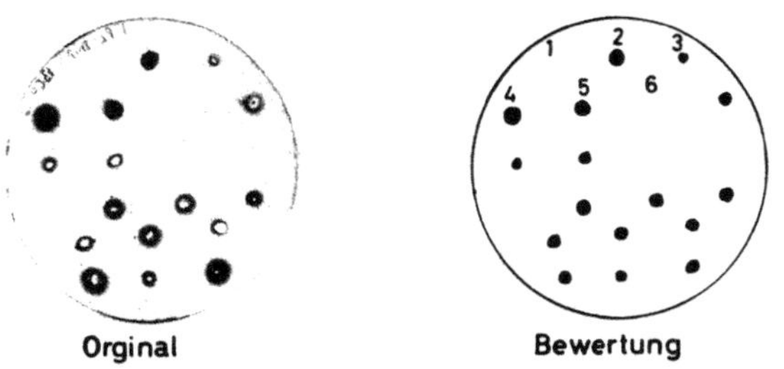

No	Serogruppe	Zytotoxizität	Mausletalität
1	09, H4	ø	ø
2	Sh. dysenteriae	+	+
3	055	+	+
4	K12 (Lysogen)	+	+
5	026	+	+
6	K12	ø	ø

Abb. 13. Ergebnis des Kolonienblots mit Shigella und *E. coli* der Serotypen O:9, O.55, O.26 und dem Laborstamm K12

und 2. Induktion von sekretorischen IgA-Antikörpern gegen die Untereinheit B des Toxins.

Für die Impfstoffherstellung wird das Gen für die A-Untereinheit enzymatisch eliminiert und das intakte Gen für die B-Untereinheit in einen kolonisierfähigen Stamm eingeführt (Abb. 14). Als Trägerstamm kann auch eine Salmonellamutante verwendet werden, wodurch ein bivalenter bakterieller Schluckimpfstoff entsteht [27, 28].

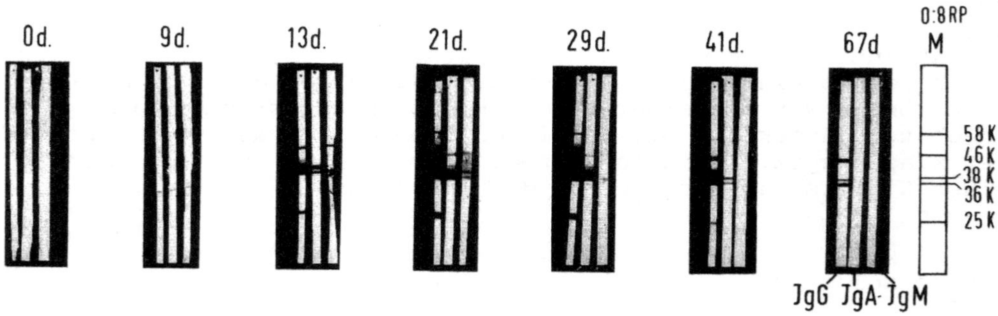

Abb. 14. Nachweis klassenspezifischer Antikörper gegen plasmidkodierte *Yersinia*-Antigene (RPs) im Kaninchen-Infektionsmodell

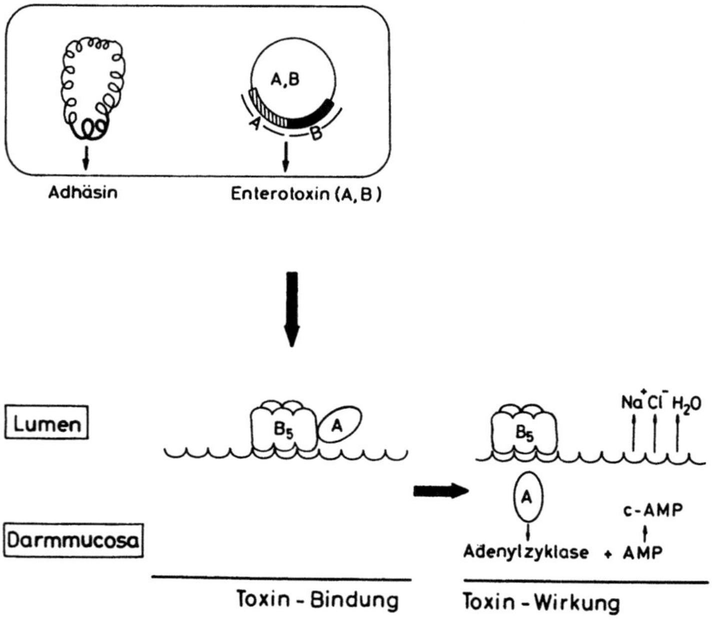

Abb. 15. Schematische Darstellung des enterotoxischen Wirkprinzips eines ETEC-Stammes, der ein chromosomal kodiertes Adhäsin und ein plasmidkodiertes Enterotoxin exprimiert

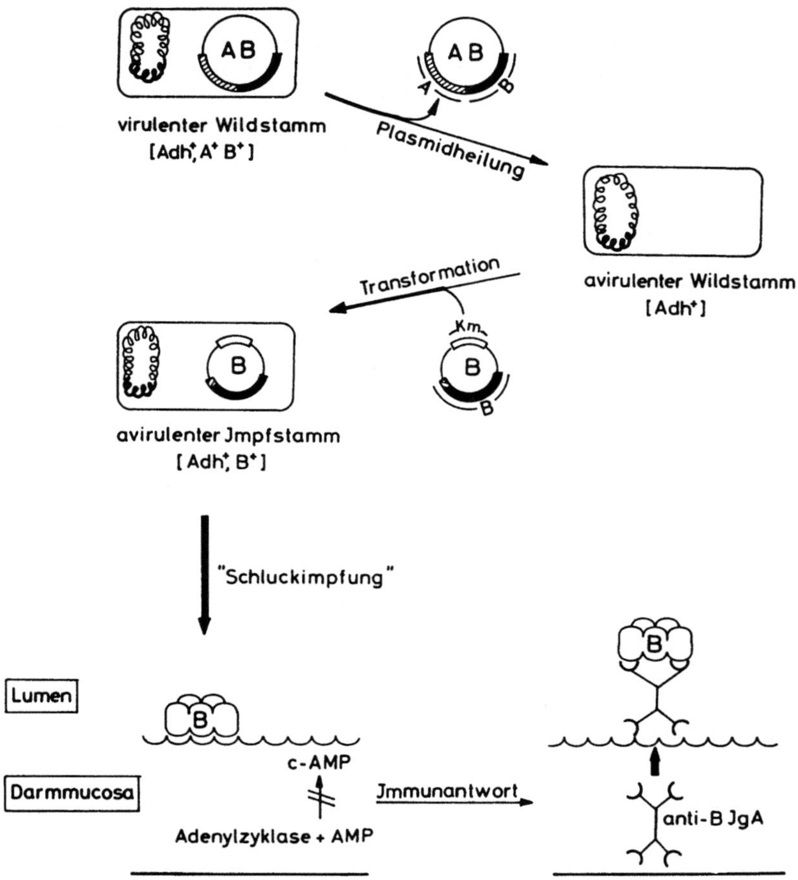

Abb. 16. Schematische Darstellung der gentechnologischen Herstellung eines Impfstammes

Zusammenfassung

Die molekulargenetische Analyse der Pathogenität von Bakterien zeigt neue Wege zum schnellen Nachweis von 1. pathogenen Erregern durch Identifizierung von Pathogenitätsfaktoren und 2. spezifischen Antikörpern durch Herstellung von Virulenzantigenen für die serologische Diagnostik.

Zur Immunprophylaxe können effektive und ungefährliche Lebendimpfstoffe gentechnologisch gezielt hergestellt werden.

Auch die epidemiologische Forschung erhält neue Anstöße durch die Gentechnologie: Der Wandel von Infektionserregern und die klonale Ausbreitung von pathogenen Bakterien lassen sich auf molekularer Ebene analysieren.

Andererseits steht die molekulargenetische Erforschung von Pathogenitätsmechanismen erst am Anfang. Wir haben bereits die Organisation und Regulation einfacher "Virulenzgene" (z.B. die Transposonstruktur der Enterotoxin-Gene) aufgedeckt, aber über das Zusammenspiel komplexer Genstrukturen, wie wir sie bei den Virulenzplasmiden der Yersinien, Shigellen, Salmonellen u. a. vorfinden, wissen wir noch recht wenig. Auch kennen wir nicht die molekularen Mechanismen der Invasivität und des intrazellulären Überlebens von Bakterien. In den kommenden Jahren wird es auf diesem Gebiet noch einige Überraschungen geben.

Literatur

1. Cornelis G, Laroche Y, Balligand G, Sory M-P, Wauters G (1987) *Yersinia enterocolitica*, a primary model for bacterial invasiveness. Rev Infect Dis 9:64-87
2. Levine MM (1987) *Escherichia coli* that cause diarrhea: Enterotoxigenic, enteropathogenic, enteroinvasive, enterohemorrhagic, and enteroadherent. J Infect Dis 155:377-389
3. Elwell LP, Shipley PL (1980) Plasmid-mediated factors associated with virulence of bacteria to animals. Ann Rev Microbiol 34:465-496
4. Eisenstein BI, Engleberg NC (1986) Applied molecular genetics: New tools for microbiologists and clinicians. J Infect Dis 153:416-430
5. Betley MJ, Miller VL, Mekalanos JJ (1986) Genetics of bacterial enterotoxins. Ann Rev Microbiol 40:577-605
6. Heesemann J, Keller C, Morawa R, Schmidt N, Siemens HJ, Laufs R (1983) Plasmids of human strains of *Yersinia enterocolitica*: Molecular relatedness and possible importance for pathogenesis. J Infect Dis 147:107-115
7. Heesemann J, Laufs R (1983) Construction of a mobilizable *Yersinia enterocolitica* virulence plasmid. J Bacteriol 155:761-767
8. Heesemann J, Algermissen B, Laufs R (1984) Genetically manipulated virulence of *Yersinia enterocolitica*. Infect Immun 46:105-110
9. Heesemann J, Gross U, Schröder J, Laufs R (1986) Virulence of enteropathogenic *Yersinia* studied by genetic and immunochemical methods. In: Lark DL (ed) Protein-carbohydrate interactions in biological systems: The molecular biology of microbial pathogenicity. Academic Press (London) 1986: 335-342
10. Heesemann J, Gross U, Grüter L (1987) Genetic manipulation of virulence of *Yersinia enterocolitica*. Contr Microbiol Immunol 9:312-316
11. Heesemann J, Gross U, Schmidt N, Laufs R (1986) Immunochemical analysis of plasmid-encoded proteins released by enteropathogenic *Yersinia* species grown in calcium-deficient media. Infect Immun 54:561-567
12. Heesemann J, Kalthoff H, Koch F (1986) Monoclonal antibodies directed against plasmid-encoded released proteins of enteropathogenic *Yersinia*. FEMS Microbiol Lett 36:15-19
13. Heesemann J, Grüter L (1987) Genetic evidence that the outer membrane protein YOP1 of *Yersinia enterocolitica* mediates adherence and phagocytosis resistance to human epithelial cells. FEMS Microbiol Lett 40: 37-41
14. Finkelstein RA, Sciortino CV, McIntosh MA (1983) Role of iron in microbe-host infections. Rev Infect Dis. 5:S759-777
15. Heesemann J (1987) Chromosomal-encoded siderophores are required for mouse virulence of enteropathogenic *Yersinia* species. FEMS Microbiol Lett 48:229-233

16. Robins-Blowne RM, Prpic JK (1983) Desferrioxamine and systemic yersiniosis. Lancet 2:1372
17. Boelaert JR, van Landuyt HW, Valcke YJ, Cantinieux B, Lornoy WF, Vanherweghem J-L, Moreillon P, Vandepitte JM (1987) The role of iron overload in *Yersinia enterocolitica* and *Yersinia pseudotuberculosis* bacteriemia in hemodialysis patients. J Infect Dis 156:384-387
18. Orskov F, Orskov I (1984) Serotyping of *Escherichia coli*. Methods in Microbiology 14:43-112
19. O'Brien AD, Newland JW, Miller SF, Holmes RK, Smith HW, Formal SB (1984) Shiga-like toxin converting phages from *Escherichia coli* strains that cause hemorrhagic colitis or infantile diarrhea. Science 226:694-696
20. Karch H, Heesemann J, Laufs R, O'Brien AD, Tacket CO, Levine MM (1987) A plasmid of enterohemorrhagic *Escherichia coli* O157:H7 is required for expression of a new fimbrial antigen and for adhesion to epithelial cells. Infect Immun 55:455-461
21. Karch H, Heesemann J, Laufs R (1987) Phage-associated cytotoxin production by and enteroadhesiveness of enteropathogenic *Escherichia coli* isolated from infants with diarrhea in West Germany. J Infect Dis 155: 707-715
22. Karch H, Strockbine NA, O'Brien AD (1986) Growth of *Escherichia coli* in the presence of trimethoprimsulfmethoxazole facilitates detection of shiga-like toxin producing strains by colony blot assay. FEMS Lett 35: 141-145
23. Heesemann J, Eggers C, Schröder J, Laufs R (1986) Serological diagnosis of yersiniosis by immunoblot technique using plasmid-encoded antigens of *Yersinia enterocolitica*. In: Simon C, Wilkinson P (eds) Diagnosis of infectious diseases — new aspects. Schattauer Verlagsgesellschaft Stuttgart 1986: 79-88
24. Heesemann J, Eggers CH, Schröder J (1987) Serological diagnosis of yersiniosis by immunoblot technique using virulence-associated antigen of enteropathogenic *Yersiniae*. Contr Microbiol Immunol 9:285-289
25. Karch H, Heesemann J, Laufs R, Kroll H-P, Kaper JB, Levine M (1987) Serological response to type 1-like somatic fimbriae in diarrheal infection due to classical enteropathogenic *Escherichia coli*. Microb Pathogen 2:425-434
26. Grasedyck K, Heesemann J (1987) Diagnostische und prognostische Bedeutung serologischer Untersuchungen zur *Yersinia*-Arthritis. Z Rheumatol 46: 179-182
27. Holmgren J (1981) Actions of cholera toxin and the prevention and treatment of cholera. Nature 292:413-417
28. Clements JD, El-Morshidy S (1984) Construction of a potential live oral bivalent vaccine for typhoid fever and cholera-*Escherichia coli*-related diarrheas. Infect Immun 46:564-569

Diskussion

MEYER ZUM BÜSCHENFELDE:
Herr Heesemann, wir haben sehr eindrucksvoll erkennen können, daß wir am Beispiel der Yersinia-Infektionen die primäre Erkrankungsphase von der sekundären gut abtrennen können und auch besser verstehen. Eine direkte Frage dazu: Sie haben auf dem einen Diapositiv gezeigt, daß die sekundäre Phase assoziiert ist mit dem Nachweis von spezifischem IgA und IgM. Zeigt das Verschwinden von IgM die Ausheilung der sekundären Yersinienerkrankung an?

HEESEMANN:
Das IgM verschwindet fast immer nach 4-6 Monaten, unabhängig davon, ob es sich um eine selbstlimitierende Yersinicse handelt oder um eine z.B. Yersinia-induzierte Arthritis. Dagegen kann das IgA bei Yersiniose-Patienten mit immunpathologischer Komplikation über Jahre persistieren. Durch den gleichzeitigen Nachweis von Yersinien in Lymphknoten- und Darmbiopsien mittels indirekter Immunfluoreszenz konnten wir zeigen, daß ein positiver IgA-Test die Persistenz der Yersinien im Körper signalisiert. Offensichtlich sind die sogenannten sekundären Folgeerkrankungen der Yersiniose Manifestationen einer chronischen Yersinia-Infektion.

WAGENER:
Ich habe eine doppelte Frage: 1. Führt die Immunisierung mit Adhäsinen zu einem dauerhaften Immunschutz, und 2. haben Sie Vorstellungen über die Rezeptoren für die Adhäsine?

HEESEMANN:
Bei den ETEC-Stämmen kennen wir praktisch drei typische Adhäsine, CFA 1, CFA 2 und CFA 3. Eine Antigenvariation wie bei den Adhäsinen der Gonokokken sind bei den ETEC-Stämmen nicht beobachtet worden. Damit sind gute Voraussetzungen für eine dauerhafte Immunisierung gegeben. Adhäsine haben lektinähnliche Bindungseigenschaften. Sie reagieren spezifisch mit Glykolipiden oder Glykoproteinen der Wirtszellmembran. Die unterschiedliche Verteilung dieser Rezeptormoleküle bedingt auch die Organspezifität bestimmter pathogener Bakterien. So bindet ETEC am Dünndarm- und EHEC am Kolonepithel.

SCHAUB:
Diese Primärinfektion der Yersinien ist ja sehr unspezifisch: Fieber, Bauchschmerzen, Durchfall. Das haben viele zwei- bis dreimal im Jahr, und für uns ist immer die Frage, was machen wir, wenn so etwas kommt. Salmonellen würden wir nicht behandeln, Rotaviren desgleichen. Aber die Patienten mit Yersinien profitieren von der Behandlung, weil der Krankheitsablauf entscheidend verkürzt wird. Wie schnell können Sie die Immunoblotergebnisse dem Kliniker mitteilen?

HEESEMANN:
Die Primärphase der Yersinia-Infektion profitiert in den meisten Fällen nicht von einer Antibiotikatherapie. Sie ist diagnostisch auch nicht so aufregend. Im Falle einer pseudoappendizitischen Symptomatik allerdings möchte der behandelnde Arzt schon sehr schnell wissen, ob eine Yersinia-Infektion vorliegt. In vielen Fällen können wir in dieser akuten Phase schon spezifisches IgM mit dem Immunoblot innerhalb von 24 Stunden nachweisen, während die Widal-Reaktion noch negativ ist. Bei negativem Immunoblot kann ich aber eine Yersiniose nicht ausschließen. Der Immunoblot hat deshalb seinen besonderen Wert für die Diagnose der Yersinia-induzierten immunpathologischen Erkrankungen.

GISSMANN:
Wie spezifisch ist das Verozelltoxin?

HEESEMANN:
Die Zytotoxizität des Verozelltoxins wurde zuerst an Verozellen beobachtet, daher der Name. Es wirkt aber auch auf humane Zelllinien wie z.B. die Hela-Zelle. Aber es gibt auch bestimmte Hela-Zellen, die resistent sind, d.h. sie haben keinen Rezeptor für das Toxin.

WOLF:
Es ist also nicht spezies-spezifisch.

HEESEMANN:
Nein. Menschen, Affen, Kaninchen, Mäuse u.a. sind für dieses Toxin empfänglich.

WOLF:
Herr Heesemann, Sie haben die Kreuzreaktivität sehr eindrucksvoll gezeigt: Sind eigentlich diese Plasmide sequenziert?

HEESEMANN:
Die Plasmide sind nicht sequenziert. Bisher haben wir versucht, die Strukturgene für die pathogenetisch wichtigen Proteine durch Tn-5-Transposonmutagenese und Klonierung zu lokalisieren. Dieses Projekt konnten wir inzwischen abschließen. Wir wollen deshalb jetzt mit dem Sequenzieren beginnen.

WOLF:
Wie groß ist das Membranprotein YOP-1?

HEESEMANN:
YOP-1 ist 200 Kilodalton groß und besteht aus vier Untereinheiten.

GREILING:
Haben Sie eine bestimmte Vorstellung über die Pathogenese dieser Arthritis? Ich könnte mir vorstellen, daß gerade bei den Yersinia-Infektionen, natürlich durch die Phagozytose ausgelöst, sehr viel proteolytische Enzyme freigesetzt werden. Deshalb meine spezifische Frage: Gibt es Versuche mit Antiproteasen?

HEESEMANN:
Zur Immunpathogenese der Yersiniose gibt es mehrere Arbeitshypothesen:
1. Die hohe Assoziation von Yersinia-induzierter Arthritis mit dem HLA-B27 hat zur Kreuzreaktivitätshypothese (Ebringer) geführt. Demnach wird angenommen, daß antigene Domänen des B27-Moleküls mit bakteriellen Biostrukturen serologisch kreuzreagieren.
2. Nach Geczy wird das HLA-B27-Antigen durch *Klebsiella pneumoniae* oder andere Enterobacteriaceae-Bestandteile modifiziert und so zum Autoantigen.
Andererseits entwickeln auch HLA-B27-negative Patienten eine Yersinia-Arthritis, und einige HLA-B27-positive Yersiniose-Patienten werden von der reaktiven Arthritis verschont. Offensichtlich spielen noch andere Faktoren eine Rolle. Inwieweit proteolytische Enzyme an der Immunpathogenese mitwirken und Antiproteasen in der Therapie Erfolg haben, ist mir nichts bekannt. Um die Immunpathogenese der Yersinia-Arthritis zu analysieren, verwenden wir seit

einigen Monaten ein Rattenmodell. Die Lewis-Ratte entwickelt nach Yersinia-Infektion eine Arthritis, die der reaktiven Arthritis beim Menschen sehr nahekommt.

MEYER ZUM BÜSCHENFELDE:
Ich glaube auch, daß die immunologische Seite wahrscheinlich eine ganz besondere Rolle spielt. Aber auch die Kooperation von Bakterien und Viren kann virulenzsteigernd wirken und so zu einem neuen Krankheitsbild führen. Ich denke hier z.B. an die Influenzavirus-Infektion.

HEESEMANN:
Sie sprechen hier die Staphylokokken-Protease an, die das Hämagglutinin des Virus erst aktivieren muß, damit es zur Virusinfektion kommt. Das ist eine Möglichkeit, um die Virulenz eines Erregers zu erhöhen. Andererseits kann ein Erreger den Weg für opportunistische Keime bahnen durch Suppression des Immunsystems. Das aktuellste Beispiel hierzu wird derzeit durch das HI-Virus gegeben.

LANG:
Wenn Sie mit einer DNA-Sonde einen plasmidhaltigen Stamm nachweisen wollen, wieviele Keime absolut brauchen Sie?

HEESEMANN:
Wir haben diesen Versuch noch nicht durchgeführt, aber die Empfindlichkeit läßt sich abschätzen. Bei einer Nachweisgrenze von einem Pikogramm Plasmid-DNA benötigen wir etwa eintausend Yersinien.

Hybridisierungstechniken zur Diagnose viraler Infektionen

H. Wolf

Einleitung

Virale Erkrankungen werden bisher vorwiegend durch den Nachweis Erreger-spezifischer Antikörper oder auch durch Züchtung des Erregers in der Gewebekultur diagnostiziert. Hauptnachteile dieser Methoden sind der Zeitpunkt zu dem z.B. Antikörper nachweisbar werden und, im Falle der Virusisolierung, der Zeitbedarf zur Absicherung des Ergebnisses. Die zunehmende Möglichkeit der spezifischen Therapie sowie die Zunahme schwerer virologischer Erkrankungen in Verbindung in einem eingeschränkten Immunsystem stellen neue Aufgaben für eine verbesserte Virusdiagnostik dar.

Spezielle Anforderungen ergeben sich aus der Notwendigkeit, eine virale Genese auch dann nachweisen zu können, wenn virale Antigene nicht synthetisiert werden (z.B. bei Tumorviren, oder bei latenter Infektion, etwa der Frühphase einer HIV-Infektion) oder wenn Äquivalenz von Antigen und Antikörper (z.B. bei Hepatitis B) den Nachweis erschweren. Die Nukleinsäurehybridisierung hat sich hier als sehr nützliche und hilfreiche Methode erwiesen [1]. Die Problematik konventioneller Diagnostik und der spezifische Beitrag der Nukleinsäurehybridisierung werden an einigen Beispielen erläutert.

Verwendung viraler Nukleinsäure für Untersuchungen zur viralen Pathogenese

Nur für wenige Viren ist der Ablauf der Infektion klar belegt. Im Falle des Epstein-Barr-Virus war eine Abklärung der Stadien der Infektion und der verschiedenen Formen der Persistenz von besonderem Interesse, da dieses Virus kausale Ursache der Infektiösen Mononukleose, als Spätfolge aber auch der chronisch aktiven EBV-Infektion, und zusammen mit zusätzlichen Faktoren, des Nasopharynxkarzinoms und des in Afrika endemischen Burkitt-Lymphomes ist.

Während der Nachweis der Beziehung dieses Erregers zur Infektiösen Mononukleose durch entsprechende Serokonversion sicher gestellt werden konnte, war die Beziehung zu den übrigen Erkrankungen wesentlich schwieriger nachzuweisen. Zusätzlich lag der interessante Befund vor, daß alle Personen, die im Laufe ihres Lebens mit EBV infiziert waren, diesen Erreger lebenslang im Speichel ausscheiden ohne erkennbare Entzündungsherde oder serologisch faßbare Zeichen einer Viruserkrankung.

Da das EBV als Mitglied der Herpesfamilie im Falle der Virusproduktion die Wirtszellen abtötet war der Nachweis des Virus in Tumorzellen schwer, da virale Proteine lange Zeit nicht nachweisbar waren. Mit Hilfe der Hybridisierung von c-RNA (in vitro von EBV-DNA transkribiert) an Gefrierschnitten von Nasopharynxkarzinomen konnte der regelmäßige Nachweis von EBV DNA in den epithelialen Zellen des NPC erbracht werden [2] und auch viele andere virale und nicht virale Systeme wesentlich besser untersucht werden. Für EBV konnte nachgewiesen werden, daß Zellen der Speichelgänge der Parotis für die persistierende Freisetzung von Virus im Speichel verantwortlich sind [3] und daß Epithelzellen der Tonsillen die primäre Eintrittspforte des anfangs als strikt lymphotrop angesehenen EBV in den menschlichen Körper darstellen [4].

Die sehr empfindliche und aussagekräftige Technik der Hybridisierung an Gewebsschnitten wurde inzwischen für eine Vielzahl viraler und nichtviraler Systeme mit großem Erfolg angewandt. Eine mögliche Beziehung von Coxsackieviren zur Myokarditis ist dafür ein Beispiel [5]. Ein weiteres Beispiel, das nur mit erheblich verbesserter Technik durch die Einbeziehung auch knochenhaltiger Präparate ausgearbeitet werden konnte, ist die mögliche Beziehung von Herpes simplex Virus zum Hörsturz des Menschen [6,7].

Nachweis viraler Nukleinsäure bei akuten Infektionen

Cytomegalie Virus

Während Herpes simplex Virus oder Varizella-Zoster Virus über lange Zeiten vollständig latent sein können, werden andere Erreger wie das Cytomegalievirus ähnlich wie das Epstein-Barr Virus über lange Zeiträume produziert und z.B. im Urin freigesetzt ohne Erkrankung zu erzeugen [8].

Wenn die Immunlage eines Infizierten etwa nach einer Transplantation oder auch in Folge einer HIV Infektion gestört ist, werden virusproduzierende Zellen nicht mehr eliminiert. Als Folge können dann vermehrt epitheliale Zellen des distalen Teiles der Nierentubuli Virus produzieren und Zellen des peripheren Blutkreislaufes (mononukleäre Zellen) durch CMV infizieren. Durch diese zirkulierenden Zellen können dann sekundär z.B. suszeptible Zellen der Lunge infiziert werden. Die Folge ist eine interstitielle Pneumonie, die typischerweise meist bei einer Besserung der Immunlage klinisch manifest wird.

Der Nachweis von CMV im Urin von Risikopatienten über längere Zeiträume ist eine Möglichkeit, die Therapie zu steuern [9,10]. Immunsuppressive Substanzen können besser dosiert werden, antivirale Substanzen, die oft toxische Begleiterscheinungen zeigen, können gezielt eingesetzt werden und eine teure Therapie mit Hyperimmunseren kann ebenfalls gezielt angewandt werden. Eine Verbesserung der klinischen Relevanz durch Einbeziehung der peripheren Lymphozyten in das Untersuchungsmaterial ist abzusehen.

HIV

Die gleiche Technik bietet sich auch an bei der Diagnose von HIV-Infizierten. Zunehmende Aufmerksamkeit erhalten Infektionsverläufe mit erheblich verzögertem Antikörpernachweis [11]. Ein Grund könnte sein, daß bei niedriger Infektionsdosis und intaktem aber nicht durch Begleitinfektionen ständig stimuliertem Immunsystem, die Virusproduktion äußerst gering ist und, wie bei Makrophagen beschrieben, nicht zur Freisetzung von Virus aus der Zelle führt. Durch Einsatz empfindlicher Nachweissysteme [12] konnte hier eine wesentliche Verbesserung der Diagnose der Infektion erfolgen.

Nachweis residualer Infektiosität bei komplexen Antigen-Antikörper Systemen

Hepatitis B

Eine der Erkrankungen, die erhebliche diagnostische Probleme bereitet, ist die Hepatitis B. Zunächst ist die Freisetzung viraler Antigene (Hb s, HB c) nachweisbar. Bei Verläufen, die an der Grenze zu chronischen Erkrankungen sind, erfolgt der Übergang von Antigen zu Antikörperüberschuß sehr verzögert. Von besonderer Bedeutung ist hier der Nachweis möglicher Infektiosität. In einer Reihe von Arbeiten konnte gezeigt werden, daß die Nachweisbarkeit viraler Nukleinsäure der sicherste Indikator eines Infektionspotentials ist (s. Tabelle 1). Zusätzlich konnten über positive Hybridisierungssignale erste Hinweise auf serologisch noch nicht erfaßbare HBV ähnliche Viren erbracht und durch Infektionsversuch an Primaten erläutert werden [18].

Tabelle 1. Nachweis von HBV-DNA im Serum.
Beziehung zwischen HBV-DNA und anderen HBV-Markern

Autoren	HBS AG+		HBS AG-
	HBE AG+	HBE AG-	
[13]	36/36	2/24	0/4
[14]	72/80	16/32	6/112
[15]	28/28	17/33	0/3
[16]	7/10	10/153	--
[17]	30/45	4/32	0/17

Delta Agens

Ausschließlich auf dem Hintergrund einer Hepatitis B kann sich eine Delta Hepatitis entwickeln. Die Nukleinsäure des Delta Agens enthält keine Information für eine vollständige eigene Proteinhülle. Diese Erreger können daher ausschließlich in der Hülle von Hepatitis B weiter infiziert werden. Immunologische Techniken sind aus diesem Grund zum Nachweis der Infektiösität wenig geeignet. Der Nachweis viraler RNA bietet hier aber eine sichere Diagnosemöglichkeit [18].

Nukleinsäurehybridisierung wird keineswegs für alle virologisch diagnostischen Probleme von gleicher Bedeutung sein. Durch den zunehmenden Einsatz nichtradioaktiver Nachweissysteme und vereinfachte Handhabungen bei der Probenführung wird diese Technik aber eine wichtige und oft essentielle Ergänzung konventioneller serologischer Tests darstellen.

Literatur

1. Wolf H, Leser U, Motz M, Seibl R (1986) Möglichkeiten und Grenzen der Diagnostik mit DNA-Proben. 10:229-234
2. Wolf H, zur Hausen H, Becker V (1973) EB viral genomes in epithelial nasopharyngeal carcinoma cells. 244:245-247
3. Wolf H, Haus M, Wilmes E (1984) Persistence of Epstein-Barr virus in the parotid gland. J Virol 51:795-798
4. Wilmes E, Wolf H (1989) Epstein-Barr-Virus-Infektion - Neue Aspekte zur Pathogenese und Klinik. Laryng Rhinol Otol, Jan 1989 (im Druck)
5. Kandolf R, Ameis D, Kirschner P, Canu A, Hofschneider PH (1987) In situ detection of enteroviral genomes in myocardial cells by nucleic acid hybridization: An approach to the diagnosis of viral heart disease. Proc Natl Acad Sci 84:6272-6276
6. Falser N, Bandtlow I, Haus M, Wolf H (1986) Detection of PRV-DNA in the inner ear of intranasally infected BALB-C mice with nucleic acid hybridization in situ. J Virol 57:335-339
7. Falser N, Bandtlow I, Rziha A, Haus M, Wolf H (1987) The role of acute and latent virus infection in the pathogenesis of inner ear disturbances. Amer J Otol 8:136-147
8. Wolf H (1986) Mechanismen der Reaktivierung von Viren der Herpesgruppe bei graft versus-host Krankheit. Münch Med Wschr 128:325-327
9. Asai S, Bayliss GJ, Wolf H, Namikawa I, Ito Y (1985) Ultrastructural studies on cell fusion induced by Epstein-Barr virus on N-butyrate and 12-0-tetradecanolylphorbol-13-acetate. Archives of Virology 86:327-333
10. Leser U (1985) Testung und Etablierung einer Methode für die Nukleinsäure-Hybridisierung bei menschlichen Herpes-Viren. Diplomarbeit, Fachbereich Biologie, Ludwig-Maximilians-Universität München
11. Ranki AM, Valle S, Krohn M, Allain JP, Leuther M, Francini G, Krohn K (1987) Long latency precedes overt seroconversion in sexually-transmitted human immunodeficiency-virus infection. Lancet II:589-593
12. Kwok SW, Mack DH, Mullis KB, Poiesz B, Ehrlich G, Blair D, Friedman-Kien A, Sninsky J (1987) Identification of human immunodeficiency virus sequences by using in vitro enzymatic amplification and oligomer cleavage detection. J Virol 61:1690-1694
13. Weller I, Fowler M, Monjardino J, Thomas HC (1981) The detection of HBV-DNA in serum by molecular hybridisation - A more sensitive method for detection of complete HBV particles. J Med Virol 9:273-280
14. Scotto J, Hadchouel M, Hery C et al. (1983) Detection of hepatitis B virus DNA in serum by a simple spot hybridisation technique - Comparison with results for other viral markers. Hepatology 3:279-284
15. Liebermann H, LaBrecque DR, Kew MC et al. (1983) Detection of hepatitis B virus DNA directly in human serum by a simplified molecular hybridisation text - Comparison to HBeAg/anti-HBe status in HBsAg carriers. Hepatology 3:285-291

16. Tur-Kaspa R, Keshet E, Eliakim M, Shouval D (1984) Detection and characterization of hepatitis B virus in serum of HBe antigen-negative HBsAg carriers. J of Med Virol 14:17-26
17. Morace G, von der Helm K, Jilg W, Deinhardt F (1984) Detection of Heptatis B virus DNA in serum by a rapid filtration-hybridization assay. J of Virological Methods 12:235-242
18. Raßhofer R et al. (1988) Demonstration of Hepatitis D Virus RNA in patients with chronic hepatitis. The Journal of Infectious Diseases. 157:No 1

Diskussion

RECKMANN:
Ich habe zwei methodische Fragen: Die eine betrifft die von Ihnen entwickelte Sandwich-Methode. Kann man diese auch für in situ-Hybridisierungen anwenden? Aufgrund der Tatsache, daß mehrere Partner in der Zelle zusammenfinden müssen, könnte ich mir vorstellen, daß die unspezifische Bindung stark ausgeprägt und die Hybridisierungs-Effizienz gering ist. Meine andere Frage betrifft die Empfindlichkeit. Wieviel Viren müssen in der Probe vorhanden sein, damit Sie – mit radioaktivem Label – ein deutliches Signal erhalten, und wie lange dauert die Analyse?

WOLF:
Die in situ-Hybridisierung in Kombination mit der Sandwich-Technik ist in der Tat etwas weniger empfindlich. Haupthindernis ist die beschränkte Permeabilität der Zelle. Während man normalerweise Sonden auf die Länge von einigen Hundert Nukleotiden trimmt, ist es in diesem Falle notwendig, längere DNA-Fragmente zu verwenden. Wenn man normal markierte Sonden ohne Amplifizierungsmechanismen einsetzt, liegt die Nachweisgrenze bei ungefähr 10 bis 50 Virusgenomen in einer Zelle. Es gibt aber eine Vielzahl von Amplifizierungstechniken, die es erlauben, die Nachweisempfindlichkeit bis praktisch auf die Ebene der Single-Copy-Gene zu senken. Diese Methodik wird dann aber sehr aufwendig und störanfällig. Meine Hauptreservation ist aber, daß die Analyse nicht mehr in der direkten Beobachtung erfolgt, sondern nur noch in der statistischen Auswertung. Deswegen würde ich meinen, daß diese maximale Empfindlichkeit zwar für die wissenschaftliche Forschung Vorteile bringt, aber nicht für die Routinediagnostik – und über diese wollte ich hier sprechen.

KOLB:
Halten Sie es für möglich, daß man in ferner Zukunft die Nukleinsäure-Diagnostik mit Hilfe von Antikörpern betreiben könnte? Mit Antikörpern, die charakteristische Tertiärstrukturen oder die charakteristische Sequenzen erkennen?

WOLF:
Dies ist für mich nicht absehbar. Die Möglichkeit, spezielle Konformationen der DNA, wie z.B. Z-DNA, zu erkennen, bestehen wohl. Sequenzunterschiede liegen aber wohl nicht im Bereich der Immunglobulin-Erkennbarkeit.

SCHMIDT:
Eine ganz praktische Frage: Bringt denn die moderne Sonden-Technologie wirklich Fortschritte in der Diagnostik, z.B. in der Differentialdiagnose unklarer fieberhafter Erkrankungen? Der heutige Status – die 20 KBR's (Komplementbindungsreaktionen) in der Virologie und die 40% positiven anaeroben Blutkulturen in der Bakteriologie – ist für uns doch sehr unbefriedigend!

WOLF:
Das ist in erster Linie eine Frage an Herrn Heesemann. Aus meiner Sicht will ich sagen, daß die Nukleinsäure-Hybridisierung dann angewendet werden kann und muß, wo es um eine Direktdiagnostik ohne Erregerkultivierung geht. Wir wissen, daß jeder Versuch, z.B. auch einem Vaginalabstrich den Erreger zu kultivieren, eine Selektion darstellt – in der einen oder anderen Form – und ich meine, daß unser Bestreben dahin gehen muß, im Primärmaterial z.B. pathologische Plasmide direkt nachzuweisen. Aus der Virologie hatte ich Ihnen das Cytomegalievirus als Beispiel vorgestellt. Der zentrale Punkt ist die Identifizierbarkeit von viralen Nukleinsäuresequenzen, auch wenn Viruspartikel nicht nachzuweisen sind, z.B. bei den Tumorviren.
Hinzu kommt bei komplexen Antigen-Antikörper-Systemen und der gegenseitigen Behinderung der Nachweisreaktionen, daß der Nukleinsäurenachweis eine wichtige Ergänzung darstellt. Es sind inzwischen Fälle beschrieben worden, die über ein Jahr hinweg keinerlei serologische Marker aufweisen.
Auf solche Probleme will ich primär abzielen, auf Nischen, die durch andere Methoden nicht abzudecken sind. Wirklichen Nutzen für die Klinik sehe ich derzeit in der Möglichkeit der direkten Identifizierung von Keimen ohne Anzucht. Die Problematik besteht zur Zeit noch darin, daß die Empfindlichkeit verbessert werden muß; aber da tut sich etliches.

MEYER ZUM BÜSCHENFELDE:
Wenn ich auf die letzte Frage und Antwort eingehen darf: Ich glaube, man sollte etwas optimistischer sein. Über die methodischen Fortschritte hinaus – die ich nicht schmälern will, ganz im Gegenteil – ist doch zu erwarten, daß wir, ich nehme nun einmal das Beispiel der Autoimmunkrankheiten, aus neuen Einsichten in die Beziehungen zwischen Virologie, Immunsystem, Genetik usw., die Mechanismen und den Verlauf der Krankheiten in ganz neuem Lichte sehen werden. Insofern wird sich hier doch auch eine praktische Bedeutung der neuen Methoden ergeben.

HEESEMANN:
Zur diagnostischen Anwendung der neuen Methoden möchte ich noch einen Kommentar geben. Ich meine, man sollte diese nicht mißbrauchen. Als Kliniker sollte man vor allem eine richtige Anamnese erheben, dabei kommen die meisten Informationen bereits heraus (Beifall). Aber es gibt Spezialgebiete – wie Herr Wolf schon gesagt hat – wo die Hybridisierungstechniken von definiertem Wert sind. Für denjenigen, der eine Niere transplantiert, ist es extrem wichtig, ob im Urin Cytomegalieviren nachzuweisen sind.

WOLF:
Man sollte auch den Zeitvergleich zur konventionellen Diagnostik anführen: Wenn man bei einem Transplantierten Cytomegalievirus

nachweisen will, ist bei längeren Transportwegen die Isolierung häufig erfolglos. Für die Hybridisierungsanalyse ist dieses Material aber zu verwenden. Die Isolierung dauert – wenn sie gelingt – 2 Wochen, die Hybridisierung geht über Nacht.

Menschliche Papillomviren und Karzinome der Cervix uteri

L. Gissmann und M. von Knebel-Doeberitz

Einleitung

Menschliche Papillomviren (HPV) induzieren gutartige Tumoren der Haut oder der Schleimhäute. Abhängig vom Virustyp und von der betroffenen Stelle des Körpers können unterschiedliche klinische Manifestationen auftreten. So sind beispielsweise die dornartigen oder flachen Warzen an Händen und Füßen mit den HPV Type 1 bis 4 assoziiert, während die Genitalwarzen (Condylomata acuminata) oder flache Läsionen im Genitalbereich (Bowenoide Papulose bzw. cervicale Dysplasie) in der Regel von den Typen 6, 11, 16, 18 oder 31 verursacht werden (zur Übersicht siehe [1]). Die kausale Rolle von Papillomviren bei der Entstehung dieser Tumoren läßt sich aufgrund folgender Befunde klar nachweisen:

1. Verimpfung zellfreier Warzenextrakte in die Haut von Freiwilligen führt zur Entstehung ähnlicher Proliferationen an der Inokulationsstelle (zur Übersicht siehe [2]).
2. Durch epidemiologische Untersuchungen (besonders zur Verbreitung und Übertragung von Genitalwarzen) läßt sich die Infektiosität dieser Tumoren klar nachweisen.
3. Infektion menschlichen Epithels in vitro mit Viruspartikeln von HPV 11 und anschließender Transplantation in die Nacktmaus resultiert in pathomorphologischen Veränderungen (Koilozytose und Dyskeratozytose), wie sie für Papillomvirus-assoziierte Veränderungen charakteristisch sind. Darüberhinaus können aus solchen experimentell induzierten Läsionen wiederum infektiöse Viren isoliert werden [3].
4. Menschliche Vorhaut-Keratinozyten in Zellkultur verlieren nach 6 bis 8 Passagen ihre Teilungsfähigkeit, sie differenzieren und sterben ab. Durch Transfektion mit klonierter HPV 16 DNA lassen sich jedoch Klone permanent wachsender Keratinozyten erhalten. Die daraus etablierten Zellinien zeigen nicht die biologischen Eigenschaften maligner transformierter Zellen, da sie weder in Weichagar wachsen noch in der Lage sind, im Versuchstier Tumoren zu induzieren [4].

Im Gegensatz zu den bisher diskutierten Warzen läßt sich eine kausale Beteiligung der Papillomviren bei der Entstehung maligner Tumoren nicht ohne weiteres beweisen. Im Falle des menschlichen Genitalkrebses, insbesondere beim Plattenepithelkarzinom der Cervix uteri können wir jedoch eine ganze Reihe guter Hinweise anführen, die für eine kausale Rolle bestimmter HPV Typen sprechen [5]. Auf die Beteiligung eines infektiösen Ereignisses bei der Entstehung dieses Tumors wiesen schon Untersuchungen vor mehr als 140 Jahren zum ersten Mal hin. Rigoni-Stern wies damals nach, daß Cervixkarzinome bei Nonnen selten, bei Prostituierten hingegen sehr viel häufiger auftraten. Epidemiologische Studien in jüngerer Zeit konnten diese Befunde bestätigen und darüberhinaus zeigen, daß ein durch den Sexualpartner übertragbares infektiöses Agens für ein erhöhtes Tumorrisiko verantwortlich sein muß (zur Übersicht siehe [6]).

Nachdem sich experimentell für alle bis dahin diskutierten Erreger (z.B. Herpes simplex Virus Typ 2) kein überzeugender Zusammenhang mit der Tumorentstehung herstellen ließ, wurden 1976 die Papillomviren zum ersten Mal als Kandidaten für ein solches Agens vorgeschlagen [7]. Die Untersuchungen an Papillomviren sind erschwert, da es bisher nicht gelungen ist, ein in vitro System zur Virusvermehrung zu etablieren. Erst nach Klonierung der Papillomvirus DNA (zur Übersicht siehe [8]) wurde es möglich, die verschiedenen Virustypen (über 50) zu identifizieren (zur Übersicht siehe [1]) und in den Tumoren nachzuweisen. Die so erhaltenen Befunde, die im folgenden diskutiert werden sollen, legen eine entscheidende Rolle bestimmter Papillomvirus-Typen bei der Tumorentstehung nahe, sie zeigen aber auch, daß zusätzlich noch andere Faktoren bei der Genese des Cervixkarzinoms beteiligt sein müssen.

1. Tumorbiopsien und -Zellinien enthalten HPV DNA (zur Übersicht siehe [5,9,10])

Seit dem erstmaligen Nachweis von zwei bis dahin unbekannten Papillomvirus-Typen (HPV 16 und 18) in Cervixkarzinomen wurde eine große Zahl von Tumorbiopsien getestet. Trotz gewisser Variationen in Materialien aus verschiedenen geographischen Regionen läßt sich in etwa 70% der untersuchten Tumoren die DNA von HPV 16 oder HPV 18 nachweisen, wobei HPV in der Regel drei- bis viermal häufiger auftritt. Andere Typen wie HPV 31, 33, 35 oder 39 finden sich jeweils nur in einigen Fällen, insgesamt aber sind damit über 90% der Cervixkarzinome HPV DNA positiv.

Darüberhinaus persistieren die Genome von HPV 16 bzw. HPV 18 auch in Zellinien, die von Cervixkarzinomen etabliert wurden und die (wie z.B. die HeLa Zellen) schon seit mehreren Jahrzenten in Kultur gehalten werden. Obwohl sich im Laufe dieser Passagen die verschiedensten, bereits mit zytogenetischen Methoden erfaßbaren Chromosomen-Veränderungen ausgebildet haben, sind dennoch bestimmte frühe Gene von HPV 18 mit der ursprünglichen Nukleotidsequenz und in aktiver Form (s. unten) erhalten geblieben. Daraus kann geschlossen werden, daß die Aktivität dieser Gene für die Aufrechterhaltung des transformierten Zustands der Zellen notwendig sind.

2. Präcancerosen des Cervixkarzinoms werden von bestimmten Papillomvirus-Typen induziert

Untersuchungen der letzten Jahre haben ergeben, daß die schon lange bekannten Dysplasien der Cervix (cervicale intraepitheliale Neoplasien: CIN) mit Papillomviren (z.B. HPV 6, 11, 16, 31) assoziiert sind. Die für diese Läsionen typischen histologischen Veränderungen (Koilozytose und Dyskeratozytose) gelten heute als pathognomonisch für HPV Infektionen. Wie bereits oben dargestellt, lassen sich solche Veränderungen auch experimentell in einem mit Papillomvirus infizierten Epithel induzieren [3].

Zervikale intraepitheliale Neoplasien gelten als mögliche Präkanzerosen, die sich – falls nicht behandelt – mit einer gewissen Wahrscheinlichkeit zum malignen Tumor entwickeln. Dabei scheint das Risiko zur Progression vom Papillomvirus-Typ in der Läsion abhängig zu sein: erste Ergebnisse deuten darauf hin, daß sich Dysplasien, in denen HPV 16 nachgewiesen wurde, häufiger als die HPV 6 oder HPV 11 positiven zu höhergradig atypischen Proliferationen entwickeln.

3. Der physikalische Status der HPV DNA in Tumorzellen und in Warzen ist unterschiedlich (zur Übersicht siehe [11])

In den oberflächlichen, differenzierten Epithelschichten von Warzen und von gutartigen zervikalen Dysplasien findet eine Vermehrung von Papillomviren statt, die replizierten viralen Genome liegen als 8 kbp große episomale Moleküle in den Zellen vor. Demgegenüber ist die HPV DNA in den malignen Tumoren, in denen keine Virusvermehrung stattfindet, kovalent ins Zellgenom integriert. Dabei konnte bisher kein spezifischer *zellulärer* Integrationsort identifiziert werden, die Öffnungsstelle im zirkulären *viralen* Genom hingegen befindet sich in allen bisher untersuchten Tumoren in der Mitte der frühen Region, vor dem offenen Leseraster E2. Seit kurzem ist bekannt, daß von diesem Abschnitt des Genoms ein Repressor kodiert wird, der die Expression anderer früher Gene unterdrückt [12]. Es ist vorstellbar, daß nur solche Zellen zum Tumor auswachsen können, in denen eine konstitutive Produktion bestimmter früher Proteine (E6 und E7, siehe unten) gewährleistet ist. Voraussetzung dafür ist die Inaktivierung des E2 Repressors, beispielsweise durch Integration der HPV DNA 5' vom E2 Gen, welches dadurch von dem viralen Promotor abgekoppelt und nicht mehr exprimiert wird.

4. Frühe virale Proteine sind in den Tumorzellen nachweisbar (zur Übersicht siehe [5])

Sowohl die Cervixkarzinom-Zellen als auch die Mehrzahl der Papillomvirus DNA positiven Biopsien enthalten Virus-spezifische RNA Transkripte. Die Analyse von HPV cDNA Klonen aus diesen Zellen ergab, daß alle mRNAs in der sog. nicht-kodierenden Region des HPV Genoms beginnen und die Sequenzen der offenen Leseraster E6 (bzw. die durch internes Splicing entstandene verkürzte Form E6*) und E7 enthalten. Die entsprechenden Proteine sind mit Hilfe spezifischer Antiseren (hergestellt gegen die in *Escherichia coli* exprimierten Genprodukte) nachweisbar. Dabei ist im Falle der HPV 18 positiven Cervixkarzinom-Zellinie C4-1 die Konzentration dieser Proteine direkt mit der Proliferationsrate der Tumorzellen korreliert (von Knebel Doeberitz, unveröffentlicht). Bei Verminderung der Proteinmenge nach Expression von zur E6 und E7 mRNA komplementären Sequenzen (anti-sense RNA) ist zugleich eine Verlangsamung des Zellwachstums zu beobachten. Daraus kann die Hypothese abgeleitet werden, daß frühe Proteine von Papillomviren für das unkontrollierte Wachstum der Tumorzellen notwendig sind. Falls dies tatsächlich zutrifft, wären neue Möglichkeiten zur Therapie von Cervixkarzinomen denkbar, nämlich dann, wenn es gelänge, auch in vivo die Expression dieser Proteine zu unterdrücken.

Die bisher aufgeführten Argumente unterstützen die Annahme, daß bestimmte Papillomviren des Menschen (in erster Linie HPV 16 bzw. HPV 18) ein entscheidender Faktor bei der Entstehung von Cervixkarzinomen sind. Es ist aber wichtig festzuhalten, daß diese Viren unter keinen Umständen die alleinige Verantwortung für die Entwicklung des Krebses tragen. Andere Faktoren müssen hinzukommen, damit ein Tumor entstehen kann (zur Übersicht siehe [5,11]). Die Gründe hierfür lassen sich wie folgt zusammenfassen:

1. Die Tumorrate ist sehr viel geringer als die Häufigkeit von Infektionen mit Papillomviren im Genitalbereich. Während in Deutschland nur etwa eine von hundert Frauen an einem Cervixkarzinom erkrankt, sind wahrscheinlich über 30% – meist ohne Symptome – mit den entsprechenden Viren infiziert. Somit läßt sich aus dem Virusnachweis per se keine Aussage über das Tumorrisiko der entsprechenden Probandin treffen.
2. Zwischen Erstinfektion (in der Regel während der höchsten sexuellen Aktivität im Alter von etwa 20 Jahren) und Auftreten der Erkrankung liegen mehrere Jahrzehnte.
3. Die entstehenden Tumore sind monoklonal, d.h. aus der großen Zahl infizierter Zellen ist nur eine zu unkontrolliertem Wachstum fähig.

Hinweise zur Natur dieser Kofaktoren kommen in der Regel von epidemiologischen Untersuchungen über die Tumorinzidenz in Abhängigkeit von bestimmten Lebensgewohnheiten (zur Übersicht siehe [6]). So ist beispielsweise das Tumorrisiko bei starken Raucherinnen oder bei Frauen, die über mehrere Jahre orale Kontrazeptive benutzt haben, signifikant erhöht. Da Karzinogene (d.h. mutagene) Substanzen im Zigarettenrauch DNA Reparatur- und Rekombinationsmechanismen induzieren, kann man nun spekulieren, daß dadurch auch die Integration viraler DNA ins Zellgenom begünstigt wird. Diese Integration in einem bestimmten Bereich des HPV Genoms scheint, wie oben diskutiert wurde, eine konstitutive Expression früher Gene zur Folge zu haben. Neuere Untersuchungen zeigen, daß die Expression dieser Gene in vitro außerdem durch Behandlung von HPV DNA positiven Zellen mit Steroidhormonen gesteigert werden kann (von Knebel Doeberitz et al., zur Veröffentlichung eingereicht). Zudem wurde kürzlich postuliert [13], daß in normalen Zellen bestimmte Faktoren die Aktivität von Papillomvirus-Genen unterdrücken und daß somit die Inaktivierung dieser Faktoren (z.B. durch Mutationen) eine Voraussetzung für die maligne Entartung einer Virusgenom-tragenden Zelle darstellt.

Literatur

1. Pfister H, Fuchs PG (1987) Papillomaviruses: particles, genome organisation and proteins. In: Syrjänen K, Gissmann L, Koss LG (eds) Papillomaviruses and Human Disease. Springer, Berlin, pp 1-18
2. Rowson KEK, Mahy BWJ (1967) Human papova (wart) virus. Bact Rev 31:110-131
3. Kreider JW, Howett MK, Wolfe SA, Bartlett GL, Zaino RJ, Sedlacez TV, Mortel R (1985) Morphological transformation of human uterine cervix with papillomaviruses from condylomata acuminata. Nature 317:636-640
4. Dürst M, Dzarlieva-Petrusevska R, Baukamp P, Fusenik N, Gissmann L (1987) Molecular and cytogenetic analysis of immortalized human primary keratinocytes obtained after transfection with human papillomavirus DNA. Oncogene 1:251-256
5. Gissmann L, Dürst M, Oltersdorf T, von Knebel Doeberitz M (1987) Human papillomaviruses and cervical cancer. In: Steinberg BM, Brandsma JL, Taichman LB (eds) Cancer Cells 5. Cold Spring Harbor Laboratory, pp 275-280
6. Doll R (1986) Implications of epidemiological evidence for future progress. In: Peto R, zur Hausen H (eds) Viral Etiology of Cervical Cancer, Banbury Report 21. Cold Spring Harbor Laboratory, pp 321-326
7. zur Hausen H (1976) Condylomata acuminata and human genital cancer. Cancer Res 36:794
8. Gissmann L, Schwarz E (1985) Cloning of papillomavirus DNA. In: Becker Y (ed) Recombinant DNA Research and Viruses. Martinus Nijhof, Boston, pp 173-187
9. Gissmann L, Schneider A (1986) In: Peto R, zur Hausen H (eds) Viral Etiology of Cervical Cancer, Banbury Report 21. Cold Spring Harbor Laboratory, pp 217-224
10. Schwarz E, Schneider-Gaedicke A, zur Hausen H (1987) Human papillomavirus type 18 transcription in cervical carcinoma cell lines and in human cell hybrids. In: Steinberg BM, Brandsma JL, Taichman LB (eds) Cancer Cells 5. Cold Spring Harbor Laboratory, pp 47-54
11. zur Hausen H, Schneider A (1987) The role of papillomaviruses in human anogenital cancer. In: Salzman NP, Howley PM (eds) The Papovaviridae, vol 2, The Papillomaviruses, Plenum Press, New York, pp 245-264
12. Lambert PF, Spalholz BA, Howley PM (1987) Evidence that bovine papillomavirus type 1 may encode a negative transcriptional regulatory factor. In: Steinberg BM, Brandsma JL, Taichman LB (eds) Cancer Cells 5. Cold Spring Harbor Laboratory, pp 5-14
13. zur Hausen H (1986) Human genitcal cancer results from deficient cellular control of papillomavirus gene expression. Lancet II:489-491

Diskussion

MEYER ZUM BÜSCHENFELDE:
Wie steht es mit dem Integrationsort des Virus? Hat man dies schon einmal untersucht? Ich kann mir vorstellen, daß eine Integration in der Nähe des Glykokortikoid-Gens eine "gute" Grundlage für Induktion eines Tumors ist.

GISSMANN:
Das ist mir nur im Falle des Hepatitis B-Virus bekannt, nicht aber bei den Papillomaviren. Nach dem, was wir wissen, ist die Integration im menschlichen Genom unspezifisch, d.h., wenn man verschiedene Tumoren untersucht, findet man verschiedene Integrationsstellen. Das bedeutet aber nicht, daß es vielleicht 500 mögliche Integrationsorte gibt, die, wenn sie besetzt werden, zum Tumor führen können. Auf der anderen Seite findet man aber eine Spezifität der Integration im viralen Genom. Im Tumor findet man dann nur solche Moleküle, die an der spezifischen Stelle aufgegangen sind. Bei verschiedenen Papillomaviren konnte gezeigt werden, daß eine intramolekulare Regulation stattfindet. Von dem Genom werden nämlich Repressormoleküle codiert, die auf den eigenen Promotor rückwirken. Durch die Integration wird die Aktivität dieses Repressor-Gens unterbrochen, d.h. man kann sich gut vorstellen, daß ein Tumor deshalb ein Tumor ist, weil bestimmte virale Gene jetzt konstitutiv exprimiert werden.

GUDER:
Meine Frage richtet sich an beide Virologen des Vormittags: Ist es denkbar, daß ein Virusprodukt als Tumormarker diagnostisch verwendet werden kann, wenn es im Tumor produziert ist?

GISSMANN:
Man kann sich vorstellen, daß ein bestimmter Marker, ein virales Antigen, im Tumor vorhanden ist, das dann nachweisbar ist. Auf der anderen Seite ist es auch möglich, daß im Tumorpatienten Antikörper gegen bestimmte virale Antigene vorhanden und nachweisbar sind.
Das ist auch gerade der Punkt, der uns bei den Papillomaviren interessiert: Ist es möglich, auch hier entsprechende Marker zu finden? Wie am Beispiel des Nasopharynx Carcinoma gezeigt, haben hier Tumorpatienten erhöhte Antikörpertiter gegen bestimmte Antigene des Eppstein-Barr-Virus. Darüberhinaus sind diese Antikörper auch bereits bei Patienten vor dem Einsetzen der klinischen Symptome nachweisbar; d.h. dieser Nachweis kann zur Tumor-Frühdiagnose verwendet werden.

LIPP:
Die Expression der frühen viralen Antigene E6 und E7 scheint essentiell zu sein für die Bildung von Tumoren. Weiß man etwas Genaueres über die Funktion dieser Proteine, sind sie an der Replikation beteiligt, oder sind es Transaktivator-Proteine?

GISSMANN:
Man weiß von diesen Proteinen nicht, welche Rolle sie im normalen Replikationszyklus spielen. Man weiß nur, wenn man in situ-Hybridisierung an Warzen durchführt, daß diese Gene früh im Zyklus, d.h. ziemlich unten im differenzierten Epithel vor der Produktion der viralen Strukturproteine exprimiert werden.

LIPP:
Könnte es möglich sein, daß die viralen Gene nach der Integration noch zusätzlich verändert sind?

GISSMANN:
Interessanterweise sind sie das nicht. Und gerade das ist ein gutes Argument, daß die viralen Gene notwendig sind, um das Tu-

morwachstum aufrecht zu erhalten. Man weiß ja, daß sich praktisch jede Sublinie von HeLa in ihrem Chromosomensatz von den anderen unterscheidet. Die DNA von HPV 18, die in den HeLa-Zellen vorliegt, ist hingegen nicht von der originären HPV 18-DNA zu unterscheiden.

HEESEMANN:
Gibt es eigentlich einen Unterschied in der Methylierungsaktivität der Zellen? Denn die Methylierung der Basen hat ja einen Einfluß auf die Expression.

GISSMANN:
In der Tat findet man, daß die HeLa-Zellen weniger methyliert sind als die nichttumorigen Zellhybride.

MEYER ZUM BÜSCHENFELDE:
Sie haben von Monoklonalität gesprochen: Ist das etwas Spezifisches für die Papillomaviren? Denn normalerweise haben wir eine sehr große Heterogenität des Tumors. Wenn Sie z.B. in das Melanom-System gehen, haben wir im Primärtumor in 100% der Zellen, in einer Metastase aber vielleicht nur noch in 10% der Zellen die Expression eines bestimmten Antigens.

GISSMANN:
Nun, wenn man später in einer Metastase eine Heterogenität gegenüber dem Primärtumor sieht, schließt das natürlich seine ursprüngliche Monoklonalität nicht aus – wie Sie ja auch feststellen.
Auf jeden Fall ist es bei den virusassoziierten Tumoren in der Mehrzahl der Fälle so, daß die Tumoren monoklonal sind. Das bedeutet, daß viele Ereignisse dieselbe Zelle treffen müssen. Das Virus ist eine conditio sine qua non, aber für sich allein nicht ausreichend. Andere Ereignisse müssen auf dieselbe Zelle treffen, um z.B. auch zelluläre Kontrollmechanismen auszuschalten, die wahrscheinlich normalerweise die virale DNA in Schach halten; die verhindern, daß sie unkontrolliert exprimiert wird.

RECKMANN:
Zu Ihrem letzten Punkt möchte ich fragen: Gibt es schon nähere Erkenntnisse über die Komponenten oder Funktion dieses Kontrollsystems? Sind solche Systeme spezifisch für virusinduzierte Tumorentstehung oder hat das eventuell eine generelle Bedeutung für die Krebsentstehung?

GISSMANN:
Es ist durchaus möglich, daß dies für verschiedene Krebsformen Bedeutung hat, da sich in letzter Zeit die Berichte über sogenannte rezessive Onkogene häufen.
Zu den zuvor erwähnten Befunden: Staubridge und Mitarbeiter konnten zeigen, daß Fusionszellen aus HeLa und Normalzellen im Tierexperiment nicht tumorigen sind. Und diese Nicht-Tumorigenität ist assoziiert mit Chromosom 11. Wenn Chromosom 11 in die parentale HeLa-Zelle eingeführt wird, bekommt man nichttumorige Zellen. Wir haben gesehen, daß in solchen nichttumorigen Zellen die Papillomavirus-Expression supprimierbar ist. Nach der Hypothese von Herrn zur Hausen gibt es in nichttumorigen Zellen ein zelluläres Kontrollgen, das die Expression von Papillomavirus inhibiert. In tumorigen Zellen ist dieses Gen – z.B. aufgrund mutativer Ereignisse – inaktiv.

SCHMIDT:
Könnten Sie bitte etwas näher erklären, wie die "Antisense RNA" produziert wird?

GISSMANN:
Sie wissen, daß DNA doppelsträngig ist und daß jeder Strang der DNA eine Polarität in eine Richtung hat. Bei der Transskription wird nur einer der Stränge in RNA überschrieben, und die RNA hat damit auch wieder eine Polarität. Man kann jetzt mit gentechnologischen Methoden eine DNA herstellen, die den Promotor am anderen Ende als normal trägt. Dann wird eine RNA produziert, die eine genau umgekehrte Polarität hat. Man nimmt an, daß diese beiden verschiedenen RNA-Stränge zueinander komplementär sind. In der Zelle hybridisieren diese beiden Stränge, so daß das Doppelmolekül nicht mehr die Zelle verlassen und an die Ribosomen binden kann. Dies ist eine sehr elegante Methode, mit der man sehr spezifisch ganz bestimmte Gene inhibieren kann.

KOLB:
Wäre das Einführen eines induzierbaren Gens, das den anti sense-Effekt in vitro erzeugt, ein Prinzip, das man auch in vivo verfolgen könnte?

GISSMANN:
Das ist genau das, was wir langfristig versuchen wollen, nämlich solche Prinzipien auch in vivo anwendbar zu machen! Zuvor sind natürlich eine Menge von Problemen und Fragen zu lösen; z.B., wie stelle ich sicher, daß diese anti sense-produzierenden Informationen auch in jede Zelle kommt? Wie stelle ich sicher, daß sie dort stabil bleibt? Es gibt aber schon Möglichkeiten, mit denen man es vielleicht versuchen könnte, z.B. mit Hilfe viraler Vektoren.

DRIESEL:
Herr Gissmann, wie sehen Sie die Zukunftsperspektive hinsichtlich einer in vivo-Therapie mit viralen Vektoren. Sie müßten ja sicherstellen, daß die Viren in alle 1.000 bis 100.000 Tumorzellen einwandern, was ich nicht erwarten würde. Wie würden Sie sich weiterhin diese RNA-Hybridisierung vorstellen, könnte man sie induzieren, gibt es da irgendwelche Modellvorstellungen?

GISSMANN:
Ja, das ist natürlich noch alles Spekulation.

DRIESEL:
Dann spekulieren wir mal!

GISSMANN:
Man braucht natürlich in einem solchen Fall kein induzierbares System, denn diese anti sense-RNA sollte in einer normalen Zelle, die keine Virusinformation hat, unschädlich sein. Das heißt, man könnte ein Virus nehmen, das einen starken Promotor hat. Wird die DNA dann in die Zelle eingeschleust, kommt es sofort zur Transkription der anti sense-RNA, und diese würde dann verhindern, daß sense-RNA in großen Mengen produziert wird. Dadurch könnte es möglich sein, das Tumorwachstum zu verlangsamen.

Ein ähnliches System wäre natürlich auch mit den erwähnten Suppressor-Genen denkbar, die ja – so die Theorie – in Tumorzellen inaktiv sind. Wiedereinführung dieser Gene in aktiver Form sollte ebenfalls mit dem Tumorwachstum interferieren.

Sozial-ethische Probleme

Gentechnologie und Ethik

J. Reiter

Analyse des Problemfeldes

Gentechnologie und Reproduktionstechnologie sind zu Reizwörtern geworden. Sie stehen gleichzeitig synonym für die Hoffnung Kranker und für die Besorgnis einzelner oder der Gesellschaft; sie stehen sowohl für Nobelpreisträger als auch für rücksichtslosen Forschergeist und risikoreiche Anwendung. – Was ist eigentlich dran an diesen neuen Technologien, daß sie einerseits Hoffnung wecken und andererseits Ängste schüren?

Mit der Gentechnologie ist es zum ersten Mal in der Menschheitsgeschichte möglich geworden, das, was am ehesten als Grund für Individualität und Originalität betrachtet werden kann, die Gen-Ausstattung, zu manipulieren.

Mit der Reproduktionstechnologie (z.B. in-vitro-Fertilisation) wird dem Menschen jener Bereich zugänglich, der bisher weitgehend seiner Verfügbarkeit und direkten Planung entzogen war. Die Befruchtungsvorgänge der ersten Tage sind nunmehr nach kausal-mechanischen Gesichtspunkten zerlegt und damit auch der Manipulation von Drittpersonen ausgesetzt.

Die Tatsache, daß die beiden Technologien in der öffentlichen Diskussion miteinander in Verbindung gebracht und oft in eins gesehen werden, darf nicht dazu verleiten, beide Technologien als eine Methode verstehen zu wollen. Gentechnologie und Reproduktionstechnologie sind methodisch zwei völlig verschiedene Gebiete [1].

Die In-vitro-Fertilisation basiert auf der Methode der klassischen Zellbiologie, die Gentechnologie dagegen auf der Methode der Neukombination der Nukleinsäuren. Auf eine scharfe Abgrenzung beider Technologien legen vor allem die Gentechniker – also jene Wissenschaftler, die die Erbsubstanz von Viren, Pflanzen, Tieren und auch Menschen manipulieren – Wert, weil sie mit den Machenschaften der Fortpflanzungsmediziner nichts zu tun haben wollen. Wenn Gentechnik und Reproduktionstechnik auch methodisch sicherlich zwei verschiedene Gebiete sind, so gibt es trotz aller Verschiedenheit Zusammenhänge: Die Reproduktionstechnik ist als "Einstiegstechnik" notwendige Voraussetzung für Teilbereiche der Genmanipulation. Die extrakorporale Befruchtung ist die wichtigste Voraussetzung für die Gentherapie an Keimbahnzellen und für mögliches Klonen. Beides wiederum erfordert Experimente an Embryonen.

Zum Begriff Gentechnologie [2]

Die Gentechnologie beruht auf der Tatsache, daß die Erbsubstanz über die Artgrenzen hinweg (vom Bakterium über Pflanzen und Tiere bis zum Menschen) aus den gleichen Bausteinen - den Desoxyribonukleinsäuren (DNS, engl. DNA) - zusammengesetzt ist. Die Gentechnologie gibt dem Menschen nunmehr ein Verfahren an die Hand, die Gene - also die Träger der Erbsubstanzen - zu identifizieren, zu isolieren, auf andere Organismen zu übertragen und dort zum Arbeiten zu bringen. Unter Gentechnologie versteht man somit die Gesamtheit der Methoden zur Charakterisierung und Isolierung von genetischem Material, zur Bildung neuer Kombinationen genetischen Materials sowie zur Wiedereinführung und Vermehrung des neukombinierten Erbmaterials in anderer biologischer Umgebung.

Gentechnologie darf nicht in eins gesetzt werden mit Biotechnologie; die Gentechnologie ist nur eine Disziplin der Biotechnologie. Unter Biotechnologie versteht man die integrierte Anwendung des Wissens aus Biologie, Chemie und Verfahrenstechnik mit dem Ziel, Mikroorganismen, Pflanzen- oder Tierzellen sowie deren Bestandteile (z.B. Enzyme) bei technischen Verfahren und industriellen Produktionsprozessen einzusetzen [3].

Anwendungsgebiete der Gentechnologie

Anwendung der Gentechnologie in Natur und Umwelt [4]

Die Gentechnologie schickt sich inzwischen an, ein etablierter Faktor bei der Bewältigung der Natur- und Umweltproblematik zu werden. Genannt sei hier nur die Funktion von genetisch manipulierten Bakterien bei der Erschließung von Lagerstätten und in der Umweltverbesserung: Gentechnologische Verfahren werden angewandt, um Rohstoffe zu erschließen und zu verarbeiten, Lagerstätten von Erzen, Kohle und Erdöl besser auszunutzen, chemische Grundstoffe herzustellen und auch neuartige Rohstoffquellen, wie landwirtschaftliche Abfälle und nachwachsende Biomassen, wirtschaftlich nutzbar zu machen. So können beispielsweise mittels gentechnologisch manipulierter Bakterien aus geringwertigen Erzen oder aus bisher wirtschaftlich nicht ausbeutbaren Lagerstätten etwa Kupfer, Uran und Zink gewonnen werden. Diese bakterielle Erzlaugung wird z.B. in den US-Staaten Utah und New Mexico bereits in großem Umfang angewandt. Mit dieser Methode sind auch wertvolle Metalle oder solche, die eine Umweltgefährdung darstellen, wie Quecksilber und Kobalt, aus Abraumhalden und Klärschlämmen zurückzugewinnen. Weitere umweltrelevante Anwendungen zeichnen sich ab in der Entwicklung von Mikroorganismen, die Mineralöl metabolisieren und so zur Beseitigung von Ölteppichen auf den Meeren eingesetzt werden können. In Arbeit ist derzeit auch die Entwicklung von Bakterien, die DDT abbauen sollen. DDT (Dichlordiphenyltrichlormethylmethan bzw. Dichlor-Diphenyl-Trichloräthan), bekanntlich ein äußerst wirksames Insektizid, dessen Anwendung zu einer starken Erhöhung der Ernteerträge führte, ist aus dem Verkehr gezogen worden, weil es biologisch nur extrem langsam abbaubar ist und sich in höheren Organismen stark anzuhäufen begann.

Gentechnologische Optimierung von Pflanzen [5]

Die grüne bzw. Pflanzen-Gentechnologie zielt auf die Herstellung von Pflanzen, die in irgendeiner Form interessantere Eigenschaften haben als die Ausgangspflanzen. Unter der traditionellen Pflanzenzüchtung versteht man das Kreuzen ausgewählter Elternpflanzen, das Prüfen der Kreuzungsnachkommenschaften sowie die Auslese der erblich Besten und ihre Vermehrung im Zuchtgarten zu immer besseren Sorten. Die praktische Pflanzenzüchtung hat also zum Ziel, aus einer vorhandenen oder geschaffenen Variabilität jene Genotypen zu selektieren, die unter bestimmten Gesichtspunkten (z.B. Ernährung, Rohstoff, Umwelt) wünschenswert sind.

Die Gentechnologie eröffnet nun die Möglichkeit, einzelne erwünschte Gene direkt in eine vorhandene, bewährte Hochleistungssorte einzubauen. Die bisherige züchterische Mühsal der Auslese entfällt. Die mütterliche Empfängersorte bleibt mit all ihren bekannten guten Eigenschaften ungeteilt erhalten, und es können bei ihr auf gentechnologischem Weg zusätzlich einzelne gravierende Fehler beseitigt oder einzelne besonders erwünschte Merkmale hinzugefügt werden. Die Gentechnologie bringt somit in erster Linie in bezug auf ein bestimmtes Ziel eine hohe Zeitersparnis mit sich.

Im Hinblick auf die Pflanzen haben sich die Gentechnologen eine Reihe von Zielen gesetzt:

- Am weitesten fortgeschritten ist die Arbeit an der Konstruktion und Produktion von Pflanzen, die gegen Schädlingsbekämpfungsmittel bzw. Pflanzenschutzmittel (Pestizide bzw. Herbizide) resistent sind. Das Aufbringen dieser Mittel wird dadurch vereinfacht, daß die eigentliche Kulturpflanze ungeschädigt bleibt und somit einen höheren Ertrag bringt. Hier werden in den nächsten fünf bis zehn Jahren praktische Resultate zu erwarten sein. Allerdings gibt es unterschiedliche Meinungen darüber, ob die Menge an Chemikalien gegen Pilze und Schadinsekten zurückgehen oder ansteigen wird, wenn die Kulturpflanzen genetisch gegen sie resistent gemacht werden.
- Ein weiteres Projekt zielt auf die Konstruktion von Pflanzen, die von vornherein schädlings- und krankheitsresistent sind (z.B. gegen Krankheiten, die durch Viren, Bakterien oder Pilze ausgelöst werden).
  Dieses Projekt könnte innerhalb der nächsten zehn Jahre zu praktischen Resultaten führen.
- Im Prinzip wird es möglich sein, Pflanzen zu züchten, die in der Lage sind, auf Böden zu wachsen, welche normalerweise für die Pflanzenproduktion nicht geeignet sind, wie z.B. versalzte oder zu trockene Böden.
- Man denkt auch an genetische Eingriffe in Pflanzen mit dem Ziel der Proteinverbesserung. Eines der wichtigsten Vorhaben ist hierbei die Anreicherung der Maispflanze mit dem Gen für die Aminosäure Lysin, speziell im Speicherprotein der Maiskörner. Weil der herkömmliche Mais zu wenig der für den Menschen essentiellen Aminosäure Lysin enthält, könnte auf diesem Weg Mangelerscheinungen begegnet werden, wie sie z.B. in Mittel-

und Südamerika aufgrund der dort vorherrschenden einseitigen Ernährung auftreten. Dieser Bereich, die Verbesserung von Speicherproteinen bei Nutzpflanzen, hat inzwischen eine sehr große Nähe zur praktischen Nutzung erreicht.

- Der wohl ehrgeizigste Plan im Bereich der grünen Gentechnologie besteht in der Konstruktion von Pflanzen, die in der Lage sind, den Stickstoff aus der Luft selbst zu fixieren. Sie wären somit von der teuren Stickstoffdüngung unabhängig. Da es sich hierbei jedoch um ein höchst kompliziertes Gebiet handelt, wird sich die Forschung noch einige Jahre mit diesem Projekt zu beschäftigen haben. Einige Forscher meinen sogar, daß dieses Projekt wohl immer Theorie bleiben wird.

Gentechnologie in der Tierzucht [6]

Seit Jahrtausenden werden Tiere auf die Belange des Menschen hin optimiert. Für einen Züchter ist es jedoch mühsam und zeitraubend, eine gewünschte Eigenschaft in eine Rasse einzukreuzen, und immer noch werden seine Bemühungen wegen der dominanten oder rezessiven Erbmerkmale vom Zufall bestimmt. Durch neue Methoden wie Embryotransfer, künstliche Befruchtung und auch genetische Manipulation ist es nun seit einigen Jahren möglich geworden, die Züchtung schneller und zielgerichteter anzulegen. Die künstliche Besamung ist in der Großtierhaltung bereits zur Alltagspraxis geworden. Ein weiterer Schritt ist die Übertragung gewünschter Eigenschaften in ein sog. "Austragetier". So kann beispielsweise eine Kuh im Laufe ihres Lebens normalerweise ca. 10 bis 15 Kälber austragen. Sie produziert aber etwa 200 reife Eizellen, welche nach und nach befruchtet, aus dem Uterus des Spendertieres ausgespült und anderen Kühen eingepflanzt werden können. Die "Hochleistungskuh" kann somit 200 Kälber produzieren, ohne jemals selbst ein Kalb geboren zu haben.

Eine andere, bei Tieren bereits entwickelte Technik ist das Klonieren. Hierbei unterscheidet man zwei Arten: 1. die Reproduktion durch Übertragung von Körperzellkernen in entkernte Eizellen; nach dieser Methode hat bereits in den sechziger Jahren der britische Biologe John Gurdon kloniert; 2. die Vermehrung von Keimlingen durch ihre Teilung vor der Axialdifferenzierung, in der Regel im Acht-Zell-Stadium; solche Zellteilungsexperimente sind bei Rindern bereits mit Erfolg durchgeführt worden.

Darüber hinaus wird in der Tierzucht auch die Chimärenbildung praktiziert. Hierbei werden während der ersten Zellteilungen omnipotente Zellen aus zwei oder mehr genetisch unterschiedlichen Embryonen zu einem Zellverband vereinigt. Das bekannteste Beispiel dafür ist die "Schafziege", die vor 4 Jahren geboren wurde.

Bei den bisher genannten Reproduktionstechniken handelt es sich um zellbiologische Verfahren. Das Erbgut von Tieren läßt sich aber auch auf Gen- oder DNA-Ebene verändern. Das bekannteste Beispiel ist der Transfer eines Wachstumshormon-Gens. Das isolierte Gen für dieses Hormon wurde im Reagenzglas mit dem Regler des Metallothionein-Gens fusioniert. Dieses Gen wird in der Leber aktiviert, wenn die Schwermetall-Konzentration zu groß wird.

Nehmen nun Mäuse (an ihnen wurde dieses Experiment zuerst durchgeführt), die dieses Fremdgen besitzen, mit der Nahrung Zink-Ionen zu sich, so produzieren sie einen Überschuß an Hormonen und werden fast doppelt so groß wie ihre Geschwister ohne Fremdgen.

Mit diesem bahnbrechenden Experiment wurde zugleich eine neue Entwicklung in der Tierzucht eingeleitet, das sog. "biofarming". Durch die Gabe von Wachstumshormon kann beispielsweise die Milchproduktion einer Kuh um 30% erhöht werden. Durch gentechnische Methoden kann nun das Gen für die Produktion des Hormons in die Chromosomen der Keimzellen integriert werden, so daß die Tiere dann selbst den Hormonüberschuß produzieren.

Gentechnologie in der Pharmazie [7]

Die Möglichkeit, menschliche Gene in Bakterien einzuschleusen und dort menschliche Proteine produzieren zu lassen, wurde von der pharmazeutischen Industrie aufgegriffen. Menschliche Proteine wie Insulin, Interferon, Wachstumshormon, Antikörper und verschiedene Vakzine (Impfstoffe) werden für Diagnose und Therapie in großer Menge und Reinheit gebraucht. Durch gentechnologische Verfahren wird man den Bedarf an diesen Stoffen decken können. Auch die sog. Blutprodukte werden gentechnisch hergestellt, so z.B. das Serumalbumin, das während der Operation und zur Behandlung von Schockzuständen, Verbrennungen und Verletzungen eingesetzt wird. Auch der Blutgerinnungsfaktor VIII, der bisher aus menschlichem Spenderblut gewonnen wurde und daher zuweilen mit Krankheitserregern verunreinigt war (Hepatitis- oder AIDS-Viren), kann auf gentechnologische Art in höchster Reinheit hergestellt werden.

Eine weitere Substanz, die im Zusammenhang mit der Krebstherapie interessant sein könnte, ist der sog. Tumor-Nekrose-Faktor (TNF). Dieses Protein fand man zuerst im Blutplasma von Mäusen, denen man bestimmte von Bakterien erzeugte Gifte, sog. Endotoxine, gespritzt hatte. TNF fand man aber auch in verschwindend geringen Mengen im menschlichen Blut. In ersten Experimenten zeigte sich, daß TNF-haltiges Blutserum von Mäusen im Tierversuch bestimmte Tumore abzutöten vermag. Seit 1985 steht nun ein Bakterium zur Verfügung, das in der Lage ist, TNF in großer Menge zu produzieren. Allerdings stehen der Übertragung des Tierversuches auf den Menschen noch große Schwierigkeiten entgegen.

Anwendung der Gentechnologie am Menschen [8]

Die beiden wichtigsten und am häufigsten diskutierten Anwendungsgebiete der Gentechnologie im Humanbereich sind die Genomanalyse und die Gentherapie.

Genomanalyse

Die Genomanalyse dient der Feststellung genetisch bedingter Eigenschaften. Mit diesem Verfahren wird insbesondere nach Erbanlagen für Krankheiten und nach genetisch bedingten Empfindlichkeiten gegenüber Umwelteinflüssen (z.B. gegen Schadstoffe, Arznei- und Nahrungsmittel) gesucht.

Die herkömmliche Diagnostik wurde auf der Phänotyp-Ebene (äußere oder innere körperliche Abweichungen werden ohne körperlichen Eingriff, z.B. durch Ultraschall, diagnostiziert); auf Chromosomenebene (Veränderungen an der Struktur einzelner Chromosome und auch Chromosomenbrüche werden lichtmikroskopisch festgestellt) sowie Genprodukt-Ebene (diagnostiziert werden Anomalien, die un- oder mittelbar durch Genprodukte hervorgerufen werden, z.B. veränderter Enzymspiegel oder erhöhte Glukose-Konzentration) durchgeführt.

Mit Hilfe der Gentechnik wird nun eine weitere Ebene erschlossen, nämlich die Diagnose auf DNA-Ebene. Hierbei wird mittels einer sog. Gensonde (einem Stück radioaktiv markierter DNA) das defekte Gen ausfindig gemacht. Der Vorteil dieser direkten Genanalyse besteht vor allem darin, daß bereits die Ursachen und nicht erst die Wirkungen der Krankheit erkennbar sind. Dies ermöglicht prophylaktische Maßnahmen vor dem Auftreten pathologischer Erscheinungen. Näherhin findet die Genomanalyse in den im folgenden skizzierten Bereichen Anwendung.

Pränatale Diagnostik. Pränatale Diagnostik ist eine Maßnahme der genetischen Beratung und mit dieser im Zusammenhang zu sehen.

Die genetische Beratung versteht sich als eine ärztliche Hilfe für ratsuchende Paare im Blick auf künftige, noch nicht gezeugte Kinder. In der Beratung wird geprüft, ob die Gefahr, daß diese Kinder mit einer Behinderung geboren werden, über dem Durchschnitt liegt.

Im Unterschied zur Risikobestimmung vor der Schwangerschaft durch die genetische Beratung will die pränatale Diagnostik bei bereits bestehender Schwangerschaft feststellen, ob ein ungeborenes Kind mit der befürchteten Krankheit oder Behinderung behaftet ist. Dazu gibt es bisher verschiedene Analyseverfahren, z.B. die Ultraschall- und die Chromosomenuntersuchung. Seit neuestem steht nun die direkte DNA-Diagnose zur Verfügung. Mit Hilfe dieser gentechnischen Untersuchungsmethode werden die Möglichkeiten der pränatalen Diagnostik hinsichtlich der Anzahl der diagnostizierbaren Krankheiten und der Genauigkeit der Diagnose erheblich ausgeweitet.

Neugeborenenscreening. In der Regel werden alle Neugeborenen im Hinblick auf bestimmte Gen-Variationen, die zu Stoffwechseldefekten bzw. Entwicklungsstörungen führen, untersucht. Bisher wurden die Untersuchungen auf der Genprodukt- und Phänotyp-Ebene durchgeführt. Künftig werden auch in diesem Bereich gentechnische Screeningverfahren eingesetzt. Durch sie kann wiederum die Zahl der untersuchten Merkmale ausgeweitet werden.

Pharmakogenetik. Bereits in den fünfziger Jahren wurde erkannt, daß verschiedene Menschen aus genetischen Gründen unterschiedlich auf Pharmaka, Diagnostika und Narkosemittel reagieren. Diese genetisch bedingten Wechselwirkungen zwischen Arzneimitteln und Organismen untersucht die Pharmakogenetik. Ist bei einem Menschen eine solche Konstellation bekannt oder anzunehmen, wird man vor der Verabreichung eines Medikamentes eine Genanalyse durchführen, um potentiellen Schaden auszuschließen.

Ökogenetik. Die Ökogenetik ist die Lehre von den genetisch bedingten Unterschieden in der Reaktion auf zugeführte Fremdstoffe. Hier wird die Genanalyse also dazu eingesetzt, genetisch bedingte Reaktionen auf Umweltfaktoren – einschließlich Nahrungsmittel – zu erkennen und zu prognostizieren. Die meisten genetischen Tests werden bislang nur in der Forschung eingesetzt, da ihre Zuverlässigkeit problematisch und ihr Aussagewert umstritten ist. Die wissenschaftliche Entwicklung auf diesem Gebiet verläuft jedoch rasant. Diskutiert und vereinzelt – etwa in den USA – auch schon angewandt wird die Ökogenetik im Arbeitsleben. Hier lassen sich für die Anwendung genetischer Analyse insbesondere folgende Einsatzbereiche erkennen:

- genetische Analysen für zukünftige Krankheiten;
- genetische Analysen von Anfälligkeiten gegenüber äußeren Einflüssen am Arbeitsplatz, wie z.B. gegen Schadstoffeinwirkungen;
- Untersuchung genetischer Schäden, die durch Schadstoffeinwirkung ausgelöst werden.

Die Genomanalyse kann wiederum auf der Phänotyp-Ebene, der Genprodukt- und der Gen-Ebene durchgeführt werden. Auf der Genprodukt-Ebene werden manche Genanalysen schon seit vielen Jahren durchgeführt. Der Vorteil der direkten Analyse des Gens auf der DNA-Ebene liegt u.a. darin, daß damit auch Gene analysierbar sind, die kein Genprodukt bilden, und daß die Analyse mit wenig Material aus jeder Zellart des Körpers möglich ist.

Die Besonderheit der genetischen Analyse liegt in ihrem prognostischen Charakter. Man kann, wie oben schon angedeutet, zukünftige Krankheiten, die in den Genen eines Menschen angelegt sind, voraussagen, bevor sie sich klinisch ausprägen, und man kann genetisch bedingte Unverträglichkeiten gegenüber bestimmten Umweltfaktoren, etwa Arbeitsstoffen, feststellen.

Gentherapie. [9] Mit Hilfe der Gentechnik wird es künftig möglich sein, solchen – insbesondere erbkranken – Menschen zu helfen, die bisher als unheilbar galten. Genetische Defekte beim Menschen lassen sich in drei Gruppen zusammenfassen: chromosomale Defekte, multifaktorielle Defekte und monogene Defekte. Derzeit können – aus technischen Gründen – lediglich monogene Defekte, also solche, bei denen ein einziges Gen betroffen ist, einer Therapie zugeführt werden. Auf solchen monogenen Defekten beruhen beispielsweise die Hämoglobinopathien, bei denen das Protein, das für den Sauerstofftransport im Blut verantwortlich ist, gestört ist. Eine bekannte Krankheit dieser Gruppe ist die Sichelzellanämie, die insbesondere in den Mittelmeerländern häufig auftritt und mit heftigen Schmerzen und Störungen der Immunabwehr verbunden ist.

Eine Gentherapie könnte hier etwa wie folgt verlaufen: Man entnimmt Stammzellen aus dem Knochenmark, vermehrt sie in Zellkulturen und infiziert sie mit einem Virus, welches völlig harmlos ist, aber die Fähigkeit zur Synthese des richtigen Hämoglobins enthält und dieses den Stammzellen quasi zur Verfügung stellt. Nach weiterer Kultur dieser Stammzellen werden diese in das

Knochenmark zurückverpflanzt und beginnen nun richtiges, funktionstüchtiges Hämoglobin und damit intakte rote Blutkörperchen zu bilden.

Eine große Schwierigkeit besteht jedoch darin, den zurückgepflanzten Stammzellen gegenüber den vielen noch im Knochenmark vorhandenen defekten Zellen einen Wachstumsvorteil zu verschaffen. Außerdem muß festgestellt werden, daß die Sichelzellanämie einen Sonderfall darstellt, insofern hier die Behandlung relativ einfach ist. Andere Erbkrankheiten treten bei Zelltypen oder in Organen in Erscheinung, wo eine Entnahme und Rückverpflanzung nicht so einfach möglich ist wie bei den Stammzellen.

Bei der beschriebenen Therapie handelt es sich um eine somatische Gentherapie, weil hierbei bestimmte Körperzellen, näherhin die Knochenmarkzellen, behandelt werden. Ebensowenig wie die Behandlung eines Menschen mit einem Antibiotikum zu einem Infektionsschutz der Nachkommen führt, führt die somatische Gentherapie zu vererbbaren Änderungen. Anders dagegen verhält es sich mit der Keimbahntherapie: Hier wird die genetische Veränderung auf die Nachkommenschaft übertragen.

Die ethische Herausforderung [10]

Wie alles menschliche Handeln unterliegen auch die gentechnischen Handlungen der moralischen Prüfung. Die ethische Überprüfung kann sich dabei nicht nur auf die einzelnen Anwendungsgebiete der Gentechnologie beschränken, sondern muß – wegen der mit ihr heraufgeführten enormen Steigerung menschlicher Verfügungsgewalt – nach der generellen moralischen Vertretbarkeit der Gentechnologie fragen. Aus dieser gesteigerten Verfügungsgewalt folgt eine gesteigerte Verantwortung. Die Steigerung der Verantwortung beruht nach Hans Jonas auf drei Eigenschaften moderner Technik, die der Gentechnik in besonderem Maße innewohnen: Auf der Ambivalenz der Wirkungen, der Zwangsläufigkeit der Anwendung und dem globalen Ausmaß in Raum und Zeit [11].

Ambivalenz der Wirkungen. Das in der Ethik seit jeher anerkannte Prinzip "abusus non tollit usum", welches besagt, daß ein möglicher Mißbrauch einer Methode nicht den rechten Gebrauch in rechter Gesinnung verbietet, scheint im Hinblick auf die moderne Großtechnologie nicht mehr zu greifen. Dieses Axiom setzt voraus, daß man zwischen gutem und schlechtem Gebrauch ein und derselben Fähigkeit eindeutig unterscheiden kann. Spätestens seit der Umweltkrise wissen wir aber, daß die beabsichtigten guten Wirkungen einer Handlung langfristig ins Gegenteil umschlagen können. So brachte beispielsweise der Einsatz hochgezüchteter Getreidesorten zwar kurzfristig einen erhöhten Ertrag, langfristig führten aber die intensive Düngung und der verstärkte Einsatz von Herbiziden zu einer Auslaugung und Vergiftung des Bodens. Aufgrund dieses Umschlageffektes, der die Handlungsziele bedroht, ist es wohl nicht zu verantworten, solche Handlungen zu setzen, deren Folgen definitiv feststehen und nicht mehr korrigierbar sind.

Zwangsläufigkeit der Anwendung. Zwar ist der Besitz einer Fähigkeit nicht gleichbedeutend mit ihrer Anwendung, aber die Erfahrung hat gezeigt, daß den Möglichkeiten und Fähigkeiten ein Gefälle zur Anwendung innewohnt. "Ist diese oder jene neue Möglichkeit erst einmal... eröffnet und durch Tun im kleinen entwickelt worden", so schreibt Hans Jonas, "so hat sie es an sich, ihre Anwendung im großen und immer größeren zu erzwingen und diese Anwendung zu einem dauernden Lebensbedürfnis zu machen" [12]. Helmut Thielicke sieht dies ähnlich, wenn er schreibt: "So wie die menschliche Natur nun einmal ist, kann kaum angenommen werden, daß der forschende Mensch sich hier ein Halt zurufen lassen wird. Er wird stets ein nächstes Ziel vor Augen sehen, das anzustreben nicht nur verlockend, sondern auch sinnvoll zu sein scheint" [13].

Bei der Gentechnologie gilt es darüber hinaus noch zu bedenken, daß bei ihr Forschung und Anwendung nahe beieinander liegen, und oft nicht eindeutig zu unterscheiden sind. Gentechnologie ist nicht nur Forschung, sondern – darauf deutet schon der Begriff hin – Technologie und somit eo ipso Anwendung.

Globale Ausmaße in Raum und Zeit. Wiederum ist es die Erfahrung, die zeigt, daß moderne Technik auf Großgebrauch angelegt ist. "Jede Anwendung einer technischen Fähigkeit durch die Gesellschaft..." – so Jonas – "neigt dazu, ins Große zu wachsen...Mit dem, was wir hier und jetzt tun, und meist mit Blick auf uns selbst, beeinflussen wir massiv das Leben von Millionen andernorts und künftig, die hierbei keine Stimme hatten" [14]. Somit wird auch die menschliche Verantwortung durch den Machtzuwachs – und dies ist ein Novum – kosmisch.

Grundsätzliche ethische Bewertung der Gentechnologie

Die oben formulierten aktuellen Herausforderungen verlangen zunächst eine allgemeine, grundsätzliche Bewertung der Gentechnologie. Eine solche ist eng verbunden mit der Frage nach der Erlaubtheit menschlicher Eingriffe in die Natur überhaupt. Darf der Mensch so weitgehend in die Natur eingreifen, wie ihm dies durch die Gentechnik ermöglicht wird, indem er Gene neu kombiniert, ja neue Lebewesen konstruiert? Darf der Mensch Handlungen wahrnehmen, deren Folgen nur schwer oder gar nicht aufzuhalten bzw. zu korrigieren sind? Unter den Naturwissenschaftlern selbst gibt es eine Reihe – zum Beispiel den Biochemiker Robert L. Sinsheimer und seinen Kollegen und Nobelpreisträger George Wald – die einen solchen Eingriff in die Natur ablehnen. Dabei verfechten sie ein Konzept, wie es ähnlich auch die griechischen Philosophen Platon und Aristoteles sowie die Stoiker kannten, wonach die Natur "Lehrmeisterin und Norm" ist. Aufgabe des Menschen sei es, die Weisheit der Natur zu erforschen, sich ihrer Harmonie einzuordnen und ihr in seinem Handeln zu entsprechen [15]. Auch weisen einige Forscher im Anschluß an Albert Schweitzer auf die Verletzbarkeit der Natur durch technische Eingriffe hin, die nicht ungestraft bleiben könnten. Andere Forscher, zum Beispiel der Physiologe Bernard D. Davis, rechtfertigen das Eingreifen in die Natur aus dem Naturverständnis der Neuzeit heraus, wonach die Natur nicht mehr als "Lehrmeisterin und Norm", sondern als "Grundstoff und Möglichkeitsfeld für veränderndes Handeln" verstanden wird. Forschung und Experiment dienen dazu, die Natur dem Menschen verfügbar zu machen [16]. Die Frage nach verändernden Eingriffen in die Natur wird man heute nicht nur aus naturwissenschaftlichen, sondern auch aus theologischen Gründen bejahen können [17]. Neben dem recht verstandenen biblischen Schöpfungsauftrag "Macht euch die Erde untertan" (Gen 1,28), der neben dem Bebauen auch ein Bewahren enthält, ist ein weiterer Grund der, daß sich menschliches Eingreifen oft als lebensnotwendig erwiesen hat. Denn die Natur ist ja auch eine "gefallene", in der nicht nur Gottes Weisheit, sondern auch das Böse am Werk ist, und zwar vor allem durch die sich in der Natur entladenden negativen Kräfte, durch Zerstörerisches und durch Katastrophen. Von dieser Sichtweise her scheint der Eingriff in die Natur legitimiert, vor allem dann, wenn er auf Minderung des Zerstörerischen abzielt und aus treuhänderischer "Heger-Verantwortung" des Menschen heraus geschieht. Im Verlauf der Geschichte hat der Mensch immer wieder in die Natur eingegriffen und eingreifen müssen. Die Urbarmachung der Erde, jeder ärztliche Eingriff, ja jede Form von Kultur ist ein Eingreifen in die Natur. Der Mensch muß um seiner selbst willen über die Natur verfügen und sie doch als Schöpfung Gottes zugleich in ihrem Selbstsein achten. Aus der Achtung erwächst die Pflicht zur Hege und Pflege; aus der Verfügung erwächst das Recht, nach eigenen Vorstellungen in die Natur einzugreifen und sie zu gestalten. Wie diese Berechtigung des Eingreifens (Bebauen) mit der Heger-Verantwortung (Bewahren) im Hinblick auf die konkrete Situation zu vereinbaren ist, darüber haben die Akteure im Bereich der Gentechnologie nachzudenken – das ist ihre ethische Pflicht. Bebauen beinhaltet: die Vorräte der Natur dem Menschen erschließen. Dazu gehören die Erhöhung und Verbesserung der Erträge aus Ackerbau und Viehzucht angesichts des rapiden Anwachsens der Menschheit, dazu gehören ferner Schädlingsbekämpfung und Bekämpfung von Krankheiten. Bewahren beinhaltet: die Natur weitgehend zu schonen, sie nicht rücksichtslos auszubeuten; es heißt auch, unbeabsichtigte negative Folgen der Eingriffe in die Natur zu korrigieren, der Umweltverschmutzung, Umweltzerstörung, dem Sterben der Arten zu wehren [18].

Zur Frage steht also weniger das "Ob", sondern mehr das "Wie" des Eingriffs in die Natur, näherhin die Zielsetzung und die Mittel. Hierbei fällt ein besonderes Gewicht auf die Abschätzung der möglichen Folgen für die Gegenwart und die Zukunft der Natur und der Menschheit. Die möglichen Folgen dürfen das Leben der Menschen weder zerstören noch gefährden noch in seiner Qualität mindern. Die Festlegung dessen, was menschliches Leben ausmacht, was ihm dienlich und förderlich ist, steht nicht (allein) in der Kompetenz der Naturwissenschaften; hier haben auch die Humanwissenschaften und insbesondere die Theologie einen unverzichtbaren Beitrag zu leisten.

Eine Orientierung an der biblischen Botschaft und am christlichen Menschenbild sowie an der Menschenwürde läßt folgende Perspektiven erkennen [19]: Als geistbegabtes Wesen darf und soll der Mensch seine Umwelt im Rahmen des Steuer- und Kontrollierbaren gestalten und auch verändern. Er soll schöpferisch sein, aber nie vergessen: Der Schöpfer ist er nicht. Allein die Tatsache, daß zwischen gentechnologischer Forschung und Anwendung – also zwischen Erkenntnisgewinnung und Anwendung dieser Erkenntnisse –

keine scharfe Grenze gezogen werden kann, scheint kein hinreichendes Argument für ein Verbot der Gentechnologie zu sein. Das Erkenntis-Argument wiegt hier stärker, denn das Streben nach Wissen und Erkenntnis ist dem Menschen wesensmäßig immanent.

Auch die obengenannten Möglichkeiten der Neuschöpfung der Natur wie auch mögliche negative Folgen der Gentechnologie sind als solche noch keine hinreichenden Argumente für ein Verbot. Die genannten Sachverhalte sind ernst zu nehmen, aber es handelt sich dabei zunächst um abstrakte Gefahren. Diese stellen in ihrer Abstraktheit als reine Möglichkeiten noch keinen Angriff auf die Menschenwürde dar. Freilich liegt es im öffentlichen Interesse, auch abstrakte Gefahren und mögliche Mißbräuche auszuschalten. Den Gefahren kann durch Risikoabsicherung und durch technische Auflagen entgegengewirkt werden; möglichen Mißbräuchen kann begegnet werden durch intensive öffentliche Diskussion über Mittel und Möglichkeiten der Gentechnologie sowie über die kulturellen und sittlichen Normen, gemäß denen wir den Technikgebrauch steuern und beherrschen. Abstrakte Gefahren rechtfertigen kein absolut präventives Verbot. Freiheit und Fortschritt beinhalten immer auch das Risiko.

Der Mensch darf also gentechnologische Forschung betreiben und gentechnologisch Neues schaffen. Allerdings würde es dem christlichen Menschenbild widersprechen und die Menschenwürde treffen, wenn es durch die Gentechnologie aufgrund konkreter Gefahren einerseits zu nicht mehr steuer- und kontrollierbaren Folgen und andererseits zu einer vollendeten Wirklichkeit kommen würde. Gentechnologische Eingriffe sollten daher auch Wege der Korrektur und Umkehr offenlassen. Die theologische Perspektive, insbesondere der eschatologische Aspekt, läßt erkennen, daß der Mensch die ihm gebotenen Möglichkeiten zwar nutzen, aber unmöglich selbst die Vollendung der Welt heraufführen kann. Die Zukunft ist ihm unverfügbar.

Ethische Bewertung der einzelnen Anwendungsbereiche

Natur und Umwelt

Die Möglichkeit, durch Mikroorganismen Erze, Klärschlämme oder Öl abzubauen, durch sog. Eisminusbakterien Pflanzen vor Frost zu schützen – um nur einige Beispiele zu nennen –, ist verlockend. Doch wird hier ein Problem evident, das in der bisherigen Darstellung noch nicht beachtet wurde: das Problem der Freisetzung.

Um beispielsweise Pflanzen gegen Herbizide oder Frost resistent zu machen oder um Ölteppiche auf dem Meer auffressen zu lassen, müssen Bakterien oder Viren absichtlich freigesetzt werden, wobei sie zuvor so manipuliert werden müssen, daß sie erstens in der rauhen Umwelt überleben und zweitens ihre Arbeit verrichten können. Diese Mikroorganismen sind also nicht – wie bei Laboratorien – biologisch abgeschwächt und physikalisch abgeschottet.

Was aber geschieht, wenn man "Künstliches" in die freie Natur entläßt? Die Risiken der Freisetzung genetisch manipulierter Organismen sind noch nicht genügend erforscht. Denkbar wäre, daß sich solche neuen Lebewesen von ihrem vom Menschen geplanten Auftrag emanzipieren können und ihre eigene Umwelt- und Mutationslaufbahn einschlagen.

Eine Freisetzung ist ethisch nur zu rechtfertigen, wenn ihr gründlichste Sicherheitsuntersuchungen vorausgegangen sind. Die Eintrittswahrscheinlichkeit muß angesichts des Schadenpotentials bestmöglich minimiert werden. Dabei muß jegliches Risiko, daß es zu Nebenwirkungen oder Beeinträchtigungen anderer Organismen kommt, mit an Sicherheit grenzender Wahrscheinlichkeit ausgeschlossen sein.

Pflanzenzüchtung

Pflanzen werden durch Züchtung über Jahrtausende hinweg optimiert. Dabei wird das Eingreifen des Menschen in den Evolutionsprozeß als unproblematisch angesehen.

Die gentechnische Optimierung von Pflanzen stellt gegenüber der traditionellen Methode nichts grundlegend Neues dar. Das Einbringen neuer Gene und die Zellfusion machen die Pflanzenzüchtung zielgerichteter und bringen sie schneller voran. Man hofft so vor allem, die Probleme im Ernährungsbereich, die in immer stärkerem Maß, insbesondere in den Ländern der Dritten Welt, auf uns zukommen, wenigstens teilweise in den Griff zu bekommen. Zwar mag der Hunger in der Welt kurzfristig ein Verteilungsproblem sein, langfristig gesehen ist er aber nur durch effiziente Landwirtschaft zu lösen.

Dennoch empfiehlt sich gerade beim Einsatz der Gentechnologie in der Landwirtschaft ein behutsames und vorausschauendes Vorgehen. Nicht zu Unrecht weisen Kritiker darauf hin, daß pestizid-resistente Pflanzen und ertragreiche Sorten wohl weniger oder gar nicht in den Entwicklungsländern zum Einsatz kommen, nicht zuletzt wegen des Mangels an Know-how einer wissenschaftlich fundierten Landwirtschaft, sondern überwiegend in den hochindustriellen Ländern. Die hier ohnehin schon bestehenden Probleme der Überproduktion und der Verarmung der Kleinbauern würden dadurch noch verstärkt.

Des weiteren wird darauf hingewiesen, daß es durch gentechnologische Neukombinationen von Pflanzen nicht zu einer Verminderung der Artenvielfalt (genetische Erosion) oder gar zu einem Verlust der Arten kommen dürfe, weil die Artenvielfalt eine Voraussetzung für die Regeneration und Fortentwicklung unserer Biotope sei.

Tierzüchtung

Seitdem der Mensch seßhaft wurde, hat er durch Auswahl und Züchtung auf die artspezifischen Eigenschaften der Tiere Einfluß genommen. Haustiere sind aber auch immer Gefährten des Menschen gewesen. Als lebende und fühlende Wesen sind sie Mitgeschöpfe.

Deshalb werden Tierschutz und Liebe zu den Tieren als moralische Gebote empfunden. Weil wir den Tieren gegenüber eine Sorgfaltspflicht haben, dürfen diese nicht zu bloßen Produktionsstätten degradiert und ausschließlich unter dem Gesichtspunkt des Nutzens für den Menschen konstruiert werden. Ebenso darf es kein bedenkenloses Herumexperimentieren mit Tieren geben, etwa in der Form der Züchtung lebensunfähiger Rassen. Die Erzeugung von Mischwesen würde sich verbieten, wenn die so erzeugten Tiere in ihrem Wohlbefinden eingeschränkt und Schmerzen empfinden würden.

Pharmazie

Beim Einsatz der Gentechnologie im pharmazeutischen Bereich ist insbesondere die therapeutische Perspektive von Interesse. Die Gentechnik hat die Möglichkeit eröffnet, Stoffe herzustellen, die für die menschliche Therapie essentiell sein werden und die auf anderem Weg nicht oder nur sehr teuer herzustellen sind. So wird man beispielsweise gegen die gentechnische Produktion von Humaninsulin oder Interferon kaum etwas einwenden können. Diese körpereigenen Medikamente sind hochwirksam, der menschliche Organismus kann sie optimal verarbeiten, und sie hinterlassen kaum oder gar keine Nebenwirkungen.

Freilich ist die Gefahr vorhanden, daß man sich bei optimalem Vorhandensein solcher Pharmaka damit zufrieden gibt, die Symptome zu kurieren, und nicht mehr ernsthaft nach den Ursachen forscht. Daß viele krankmachende Faktoren unserer Zivilisation anzulasten sind, könnte durch das Vorhandensein und den Einsatz gentechnisch hergestellter optimierter Präparate noch mehr verschleiert werden. So ist es beispielsweise nur wenigen Zeitgenossen bewußt, daß die ständige Zunahme von Diabetes ein Produkt der Ernährung unserer Wohlstandsgesellschaft ist und durch Umstellung der Ernährungsgewohnheiten weitgehend beherrschbar wird.

Pränatale Diagnostik

Der pränatalen Diagnostik – auch auf DNA-Ebene – kann vom ethischen Standpunkt aus nur bedingt zugestimmt werden. Folgende Erwägungen sind dafür maßgebend:

Die pränatale Diagnostik ist als Methode ethisch neutral: sie partizipiert aber im Einzelfall an der sittlichen Legitimität bzw. Illegitimität des Zieles, zu dessen Erreichung sie eingesetzt wird. Ihre faktische Ambivalenz wird dadurch offenkundig, daß sie nicht nur angewandt wird, um zu helfen, sondern auch, um zu töten. Vom ethischen Standpunkt aus *ist die pränatale Diagnostik zu bejahen*, wenn sie dazu dient und unter der alleinigen Zielsetzung durchgeführt wird,

- grundlos besorgte Eltern zu beruhigen;
- Risikopatientinnen, die früher bis zur Geburt ihres Kindes in Angst leben mußten, zu entlasten;
- Eltern auf die schwierige Aufgabe vorzubereiten, daß sie ein krankes oder behindertes Kind erhalten;
- eine Therapie zu entwickeln bzw. weiterzuentwickeln.

Vom gleichen ethischen Standpunkt aus *ist die pränatale Diagnostik abzulehnen*, wenn sie mit dem Ziel der Abtreibung des geschädigten Feten durchgeführt wird. In der Realität ist der Schwangerschaftsabbruch fast von selbst Bestandteil der pränatalen Diagnostik. So zielt die pränatale Diagnostik oft auf die Entscheidung über

Leben oder Tod des erwarteten Kindes ab. Schwangerschaftsabbruch kann aber nicht die normale und automatische Lösung eines genetischen Problems sein. Genetische Schädigung eines Kindes rechtfertigt niemals dessen Tötung! Auch da, wo diese Überzeugung vielleicht nicht geteilt wird, besteht Übereinstimmung, daß man nach der Geburt ein Kind nicht töten darf, weil es krank ist. Warum sollte man es vor der Geburt im 6. Monat töten dürfen? Der Lebensschutz ist so unbedingt und umfassend, daß er keine durch "Qualitätsminderung" bedingte Abstufung zuläßt.

Neugeborenenscreening

Insofern Neugeborenenscreening zur Früherkennung von Krankheiten, die durch vorbeugende Behandlung abgewehrt werden können, durchgeführt wird, ist es zu begrüßen. Das Screening ist risikolos, greift nur geringfügig in die körperliche Integrität ein und dient dem Schutz des Getesteten, der noch nicht in der Lage ist, seine Interessen selbst wahrzunehmen.

Tests nach unbehandelbaren Krankheiten können auf Risiken für weitere Kinder in der Familie aufmerksam machen, die Eltern also bei der Familienplanung unterstützen. Für den Getesteten selbst sind sie jedoch ohne Nutzen. Im Gegenteil, dem untersuchten Kind wird die Chance genommen, bis zum Ausbruch der Krankheit in unbefangener Umgebung zu leben. Deshalb sollten hier die eventuellen Interessen der Eltern hinter die des Kindes zurücktreten und auf Neugeborenenscreening nach unbehandelbaren Krankheiten verzichtet werden.

Pharmakogenetik

Da durch die Pharmakogenetik der Medizin ein zusätzliches Rüstzeug zur Vermeidung von Diagnose- und Therapiezwischenfällen gegeben ist, ist ihre weitere Entwicklung und ihr Einsatz zu fördern.

Ökogenetik

Die Ökogenetik ist sowohl mit Chancen als auch mit Risiken verbunden. Beide gründen in dem prognostischen Charakter der Analysen. Informationen über Erbanlagen können dem Arbeiter bei seiner Lebensplanung hilfreich sein (Berufswahl, individuelle Gesundheitsvorsorge). Sie können weiterhin dazu dienen, ihn vor dem Risiko einer Berufskrankheit zu bewahren. Die gleichen Informationen können aber auch gegen den Arbeiter verwendet werden, etwa zur Auswahl bei Einstellung und Entlassung. Genetische Analyse kann zu einer Verzerrung der Arbeitsschutzpolitik führen: Anstatt die objektiven Gefahren des Arbeitsplatzes zu verringern, können besonders anfällige Arbeitnehmer von gefährlichen Arbeitsplätzen ferngehalten werden.

Es sollte daher verhindert werden, daß Bewerber bei der Einstellung genetisch "ausgeforscht" werden. Der Arbeitnehmer ist Person und nicht Sache, die beliebig begutachtet werden kann. Informationen über Erbanlagen, die Auskunft geben über das künftige Krankheitsschicksal betreffen den Kernbereich der Persönlichkeit. Daher darf es weder direkten noch indirekten Zwang geben, solche Informationen preiszugeben, noch sie zu erzeugen. Grundsätzlich sollte jeder Arbeitnehmer selbst entscheiden können, ob er eher das Arbeitsplatzrisiko oder das Gesundheitsrisiko eingehen will.

Um die genetische Ausforschung von Arbeitnehmern bei der Einstellung auszuschließen, bedarf es einer gesetzlichen Regelung, die das legitime Fragerecht des Arbeitgebers begrenzt. Dabei sollten 1. die genetische Erhebung von Anlagen für zukünftige Krankheiten ausgeschlossen werden; 2. nur solche Tests erlaubt werden, die Auskunft geben über die individuelle Anfälligkeit gegenüber Arbeitsstoffen an dem jeweils konkreten Arbeitsplatz.

Eine rechtliche Regelung der genetischen Analyse sollte sich nicht nur auf die Einstellungsuntersuchung beschränken, sondern auch die Nachsorgeuntersuchung (während des Arbeitsverhältnisses) umfassen. Genetische Tests spielen bei der Nachsorgeuntersuchung (gesundheitliche Überwachung) derzeit noch keine Rolle. Dies ist jedoch nur eine Frage der Zeit und dürfte wohl auf die mangelnde technische Reife der Tests zurückzuführen sein.

Die gesundheitliche Überwachung der Arbeitnehmer (mit den herkömmlichen Methoden) gehört zur Routine ärztlicher Leistungen im Betrieb. Sie dient zum einen dem Arbeitnehmer, ihn vor Gefahren des Arbeitsplatzes zu schützen, zum anderen dient sie dem Arbeitgeber, seine Personalplanung zu rationalisieren. In der Regel kommen diese Untersuchungen dem Arbeitnehmer selbst zugute. Jedoch sollten die einzelnen Tests, die bisher allein im Ermessen des Betriebsarztes standen, und insbesondere die Konsequenzen, die aus den Testbefunden gezogen werden dürfen, allgemein verbindlich geregelt werden.

Bei einer Regelung der gesundheitlichen Überwachung von Arbeitnehmern sollte grundsätzlich beachtet werden:

1. Beschäftigungsverbote sollten nur bei erheblichem Risiko ausgesprochen werden. Nicht jedes Risiko, eine Berufskrankheit zu bekommen, rechfertigt eine Zwangsprävention.
2. Es dürfen nur Tests mit präventivmedizinischer Relevanz durchgeführt werden; es dürfen also keine Daten erzeugt werden, die an sich überflüssig sind.
3. Genetische Tests an besonders anfälligen Arbeitnehmern und gegebenenfalls ihr Ausschluß vom Arbeitsplatz sind, wenn überhaupt, nur dann zulässig, wenn eine Verbesserung der objektiven Arbeitsbedingungen, die auch für den betroffenen Arbeitnehmer ausreichend wäre, unvertretbar oder unmöglich ist.

Die Ausweitung der genetischen Analyse ermöglicht es, bei arbeitsstoffbedingten Schädigungen von Arbeitnehmern nachzuweisen, daß individuelle genetische Anfälligkeiten ein mitverursachender Faktor gewesen sind. Diese Feststellung darf nicht gegen Arbeitnehmer geltend gemacht werden, etwa in der Form, daß Sozialversicherungsansprüche ausgeschlossen werden.

Die durch eine genetische Analyse gewonnenen Daten bedürfen zum Schutz der Persönlichkeit besonderer Sicherung:

- Der untersuchende Arzt hat den Arbeitnehmer in angemessener Form auf dessen Wunsch über Befund und Prognose zu unterrichten.

- Der Arbeitgeber erhält eine allgemein gehaltene Eignungsmitteilung.
- Der Arzt unterliegt gegenüber dem Arbeitgeber sowie dritten Personen und Stellen – mit Ausnahme gesetzlicher Meldepflichten – der strikten ärztlichen Schweigepflicht hinsichtlich Befund und Prognose. Eine – freiwillige – Entbindung von der Schweigepflicht setzt voraus, daß dem Betroffenen die mitzuteilenden Analyseergebnisse und Prognosen bekannt sind.
- Es ist zu verhindern, daß wiederholte Genanalysen zu umfassender genetischer Kennzeichnung (Genkartierung) des Einzelnen führen.
- Unterbleibt die Einstellung, sind die Mitteilungen des Arztes an den Arbeitgeber sowie die Unterlagen des Betriebsarztes zu vernichten. Gleiches sollte im Falle der Beendigung des Arbeitsverhältnisses gelten.
- Kommt es nach einer genanalytischen Untersuchung zur Begründung des Arbeitsverhältnisses, so bedürfen die vom Betriebsarzt erhobenen genetischen Prognosen einer besonderen Sicherung und Kontrolle, insbesondere durch Regelungen über die Beschränkung des Datenzugriffs und der Datennutzung. Ob überhaupt ein berechtigtes Interesse an einer automatischen Verarbeitung der betriebsärztlichen Daten besteht, bedarf der Prüfung.

Somatische Gentherapie [20]

Somatische Gentherapie ist eine spezielle Form der Substitutionstherapie: Die fehlende Körperfunktion wird durch Übertragung von genetischer Information in Form von klonierter DNA wiederhergestellt.

Die somatische Gentherapie ist eine ethisch vertretbare Therapieform, insofern sie ausschließlich auf die Heilung von genetisch bedingten Schäden abzielt, auf das zu behandelnde Individuum begrenzt ist und die für jeden Therapieversuch geltenden Regeln einhält. Bei letzterem ist insbesondere darauf zu achten, daß eine klare medizinische Indikationsstellung, ein Forschungs- und Therapieplan und die informierte Zustimmung des Patienten bzw. seiner gesetzlichen Vertreter vorliegen. Darüber hinaus muß in Zellkulturen und Tierversuchen gezeigt worden sein, daß das neue Gen stabil in die gewünschte Zielzelle eingebaut werden kann, daß es dort korrekt exprimiert wird und weder die Zelle noch den Organismus schädigt.

Da bei der somatischen Gentherapie der Übergang zum Mißbrauch im Sinne einer Züchtung fließend ist, sollte ein Indikationskatalog für die durch somatische Gentherapie zu behandelnden Erbleiden aufgestellt werden.

Keimbahntherapie

Für die ethische Bewertung der Keimbahntherapie werden sowohl kategorische als auch pragmatische Argumente herangezogen. Kategorische Argumente betreffen die Natur des Eingriffes selbst; sie gelten in jedem Fall und können nicht durch eine Abwägung von Vor- und Nachteilen außer Kraft gesetzt werden. Pragmatische Argumente hingegen stützen sich gerade auf eine solche Abwägung.

Kategorische Argumente gegen die Keimbahntherapie. Ausgangspunkt der Bewertung ist die Tatsache, daß die Menschlichkeit eines jeden von uns auf natürlichem Werden beruht, nicht auf technischem Herstellen und auch nicht auf einem sozialen Akt der Anerkennung. Die Würde des Menschen gründet wesentlich im Geborensein und in der Naturwüchsigkeit seines Ursprungs, die er mit anderen Menschen teilt.

Der Mensch tritt als gezeugtes und geborenes Mitglied in die Gesellschaft ein. Er ist nur in einem sehr vordergründigen Sinn "gemacht". Auf keinen Fall aber können die Eltern die Art der Kombination ihrer Gene in den Erbanlagen des Kindes irgendwie steuern. Der Mensch verdankt seine körperlichen und geistigen Anlagen eben nicht dem Plan oder der Willkür anderer Menschen; insofern ist er "Produkt des Zufalls".

Die Tatsache, daß der Mensch nicht der Entwurf und das geplante Experiment seiner Eltern ist, sondern das "Produkt des Zufalls" der Natur, sichert die Unabhängigkeit der Menschen voneinander, ihren individuellen Eigenwert. "Sicher sind die Möglichkeiten unseres Körpers entscheidend durch die Behandlung mitbestimmt, die unsere Eltern uns vom ersten Tag unseres Lebens an zukommen ließen – ja schon durch die Behandlung des Körpers der Mutter während der Schwangerschaft. Aber auch noch die Zusammenstellung unseres genetischen Programms von der Willkür anderer Personen abhängig zu machen, ist mit dem Wesen der freien Person unvereinbar" [21]. Kinder sollten nicht als die Produkte ihrer Eltern und deren Ärzte existieren. Jeder muß die Möglichkeit haben, sich selbst, sein eigenes Wesen als Ausdruck eines dem Menschen entzogenen Schicksals begreifen zu können, religiös gesprochen: als von Gott geschaffen, und nicht als der Entwurf, das mehr oder weniger geglückte Experiment anderer Menschen. Jede zukünftige Generation muß biologisch selbst an der gegebenen Natur des Menschen ansetzen können und nicht an den Resultaten der Manipulation ihrer Vorfahren.

Ein kategorisches Urteil gegen den Versuch, Menschen buchstäblich zu konstruieren, also auch ihr genetisches Programm nach Willkür zusammenzustellen, schließt Keimbahntherapie und Menschenzüchtung als Ziel und Verfahren eindeutig aus. Es enthält eine ebenso klare Absage an Vorschläge, Menschen zu klonieren, also willkürlich genetisch identische Mehrlinge zu erzeugen.

Prgamatische Argumente gegen die Keimbahntherapie. Außer den kategorischen Argumenten sprechen gegen die Keimbahntherapie insbesondere folgende pragmatische Argumente: unvertretbare Risiken (a), verbrauchende Experimente mit menschlichen Embryonen (b) und Mißbrauch der Technik (c).

a) Die Keimbahntherapie befindet sich erst im experimentellen Anfangsstadium. Ihre Auswirkungen werden möglicherweise erst an nachfolgenden Generationen kontrollierbar sein.

b) Eine effektive Entwicklung der Keimbahntherapie setzt – bislang jedenfalls – einen experimentellen Verbrauch von Embryonen voraus. Zum einen müßten Embryonen eigens zu dem Zweck, anschließend im medizinischen Experiment zerstört zu werden, produziert werden. Zum anderen müßten solche Experimente, um die Wirksamkeit der Therapieversuche kontrollieren zu können, über viele Wochen in vitro (im Labor) kultiviert werden. Damit würde menschliches Leben bloßes Mittel zum Zweck, ohne eigenen Wert. Eine solche Weise des Umgehens mit menschlichem Leben muß in jedem Fall ausgeschlossen sein. Sie kann auch nicht durch sogenannte höhere Zwecke der Entwicklung unseres medizinischen Wissens gerechtfertigt werden.

c) Mit der Einführung der Keimbahntherapie ist dem Mißbrauch der Menschenzüchtung Vorschub geleistet. Zwar würde jede Einführung von Keimbahntherapie sicher bei klaren Krankheitsbildern, über deren Bewertung in der Gesellschaft Einigkeit besteht, beginnen. Aber sie würde nicht notwendig darauf beschränkt bleiben, zumal der Übergang von der Therapie zur Verbesserung oder Züchtung fließend ist. Schon beim Krankheitsbegriff gibt es eine Grauzone. Bei Eigenschaften wie geringer Körpergröße, niedrigem Intelligenzquotienten, Neigung zu Depressionen oder Zornesausbrüchen usw. ist undeutlich, wann sie Besonderheiten des Individuums im Rahmen normaler menschlicher Bandbreite und wann sie krankhaft sind.

Die vorgelegten Argumente dürften deutlich gemacht haben, daß jeglicher Therapieversuch an der menschlichen Keimbahn abzulehnen ist.

Ausblick

Die Gentechnologie gibt dem Menschen ein hohes Machtpotential an die Hand. Eine solche Macht muß notwendigerweise mit hoher Verantwortung verbunden sein. Verantwortung tragen wir dabei nicht nur für Handlungen, die wir ausführen – also für die Nutzung der Gentechnologie in den genannten Anwendungsbereichen –, Verantwortung tragen wir auch für dasjenige, was wir unterlassen, also nicht tun, obwohl wir es aufgrund des Standes der Technik hätten tun können. Die Gentechnologie eröffnet dem Menschen Chancen und Hoffnungen. Damit diese aber nicht von Enttäuschungen überschattet werden, müssen auch ihre Risiken für Gegenwart und Zukunft mit Sorgfalt analysiert und offengelegt werden. Diesen Risiken durch verantwortliches Handeln entgegenzuwirken, dazu ist der Mensch aufgerufen.

Literatur

1. Zur Reproduktionstechnologie vgl. etwa nur den Art. Fortpflanzungsmedizin. In: Ruh U, Seeber D, Walter R (Hrsg)(1986) Handwörterbuch religiöser Gegenwartsfragen. Freiburg-Basel-Wien, S 108-114
2. Aus der kaum noch zu überschauenden Literatur vgl. vor allem: Geissler W, Scheler W (1981) Genetic Engineering und der Mensch, Berlin; Falk S, (1984) Die Geschichte der Molekulargenetik im Spannungsfeld zwischen reiner und angewandter Forschung, Berlin-Frankfurt/M; Sippel AE, Nordheim A (Hrsg) (1985) Erbsubstanz DNA: Vom genetischen Code zur Gentechnologie, Heidelberg; Gassen HG u.a. (Hrsg) (1985) Gentechnik. Einführung in Prin-

zipien und Methode, Stuttgart; Reiter J, Theile U (Hrsg) (1985) Genetik und Moral. Beiträge zu einer Ethik des Ungeborenen, Mainz; Gassen HG, Martin A, Sachse G (1986) Der Stoff aus dem die Gene sind, München
3. Vgl. Gottschalk G u.a. (1986) Biotechnologie, Köln
4. Vgl. Gassen HG, Martin A, Sachse G, a.a.O., S 103-105; Gottschalk G u.a., a.a.O., S 171-178; Catenhusen HM, Neumeister H (1987) Chancen und Risiken der Gentechnologie, München, S 40-56
5. Vgl. Gassen HG, Martin A, Sachse G, a.a.O., S 75-78; Catenhusen HM, Neumeister H, a.a.O., S 57-83
6. Vgl. Gassen HG, Martin A, Sachse G, a.a.O., S 79-82; Catenhusen HM, Neumeister H, a.a.O., S 84-99
7. Vgl. Catenhusen HM, Neumeister H, a.a.O., S 116-139
8. Vgl. Gassen HG, Martin A, Sachse G, a.a.O., S 83-94; Catenhusen HM, Neumeister H, a.a.O., S 140-193
9. Vgl. Reiter J (1985) Gentherapie und Ethik. In: Stimmen der Zeit 203: 579-591
10. Vgl. Reiter J, Theile U (Hrsg) a.a.O.; Flöhl R (Hrsg) (1985) Genforschung - Fluch oder Segen? München; Böckle F (1985) Wo die Gentechnologie ihre Grenzen finden muß. In: Gentechnologie und Verantwortung (Berichte und Mitteilungen der Max-Planck-Gesellschaft 3/85), München, S 65-77; Gründel J (1986) Möglichkeiten der Gentechnologie und der Fortpflanzungstechnik und ihre theologisch-ethische Bewertung. In: Politische Studien 37:66-84; Honecker M (1986) Verantwortung für die Zukunft. Die Ethik im Dialog der Wissenschaften. In: Ev. Kommentare 19:506-509; Hübner J (1986) Die neue Verantwortung für das Leben, München; Eibach U (1986) Gentechnik - Der Griff nach dem Leben, Wuppertal; Altner G (1986) Art. Bioethik. In: Handwörterbuch religiöser Gegenwartsfragen, Ruh U, Seeber D, Walter R (Hrsg), Freiburg-Basel-Wien, S 66-69
11. Vgl. Jonas H (1985) Technik, Ethik und Biogenetische Kunst. In: Flöhl R (Hrsg) Genforschung - Fluch oder Segen?, München, S 3-15
12. Jonas H, a.a.O., S 2
13. Thielicke H (1986) Theologische Ethik, Zweiter Band, 1. Teil, Stuttgart, S 274
14. Jonas H, a.a.O., S 3
15. Vgl. Eibach U (1980) Grenzen und Ziele der Gentechnologie aus theologisch-ethischer Sicht. In: Klingmüller W (Hrsg) Genforschung im Widerstreit, Stuttgart, S 124
16. Vgl. ebd., S 125
17. Vgl. Auer A (1984) Umweltethik, Düsseldorf
18. Vgl. Schnübbe O (Hrsg) (1987) Embryotransfer und Gentechnologie, Hannover, S 9
19. Ausführlich vgl. Reiter J (1986) Die Probe aufs Humanum. Menschenwürde als Prinzip der Gentechnologie. In: Stimmen der Zeit 204:435-453
20. Zur Gentherapie somatischer - und Keimbahnzellen vgl. ausführlich Reiter J (1985) Gentherapie und Ethik. In: Stimmen der Zeit 203:579-591
21. Siep L (1985) Gesteuerte Evolution? Philosophische Probleme der Gentechnologie. In: Steger U (Hrsg) Die Herstellung der Natur. Chancen und Risken der Gentechnologie, Bonn, S 121-134: hier S 131

Zusammenfassung

W.G. Guder, A.J. Driesel und H. Lang

GUDER:
Da Herr Lang gestern aus Versehen von einer Sendung (statt Sitzung) sprach, schlagen wir vor, die Zusammenfassung in Form einer Art Talkshow zwischen der Arbeitsgemeinschaft für Gen-Diagnostik und der Gesellschaft für Klinische Chemie abzuhalten.

Dieses Merck-Symposium, das uns bis an die Grenzen unseres Fachgebietes geführt hat, von der Humangenetik über die Tumorforschung bis in die Virologie, hat für uns klinische Chemiker ungeheuer viel Neues gebracht. Wir haben einerseits Dinge gehört, die wir teilweise – das gestehe ich ehrlich – zuletzt im Studium gehört haben, und das ist je nach Alter der Kollegen zwischen 10 und 40 Jahren her. Andererseits haben uns die Vorträge bis an die Grenze der Aufnahmefähigkeit mit Neuem in Begriff und Sache gefordert. Als Herr Driesel, Herr Lang und ich die Tagung planten, habe ich mich sehr gefreut, daß wir ein so ausgewogenes Programm zusammenstellen konnten. Nachdem die Tagung jetzt abgeschlossen ist, habe ich doch ein bißchen ein schlechtes Gewissen, ob nicht die Klinische Chemie, was den Alltag des Krankenhausbetriebs betrifft, etwas zuwenig beitragen konnte. Ich habe auch das Gefühl, daß es noch zu früh ist, um etwas von dem, das wir gehört haben, morgen in die Praxis zu übernehmen. Wir sehen das Gebiet der Gendiagnostik in einer rasanten Entwicklung, es ist methodisch noch aufwendig, es scheint noch nicht geeignet, bestehende Methoden in großen Analysenserien zu ersetzen (z.B. für das PKU-Screening). Besonders positive Impulse sehe ich dagegen für die pathobiochemische Forschung, das haben die Vorträge der Herren Wagener, Assmann, Kolb und Deufel gezeigt. Es scheint, daß wir mit Hilfe der neuen Techniken Pathomechanismen auf der Gen-Ebene aufdecken können. Besonders beeindruckt war ich persönlich von den Vorstellungen, die Herr Lipp entwickelt hat: Die Tumorgenese als Wachstumsstimulation unter Ausnutzung eines physiologischen Mechanismus zu sehen, wird sicherlich in das Gedankengut der Pathobiochemiker unter uns einfließen und vielleicht später einmal Auswirkungen auf die Diagnostik haben.

DRIESEL:
Herr Guder, ich kann ihre Ausführungen völlig dahingehend unterstreichen, daß die Vorbereitungszeit zusammen mit Herrn Lang und mit Ihnen für dieses Symposium sehr fruchtbar war. Dieses Symposium hat gezeigt, daß neben einer Fülle von Detailinformationen auch der persönliche Gedankenaustausch untereinander nicht zu kurz gekommen ist.

Bei der Gründung der Arbeitsgemeinschaft für Gen-Diagnostik war es ein Hauptanliegen, neben dem fachlichen jährlichen Austausch die interdisziplinäre Diskussion zu suchen und auch herzustellen. In diesen 1 1/2 Tagen ist uns dies hier in Mainz gut gelungen und ich glaube, wir alle haben letztendlich durch die vielen Diskussionsbeiträge dazugelernt. Unsere Arbeitsgemeinschaft, die als Mitglieder auch Juristen, Ethiker, Theologen und Soziologen aufweist, bietet jährlich solche Treffen an, die 1 1/2tägig laufen.

Nun zum Ablauf des Symposiums und zu ihrer Frage "Was kann der klinische Chemiker heute schon mit diesen Methoden tun?" Ich glaube, es ist sehr klar geworden, daß sich überall dort, wo wir analytisch bereits im Gen sind oder in seiner nächsten Nähe, schwerwiegende und/oder häufige monogene Erbkrankheiten auf dem direkten oder indirekten Weg – über Kopplungsanalysen, mit DNA-Polymorphismen – nachweisen lassen. Herr Grimm hat sehr schön aufgezeigt, daß hier aber nicht nur molekularbiologische-biochemische Methoden notwendig sind, sondern die Daten nachher auch entsprechend ausgewertet werden müssen. Hinzu kommt auch der wichtige Punkt einer genetischen Beratung. So sollten, wie wir meinen, solche "Gendiagnosen" nur durchgeführt werden nach vorhergehender Beratung. Gerade nach dem Vortrag von Herrn Grimm wurden auch hier ethische Seiten andiskutiert, z.B. die Frage: "Soll man die *Huntington'sche* Erkrankung überhaupt diagnostizieren? Soll man eine Pränatal-Diagnose eventuelle für die *Huntington'sche* Erkrankung – um bei diesem Beispiel zu bleiben – anbieten?" Bekanntlich wird erst eine phänotypische Ausprägung in der 4. bis 5. Lebensdekade stattfinden. Persönlich lehne ich für diese Erbkrankheit eine Pränatal-Diagnose ab; eine präsymptomatische Diagnose wäre viel problemloser, wenn wir bereits das dieser Krankheit zugrundeliegende Gen isoliert hätten. Dann wäre es nämlich nicht notwendig, ganze Familien (oder Sippen) zu analysieren, sondern nur die ratsuchende Person. Diese Problematik setzt sich natürlich fort und sie geht dann auch in die Diagnose von Viren, von Krebs usw. hinein. Wir können in den meisten Fällen noch keine Kausaltherapie anbieten.

Allein schon an diesen wenigen Punkten mögen Sie erkennen, daß – wie ich meine – diese Fragen nur interdisziplinär zu beantworten sind. Wir sind als Molekularbiologen, Serologen, Immunologen, Biologen, Biochemiker, Chemiker, Mediziner alle mit der Entwicklung neuer Methoden beschäftigt. Dazu hat einer der Teilnehmer gefragt: Brauchen wir eigentlich soviele Methoden, um mehr über unser Genom, über uns oder über unsere Risiken, die wir alle tragen, herauszubekommen? Müssen wir uns mit immer mehr methodischem Wissen belasten? Auch über diese Fragen sollte man intensiv nachdenken und interfakultativ darüber diskutieren.

Dann ist auch die juristische Problematik noch zu klären: "Sind DNA-Sonden patentierbar?" Ich meine in Deutschland "Nein". Der amerikanische Wissenschaftler Woo hat 1 1/2 Jahre die PKU-Sonde zurückgehalten, um sie zu patentieren. Mit dieser DNA-Sonde hätte man in entsprechenden Familien Diagnosen durchführen können, auf einer validen Grundlage. Hier stellt sich die Frage an den Wissenschaftler, kann er es verantworten, solche für die Allgemeinheit wertvollen DNA-Sonden zurückzuhalten, um vielleicht noch den Vorsprung einer zweiten Publikation zu haben?

GUDER:
Ich glaube hier ergibt sich ein Anknüpfungspunkt. Wir sind jetzt dabei, den leider ausgefallenen Vortrag von Herrn Reiter zu disku-

tieren. Auch wir sind täglich konfrontiert mit einem Überangebot an Methodik, dessen Anwendung am Patienten gefiltert werden muß durch Aussagen über die Qualität der Untersuchung. Wieviel falsch positive und falsch negative Ergebnisse gibt es allein schon aus Gründen der analytischen Unpräzision. Macht die diagnostische Aussagekraft, wie die diagnostische Spezifität und Empfindlichkeit, den Test eher geeignet zum Ausschluß einer Erkrankung oder zum Nachweis einer Erkrankung? Hier sah auch ich in den Vorträgen von Herrn Olek und Herrn Grimm Ansatzpunkte, wo uns die gleichen Probleme berühren. Herr Grimm hat eindrucksvoll belegt, daß die Methodik orientiert sein muß an der Fragestellung. Die Krankheit diktiert hier fast die Methodik. Er hat klargemacht, daß die Anwendung einer Gensonde ohne Kenntnis der klinischen Diagnose und ohne Kenntnis des Stammbaums zu keinem interpretierbaren Ergebnis führt. Das sind Anregungen, die auch uns sehr bewegen, weil wir immer häufiger konfrontiert werden mit wahllosen Anforderungen an ein allzu leicht offeriertes Angebot. Wie wir es heute früh am Beispiel der Virusinfektion hörten, ordnet man alle Komplementbindungs-Reaktionen an, die machbar sind und ist am Schluß mit 4 positiven und 6 negativen Ergebnissen genauso dumm wie vorher. Hier brauchen wir eine gemeinsame Strategie, welche die ethischen, wirtschaftlichen und methodischen Aspekte berücksichtigt. So glaube ich mich z.B. zu erinnern, daß in einer Expertenkommission diskutiert wurde, im Fall der Chorea *Huntington* die Anwendung der Genanalyse eindeutig abzulehnen, wenn nicht die pränatale Indikation gegeben ist.

DRIESEL:
Nein, Herr Guder, das ist so nicht der Fall. Ich glaube, daß ich nun einen kurzen Exkurs in die Sache unternehmen sollte: Das Problem der indirekten DNA-Analyse über Kopplungsanalyse setzt voraus, daß eine große Anzahl von Familienmitgliedern bereit sein muß, hier mitzutun. Ist das nicht der Fall, was sehr oft in diesen Familien vorkommt, können wir dem Ratsuchenden keine Auskunft geben, und das solange nicht, wie wir nicht das Gen oder den zugrundeliegenden Defekt kennen. Wären wir in der Lage, eine direkte DNA-Analyse bei der *Huntington'schen* Erkrankung anzubieten, würden Familienuntersuchungen nicht mehr notwendig sein. Bei anderen monogenen Erbkrankheiten, z.B. bei den Hämoglobinopathien, sind wir schon seit einigen Jahren soweit; da werden auch Einzeldiagnosen durchgeführt. In Mittelmeer-Anrainerländern kommt die Erbkrankheit der Beta-Thalässemie sehr häufig vor, in einigen Ballungszentren in Italien (Ferrera) kommt z.B. jedes 400. Neugeborene homozygot mit dieser autosomal rezessiven Erbkrankheit zur Welt. Hier stellt sich natürlich die Frage nach einem Screening, wie es in einigen Ländern auf biochemischem Weg vor der Eheschließung von Braut und Bräutigam vorgelegt werden muß. Sollte es hier zu rechtlichen, gesetzlichen oder auch versicherungstechnischen Stigmatisierungen dieser Betroffenen kommen, sind wir natürlich schon wieder auf einer anderen Schiene angelangt. Auch das Screenen von Arbeitnehmern, die gewissen Noxen und toxischen Stoffen ausgesetzt sind, auf genetische Verträglichkeit, spielt hier hinein.

Zu all diesen Problematiken müssen wir uns äußern, denn die Methoden, die wir heute entwickeln, hier die Apparate und alles, was der Validität der molekularbiologischen Diagnostik und der Qualitätskontrolle zugute kommt, läßt sich letztendlich auch dafür einsetzen. Dies wirkt natürlich in den pränataldiagnostischen Bereich hinein und es entsteht dann die gesellschaftliche Frage "Darf das Kind leben oder nicht?" Auf die Erbkrankheiten bezogen meine ich, daß diese molekularbiologischen Methoden erstmals klare Antworten auf Fragen Ratsuchender geben können, in deren Familien bereits ein krankes Kind mit einer schwer wiegenden Erbkrankheit geboren wurde. Nehmen wir an, bei einem rezessiven Erbleiden würde das Wiederholungsrisiko um etwa 25% liegen, dann würde in den meisten Fällen die Ratsuchende, der man keine klare Antwort über das Risiko geben kann, zur Interruption greifen. Das bedeutet also im Klartext, daß rund 75% gesunder bzw. gesunder aber das Defektgen tragender Kinder getötet würden. Bei autosomal dominanten Erbkrankheiten oder eben die Knabengeburten betreffenden X-chromosomalen Erbkrankheiten sind es 50% gesunder Nachkommen, die man durch eine valide DNA-Sonden-Diagnostik retten kann.

Darüber hinaus wäre es auch sehr wünschenswert, wenn Weiterbildungskurse angeboten würden, um z.B. die Diagnose für die Cystische Fibrose zu erlernen. Man hatte mich gebeten, auf EG-Ebene solche Ausbildungsmodelle zu entwickeln, doch hier mangelt es derzeit an entsprechendem Geld. Ferner wäre es wichtig, Qualitätskontrollen für die DNA-Sonde, mit welcher nachher diese molekularbiologische Diagnostik durchgeführt wird, und auch für die Auswertung der Autoradiogramme anzubieten. In einem anderen Lande ist es in einigen klinischen Bereichen schon vorgekommen, daß man die in der Zellkultur gewachsenen Bakterien mit der rekombinanten DNA radioaktiv markierte, damit Pränatal-Diagnosen durchführte und die "Ergebnisse" interpretierte.

LANG:
Ich möchte noch zwei Gedanken in die Diskussion bringen: Die englische Gesellschaft für Klinische Chemie hat eine Rundfrage gemacht in ihren Labors über Ethik in der Klinischen Chemie. Dabei ist gefragt worden: "Was tun Sie als klinischer Chemiker, wenn man von Ihnen die Durchführung einer Pränatalanalyse verlangt, mit der Sie aus ethischen Gründen nicht einverstanden sind?" Das ist eine so verkürzte Frageweise, daß niemand darauf eine Empfehlung für den klinischen Chemiker aufbauen kann. Meine Bitte an die Arbeitsgemeinschaft für Gen-Diagnostik ist die, daß sie die statistischen, sozialen und ethischen Fragen für uns einmal systematisieren. Daß wir sie einmal im Zusammenhang diskutieren können und nicht immer als Anhängsel an eine Sachfrage. Ich würde mir wünschen, Herr Driesel, daß wir einmal in einem kleineren Kreise zusammenkommen, um diese Punkte mit Ihrer Hilfe systematisch zu besprechen.

Meine zweite Bemerkung ist die, daß wir, so sehr uns jetzt die Arbeit mit Gensonden oder daraus abgeleiteten Techniken interessiert, nicht wieder in ein Zeitalter des analytischen Chaos zurückfallen dürfen. Wir dürfen jetzt nicht mit hunderten von Gensonden anfangen zu experimentieren, jedes Laboratorium mit "seiner" Sonde und anderen Ergebnissen, und wir brauchen dann 20 Jahre, bis wir uns auf einen gemeinsamen Nenner geeinigt haben. D.h. auch da brauchen wir Ihren Rat – das ist ja mehrfach hier gefragt worden: was ist relevant, was wird relevant und wo lohnt es sich, mit relativ wenigen aber sauber definierten Methoden einzusteigen. Auch da könnten Sie uns mit Ihren Kollegen sehr helfen, Herr Driesel.

DRIESEL:
Das würde ich gerne tun.

LANG:
Wir machen bei Neuentwicklungen immer die Erfahrung, daß am Anfang in einer Welle des Optimismus der Einsatz neuer Methoden zu unkritisch gesehen wird. In einem zweiten Stadium - das wir bei der Gen-Analyse offenbar noch vor uns haben - müssen mit viel Akribie Daten über Validität und diagnostische Relevanz erarbeitet werden. Und gerade hinsichtlich der diagnostischen Relevanz - das haben wir aus den Vorträgen über Atherosklose, Diabetes und Krebs entnommen - muß offenbar in vielen Fällen noch eine längere Lernphase durchlaufen werden.

DRIESEL:
Ja, aber trotzdem sind wir hier in einer phantastischen Situation: Hatten wir bisher häufig nur Genprodukte, an denen wir unsere Analysen durchführen konnten, so ist der Zugriff zur dazugehörigen DNA heute teilweise gegeben. Wir können also von beiden Seiten an das Problem heran, wie Sie Herr Lang das einleitend in Ihrem Vortrag sagten. Als Molekularbiologe sehe ich den Vorteil darin, das Gen *und* sein Produkt zu analysieren und somit eine größere Sicherheit der Aussage zu haben.

GUDER:
Ich möchte auch noch einmal die Redner des heutigen Vormittags ansprechen, die uns deutlich gemacht haben, daß das im vorigen Jahrhundert gegründete Fachgebiet der Mikrobiologie, die sich daraus dann entwickelnde Serologie, Virologie und die Klinische Chemie so verschieden gar nicht mehr sind. Und je mehr die Methoden in den molekularen Bereich vorstoßen, je mehr sie objektiv und quantifizierend werden, um so mehr nähern sich unsere Fachgebiete an. Wenn wir z.B. ein Genprodukt im Tumorgewebe oder im Serum messen, wissen wir eventuell gar nicht mehr, ist es von einem Virus oder ist es von einer Körperzelle. Es wird uns gar nicht so leicht fallen, hier eine scharfe Grenze zu ziehen. Deshalb bin ich besonders dankbar, daß so viele Kollegen aus verschiedenen Bereichen dazu beigetragen haben, die übergreifenden Möglichkeiten dieser neuen Technik in allen Gebieten der Laboratoriumsdiagnostik darzustellen.

Ich danke zum Abschluß noch einmal Herrn Lang sehr herzlich für die wieder bewiesene Großzügigkeit und die Umsicht, mit der er dieses Treffen vorbereitet und gestaltet hat. Ich würde mich sehr freuen, wenn das Genprodukt dieser Tagung, nämlich das Tonband, bald transformiert würde in ein zu erscheinendes Manuskript, so daß alle Mitglieder der beteiligten Gesellschaften es sich mit Gewinn zuführen können.

Herzlichen Dank und gute Heimreise!

PLANTS AND POLLUTANTS

Dr. Kamlesh Bilgaiyan

Delve
PUBLISHING

www.delvepublishing.com

Plants and Pollutants

Dr. Kamlesh Bilgaiyan

Delve Publishing
4164 Lakeshore Road
Burlington, ON L7L 1A4
Canada
www.delvepublishing.com
Email: orders@arclereducation.com

ISBN: 978-1-77956-474-0 (Hardcover)

ABOUT THE AUTHOR

Dr. Kamlesh Bilgaiyan (Ph D & NET) a well known widely acclaimed assistant professor of Uttar Pradesh top rated Bundelkhand University, Jhansi (NAAC A+ Accredited University). Besides 10 U K design patents and two published patent, several publications. He has contributed pool of research by guiding two PhDs and more than 27 M Phil dissertations. He has published more than 20 papers in international and national reputed journals. Dr Bilgaiyan is having vast administrative experience of more than 20 years in various administrative positions. Presently he has working as Coordinator of B Sc, institute of Basic Science. He is also subject experts for Board of studies of various universities. Presently working on kinetics, material science and physicochemical properties of various plant extracts. Having more than 23 Years research experience.

TABLE OF CONTENTS

LIST OF FIGURES

PREFACE

Many research groups emphasize the threats of environmental degradation across national boundaries. Issues pertaining to water resources are likely to worsen, impacting environmental sustainability as well as social and economic development. Integrated water resource management will be essential to overcoming water constraints. A more integrated framework for global environmental regulation is desperately needed. For the benefit of present and future generations, we must act quickly to address these issues. The challenge of environmental pollution threatens both human health and biodiversity. Although pollutants are primarily produced in industrial and megacities, their dispersal has equivalent impacts on rural areas. Relative distance from the contaminants does not ensure that the environment remains unaffected. Despite the adoption of numerous pollution control measures, rapid development continues to significantly impact environmental quality. Biodiversity is greatly affected by heavy metals, herbicides, and various phytotoxic chemicals. Many bioindicator species are employed to evaluate the effects of pollutants; however, an accurate assessment depends on the expertise of researchers. Rapid industrialization and population growth pose serious environmental challenges. Pollutants have the potential to accumulate in food systems, endangering not only humans but also plants and animals. Phytoremediation offers an environmentally responsible and energy-efficient method for removing heavy metals and other harmful substances from soil, water, and air. Given that environmental contamination poses a major threat to human health, this approach is urgently needed. Recent developments in phytoremediation have enhanced its suitability for environmental management and remediation. This book provides an introduction to the role of plants in reducing pollutants through phytoremediation. It serves as a handbook for students interested in studying the relationship between plants and environmental pollution.

–Author

INTRODUCTION

Many harmful contaminants caused by various technological developments are continually polluting the environment. Among these, metalloids represent a unique class of toxicants that are persistent, non-degradable, prone to bioaccumulation, and difficult to convert into non-toxic forms. Rising concentrations of metalloids pose serious threats to humans, animals, plants, and other living organisms, as they exhibit carcinogenic, genotoxic, mutagenic, and other harmful effects, even at low levels. Metalloid pollution remains a significant environmental challenge, creating an urgent need for environmentally and economically sound remediation strategies. Policymakers and the scientific community have increasingly focused on metal(loid) cleanup over the last few decades. Traditional remediation methods—based on physical, chemical, and biological procedures—have been employed to remove or sequester these pollutants, but their limitations have led to a paradigm shift toward bioremediation. Bioremediation, which is efficient, environmentally friendly, sustainable, and easy to implement, offers an advantage over traditional remediation techniques as a novel approach for cleaning up hazardous metals and other contaminants. Bioremediation methods include the use of plants (phytoremediation), bacteria (microbial remediation), algae (phycoremediation), fungi (mycoremediation), biochar, and other technologies. Phytoremediation, an economical and environmentally friendly *in situ* bioremediation technique, uses the capacity of plants to absorb or decompose contaminants in soil. The molecular mechanism of hyperaccumulation is believed to involve numerous metal-specific transporters, chelators such as phytochelatins and metallothioneins, organic acids like citrate, and antioxidants such as glutathione.

CHAPTER 1

INTRODUCTION TO PLANTS: POLLUTANT INTERACTIONS

Contents

1.1. INTRODUCTION

As a natural pollutant sink, all green plants absorb pollutants from the air and water. This has long been known, particularly concerning the greenhouse gas carbon dioxide (CO_2) that green plants store during photosynthesis (Tkemaladze and Makhashvili, 2016). The only entities that absorb pollutants once they are released into the atmosphere are plants, as they can either adsorb them onto their leaf surfaces or absorb and metabolize them within their own metabolic system. In urban areas, plants are essential for mitigating the effects of rough weather and polluted atmosphere. In some studies, on the effect of urban forests and vegetation on air pollution and abatement, researchers discovered that the Beijing Forest cover reduced pollutants by 1262.4 tons (Tian et al., 2020). In Russian cities, planting trees was advised as a means of reducing dust pollution. By creating an 8-meter-wide green space (Figure 1.1) between buildings and highways, dust fall was reduced by two to three times (Bayne and Dale, 2011).

Figure 1.1. *Green space.*

Source: https://upload.wikimedia.org/wikipedia/commons/7/77/US_131%2C_M-6%2C_68th_St_interchange.jpg, Creative Commons License.

Through their stomata, plants absorb CO_2 as well as other gases such as airborne ammonia (NH_3), ozone (O_3), and sulfur and nitrogen oxides (SO_2 & NO_x). Plants are an effective sink for polyaromatic hydrocarbons (PAHs) in the air. Once inside the leaf, gases spread out into the crevices (gaps) between the cells, where they can either be chemically changed by the plant enzymes during metabolism or absorbed by water films. By capturing (absorbing) aerosols and suspended particulate matter (SPM) and holding them on the leaf surface through a process known as dry deposition, plants also help to minimize air pollution. When vegetative surfaces are wet after rain or during the morning dews (Figure 1.2) in the winter, pollutant removal rates are at their peak.

Figure 1.2. *Dew.*

Source: https://upload.wikimedia.org/wikipedia/commons/a/af/Dew_Formed_on_the_Surface_of_Strawberry_Leafs.jpg, Creative Commons License.

1.2. POLLUTION

The entire surface of the tree, including its bark, leaves, and branches, can act as a pollutant sink under such circumstances, which can improve pollution removal rates 10-fold. Water cleans and maintains our bodies, gives us food, is home to millions of species, and controls the global temperature. There is a growing problem over chemical poisoning of water supplies. Chemicals are discharged as liquid, dust, fumes, or gas into the aquatic systems. These discharges may be accidental or due to the development process, e.g., industrial emissions, vehicle exhaust emissions that settle in rivers and lakes, discharge of household and commercial wastewater into rivers and streams, etc. Chemicals may also find their way into the water system by transportation from the manufacturing (production) site to the place of use. Together with organic and inorganic pollutants, radionuclides are the significant environmental contaminants found in water bodies. Several inorganic pollutants also serve as micro and macro nutrients in trace amounts for aquatic species. Nitrate (N), phosphate

(P), perchlorate, cyanide (CN), copper, iron, manganese, molybdenum (Mo), zinc (Zn), arsenic (As), cobalt (Co), chromium (Cr), nickel (Ni), selenium (Se), vanadium (V), fluoride (F), strontium (Sn), and others are examples of inorganic contaminants.

In trace amounts, inorganic elements including boron, copper, iron, manganese, molybdenum, and zinc are vital for plants, but when they are present in large amounts, they become pollutants (He et al., 2005). In traces, inorganic elements including arsenic, cobalt, iron, manganese, zinc, chromium, nickel, selenium, vanadium, fluoride, and strontium are vital for aquatic species as nutrients, but when they are present in excess, they become pollutants. Certain extremely harmful trace metals, like lead (Pb), cadmium (Cd), and mercury (Hg), are not necessary for any living species. Every day, industries and cars emit millions of tons of carbon dioxide, sulfur dioxide, and nitrogen oxides into the atmosphere. The air we inhale today is filled with a mixture of harmful substances, such as lead (heavy metal), organic compounds from automobiles, reactive hydrocarbons (HC), also referred to as volatile organic carbons (VOCs), sulfur, and nitrogen oxides (SO_x and NO_x), total suspended particulate matter (TSP), and carbon monoxide (CO). 98% of air pollution is caused by five main pollutants: nitrogen oxides (14%), sulfur oxides (14%), volatile organic compounds (VOCs) (14%), particulate matter (4%), and carbon monoxide (52%) (Parra et al., 2009). Nitrogen oxide (NO_2) is the only gaseous air pollutant that is not completely transparent; it is brown. Due to photochemical interaction in sunlight, nitrogen oxides (NOx) and VOCs combine to form lethal secondary pollutants such as tropospheric ozone (O_3) and peroxyacetyl nitrate (CH_3COONO_2). Two lethal elements of the photochemical urban smog that affect many cities across the world today are ozone and PAN.

1.3. DANGEROUS EMISSIONS

A lethal (dangerous) mixture of car emissions can be found in smog, including between 10,000 and 30,000 parts per million of carbon monoxide (CO), 100–400 parts per million of nitric oxide (NO_2), 600–3000 parts per million of hydrocarbons (HCs), also known as volatile organic compounds (VOCs), 50–150 parts per million of ozone (O_3), 50–250 parts per million of peroxyacetyl nitrate (PAN), sulfur dioxide (SO_2), and suspended particulate matter (SPM) (Colls and Tiwary, 2017). The main byproducts of these reactions are aldehydes. About 50% and 5%, respectively, of all the aldehydes in urban air are formaldehyde and acrolein (Villanueva et al., 2021). One type of hazardous air pollution (HAP) is acrolein. Important crops like wheat, mustard, mung, and spinach plants are susceptible to various levels of air pollution, such as nitrogen oxide (NO_2), sulfur oxide (SO_2), SPM, and tropospheric ozone (O_3). Certain plants may bioaccumulate air contaminants in their cells and tissues and are thus comparatively more tolerant of them. Others are sensitive, meaning that when they are injured, they react by changing anatomically, physiologically, and morphologically. These delicate species might completely disappear in reaction to airborne contaminants (pollutants). These plants function as bio-indicators of air pollutants and as early warning systems, alerting people to declining air quality in an area. Many air pollutants can cause early, visible damage to plants, and they frequently offer the first indications of air pollution. Early drop of flower buds, delayed maturity, and reduced yield or quality of fruits and seeds, Mottled foliage, (Figure 1.3) burning at leaf tips, stunted growth, twig dieback, premature leaf and flower drop, are some of the visible plant symptoms that serve as bioindicators of toxic pollutants in the air (Villanueva et al., 2022). This property offers a low-cost method of biomonitoring the amount of air contaminants and air quality in an area. Fossil fuel furnaces, oil refineries, copper, and iron smelters, and coal power plants are common sources of SO_2. Because of its peculiar properties, SO_2 is good for plants at low concentrations but harmful at large concentrations. It is well known that both natural and experimental exposure to SO_2 can harm a variety of plants. It may have a negative impact on crop productivity and nutritional quality.

Figure 1.3. *Mottled foliage.*

Source: https://upload.wikimedia.org/wikipedia/commons/4/47/Mottled_leaf_on_2010-10-03.JPG, Creative Commons License.

1.4. THE EFFECTS OF FEW POLLUTANTS ON PLANTS

Gaseous SO_2 is soluble in water and, depending on the pH of the plant tissues, ionizes to generate the hydrogen (H_+), sulfite (SO_3^{2-}), and bisulfite (HSO^{3-}) ions(Komarnisky and Basu, 2005). It is known that free radicals generated during SO_3^{2}- oxidation can degrade a wide range of physiologically significant substances, including amino acids, the plant hormone IAA, chlorophyll, and beta-carotene in plants. When exposed to SO_2, laboratory investigations have demonstrated significant reductions in non-structural proteins and carbohydrates as well as in the nitrogen content of seeds, fruits, and vegetables. When broad-leaved, succulent plants are exposed to SO_2, they typically develop patches when necrosis occurs.

Figure 1.4. *Lichens.*

Source: https://upload.wikimedia.org/wikipedia/commons/8/8c/Flavoparmelia_caperata_-_lichen_-_Caperatflechte.jpg, Creative Commons License.

These patches then progress to interveinal browning. Al□al□a, sunflower, beans, beets, and soybeans are among the more sensitive plants. Buckwheat and alfalfa are employed in the Netherlands – National Monitoring Network to biomonitor SO_2 levels in ambient air (Upadhyay and Kobayashi, 2007). Lichens (Figure 1.4) can grow on the trunks of ancient trees in parks and on old walls. Due to their great sensitivity to sulfur dioxide (SO_2), many lichen species die when concentrations are still quite low. In the UK, lichens have a rich flora that only survives in pollution zones 35 units and lower (Çobanoğlu Özyiğitoğlu, 2020). The crustose lichens may survive in the 150-unit zone of extreme pollution. Only a few numbers of foliose lichens and crustose lichens can withstand 70–125 pollution units. There are sporadic beared lichens in the 40–50-unit low pollution zone. These lichens disappeared from the majority of industrial locations in the United Kingdom in the 1800s (Seaward, 1992). The lichens have since returned to their natural environment as a result of the laws that were put into place to limit sulfur dioxide pollution and make the air cleaner.

NO_2 is phytotoxic at high concentrations and extended periods of exposure, while it is less harmful to plants and functions as a nutrient in lower concentrations. It has been discovered that while NO_2 is lowered at larger concentrations, low NO_2 can stimulate the synthesis of chlorophyll pigments. On sunflower plants growing in soil deficient in nitrogen, 300 ppb o□NO_2 had a nutritional effect; however, 2000 ppb was phytotoxic. The study also showed that while NO_2 stimulated growth at low concentrations when combined with SO_2 at the same concentration, it was harmful to plants. Plants may experience physiological disturbances as a result of SPM. The barriers made of wax that separate plants from their surroundings eventually melt, but when SPM is present, the rate at which wax erodes accelerates. In the worst case, the withered and fused wax may completely obstruct the epistomatal chamber of the leaf surface, impairing respiration, transpiration, and photosynthesis and causing serious damage to the plants. Particulate penetration into the epicuticular wax may cause dust to accumulate on the leaf cuticle, reducing light incidence and net photosynthesis. Dust accumulation can cause stomata to become clogged, impairing all physiological processes.

Ozone (O_3) is a secondary (2°) pollutant that is produced when hydrocarbons (HC) and NO_x from cars react photochemically in sunlight (Derwent et al., 1996). By interfering with photosynthesis and other metabolic processes, it is likely the most phytotoxic air pollution to plants. Long-term exposure to ambient ozone can cause stippling, speckling, and chlorotic symptoms. Disrupted photosynthesis leading to a decrease in crop output is one of the other signs that are not obvious. Tobacco (*Nicotiana tabacum*) cultivars Bel-W3, which are extremely sensitive to ozone, are some good bioindicator plant species that have been used extensively to detect ozone (O_3) in the lower atmosphere. The tobacco cultivar Bel-W3 exhibits ozone damage symptoms, which are lesions on the adaxial side of the leaves that resemble dots and are caused by a loss of palisade cells. Because of its ozone tolerance, the cultivar Bel-B has been utilized to regulate and biomonitor ozone levels in the lower atmosphere. As the ozone concentration rises above 0.04 parts per million, susceptible tobacco plants suffer damage (Caregnato et al., 2013). Peroxyacyl nitrate or PAN is the phytotoxic air contaminant next to ozone. PAN causes early senescence and leaf fall in plants and is a lethal pollutant for humans due to its effects on the nervous system. Several of the hydrocarbon compounds released from automotive exhaust also contain ethylene. It also comes from incomplete coal, oil, and gas combustion. It is a byproduct of polyethylene. Without damaging leaf tissues, ethylene can alter the actions of plant growth hormones, influencing the typical development of plant organs and tissues. Damage to plants with broad leaves manifests as an epinasty, or downward curling of the leaves and shoots, which is followed by stunting. *Petunia axilliaris* (Figure 1.5) is a bioindicator plant for ethylene in the Netherlands. In 1989, research on Petunia hybrida as a plant bioindicator for ethylene was conducted in Sweden. Potted petunia plants were positioned 10, 20, 40, 80, and 120 meters away from a motorway (over 30,000 cars each day) (Nouchi, 2002). The petunia flowers were considerably smaller on plants nearer the freeway than they were on plants farther away.

Figure 1.5. *Petunia axilliaris.*

Source: https://upload.wikimedia.org/wikipedia/commons/b/b2/P1000491_Petunia_axillaris_%28Solanaceae%29_Flower.JPG, Creative Commons License.

Fluorides are produced by the phosphate fertilizer factories, refineries, metal ore smelters, glass, aluminum, pottery, brick, and ceramic industries. Yellowish mottle along the margins or tips of broad-leaved plants, or tip burn in grasses and conifers are typical symptoms of fluoride gas or particulate damage. The popular plant for biomonitoring fluorides and serving as a bioindicator is gladiolus (*Gladiolus hortulanus*).

1.5. PLANT RESPONSES

Pollutants can bioaccumulate in the cells and tissues of tolerant plant species. When different antioxidants were examined for how they responded to car exhaust pollutants, it was discovered that *Amaranthus spinosus* (Figure 1.6) and *Cephalandra indica* had excellent scavenging mechanisms to counteract air pollution. Relative pollutant dry deposition velocities and pollutant removal efficiency of a few species often used in urban and suburban areas of Europe were investigated. These included Douglas fir, weeping fig, ash, sycamore, oak, alder, and eucalyptus. Greater deposition velocities were found in species with smaller leaves and more intricate stem structures. When exposed to elevated levels of air pollutants, the majority of plants typically close their stomata, thereby limiting the intake of air pollutants. Plants naturally respond and adapt in this way to protect themselves from airborne toxins. When SO_2 is present in the air, silver birch exhibits rapid stomatal closure. When exposed to SO_2, the stomata of tomatoes and peanuts similarly quickly close, limiting their access.

Figure 1.6. *Amaranthus spinosus.*

Source: https://upload.wikimedia.org/wikipedia/commons/b/b9/Amaranthus.spinosus1web.jpg, Creative Commons License.

1.6. OTHER DEFENSE MECHANISMS

Plants can use ascorbic acid as a defense against pollution. A higher concentration of ascorbic acid, or vitamin C, in plant cells has been linked to the development of plant tolerance to airborne contaminants. It also has a significant impact in protecting chlorophyll from damage caused by hydrogen peroxide (H_2O_2). In plants, ascorbic acid triggers the defense system.

Ascorbic acid is utilized as a reliable measure to indicate plant tolerance levels against various types of stress, including pollution stress, due to its diverse roles in metabolism and defense. By causing a drop in the ascorbic acid level of plants, pollutants frequently increase the phytotoxicity of their effects by making plants more vulnerable to pollution. Ascorbic acid may lessen the damage that SO_2 causes to plants.

The stomata on leaves allow most of the atmospheric SO_2 to enter the leaf cells. In a process known as the reductive sulfur cycle, plants can use the absorbed SO_2 to create sulfur-containing amino acids that are essential for their development and growth. Within the leaf tissues, SO_2 is transformed into SO_{3-} and SO_{4-}, which then react with organic acids to generate the amino acids glutathione, cysteine, and methionine. APS (adenyl-5-phosphosulfate), $CSSO_3$ (carrier protein with bound sulfite), CS^- (career protein), and CSS^- (carrier protein with bound sulfide) are the intermediate molecules produced in the sulfate reduction pathway (Singh and Verma, 2007). When exposed to SO_2 gas, spruce (*Picea abies*) had higher SO_4^{2-} concentrations. Mango trees (*Mangifera indica*) have demonstrated the highest tolerance and accumulation capability to SO_2 in the air among all plant species (Klumpp et al., 2003). It is able to bioaccumulate large amounts of chemicals rich in sulfur.

Nitrogen oxides (NO_2) are phyto-assimilated by plants. Using nitrogen N^{15} isotopes, direct evidence for the foliar absorption of NO^2 has been established. The hybrid poplar cultivars absorbed NO_2 at the highest rate, which was 0.3 mg $N/dm^2/d$ (Hu et al., 2019). The concentrations o□sunflower and maize ranged from 200–1000 parts per billion. After entering the leaves through the stomata, NO_2 dissolves into the intracellular fluid to produce nitrous acid, which then breaks down into H^+ ions and harmful nitrites(Kelm, 1999). Normally, the enzyme nitrite reductase (NR) converts nitrites to ammonia (NH_3), which is then absorbed into proteins and the amino acid glutamate, reducing toxicity and benefiting plants. Studies using N^{15} reveal that over a three-hour exposure period in beans, roughly 65% of the absorbed NO_2 is converted into organic nitrogen(Srivastava et al., 1994). Compared to shorter plants, trees absorb more pollutants, particularly PM_{10} particulate matter. Because they offer sites for particulates to settle due to gravity or wind, exposed tree surfaces like bark and leaves act as a natural sink for particulate pollution. According to some researchers, a 2.5 km^2 increase in green space reduces dust particles in London Hyde Park by 27% (Mueller et al., 2022).

1.7. INDOOR PLANTS

Indoor pollution can be up to 20 times more harmful than outdoor pollution. The primary sources can be kitchen gas burners, carpets, furniture, and fixtures. The contaminants that are more frequently found indoors include carbon monoxide (CO), NO_x (nitrogen oxides), and formaldehyde. VOCs include chlorpyrifos, toluene, xylene, and ethylbenzene. There are over 300 indoor plants that have been found to have the ability to extract particulate matter from the air and absorb and remove indoor air pollutants like formaldehyde, trichloroethylene, benzene, and all other volatile organic compounds. Pollutants in soils can also be absorbed by plant roots, making them harmless. The spider plants (Figure 1.7) eliminated 96% of the CO and 99% of the NO_2 after a day according to research (Gawronski et al., 2017). Studies involving pothos plants (*Eppiremnum aureum*) revealed that, after 24 hours, 75% of the CO had been eliminated. Huge volumes of CO_2 are removed from the atmosphere by plants, either on land (forests) or in the ocean (phytoplankton). They are natural carbon sinks.

Figure 1.7. *Spider plants.*

Source: https://upload.wikimedia.org/wikipedia/commons/b/b1/Hierbabuena_0611_Revised.jpg, Creative Commons License.

During the first 80 years o their existence, temperate orests store roughly 2.7 tons of carbon per hectare annually. To sequester one billion of the three to four billion tons of carbon that accumulate in the atmosphere annually, developing trees covering an area of around 400 million hectares may be needed in temperate regions. Absorbing 1 billion tons of carbon annually would require approximately 600 million hectares of forest, or roughly 75%

of the area of the Amazon basin (Srivastav, 2024). This is because the tropics sequester less carbon per hectare, tropical □orests are estimated to fix between 1 and 2 tons of CO_2 for each square kilometer of land area every year. Australian and European governments framed a plan that would force businesses and drivers who produce carbon dioxide (CO_2) to purchase carbon credits from companies or farmers who plant trees or maintain existing vegetation. Long-term locking of sequestered or absorbed carbon is necessary to fully balance the CO_2 emissions from our industry and vehicles. Throughout their early years when they establish themselves, normal trees often develop slowly. The quickest growth and sequestration of carbon occurs in trees between the ages of 10 and 20. According to some studies, a 500 MW coal-based power station that operates for 35 years would need to be maintained for several 100 years and have a tree planting program spanning 1400 km^2 (Schmid and Xiong, 2023). An estimated 1.2 gigaton (Gt) of carbon can be stored annually through forestry operations. Secondary environmental benefits o□ tree plantations include enhanced biodiversity corridors, preserved watershed hydrology, and increased atmospheric oxygen.

1.8. GENETICALLY ENGINEERED PLANTS

Certain plants have been created through genetic engineering to reduce air pollution. Many of these plants, including *Arabidopsis umbellate*, *Raphiolepis umbellate*, and *Pittosporum tobire* can act as natural sinks for air pollutants. There important enzymes that are involved in the metabolism of NO_2 include nitrate reductase (NR), nitrite reductase (NiR), glutamine synthetase (GS), and sulfite oxidase and sulfate oxidase. Transfer and over-expression of genes may aid in the creation of transgenic plants that like SO_2 and NO_2, allowing them to absorb and metabolize large concentrations of these pollutants from the atmosphere. Nitrogen dioxide (NO_2) absorption in Arabidopsis plants was reported to be enhanced by the enrichment of genes encoding for the production of nitrate reductase enzymes.

1.9. ORGANIC COMPOUNDS

Natural water already contains some contaminants, particularly if the catchment areas are not well managed. The natural water sources have been contaminated throughout time by a variety of human development activities brought on by population growth. A few new chemical and biological contaminants have found their way into the natural water pools as a result of the fast industrial development and pollution that has followed. Many different chemicals are present in both industrial and municipal wastewater, although in larger amounts than in natural water. Since current treatment technologies are unable to remove them from the wastewater, many of them end up in natural water. The impact that a chemical pollutant has on water is based on its specific characteristics, as well as the water pH, temperature, hardness, organic matter content, and oxygen concentration. Extremely low levels of other compounds and heavy metals in water can have a substantial effect.

Gas chromatography and mass spectroscopy have advanced to the point that 100s of organic chemicals in surface and groundwater may now be identified. While some degrade naturally, some do not. The term BOD (biochemical oxygen demand) refers to the organic matter that decomposes biologically in water or wastewater. The concentration of organics in water or wastewater increases with increasing BOD. Water contains a small amount of natural organic matter (NOM). Trichloroethylene (TCE), perchloroethylene (PCE), trichloromethane (TCM), dichloromethane (DCM), and trichloroethane (TCA) are the main industrial organic solvents found in groundwater. Others are produced during the disinfection process when chlorine and NOM in water interact. A variety of industrial solvents, disinfectants, pesticides, resins, gasoline, dioxin, phenol, and chemical reagents are among the organic chemicals found in industrial effluent. With a benzene ring, phenol is a liquid chemical waste that is extremely hazardous and found in wastewater. It is released in the production of resin (plastic) and in synthetic textile mills. The two most hazardous substances known to man are dioxins and PCBs. Two recent discoveries in surface and groundwater are MTBE (methyl tertiary butyl ether), a highly soluble gasoline additive, and NDMA (N-nitrosodimethylamine), a primary ingredient in rocket fuel (Nyer et al., 2000). The very complex organic compound acrylonitrile which is found in streams, is exceedingly poisonous. It is created by the chemical industry for use in the textile industry as a raw ingredient for the production of certain new synthetic fabrics.

Other organic compounds discovered in stream waters include chlordane, diazinon, dieldrin, chlorpyrifos, methyl parathion, lindane, anthracene, benzopyrene, naphthalene, phenanthrene, ciprofloxacin, amoxicillin, doxycycline, norfloxacin, and tetracycline. Almost every organic component in water is harmful, mutagenic, and carcinogenic. Water containing organic substances can harbor microbes. Natural water quality can deteriorate and oxygen levels can be reduced as a result of bacteria using oxygen during the metabolization of organic materials. Before being supplied to the community, raw water must be disinfected, and the popular disinfection method is chlorination. Many hazardous organic compounds are created when chlorine is added to water that contains organic materials found in nature. Many of them are believed to be potential human carcinogens, even if they are present in low amounts. Trihalomethanes (THMs), haloacetic acids (HAAs), trichlorophenol, and aldehydes are important. Ozonation is a different technique for disinfecting water by using ozone gas (O_3). The organic content in the water reacts with ozone as well, producing organic peroxides, unsaturated aldehydes, and epoxides that are harmful to human health. Chlorinated organic solvents in water like carbon tetrachloride (CTC), trichloroethylene (TCE), perchloroethylene (PCE), trichloromethane (TCM), dichloromethane (DCM), and vinyl chloride are the main chlorinated industrial solvents found in groundwater.

They are discharged during the petrochemical industry operations or when the resulting solvent is used in the dry cleaning business. Many subsurface bodies of water have become contaminated by these materials as a result of industrial discharges and dumping into abandoned wells and leachates. They must be removed from the water due to their significant carcinogenic and mutagenic potential. Natural water systems contain cellulose, tannins, and lignic acids, among other components of woody plants. Certain polysaccharides released from petroleum refineries and have a ringed structure are non-biodegradable components found in raw water. These organic materials are resistant to water and wastewater treatment techniques. In surface and ground waters, hydrocarbons such as gasoline, kerosene, oils, and lubricants have been found. They are released from oil refineries, and industrial pollutants and effluents. Since they are extremely carcinogenic, polycyclic aromatic hydrocarbons (PAH) including indenopyrene, benzopyrene, benzofluoranthene, and benzoperylene must be eliminated from water. Surface water has been shown to contain many agricultural pesticides as a result of runoff from agricultural areas. Aldrin and dieldrin, DDT, chlordane, heptachlor, and atrazine are important pesticides found in raw water. They are extremely mutagenic and carcinogenic. It was discovered that pesticide contamination in nearly 300 water systems in the UK exceeded WHO guidelines. Groundwater at many defense disposal sites in the United States has been contaminated by explosive remnants, including TNT (trinitrotoluene), RDX, and HMX. In surface waters and water treatment facilities, surfactants, and organic compounds that are not biodegradable and only partially soluble in water cause foaming. At the air-water interface, surfactants have a tendency to gather and produce a very stable foam. Alkylbenzene-sulfonates (ABS), a synthetic detergent that was first marketed in 1950, is an appropriate example (Khan, 2022).

Many VOCs found in industrial effluent have the potential to be toxic, combustible, and aromatic. Examples of these include vinyl chloride, 1,1,1-trichloroethane, trichloroethylene, benzene, ethylbenzene, methylene chloride, and pesticides like DDT, dieldrin, and heptachlor; they include toluene, di-n-butyl phthalate, naphthalene, p-chloro-m-cresol, and phenol. Because VOCs are significantly more mobile in the vapor state and also contribute to an overall increase in the amount of reactive hydrocarbons in the atmosphere, which results in the production of photochemical smog and tropospheric ozone, they pose a threat to the environment and public health. Many VOCs enter surface waters after passing through wastewater treatment plants. Surface waters and groundwater have been reported to include vinyl chloride, trichloroethylene, trichloroethane, benzene, ethylbenzene, methylene chloride, and toluene. There are some contaminants in the water that remain in the environment for a very long time. They are resistant to degradation by photolysis and chemicals. They can be found in the most isolated regions of the planet, including the Arctic, and are extremely toxic and semi-volatile. POPs include, for example, high molecular weight chlorinated aromatic hydrocarbons; pesticides such as DDT, hexachlorobenzene, endrin, aldrin, dieldrin, heptachlor, chlordane, and indane; polychlorinated furans and dioxins, PCBs, and phthalates; and toxaphene.

1.10. INDUSTRIAL POLLUTION

Many industrial chemicals, particularly synthetic chemicals and persistent organic pollutants (POPs) in water sources, can interfere with endocrine function, which can lead to abnormalities in development and reproduction. Many inorganic nutrients, such as nitrogen, phosphorus, calcium, iron, potassium, manganese, cobalt, boron, and sulfur, have been discovered to be present in natural water sources. Arsenic, fluorides, chlorides, heavy metals, and other important inorganic substances are present in natural water and are becoming more concentrated. The levels of phosphorus (P) and nitrogen (N) in surface waters are increasing.

Excess of nitrogen and phosphate causes algal blooms (Figure 1.8) and eutrophication, or the degradation and depletion of oxygen in surface waters. Even at 0.5 ppm, complex inorganic phosphates like P_2O_5 can obstruct the regular coagulation and sedimentation processes in water treatment facilities (Taylor, 2006). With the increased use of urea in agriculture, nitrate (NO_3) pollution in drinking water is becoming a global health concern. These pollutants easily runoff into nearby water streams and subsurface aquifers. The environment is becoming exposed to nitrogen-rich manure due to the increase in livestock output. The production of paper and ammunition, as well as the disposal o□waste and industrial e□fluents, are other sources o□nitrogen. The reason for concern is that nitrate, which is produced by nitrifying bacteria like Urobacteria, Nitrosomonas, and Nitrobacter in the soil, reacts with chemicals and other forms of nitrogen. Since nitrate is extremely soluble, it can easily permeate soil and enter groundwater. It is tasteless, odorless, and colorless, making it impossible to detect in water without testing. Denitrifying bacteria, such as Bacillus, Chromobacter, Pseudomonas, and Spirillium, are found in soil and aid in the conversion of harmful nitrates into gaseous nitrogen (N_2), although doing so carries the risk of producing greenhouse gases, such as nitrous oxide (N_2O) and carbon dioxide (CO_2).

Figure 1.8. *Algal blooms.*

Source: https://upload.wikimedia.org/wikipedia/commons/1/19/Blue-gree_algae_bloom_Lake_Erie.png, Creative Commons License.

The permissible limit of nitrate-nitrogen in drinking water, according to the WHO, is 10 mg/L (Mortada and Shokeir, 2018). A nitrate concentration of 10–45 mg/L or higher is thought to be carcinogenic because it forms nitrosamines in the guts. It is a contributing factor in the blue-baby syndrome or methemoglobinemia, where nitrate is transformed into nitrite in the gut and combines with hemoglobin in the blood to form methemoglobin, which reduces the blood's capacity to carry oxygen. It has also been noted that nitrate-rich water has an impact on the human cardiovascular system and central nervous system. Groundwater is now contaminated with high fluoride due to weathering of fluorapatite, a rock that contains fluoride, and increased geological exploration. The fertilizer companies that produce phosphate and aluminum are also major sources of fluoride in the environment. Fluoride concentrations in water increase as a result of excessive groundwater discharge. The WHO allows fluoride levels in water to range from 0.7–1.2 ppm, beyond which it may be harmful (Vithanage and Bhattacharya, 2015). Groundwater contains geologically derived inorganic arsenic, particularly in Australia and India. It is capable of entering the human food chain and is quite persistent in the environment. Fish bioaccumulate organic molecules that contain arsenic. The stable form of arsenate contains almost all of the arsenic found in oxygenated water and sediments. Certain chemical types of arsenic have a strong affinity for clay. Arsenic leakage from water and sediments is possible. Water dripping downslope typically does not carry arsenic in soil into the deep groundwater aquifers because many arsenic compounds bond to soils. Elevated levels of arsenic in potable water demonstrated carcinogenic and mutagenic effects, leading to birth abnormalities. In 1993, the World Health Organization set a temporary acceptable limit of 10 parts per billion (ppb) for arsenic in water (Shaji et al., 2021). The WHO standard for arsenic in water is five times higher in US water supply systems. An increased risk of prostate cancer is associated with this.

1.11. AQUATIC PLANTS

Many aquatic plants, ranging from non-seeded green algae to angiosperms, are being identified and tested for use in phytoremediation of wastewater and water that has been chemically contaminated by heavy metals and dangerous organics. Heavy metals can be removed by the floating hydrophyte water hyacinth (*Eichhornia cressipes*) by 20%–100% (Koley et al., 2022). *Ceratophyllum demersum* is another free-floating species found in freshwater that functions as a biofilter of toxic metals. *Myriophyllum aquaticum* (Figure 1.9) has been effectively evaluated for phytoremediation of trichloroethylene (TCE), PCP, and trinitrotoluene (TNT) contaminated soils. Perchlorate can also be phyto-transformed by it.

Figure 1.9. *Myriophyllum aquaticum.*

Source: https://upload.wikimedia.org/wikipedia/commons/d/d9/Myriophyllum_aquaticum_-_side_%28aka%29.jpg, Creative Commons License.

Pteris vittata, are quick-growing perennial plants. It can retain up to 22 grams of arsenic per kg of plant matter and can decrease the concentration of 200 ppm of arsenic in water to about 100 times (10 ppm) in less than a day(Dhiman et al., 2024). Phytoremediation has removed radioactive materials from wastewater, including uranium (U^{238}) from Ohio, the United States, and cesium (Cs^{137}) and strontium (Sr^{90}) from a pond close to Chornobyl, Ukraine. The lakes and ponds surrounding the NPP were contaminated by radioactive elements that were released during the 1986 Chornobyl nuclear accident in Ukraine. Certain green algae, such as Ulothrix, Nitella, and Chara, have been found to have excellent phytoremediation capabilities. Inducing their growth in uranium mining effluents could offer a sustainable method to eliminate radioactive elements like uranium (U) from contaminated water.

1.12. RHIZOFILTRATION

Rhizofiltration is based on a combination of phytostabilization and phytoextraction principles that remove radionuclides and metals from contaminated water. Plant roots absorb and concentrate contaminants, which subsequently precipitate as carbonates and phosphates. Rhizofiltration is also effective in eliminating radionuclides and hazardous organic substances like trichloroethylene, tetrachloroethane, atrazine, nitrotoluenes, anilines, dioxins, and different types of petroleum hydrocarbons. Plants transpire and absorb pollutants from the soil and water. Certain pollutants like VOCs, mercury (Hg), and selenium (Se), can enter the atmosphere through leaves. Microorganisms found in the rhizospheres (roots) of aquatic plants break down organic substances. Certain plant roots release compounds that serve as nutrition for bacteria, fungi, and other microorganisms, creating environments that are conducive to the activity of soil microbes. Roots release a range of exudates, including sugars, amino acids, vitamins, and enzymes. Acetates, esters, and derivatives of benzene may also be present in root exudates. The rhizosphere contains enzymes as well, which could serve as microbial substrates. The microorganisms in the immediate vicinity of the root zone (rhizosphere) become more active biologically as a result. The plants speed up the breakdown (biodegradation) of a range of organic pollutants in the upper soil layers and polluted water by promoting a microbiologically active rhizosphere. The same principle governs the behavior of water hyacinths. In its root zone, it has a variety of bacteria that help with the biodegradation of heavy metals in contaminated water as well as the absorption and adsorption of chemical contaminants.

The microbial community in the rhizosphere releases enzymes that include various oxidoreductases, such as peroxidases and phenoloxidases, as well as esterases. Certain members of the Fabaceae, Solanaceae, and Gramineae families secrete plant peroxidases. While *Myriophyllum aquaticum* and aquatic green algae secrete laccase, *Raphanus sativus* and *Armoracia rusticana* secrete peroxidase (González-Rábade et al., 2012). Growing aquatic plants in wetlands, increases the surface area available for microbial interaction and growth, resulting in improved phytoremediation activities. After being absorbed, some plant species break down the pollutants. They do this through a metabolic process within their root or shoot cells that are catalyzed by enzymes. Others release chemicals and enzymes that break down the impurities in the substrate itself. Usually, reductases, oxygenases, and dehydrogenases are the enzymes released. The biodegraded components are transformed into insoluble and inactive substances that are either retained in the lignin or released as exudates. Certain plants utilize microorganisms that have symbiotic relationships with their roots to help biodegrade pollutants; once absorbed within the root, a number of inorganic and organic pollutants may biochemically bond to cellular tissues, taking on less active or physiologically inert forms. Organic pollutants can be metabolized by plants through a variety of processes, including phytotransformation, conjugation reactions, and compartmentalization inside their tissues.

1.13. WETLANDS

Diverse physical, chemical, and biological processes are made possible by constructed wetlands, (Figure 1.10) which aid in the removal, recycling, transformation, or immobilization of nutrients, metals, and sediments. Wetland plants, biofilms, and microbes aid in these processes. Wetland microorganisms and plants efficiently degrade, bioaccumulate, and convert the harmful substances found in contaminated water. More surface area for microbial interaction and growth with enhanced phytoremediation activities is provided by aquatic plants growing in wetlands. The wetland plants are able to form associations with fungi and/or bacteria. When considering the role of microorganisms, plants are secondary. Microorganisms are essential to the functioning of artificial wetlands. By dissolving (impregnating) in the system, they aid in the reduction of BOD and the removal and recycling of nutrients, heavy metals, hydrocarbons, some pesticides, and herbicides from the artificial wetlands. They break down biodegradable organic materials, which sink to the bottom and release their nutrients. The microbes assist in converting harmful substances into non-toxic forms that can subsequently be absorbed by plants and used as fertilizer. Heterotrophic microorganisms break down detritus, or dead organic matter, to release nitrogen and phosphate.

Figure 1.10. *Wetlands.*

Source: https://upload.wikimedia.org/wikipedia/commons/8/8f/Freshwater_swamp_forest_in_Gowainghat_Sylhet_Bangladesh_photo_taken_in_July_2016.jpg, Creative Commons License.

Wetland systems function through interactions between their biotic and abiotic constituents, as well as between their physical and biogeochemical processes. These processes improve the quality of the water column above by collecting, removing, recycling, or finally storing the nutrients from the water in the sediments. Nutrients are recycled by plants and microbes, who then integrate them into their tissues from the sediments or the water column. The ability of bacteria and plants in wetlands to convert incoming ammonia, nitrate, and phosphate into organic forms, which are then discharged downstream as detritus, is what makes these processes so significant. The main sources of nutrients are the detritus, biotic components, and sediments. While floating plants get nutrients from the water column, rooted macrophytes draw nutrients directly from the sediments. Usually, dissolved inorganic nutrients are directly absorbed by submerged macrophytes like Ceratophyllum and Potamogeton through their leaf surfaces.

Wetland soils, the biota, or both can readily break down metals. Microbes and wetlands plants work together to decompose pollutants and sediments in wastewater and remove heavy metals. The aerobic zones of the marsh harbor metal-oxidizing microorganisms. Metal concentrations in soil microorganisms can reach 50 times higher levels than in the surrounding soil (Ledin, 2000). Microorganisms alter the oxidation state of inorganic metals rather than breaking them down. This may result in a decrease in bioavailability, or in an increase in solubility. Oxidation, reduction, methylation, demethylation, metal-organic complexion, and ligand degradation are the main mechanisms governing the micro-remediation of inorganic metals. Microbiological removal of arsenic (As), chromium (Cr), mercury (Hg), and selenium (Se) has been successful. It has been discovered that the quantity of heavy metals in the tissues of some marsh plants is 100,000 times higher than that of the nearby water (Rai, 2009). Due to their extremely thin cuticles, submerged aquatic macrophytes can easily absorb metals from contaminated water across their surface. They transfer metals from sediments to water, where they are eventually absorbed by plant tissues, preserving circulation. Through rhizosphere exchange and other chelates, benthos-rooted macrophytes play a significant role in metal bioavailability from sediments. They quickly absorb metals from sediments in their reduced states, and oxidize them in the plant tissues, which immobilizes the metals and increases their bioconcentration.

CHAPTER 2

PLANT METABOLISM AND AIR POLLUTION

Contents

2.1. INTRODUCTION

Western Europe is known for its high population density, with large cities and significant industrial activity. As a result, air pollution concentrations are common over most of Western Europe, regardless of the direction of the wind. During the past decades, modifications in the composition of emissions have resulted in effective dispersion, which has expanded the area over which excessive concentrations of pollutants occur. Given these conditions, it is not unexpected that research in Western Europe is focusing more on determining the overall effects of low to moderate pollution concentrations on vegetation, both in rural areas and on the outskirts of urban areas and industrial sites. Researchers have analyzed the distribution of the key phytotoxic air pollutants over Western Europe. They have calculated that, of the total area, 1% is exposed to an annual mean SO_2 concentration of more than 0.038 ppm of agricultural land in the UK, France, Benelux, and West Germany; approximately five times this area is exposed to 0.038 ppm (Urone, 1986). The shortage of rural monitoring stations makes it difficult to identify the precise distribution of SO_2 outside of cities, therefore researchers rely on the OECD modeling experiment on long-range transport of air pollutants, which makes use of emission data. Nitrogen oxide pollution has received minimal attention in Europe until recently, but in North America, the majority of research has been focused on understanding its function in the production of photochemical smog. As a result, NOx monitoring in Europe has been limited, even when using basic integrating techniques, and there is no precise data on past trends available. Since nitric oxide (NO) and nitrogen dioxide (NO_2) have been regularly monitored for the past decades at several sites in Western Europe using accurate and reliable tools, it has become evident that pollutants are more abundant than previously thought.

2.2. POLLUTION PROBLEMS

At rural sites in England, some researchers found a mean annual NO_x concentration of 0.017 ppm, which was about 50% greater than the mean annual SO_2 concentration (0.012 ppm), with nitrogen dioxide (NO_2) accounting for roughly half of this concentration (Klingen and van Ommeren, 2020). Nitric oxide (NO) makes up a larger percentage than does NO in rural areas, according to measurements at sites in central London, which also reveal a $SO_2 : NO_x$ ratio of 1:1.5. Based on the sampling locations, mean annual SO_2 and NO_x concentrations for the Netherlands have been reported, with the country as a whole having 0.008 ppm and 0.016 ppm, respectively (Builtjes and Reynolds, 1983). It is clear from this that higher concentrations of NO_x are typically seen in conjunction with SO_2 in both rural and urban settings. Some researchers estimated the distribution of NO_2 across Western Europe using a ratio (v/v) for

SO_2: NO_2 of 1:1.1, which they considered to be indicative of rural conditions in the United Kingdom (Vieira-Filho et al., 2013). This implies that mean NO_2 concentrations of more than 0.042 ppm may likewise be experienced by the 1% of rural population exposed to SO_2 values of more than 0.038 ppm (Ngarambe et al., 2021). Ozone (O_3) is a phytotoxic air pollutant that is extensively present throughout Western Europe. But unlike the other pollutants, due to the highly sporadic nature and the fact that ozone formation depends on particular meteorological conditions, its incidence varies significantly from year to year, it is not possible to make any accurate predictions of the distribution of elevated concentrations. Before systematic O_3 monitoring starting in Western Europe, it was not thought that concentrations could occur above the actual maximum natural concentration of roughly 0.04 ppm. It has since been determined that O_3 routinely occurs at pollution level concentrations during the summer at many locations in western Europe under favorable weather conditions.

Given the vast region of Western Europe that is either continuously or sporadically exposed to one or more phytotoxic pollutants, a precise evaluation of the effects of the many pollutant combinations that arise in rural and urban regions on plants is obviously necessary. Because of the interplay between climatic, edaphic, and agricultural conditions, field studies of crop yield in regions with varying concentrations and mixtures of pollutants can be challenging to evaluate. Nonetheless, there is compelling evidence from field research suggesting that, in certain European rural areas not exposed to potent local point sources, air pollution may inhibit plant development. Accordingly, there have been many instances of pasture grass varieties on hill farms in the southern regions of northern England that are contaminated by SO_2 from nearby towns and cities (Křibek et al., 2016). The better method to know the current effects of air pollution is to conduct controlled field studies where plant performance is compared in ambient and clean air at the same location. Limited research studies have been conducted in Western Europe. Many investigators prefer to employ fumigation systems, which seek to recreate artificially ambient pollution concentrations, but with variable degrees of success. It is now clear that, in many regions of Western Europe, evaluating the effects of ambient air pollution only by taking into account individual contaminants is meaningless. Rather than treating SO_2 and NO_2 as separate phytotoxic substances, we need to consider their combined effects. A significant amount of data on the effects of SO_2/O_3 and SO_2/NO_2 combinations on plants has been published recently; under various conditions. Many fumigation studies with combinations of all three gases have been carried out. Research in Western Europe needs to prioritize creating fumigation experiments that replicate the intermittent occurrence of O_3 in clean rural areas or else superimposed on the constant SO_2/NO_2 mixtures in the vicinity of industrial sites. It is important to comprehend not only the effects of SO_2/NO_2 combinations and of O_3 alone but also the effects of a combination of all three pollutants on plants. When O_3 is added to SO_2/NO_2, an increased sensitivity is seen in every instance. In comparison to minimal to no impacts in the O_3 and SO_2/NO_2 treatments, researchers showed a clear synergistic relationship on peas, with 18% of the leaf area damaged in the presence of all three pollutants (El-Sharkawy et al., 2021). However, in a related experiment using radish (*Raphanus sativus*), (Figure 2.1) some researchers demonstrated additive effects that cause leaf injury and hypocotyl weight loss. Recent research showed a notable effect on poplar when 0.031 ppm O_3, a concentration within the natural background, is added for 42 days to a mixture of low concentrations of SO_2 and NO_2 (Brassard et al., 2014). This resulted in a 44% increase in extra lea□□all compared to the control, but it is unclear whether a significant interaction occurred because O_3 alone was not fumigated.

Figure 2.1. *Raphanus sativus.*

Source: https://upload.wikimedia.org/wikipedia/commons/0/0c/Radish_3371103037_4ab07db0bf_o.jpg, Creative Commons License.

2.3. EXPERIMENTS AND FIELD STUDIES

To interpret the results of pollutant investigations, these experiments make it evident that a program of carefully controlled fumigations using mixtures of SO_2, NO_x, and O_3 intended to simulate conditions in rural and urban areas is urgently needed. Any evaluation of the overall consequences of air pollution on vegetation in Europe must account for potential positive effects. Since nitrogen and sulfur are necessary components of proteins, it has been demonstrated that SO_2 and NO_x can serve as sources of these nutrients, especially in situations where there is a soil deficiency. The gases are then metabolized through normal pathways. While the role of ambient NO_x in plant nutrition in Europe is unclear, it is most likely negligible in comparison to agricultural nitrogen inputs. There is strong evidence that the sulfur shortage is lessened by atmospheric sulfur compounds. A gradual decrease in the input of sulfur to the land has coincided with significant increases in the application of nitrogen fertilizers over the past decades. This is primarily due to the substitution of high nitrogen content fertilizers for ammonium sulfate. As a result, sulfur inputs in the UK have decreased from approximately 80 kg ha^{-1} per year to an average of 20 ha^{-1} per year (Knights et al., 2000). Crops may experience sulfur deficiency if nitrogen applications continue as expected, which would manifest as a nitrogen: sulfur ratio falling below threshold values in the 16:1 range. Wheat and grasslands with an average SO_2 concentration of 0.011 ppm will receive about 38 kg ha^{-1} per year of sulfur per year, while the most productive of these crops require between 12 and 23 kg ha^{-1} of sulfur per year (Mikkelsen et al., 1989). In addition to fertilizer applications and sulfur released by soil mineralization, about 38% of Europe receives a total input of atmospheric sulfur of more than 15 kg ha^{-1} per year. This would be sufficient for the majority of crop requirements.

There are reports of crops responding favorably to sulfur fertilizers in certain regions of Western Europe, especially in areas with low atmospheric sulfur concentrations. The total annual atmospheric sulfur deposition in Ireland is only approximately 10–12 kg ha^{-1} per year. To ascertain the degree of sulfur deficiency in Irish grasslands, some field experiments were conducted. Applying sulfur in the form of gypsum to some locations spread across a large portion increased yields by at least 10% at certain sites and up to 45% during the growing season. It has been predicted that there may be a sul ur deficiency to some extent in Ireland, affecting about 30% of the area of productive grassland. Although they might only be slightly adequate in this regard over most of Scotland and in the southwest of England and Wales, the current levels of atmospheric sulfur deposit appear to be su ficient in the British Isles to make up or any deficiencies in fertilizer applications. The extent of areas lacking in sulfur in Europe as a whole is still unknown, but studies conducted in field settings in some countries have shown positive responses to sulfur fertilizers. Bituminous or lignite coal is the main energy source for residential heating and power plants. With an annual emission between 10 and 12 Tg, sulfur dioxide (SO_2) is the most prevalent pollutant in some countries (Zhong et al., 2020). While some pollutants, such as organic compounds, heavy metals, and fluorides, are significant locally, they can also harm nearby flora. The most comprehensive investigation on the emission and dispersion of SO_2 on a continental scale to date has been the OECD Report on the Long-Range Transport of Air Pollutants (LRTAP). By using sector analysis, it was discovered that air masses originating from some countries had higher SO_2 concentrations and more sulfate in their precipitation. Fuel consumption statistics are the primary source of information on pollution emissions. The OECD study on SO_2 and NO_x emission used this method. With the help of these statistics, the emission for 1 km^2 has been computed, which may give a more accurate picture of the actual conditions. The quality of data available for emission has not significantly improved since the completion of the OECD research. Although there has been considerable improvement in estimating emissions, the data that is currently available is scarce. Based on the most recent data available, there has been an increase in the use of fossil fuels when compared to the statistics of fossil fuel usage in the previous years. There has been no noticeable change in the emission distribution pattern from the OECD report. The annual emission of SO_2 ranges from 10–12 Tg, with the GDR accounting for the majority of emissions. The largest single source of pollution, coal-fired power stations, account for almost 60% of SO_2 emissions (Zhao et al., 2008). The amount of SO_2 emissions will significantly rise as a result of power plant capacity expansions and higher coal use. In Poland, the SO_2 emissions are predicted to increase to 7.3 Tg annually. Such large increases will result from the development of lignite-burning power plants as well as the burning of bituminous coal with a high sulfur content. For the GDR and Czechoslovakia, no estimates of increases in SO_2 emissions have been released.

2.4. AIR POLLUTION

The problems with air pollution were related to the discharge of pollutants from point sources and the consequences of these pollutants on nearby vegetation. These issues persist and are the main cause of our ongoing concern for other gaseous emissions from point sources such as HF, H_2S, NH_3, HCl, and Cl_2. HF may be found in emissions from power plants and could therefore be a cause for concern. SO_2, NO_2, and O_3 are the three gaseous pollutants that are most problematic to North American vegetation(Emberson et al., 2001). Due to mobile source emissions such as NO_2 and hydrocarbons, and the increase in the number of power plants with high stacks (SO_2 and NO_2), they are widely distributed throughout the world. Ozone is produced by secondary atmospheric processes involving sunlight, hydrocarbons, and NO_2. Acting as precursors for acidic deposition are the SO_2 and NO_2. For large portions of the USA and Canada, concentrations of O_3 and NO_2 may exhibit relatively minimal change when averaged. Of these gases, O_3 has been the subject of the most research in recent years. Before 1950, sulfur dioxide was the predominant problem. However, since 1970, there has been a renewed focus on sulfur dioxide. Since plants are not sensitive to nitrogen dioxide, nitrogen dioxide has not received much attention. Since the main pollutants like O_3, SO_2, and NO_2 are naturally occurring, it is important to take background concentrations into account when evaluating how these gases affect agricultural yield. There are two main natural sources of ozone that are believed to exist. The first and most significant is penetration into the stratosphere. Although this phenomenon has been investigated, its total impact on background O_3 concentrations has not been sufficiently evaluated. It may be impossible to quantify this natural input of O_3 at any given location or at any given time due to storm events, altitude, season of the year, latitude, and other less well-understood elements that are related to the impact of stratospheric incursion in terms of natural background. The US Environmental Protection Agency or EPA recommended an average range of 0.007–0.020 ppm stratospheric input to tropospheric O_3 concentrations to be suitable during the growing season (Oltmans et al., 2008). Undertaking studies to evaluate the significance of the stratospheric intrusion of O_3 is crucial. According to the US Environmental Protection Agency, there is evidence indicating that biogenic hydrocarbons can contribute to the photochemical reaction that results in the production of natural background O_3. In most cases, it is impossible to distinguish these reactions from those involving anthropogenic hydrocarbons. Determining the emissions and rates of reaction for the biogenic hydrocarbons is therefore necessary. Terpenes in rural locations may scavenge more O_3 than they generate.

2.5. NATURAL SOURCES OF AIR POLLUTION

According to current forecasts, less than 10% of the observed O_3 concentrations are likely to originate from biogenic sources. Both biological activity and all natural combustion sources produce nitrogen oxides. The ambient concentration of NO_2 in the atmosphere is estimated to be between 0.002 and 0.005 parts per million due to these sources (Fishbein, 1990). While the significance of these natural sources is unknown, it is generally agreed that the photochemical reaction sequence leading to the synthesis of O_3 does not include a significant amount of NO_2 from natural sources. Many natural sources, including fumaroles and volcanoes, emit sulfur dioxide. H_2S and other reduced sulfur compounds that are discharged into the atmosphere also oxidize to form sulfur dioxide. As a result, some background SO_2 is present, but it may be below the threshold detection limit due to its brief half-life in the atmosphere. When interpreting the results, one must consider the extent to which these natural sources contribute to the background concentrations of O_3, SO_2, and NO_2. SO_2 and NO_2 are the two main sources of O_3, as NO_x are fixed sources, mostly power plants, though smelters are also a significant source of SO_2 and mobile sources. Any procedure that involves burning will increase the hydrocarbon content. Ozone is regarded as a secondary contaminant since it is linked to hydrocarbon and NO_2 precursors. Air pollution was linked to huge industrial establishments. Since 1965, research has transformed our understanding of the issue; air pollution is now seen as a regional issue that has consequences for both rural and urban areas. In the late 1960s, it was demonstrated that O_3 was found throughout southwest Ohio, at phytotoxic concentrations (Karnosky et al., 2007). These investigations, along with more rural observations and meteorological research, have clarified the extent to which the oxidant blanket covering the eastern half of the continent is widespread. Our understanding of the long-distance movement of contaminated air masses is growing. Further research is required, even if preliminary back-trajectory investigations of air masses rich in O_3 at a specific location may indicate that the air masses had traveled over large urban centers over the preceding 72 hours. Sometimes, nighttime readings in remote locations are higher than daytime readings. The majority of the evidence points to the eastern part of the continent being covered by anthropogenically generated O_3 during the growing season. Large-scale coal-burning power plants are contributing to the increased prevalence of SO_2. The Ohio Valley is the source of a large portion of the low levels of SO_2 that are present throughout the northeastern United States (Bergin et al., 2007). These air masses contain nitrogen oxides and hydrocarbons from both fixed and mobile sources, which is why they are present throughout a portion of eastern North America. They therefore still contribute to the creation of O_3 during long-distance transportation. Except places close to large cities with numerous SO_2 sources, researchers are uncertain of the significance of these pollutants throughout the western part of the continent. Many power facilities in the West use low-S coal, are reasonably isolated, and most likely don't provide a big problem.

2.6. PRIMARY POLLUTION

Primary pollutants begin to transform as soon as they are released into the atmosphere. The majority of NO_x is released as NO, however, in the presence of O_2, the NO is oxidized to NO_2. When sunlight interacts with released hydrocarbons, NO_2 is formed, later O_3. Most of the NO is converted to NO_2, the O_3 accumulates. Temperature affects the development of O_3. In cities, NO levels drop by early morning, and then levels rise in the late morning and early afternoon. The O_3 concentration may plateau for 4–6 hours before starting to decline in the middle to late afternoon. In locations away from cities, the O_3 curve could be shifted toward the end of the day. A mass of air may pass over a city, take up O_3 precursors, and create O_3 downstream from the source. Fresh pollutants are constantly being added to the air mass from sources that the air mass is passing over; in the absence of these additions, the O_3 level would gradually drop. Therefore, during long-distance transport, O_3 is continuously created, consumed, and reformed. As SO_2 and NO_2 travel through air masses, they gradually get hydrated and oxidized. Under typical conditions, the conversion of SO_2 to SO_4^{2-} is calculated to be roughly 2% per hour. Metal catalysts and O_3 promote SO_2 conversion to SO_4^{2-}. These processes take place in air masses on a continuous basis. Understanding these mechanisms is essential to know how plant systems are impacted by air pollution. Pollutant removal from the atmosphere is a process involved in deposition. Pollutant concentrations in the atmosphere are measured through monitoring, usually at ground level. The monitoring data are expressed in terms of the plant exposure dose and are also utilized as input to calculate the quantity of pollutants absorbed by the plant. The physical process of deposition is how gaseous contaminants accumulate on surfaces. Deposition, which includes both wet and dry removal procedures, is the cleaning mechanism for the atmosphere. Wet deposition has less of an effect on plant systems but reduces the amount of the gases in the atmosphere. Particulate impaction and settling are also included in the gaseous sorption processes of the leaf in dry deposition. The process that most concerns plant scientists is gaseous deposition at ground level. Adsorption on plant surfaces as well as absorption via stomata or the cuticle are examples of gaseous deposition. The flow resistances connected to the internal and external plant variables are correlated with the rates of deposition, or absorption. More research is required to comprehend the mechanisms underlying gaseous deposition as well as the variables governing the barriers to gas flow (movement) into the plant.

2.7. MONITORING

Measuring the flow (flux) of gaseous pollutants into plants requires careful monitoring of the concentration of the pollutants(Krupa and Legge, 2000). A reliable measurement of the atmospheric concentration is necessary to establish the relationship between the pollutant flow to the plant and its concentration in the atmosphere. For a plant, this is frequently referred to as the exposure concentration; over time, it is also called the exposure dose. It is a crucial component of the air pollution system and can be thought of as the air quality unit that connects the atmospheric, plant, and researchers. Thus, the exposure dosage provides a quantifiable indicator of air quality that supports the idea of a standard and can be used to calculate the flux of pollutants to plants. It is surprising that a number of elements are still not known, given that understanding the exposure dose is essential to comprehending the air pollution system and evaluating its impacts. It is unclear how much of the exposure dose comes from natural sources. There are issues with monitoring procedures and insufficient monitoring.

To preserve the surrounding vegetation and out of concern for public health, monitoring was also carried out in the vicinity of point sources. Relatively less monitoring was carried out in rural regions or in locations distant from high stacks. For many gases, the rural data is therefore insufficient. There is significant uncertainty regarding the precision of previous monitoring methods, particularly the wet chemical methods connected to bubblers. Although the US Environmental Protection Agency has created techniques for interpreting the data, some of the long-term trend results that included data before 1970 are questionable. The collection of monitoring data in a sufficient number of rural sites is necessary for the creation of exposure dosage estimates at the county level in the United States and Canada. Utilizing hourly pollutant averages, the US Environmental Protection Agency has combined a database on air quality. Biologists are developing and testing appropriate long-term averaging approaches that can be used to relate plant effects to pollution concentrations. No single method is deemed perfect. Now, 24-hour, monthly, and annual means are utilized for averaging, with considerable interest in hourly maximum concentrations. Although these concentration measures are simple to use and comprehend, their usefulness for long-term biological assessment is limited. The goal of many biologists is to create more physiologically applicable averaging methods that do not obstruct the creation of remedial measures. Some plant scientists are misguided in their attempts to replace an averaging technique with a concentration-time summation dosage value (ppm/h). These kinds of systems are arbitrary from a biological perspective, and inconvenient for the researchers. The uptake dose, i.e., the actual quantity of pollution absorbed by the plant or organism, is another number that some plant scientists think needs to be taken into account. While the uptake dose is a valuable metric for plant scientists, the researchers are unable to utilize it. Therefore, it is crucial that the biologist construct physiologically reliable ways to express the pollutant concentration using the exposure dosage data from atmospheric monitoring.

2.8. THE BALANCE OF OZONE SOURCES

It is necessary to comprehend how much of tropospheric O_3 comes from natural versus man-made sources. This is particularly crucial as at least 50% of the tropospheric O_3 may originate from natural sources. Therefore, it is necessary to know how to distinguish between the monitored source of O_3 and others. Because of anthropogenic O_3 precursors, there may not be a single place in the USA or most of southern Canada where natural background amounts can be measured with accuracy. The Storage and Retrieval of Aerometric Data or SAROAD system of the US Environmental Protection Agency is used to preserve data related to ozone monitoring (Lioy, 1988). While not all data is included, this does contain data from more than 300 monitoring stations across the United States. Although some rural sites are included, metropolitan sites make up the majority of these data. The county-level averages for the eastern United States were estimated using the SAROAD database. This was accomplished by adjusting the data to eliminate some non-representative sites using the Kriging method. Since the majority of the data came from urban locations, one important question is how accurately these results represent rural places. As high as 0.052–0.074 parts per million have been reported for annual O_3 averages for specific rural areas (Lyons et al., 2023). A suitable concentration-averaging regimen for O_3-exposed annual plants in the field has been developed. The diurnal O_3 cycle, which has been observed at every National Crop Loss Assessment Network (NCLAN) study site, provides the basis for this averaging routine. On a sunny day, the highest O_3 concentration occurs between mid-to-late morning and mid-to-late afternoon, which is 6–8 hours (Bloomer et al., 2010). This also falls inside the predicted peak plant activity window, which is mid-to-late morning and early afternoon. To establish an average over all days of the exposure period, or the growing season, a 7-hour exposure period may be chosen. Utilizing daily 7-hour and 24-hour mean concentrations for the season, the measurements allow for a biological interpretation of the crop response to O_3. If correlations between the 7-h daily and the 7-h seasonal means can be demonstrated, the 7-h daily mean may be utilized in the framing of standards. If relationships can be established with the averaging times, then the existing 1-h standard can actually be used. The present 1-hour norm of 0.12 ppm would correspond to a 7-hour daily maximum of 0.10–0.11 ppm and an average monthly mean 7-hour daily maximum O_3 of 0.06–0.07 ppm. Biologists must create an average format that supports both biological interpretation and control requirements, regardless of the method employed.

2.9. SULFUR OXIDE MONITORING

As background sulfur sources do not seem to be a major source of atmospheric SO_2, the background problem is most likely unimportant. However, compared to O_3, there are monitoring data gaps for SO_2 in rural regions. The majority of rural monitoring sites are located adjacent to point sources of SO_2 emissions. As a result, there is a shortage of monitoring data to evaluate SO_2 concentrations at the regional level. During long-distance transport, sulfur dioxide concentrations decrease. As a result, we must anticipate more fluctuation in SO_2 concentration than in SO_3, as well as a higher reliance on meteorological factors. Understanding the concentration/time/frequency connections for various scenarios such as urban-industrial (multiple) sources, point source (low and high stacks), and topographical variations associated with sources, is essential when dealing with potential SO_2 effects on vegetation. Therefore, creating a single biologically valid averaging strategy that works in every situation may be unfeasible. Innovative approaches are required for the analysis of SO_2 monitoring data. The part of NO_x that plant scientists are most concerned with is nitrogen dioxide. NO_2 natural background seems to be low. Therefore, the location and contribution of anthropogenic sources have a bearing on the significance of NO_2. Long-distance transportation reduces nitrogen dioxide, but part of it is replenished by mobile sources. Given that these pollutants are known to interact with at least some biological systems, significant data analytic efforts ought to be focused on comprehending the interactions between the contaminants in the ambient air.

2.10. METABOLISM STUDIES

The physical-biological association of the plant leaf is involved in the uptake of pollutants by the plant. The plant scientist makes an effort to estimate how much pollution the plant has been exposed to. The quantity that the plant receives (absorption dose) in the field cannot be easily quantified using the exposure dose; instead, plant status and weather conditions must be taken into account. The amount of the pollutant absorbed into plant tissues is known as the absorption dose. Both experimental studies and the creation of models will be necessary to comprehend the link between the exposure dose and the uptake dosage. The concept of the effective dose is more complex and necessitates an understanding of the physiological resistance mechanism or mechanisms within the leaf. The quantity of pollution over a threshold that the plant can withstand is, in essence, the effective dose. Therefore, the part of the uptake dosage that really causes altered physiology and/or leaf pathology is the effective dose. The essential connection between the atmosphere and the receptor in the air pollution system is knowledge of exposure dosage as well as estimations of absorption and effective dose. The plant scientist assesses the pollutant effects on plants once it has entered the plant system and feeds the data back into the air pollution system for use by scientists and regulators. The plant scientist is challenged with a plethora of analytical challenges regarding the measurement of the initial impacts and the subsequent effects on different areas of the plant once the pollutant has entered the plant. Understanding how the metabolic processes of the plant mediate the external appearance of pollution impacts is of interest.

Metabolic research would never have started if the impacts of pollution had not become apparent and raised concerns among experts(Zoeller et al., 2014). Plant stress studies typically begin with the visible appearance of foliar lesions.

Prior to attempting to explain how the impacts occurred, i.e., mechanistic and metabolic investigations, scientists first examine cause-and-e□ect correlations, evaluate the severity of the effects, and convert this into a value judgment. It is important to comprehend how contaminants affect physiological and biochemical processes, such as net photosynthesis. These investigations can frequently be conducted in the exposure facility of choice in parallel with growth and yield experiments. The lack of funding agencies' interest has been a major factor in the small number of process-oriented studies. Many plant scientists are concerned about this since understanding functional changes, creating models, and ultimately forecasting plant response to pollution exposure, all require a holistic approach. Plants are subjected to various physiological reactions when exposed to pollutants. Identifiable cellular alterations are frequently not unique to the pollutant, despite differences in external symptoms. Given that plants have distinct defense mechanisms against various pollutants, alterations in the cellular composition should be visible in relation to these systems. It is thought that the membrane is the most likely primary site of action for O_3 and potentially all gases. There is evidence, nevertheless, that some of the polluting gases may be able to pass through the membrane and have an immediate impact on the organelles of the cell. It is necessary to test these theories and establish the major (primary) and secondary effects.

There are certain issues with studying the biochemical and metabolic changes brought on by gaseous air pollution when the strategy is to investigate the effects of systems outside of the entire plant. Basically, it helps to develop theories about the reaction in the complete plant by studying plant sections that have been isolated. It is necessary to test these assumptions on the entire plant before conclusive cause-and-effect associations can be formed. It is best to conduct biochemical and metabolic research in facilities with regulated environmental growth and exposure. All four of the experimental strategies, i.e., modeling, cultivars, acute, and chronic exposures, and dose-response, should eventually be used in experiments. To find a resistance mechanism, research should compare genotypes that are sensitive to those that are resistant. Acute exposures are help□ul at first, but chronic exposures have to start as soon as feasible. Dose response and modeling must be taken into account eventually. Studies conducted *in vitro* have been challenging to plan and analyze. It is necessary to use different strategies when working with isolated plant systems compared to entire plant systems. However, the isolated system's chemical reactions will certainly alter due to the nature o□the modified system. Numerous studies including SO_2 and NO_2 have tested the impact of the two on isolated plant systems using SO_3 and NO_2, respectively (Ziegler, 1975). There has not been a thorough analysis of the issues around selecting appropriate concentrations and confirming that these ionic species are the active chemical species. It is possible that SO_2 and NO_2 have unique qualities that set off the main plant reaction. One method, which has been successful, is to expose tissue or cell suspensions in tiny cuvettes with very little water in them. In addition to closely monitoring the pollution concentrations, the relative humidity is kept at 100%. Whichever option is chosen, the exposure procedure is essential to producing data that can be used. At some point in the assessment process, the fundamental components of mechanistic models developed from the results of these kinds of studies can be employed.

2.11. ASSESSMENT OF CROP IMPACT

The final stage of investigating how air pollution affects crops is assessment. It is an iterative procedure that is updated frequently as new data is added to enhance assessment abilities. All tiers of the biological organization should undergo evaluation. This is the stage in the air pollution system that comes before an economic analysis. The impact of a crop on an economically significant product is one assessment that the US Environmental Protection Agency is interested in. Therefore, most researchers consider assessment to be the same as evaluating the impact on yield and converting this value into profit or loss. The NCLAN is made up of multiple research groups that collaborate in economic studies, field work, and agricultural production modeling to evaluate the effects of O_3, SO_2, and NO_2, and their combinations on crop output, both short and long-term. Developing dose-response relationships for various crops in the USA regions where they are grown is the main goal of NCLAN(Lesser et al., 1990). An economic evaluation of crop loss from O_3, SO_2 and NO_2 in the USA was conducted using the data. The program goal is to improve our understanding of cause-and-effect interactions so that we can create simulation models. Using advanced equipment, these field experiments aimed to deliver pollutant dose-crop response data. The exposure technique makes use of open-top chambers that allow for the regulation of gases surrounding the plant canopy. This enables the imposition of certain pollution regimes on experimental plants while having little impact on the crops that are grown inside of them. The fundamental strategy of the experimental design is dose-response. The gaseous pollutants cause 2%–5% of crop losses on average in the United States. Since coal accounts for more than 70% of China's energy, SO_2 is the primary air pollutant (Y. Xu et al., 2017). Because of the low energy utilization rate, i.e., combustion efficiency of coal, below 30%, a significant amount of pollution is produced during the combustion process. As a result, many cities, particularly Shanghai, Chongqing, Wuhan, Beijing, Shenyang, Tianjing, Nanjing, and Guangzhou, have severe air pollution problems.

2.12. INDUSTRIAL SOURCES

In addition to industrial sources, gaseous emissions from stoves (Figure 2.2) for cooking and heating play a role in the problem of air pollution. These stoves release pollutants with low chimneys and low combustion efficiency (below 20%), which are concentrated two meters above the ground and are especially dangerous to humans. Given that household heating is typically required for a longer time in northern China than in southern China, the issue is far more problematic there. Wintertime pollution emissions can exceed summertime emissions by several times. For instance, during the winter of 1980 in Beijing, the daily mean concentration of SO_2 exceeded the allowable limit of 150 μg/m^3 (220 μg/m^3) (Hidy, 2009). An estimate from 1980 informed that 15 million tons of SO_2 had been released into the atmosphere countrywide. China now has a relatively small number of cars, but its per vehicle fuel consumption and exhaust emissions are higher than those of developed nations.

Figure 2.2. *Stoves.*

Source: https://upload.wikimedia.org/wikipedia/commons/6/68/Gas_oven_flame.jpg, Creative Commons License.

Hence, in certain cities, the concentration of NO_2 from motor vehicle exhaust at major junctions is significantly higher than the health and sa□ety limit o□ 100 μg NO_2 m^{-3}. For instance, in Beijing, the downtown area occasionally saw concentrations of NO_2 of 160–370 μg/m^3 (Oanh et al., 2012). Except Lanzhou, photochemical smog has not typically been observed in the vicinity of Chinese cities. Situated in a river basin with mountain ranges on three sides, this city in northwest China prevents air pollutants from dispersing. The location receives high sunlight, which easily converts hydrocarbons and NO_x emissions from petrochemical industries into photochemical oxidants. Limited regions around fertilizer industries for phosphorus, aluminum, steel, and iron are contaminated with fluoride. One instance o severe, localized damage to plants is the Baotou case. The steel works and smelters in this northern Chinese city release a lot of fluoride into the air, polluting the surrounding 12000 km^2 of land and air.

Since Shanghai (Figure 2.3) is China's largest city, it could be helpful to examine the pollution levels there to better understand the overall pollution problem (Chan and Yao, 2008). Transportation, business, and industry are centered in a 160 km^2 urban area, where the population density generally floats around 38,000/km^2 but can reach 100,000/km^2 in some areas of the city. The city uses roughly 10 million tonnes of coal annually in addition to about 2 million tonnes of petroleum. Gas usage is restricted to just roughly 50% of households; coal is still a common and direct domestic fuel source.

Figure 2.3. *Shanghai.*

Source: https://upload.wikimedia.org/wikipedia/commons/f/f6/Shanghai_Smog.JPG, Creative Commons License.

The commercial area had the highest average SO_2 concentration, followed by the industrial area. The concentrations in both regions are significantly higher than the annual average limit of 60 $\mu g/m^3$. SO_2 concentrations in industrial regions showed a declining trend in the late 1970s, while concentrations in residential areas stayed close to the annual daily mean. With a few exceptions to commercial areas, NO_2 concentrations were within the daily mean limits of 100 μg/m³. There was little to no change in the patterns of S and N-oxide pollution during the 1970s. The level of pollutants did, however, somewhat decline in 1980 and 1981. In 1980, the daily averages observed ranged from 0–750 μg/m³ for SO_2 to 5–760 μg/m³ for NO_2. The average concentration for SO_2 was 126 μg/m³ and for NO_2 it was 80 μg/m³. SO_2 and NO_2 concentrations respectively decreased to 100 and 70 μg/m³ on average in 1981 (Yannopoulos, 2007).

2.13. EXPERIMENTS IN SHANGHAI

In addition to field surveys and tests at contaminated locations, more than 30 research institutes and universities have been carrying out fumigation experiments in labs since the early 1970s. A large number of resistant trees and crop plants have been selected, and studies of acute damage symptoms and changes in the anatomy of injured leaves have been conducted. The capacity of different plants to absorb SO_2, HF, and Cl_2 has also been determined by many chemical studies of plant materials; the results of these analyses, which provide information on pollutant concentrations within the plants, have been utilized as indicators in biological monitoring. The presence of SO_2 may impact membrane lipids. In leaves exposed to SO_2, different types of polyunsaturated fatty acid breakdown products were found: ethane, compounds reactive to sulfuric acid (malondialdehyde), and fluorescent materials. The membrane damage was caused by free radical peroxidation of membrane lipids based on experimental data. Researchers treated plants with different types of free-radical scavengers in their experiments: propyl gallate, diphenylamine, butylated hydroxytoluene, α-tocopherol, and sodium benzoate. This was done be□ore the plants were exposed to SO_2. These compounds caused less damage to the plants, and as a result, ethane production and the amounts of fluorescent and thiobarbituric acid-reactive molecules dropped (reduced). Superoxide dismutase has been shown by researchers to be crucial in plants' defense against SO_2 damage. In addition to increasing peroxidase activity, SO_2 damage also causes alterations in the isoperoxidase zymogram, which displays two new isozyme bands in addition to intensi□ying some existing bands. A correlation between S O_2 damage and the peroxidation of membrane lipids can be inferred indirectly from increased peroxidase activity, which is indicative of increased peroxidation processes in the cells (Chen et al., 2022).

2.14. PLANT EXPOSURE ASSESSMENTS

Plants that are exposed to HSO^{3-} or SO_2 and/or suffer from its negative effects will create ethane and ethylene. Wheat, rice, tomatoes, alfalfa, cayenne pepper, and a few cucurbitaceous plants were among the plants that were examined. It has recently been noted that tobacco differs significantly from the above-mentioned plants in this regard. More propylene and propane were released as their leaves reacted with HSO^{3-} or SO_2. Propylene and propane production increased with increasing concentration when tobacco (Nicotiana tabacum) leaves were exposed to HSO^{3-} within a certain range of 0.2–50 mM. More propylene was created than propane at lower HSO^{3-} concentrations, while more propane was produced than propylene at higher concentrations. The ideal pH for producing propane was 6, and the ideal pH for propylene was 5–6. The amounts of ethane and ethylene emitted were less than those of propane and propylene. Propylene and propane were also produced in large quantities along with the release of a substantial amount of ethane when HSO^{3-} was added to the homogenate system of tobacco leaves. When HSO^{3-} was added to the boiling homogenate, much less hydrocarbon gas was released. Propylene and propane, but in smaller amounts, were released from the boiling system for a long time (3 h) and at a high concentration of HSO^{3-}. This suggested that while enzymatic reactions play a major role in their synthesis, part of the emission may also arise from non-enzymatic reactions. In fumigation chambers, potted plants were exposed to SO_2 for three hours at concentrations of 1.8 and 2.5 ppm. Following fumigation, leaves were collected, placed in flasks, sealed, and allowed to incubate for two hours. Although in trace amounts, propane, and propylene were also released; it is likely that these were released during the fumigation process. Large amounts of propylene were released when detached leaves were exposed to SO_2 in sealed tubes at high initial concentrations. While the amount released was far less than that of propylene, propane production rose as SO_2 concentration increased.

One of the key elements in pteridophyta, bryophyta, and spermatophyta colonization of land may have been the evolution of the cuticle. In order to minimize water loss, these plants formed a continuous hydrophobic interphase; nevertheless, this was not a desired characteristic, which was the exchange of gases. In general, the facility was able to satisfy both of these needs by compromising its structure. It keeps a lot of its surface area, covers it with a cuticle, and has stomata that allow for gas exchange. However, in other parts of a wide range of plants, such as the epidermis of the pericarp of many fruits, stomata are either entirely absent or nonexistent in the adaxial leaf surface. The prevailing consensus on cuticles is that they restrict the exchange of gases. The attempt to measure the cuticle's relative impermeability to gases produced a variety of theories, including the following: the cuticle is impermeable to gases or the cuticle may be very porous. There are currently no conclusive studies on plant cuticle permeability to gases such as CO_2 and O_2, nor to gaseous air contaminants. The permeability of astomatous cuticles from particular plants to gases is described and quantified using novel methods. Determining phenomenological coe□ficients, such as permeability and di□usion coe□ficients, that characterize the permeability characteristics of cuticles and are directly comparable with the data for cuticular permeability to water was the aim. To quantify the properties of permeation, the permeabilities of two gaseous air pollutants, CO_2 and O_2, were determined simultaneously. In addition to being absorbed by the plant, some contaminants may also end up on the outside surfaces. On dry leaves, SO_2 deposition occurs to some extent, but when surface moisture is present, the rate of deposition quickly accelerates. When dew is present on a wheat crop, the surface resistance is reduced by a factor of more than 10. A combination of dew and rain causes vegetation in Britain to be moist roughly 30% of the time. In addition to the wet foliage acting as an effective sink for pollutants, depending on the concentrations in the atmosphere, the rain itself may include significant amounts of pollutants. When it comes to sulfur pollution, measurements of rain in Manchester have revealed amounts of sulfite and sulfate as high as 0.15 mM and 1.8 mM, respectively (Ferguson et al., 1978).

2.15. ABSORPTION STUDIES

Unlike the channel across the cuticle, which is always open, the stomatal pathway is not always the primary means of absorbing pollutants when growth-promoting conditions are met. The stomatal and cuticular channels for SO_2 to perennial grasses may have the same magnitude over the entire year. Since the former occurs primarily in the summer, the main way that SO_2 enters the plant will be through the cuticle during the winter, when atmospheric SO_2 concentrations are at their maximum, the foliage is frequently wet, and the stomata are closed for extended periods of time. Studies using gaseous SO_2 and dry foliage have demonstrated that winter climate conditions (low irradiance) that cause poor development even in the absence of pollutants also significantly exacerbate SO_2 detrimental effects on growth. It has recently been demonstrated that both SO_2 and NO_2 damaged timothy (*Phleum pratense*) foliage more than dry foliage. For these reasons, it makes sense that a combination of wet foliage and unfavorable growing conditions would have a negative impact on wintertime grass productivity. It is hard to determine the exact impact of crops being exposed to overwinter conditions. Although the variables restricting the process are less understood, there are several reports of the absorption from droplets of pollutants and their derivatives, including sulfite, sulfate, and fluorides. Despite using a high concentration gradient, researchers discovered low rates of fluoride transport across pear (*Pyrus communis*) leaf cuticles. They were careful to employ only healthy cuticles, though, and they hypothesized that higher rates could be achieved in the natural environment, where cuticles are more likely to sustain damage. The majority of data about the behavior of contaminants left on dry leaf surfaces is based on SO_2. Washing can eliminate some of the gas that was first deposited. But it seems that the amount that can be eliminated depends on how long it is between the fumigation and washing. After 0.05 minutes, researchers were able to wash 70% of the total pine shoots; but, after 20 minutes, fewer than 10% could be removed(Weiland et al., 2016). They proposed that the SO_2 may have been immobilized in or on the leaf, or it may have been re-emitted into the atmosphere, but no conclusive explanation for this observation has yet been offered. It has been demonstrated that sulfur dioxide can build up at specific epidermal locations, especially the guard cells. It is unknown whether these accumulation locations are absorption sites or ectodesmata sites. It is unclear how much of the sulfur that has been deposited on a dry leaf will eventually seep through without rewetting, or even how much rewetting will enable the sulfur to return to the solution and then be absorbed. In addition to the direct effects of the initial stress, secondary stresses can also lead to pollution-induced strains. Free radicals are thought to be a major source of secondary stress with some contaminants, and there is compelling evidence that plants may be shielded from damage by free radical scavengers. The pollutant may be able to obstruct the regular metabolic functions once it has entered the plasmalemma. The pollutants can be classified into three classes: non-accumulating (ozone and ethylene), accumulating but likely to get involved in normal metabolism (N-containing compounds), and accumulating but not likely to get involved in normal metabolism (HF, HCl, and Cl_2).

Because of their absorption by the roots, they are extensively distributed throughout the cell. It is possible that a significant □raction o□the soluble □orms of sulfur dioxide products are found in the vacuole and are thus comparatively inaccessible to enzymes that are cytoplasmic or linked to organelles. Incoming sulfate enters the amino acid pools in six hours and the cytoplasmic sulfate pools in one hour in cultured tobacco cells. Amino acids and extra sulfur were moved to the vacuole. It is therefore possible that the metabolites that enter the cytoplasm through the plasmalemma will be utilized instead of the components found naturally. In deseeded wheat plants, researchers discovered that arriving $^{35}SO_4^{2-}$ was preferred over endogenous SO_4^{2-}, and others have reported that the products of $^{35}SO_2$ are quickly incorporated into soluble organic or insoluble forms. This selective utilization of entering compounds suggests that data from pulse-feeding experiments should be interpreted cautiously, especially since long-term fumigation evidence suggests the accumulation of inorganic sulfur rather than the organic sulfur initially found. At high concentrations of SO_2, the majority of radioactivity is observed as sulfate, with only a minor amount o□organic material. Darkness has a comparable e□□ect. There is a significant radioactive assimilation into organic material at lower quantities. Every long-term study on the increase in sulfur following low-concentration fumigation reveals that the majority of the accumulation occurs as sulfate, with the organic component increasing very slightly. The precise level of enrichment of the organic and inorganic fractions is dependent on several variables, such as the nutrition of sulfur alone or nitrogen and potassium alone. The majority of excess soluble organic sulfur builds up in the thiol compounds cysteine and glutathione; leaves collected from polluted locations regularly have higher amounts of these compounds than leaves from control sites.

Nitrous acid is known to be harmful, thus the plant will benefit from its elimination through metabolism. Given that NO_2 is almost entirely incorporated into organic material in a brief period of exposure, it is evident that NO_2 metabolism is quick. Studies using $^{35}SO_2$ show that there is no nitrate accumulation similar to that of sulfate. 66% of the organic material was insoluble due to the low concentration and extended exposure time; however, some researchers discovered that the percentage was less than 20%. It is necessary to determine the degree to which these variations are caused by duration, concentration, or both.

It is generally known that exposure to NO_2 increases the activity of nitrite reductase, which in turn affects how quickly nitrous acid is metabolized. High NO_2 concentrations appear to have varying short-term impacts on nitrite reductase activity depending on the species. Maize (*Zea mays*), which is comparatively resistant to acute damage by NO_2, has a quick induction of nitrite reductase and no detectable nitrite buildup (Maurya, 2020). While most sensitive species, like the bean (*Phaseolus vulgaris*), accumulated nitrite and showed minimal increase in nitrite reductase, the sunflower (*Helianthus annuus*) also displayed rapid induction of nitrite reductase but accumulated nitrite.

Researchers demonstrated the significance of nitrite reductase in handling the chemical byproducts of NO_2 in the long-term metabolism of NO_x by discovering that the induction of nitrite reductase was suppressed when SO_2 was present alongside NO_2. Researchers postulated that the accumulation of nitrite that resulted from the simultaneous presence of SO_2 and NO_2 was the cause of the suppression of growth. There is evidence that, as NO_2 and SO_2 concentrations increase, their influence on CO_2 exchange shifts from more-than-additive to less-than-additive, even if it is plausible to explain the more-than-additive effects of SO_2 and NO_2 at low concentrations. This implies that processes other than those involving nitrite reductase may occur at higher concentrations and affect plant response. Since the non-metabolized pollutants, like fluoride and chloride, tend to collect along the margins of leaves, it is likely that the xylem is where they are mostly translocated. However, since there is evidence of significant accumulation in the roots as well, some fluoride translocation most likely takes place in the phloem.

2.16. DEGRADATION MECHANICS

The degraded pollutants SO_2 and NO_2 can quickly integrate into organic molecules. The main organic forms in which nitrogen and sulfur are translocated under typical conditions are the amino compounds glutamine and asparagine in the case of NO_x and glutathione and cysteine in the case of SO_2. Pollutants can alter a plant's vulnerability to insect attack by altering the amounts of phloem-mobile metabolites in the plant.

Figure 2.4. *Aphid infestation.*

Source: https://upload.wikimedia.org/wikipedia/commons/d/dc/Aphid_on_leaf05.jpg, Creative Commons License.

Polluted areas have been found to have higher levels of aphid infestation (Figure 2.4). In particular, nitrogen, and sulfur pollutants raise the concentrations of the amino acids that are most important to phloem-feeders like aphids and leafhoppers. The primary locations of SO_2 metabolic product transportation are high metabolic activity areas, especially the stem apices. Their movement patterns concerning leaf age are comparable to those of $^{14}CO_2$ assimilates. Although there is less information available on the movement patterns and chemical forms of translocated $^{15}NO_x$, it is likely that the products of NO_x act similarly. The cell division is controlled by the balance between incompletely oxidized and reduced sulfur radicals; the known mobility o sulfite in the phloem in the case of SO_2 raises the question of the likely effects on morphogenesis of the sulfur accumulated in the growing points (Adak et al., 2021). Plants have the ability to release toxins that have been digested. Since fluorides are actively cycled like most other elements and do not simply accumulate in leaf margins until leaf death, their behavior is now being proven to be significantly more complex than previously thought. The cycling or re-emission of nitrogenous chemicals following pollution exposure is poorly understood. Herbicide-treated soybean plants have been shown to release both NO and NO_2, however, it is less certain how much is released under non-pathological conditions. While it clearly complicates the interpretation of biochemical data, the dependence of the type of injury on the pollutant flux and duration of exposure also offers a chance to compare plant responses to various exposures.

CHAPTER 3

IMPACT OF AIR POLLUTION ON CROPS AND FORESTS

Contents

3.1. INTRODUCTION

Over the centuries, air pollution has been a cause of damage to flora in both Europe and North America. Early air pollution effects were characterized by significant, but localized, effects in urban and industrialized regions, close to emission sources. One of the case studies of localized pollution took place in the early 1900s at a smelter complex in Sudbury, Canada (Schindler and Kamber, 2013) (Figure 3.1).

Figure 3.1. *Smelter complex in Sudbury.*

Source: https://upload.wikimedia.org/wikipedia/commons/5/58/Inco_Superstack.JPG, Creative Commons License.

Sulfur dioxide and metal emissions caused entire forest ecosystem to disappear (up to 15 km), with other ecological consequences occurring over a longer distance. Even after considerable emission reductions were implemented, the impacts can still be seen today. Problems with air pollution have recently expanded to include both regional and local areas. Beginning in the early 1960s, studies of significant forest degradation in portions of North America revealed regional problems related to photochemical air pollution. It was discovered that high tropospheric ozone levels in the area were the primary cause of chlorosis or yellowing and early or premature senescence of pine trees. The mountain region (Southern California) experienced similar impacts of long-term ozone exposure on conifer forest ecosystems, which were linked to the movement of polluted air masses for longer distances from urban pollution sources. Elevated concentrations of ozone have been linked, at least partially, to similar cases of regional forest degradation that have been documented in other parts of North America and Europe. In addition to their negative effects on forest trees, photochemical oxidants have been shown to have negative impacts on agricultural crops in the United States in the late 1940s and early 1950s (Harwood, 1990). It is now believed that ambient ozone concentrations can reduce the yield of many different crops in North America and Europe.

3.2. MANAGEMENT

The necessity for air quality management measures to lower ambient pollution levels was initiated from our understanding of the damage that air pollutants like O_3, SO_2, and nitrogen oxides (NO_x) cause. These strategies were based on the identification of air quality standards for the relevant pollutant receptors, i.e., vegetation and human health, which could subsequently be used to evaluate the necessity and advantages of pollution control measures. For instance, a large number of field surveys and experimental investigations were carried out in North America and Europe to establish causal links between air pollution and regional vegetation degradation. The creation of dose-response relationships for various vegetation types made possible by some research studies served as a benchmark for emission reduction initiatives and a means of defining acceptable air quality standards. The quality of the air in both North America and Europe has improved slightly as a result of the implementation of air quality criteria to guide emission reduction (mitigation) plans. However, other factors including economic reforms and changes in energy policy have also contributed significantly to the decrease in levels of various air pollutants in these regions.

3.3. AIR POLLUTION

Air pollution emissions have been rising in many emerging (developing) countries in Latin America, Africa, and Asia over the past 20 years, in contrast to the situation in Europe and North America. This is mostly because many of these countries have experienced significant economic growth, which has increased urbanization, transportation, industrialization, and energy production. Different sectors contribute differently to air pollution problems, which leads to varying levels of pollution in different parts of the world. However, according to the World Resources Institute, SO_2, O_3, suspended particulate matter (SPM), and NO_x are the main pollutants that anthropogenic activities produce. The effects of air pollution are separated into two categories: direct and indirect injury. Direct injury includes damage that is directly caused by exposure to the pollutant like internal cellular damage or modifications to biochemical or physiological processes arising from vegetation absorption of the pollutant. SO_2

and NO_x can also cause sensitive soils to become acidic, which can lead to base cation depletion and have a long-term effect on the nearby plants. While more nitrogen deposition may also temporarily boost growth, NO_x, and ammonia emissions have the potential to permanently enrich (eutrophication) nutrient-poor terrestrial ecosystems. The short duration of higher emissions in many places and the scarcity of data reflecting vegetation responses in developing regions make it imperative to first determine the immediate effects of air pollution before taking these longer-term effects into account.

Although this situation was predicted to change significantly by 2050, recent global assessments showed that only small areas of China and Southeast Asia outside of Europe and North America have modeled deposition of acidity in 1990 exceeding critical loads for soil acidification. There is minimal evidence to suggest that productive crop systems are susceptible to acidification, and atmospheric nitrogen deposition typically contributes less to agricultural systems than does input from organic or inorganic fertilizers. The concentration on the direct effects of atmospheric pollutants reflects the expected economic significance of the issue, as most developing countries are likely to be most concerned about the impact of air pollution on crop productivity. In North America, there is a long history of air pollution damaging agriculture and forests. At least four distinct and widely dispersed forest types have shown a positive correlation with declining regional air pollution levels. Significant pollutants that affect forests include ozone and acids that are deposited (wet or dry). Emissions of sulfur dioxide from industrial activities like the burning of fossil fuels have been sufficient to cause acute damage to the leaves of many species of trees and shrubs in North America. High quantities of Ni and Cu were discovered in soils up to 70 km away from the point source (Romic and Romic, 2003). The restoration of 10,000 hectares of barren land and 36,000 hectares of stunted, open birch-maple woods is ongoing due to a prominent decrease in SO_2 and metal emissions. The effective use of SO_2 emission control measures in North America has resulted in vegetation damage being limited to specific geographic regions surrounding small point sources. Some researchers mentioned the response of the boreal forest to sour gas emissions and established a connection between ambient SO_2 exposure and the growth of boreal trees. The pollutant that affects crops the most is O_3, which has significant economic effects over huge geographic areas in both Canada and the United States. Anthropogenic NO_x emissions in the United States dropped by 6.5% between 1980 and 1995, from 23.3 million tons–21.8 million tons (Nieder and Benbi, 2008). Trends in nitrogen species (HNO_3, NO_3) were more unpredictable than those in sulfur.

3.4. PARTICULATE MATTER

Particulate matter (PM_{10}) trends were first documented in the United States in 1997. Between 1974 and 1992, the total suspended particle matter in Canada fell by 54% (Schroeder et al., 1987). Recently, both countries updated their criteria for $PM_{2.5}$, or particulate matter with a diameter < 2.5 μm and significant health risks to humans. The range and ecological variety of the hardwoods in North America are huge. The 326 million hectares of forest land in the United States and the 417 million hectares in Canada constitute an extremely significant economic resource (Liu et al., 2014). Canada collected 10.1 million hectares of cereals and oilseeds and 0.87 million hectares of specific crops. Harvested crops that were categorized as sensitive included potatoes, dry beans, soybeans, and wheat. Oats and barley were among the harvested SO_2-sensitive crops. Harvested crops that were categorized as O_3 and SO_2 sensitive included potatoes, tomatoes, soybeans, cotton, and wheat. Red clover, tobacco, rye, and edible dry beans were among the O_3-sensitive crops that were harvested. Harvested SO_2-sensitive crops included sugar beets, barley, oats, and lettuce. The shifting atmospheric conditions that are supporting the growth of forests in North America include regional air pollution. Since the early 1980s, there has been a direct correlation between air pollution and high death rates in hardwood forests located in the northeast. Although the condition of sugar maples has generally improved in the United States and Canada, a regional investigation of soil buffering in Ontario has revealed that regions with higher levels of dieback were those where critical loads of S/N were surpassed. The main cause of tree response, particularly in the northern Appalachians, has been identified as soil susceptibility to acidic deposition.

3.5. SOIL MECHANICS

Reduced soil Ca, Mg, and K contents were the result of accelerated base cation loss from sugar maple stands. Nutrient imbalances and decreased growth in some locations may also be partially caused by N saturation. Given the impact of deep freezing of roots on canopy processes, the decrease of sugar maples may have ultimately been caused by the interaction of cation leaching with extreme climate events. White birch decline was first noted in eastern coastal birch forests in the early 1980s. Field investigations later revealed a relationship between NO_3 and H^+ ions in fog and leaf browning (Cox et al., 1989). Red spruce mortality increased with elevation, whereas canopy conditions worsened at low and high-elevations. According to dendro-climatological analysis, higher tree sensitivity to northern winter temperatures and southern late summer temperatures was the cause of growth reduction. Field research has demonstrated that the deposition of strong anions has decreased the availability of cations, decreased the net generation of carbohydrates in vegetation, decreased photosynthesis, and increased respiration. Possible causes include the effects of acid deposition on Ca availability, which reduces the cold hardiness in the north, and acid deposition-induced Ca deficit, which increases dark respiration in the south. Ozone is known to exacerbate the effects of soil moisture stress on the growth of loblolly pine stems. Some researchers were able to link the radial growth of yellow poplar trees with ozone. Short-term consequences of acidic deposition are not anticipated to be large; instead, the principal impact on nutrient cycles is anticipated to have the most effects. It was previously thought that a low cation supply would limit 10%–15% of commercial pine forests.

The 16 M hectares of mixed conifer forest in Southern California have been exposed to the higher concentrations of ozone in North America since the mid-1950s, with higher elevation areas experiencing concentrations > 50 ppb at night (Percy et al., 2003). The harmful effects of N deposition are likewise well known, and it is distinct in that the majority of it manifests itself as acidic vapor, gas, and particulate species when it is dry. Localized N saturation has been observed with deposition levels as high as 25 -45 kg N ha^{-1}/y (Crowley et al., 2012). The most impacted species are Jeffrey pines and ponderosa pines. There is established evidence of effects from the vegetation level to the successional stage. Annual mortality was observed to be between 2.5% and 3.5% during the peak O_3 levels. Concentrations between 50 and 60 parts per billion caused vegetation damage in stressed trees. They also decreased the availability of nutrients and decreased the production of carbohydrates, making it more vulnerable to bark beetles. Some researchers observed an improvement in the foliar injury index with gradually decreasing O_3 stress. In North America, ozone is still an important air pollutant for crops.

3.6. VEGETATION

Foliar (vegetation) damage was linked to O_3 in the United States in 1959, and crop yield loss is now common. The effects of O_3 on crops may cost the United States $3 billion annually. Some researchers defined critical loads as quantitative estimates of an exposure to one or more pollutants below which certain sensitive elements of the environment do not experience considerable damage. Further, 60% of pine soils in the Southeast are likely to experience increased cation leaching due to acidic deposition (Tomlinson, 2003). The primary techniques for determining how air pollution affects vegetation were field observations or the development of plants along field pollution gradients. Although these methods make it possible to compare the impacts of various pollutant mixes and concentrations, it is more challenging to interpret the findings in terms of exposure-response relationships for particular contaminants. Some researchers cultivated a variety of plant species at various locations in Leeds, from an extremely polluted industrial area to relatively unpolluted areas on the outskirts of the city. Significant declines in the growth of the plants were linked to the 10–20-fold differences in the rates of particulate deposition and sulfur between these sites. The 1970s witnessed the emergence of the first reports of ozone-related damage to crop species in Europe. For instance, after an incident of high O_3 concentrations, researchers observed noticeable damage to radish and peas. Acute damage to the leaves of plants, like many horticultural crops, whose market value is based on how they appear, can result in economic losses. There was an O_3 occurrence north of Athens that resulted in such severe necrosis and reddening on lettuce and chicory that the local products could not be sold, which had dire consequences for the producers in the area. The Mediterranean regions of Europe are where reports of visible O_3 damage to crops are most common. Some researchers found evidence of plant injury (21 crop species) in Italy, Spain, and Greece. Tobacco, wheat, chicory, grapevine lettuce, muskmelon, onion, peach, peas, pepper, radish, beetroot, spinach, tomato, and watermelon were the most affected species. Due to its wide distribution, ozone presents a challenge when attempting to evaluate the direct consequences on vegetation using spatial variance in agricultural output or plant development. Assessing the impacts of ambient ozone has involved field treatments with protective agents.

The regions of northern Czechoslovakia, southern Poland, and eastern Germany have seen the most severe effects of air pollution on forests in Europe (Bytnerowicz et al., 2002). The severe forest destruction was mostly caused by emissions from coal-fired power plants that used lignite, a low-energy, high-sulfur fuel. At least one million hectares of forests, mostly made up of Norway spruce, were extremely damaged, and many larger areas were likely affected by SO_2. Throughout the 1960s and 1970s, there was a significant increase in the amount of forest damage in both Poland and Czechoslovakia, with the highest levels of damage being linked to the regions with the highest SO_2 emissions in both of these countries. Research conducted in Western Europe revealed inverse relationships between the productivity of conifers, like Scots pine, and atmospheric SO_2 concentrations in industrialized areas of West Germany and the United Kingdom. In contrast to central and eastern Europe, where SO_2 concentrations were lower, spruce, beech, and fir health in rural areas showed a decline (diminished growth), raising serious concerns about the effects of air pollution on forests in Western Europe. Deficits in the concentrations of foliar nutrients were a common feature of the diseased trees. Many field and experimental research studies were conducted in response to the forest decline problem; the majority of these investigations concentrated on the roles of soil eutrophication and acidity.

3.7. FIELD EXPERIMENTS

Field research, however, also suggested that ozone might play a part as an additional stressor (stress-producing agent). There are currently extensive monitoring programs in place throughout Europe to evaluate the state of forests by visually assessing defoliation and discoloration. At some locations, more thorough physical, chemical, and physiological measurements are taken to better understand the factors that lead to change. Long-term changes in tree health can be found since these programs employ a standardized methodology and assessment. There has been a minimal shift in the crown condition of beech, Norway spruce, and Scots pine over the years. However, the Mediterranean species of maritime pine and holm oak and, to a lesser degree (intensity), European oak have consistently seen a reduction in their crown condition. Large geographical variations in crown conditions are hidden by the mean trends throughout Europe. Climate, soils, and stand age are the main factors affecting tree vitality.

Figure 3.2. *Aleppo pine.*

Source: https://upload.wikimedia.org/wikipedia/commons/a/ad/Aleppo_Pine_and_the_%C3%89tang_de_l%27Ayrolle%2C_Aude_01.jpg, Creative Commons License.

However, higher ozone exposures and depositions of sulfur and nitrogen are linked to poorer crown conditions in deciduous species, especially beech (Takemoto et al., 2001). Data on forest production patterns indicate that yield has likely increased over the last few decades. Modifications in silvicultural practices have contributed to this trend of higher yield, but other possible causes include rising carbon dioxide concentrations and rising nitrogen deposition. There is not much evidence of ozone-related (observable) damage to tree species in Europe, though this could be because there were fewer systematic surveys of damage. For instance, several shrub and deciduous tree species have shown ozone-like symptoms in recent field surveys conducted in southern Switzerland and Spain, places with quite high O_3 exposures. Both on young seedlings and mature beech trees, researchers described the distinctive visual symptoms of O_3 injury and demonstrated how this was connected to a critical cumulative absorption by the tree. Many reports of visual damage that resembles the ozone symptoms have been made in southern Europe, and experimental fumigation has been used to validate this in the case of Aleppo pine (Figure 3.2).

Whether ozone had a major long-term impact on the development and vitality of European forests is still up for debate. Studies attempting to link ozone exposure to forest growth are relatively rare. Radial growth and ozone exposure were shown to be significantly correlated negatively, with a slope that was higher than that obtained in previous experimental research using beech seedlings. To avoid major reductions in tree growth caused by ozone, critical thresholds of ozone have been established. According to assessments, 40% of European coniferous forest stock and roughly 70% of its deciduous forest stock are thought to have high levels. It is anticipated that this critical level will have major cumulative effects on the growth and yield of mature trees in the field because it is set at an exposure that significantly affected experimental seedlings, resulting in a 10% drop in yearly growth. Field research, however, has not revealed anything about how ozone is influencing the health and growth of forests in Europe. It is helpful to categorize experimental studies conducted in Europe into two groups: fumigation studies, which are intended to test the effects of adding controlled concentrations of specific pollutants, and studies intended to assess the impact of air pollution at a specific location, mainly by examining responses to air filtration.

Researchers illustrated the detrimental effects of urban pollution on grass species growth. Significant effects of filtering were also observed in later investigations conducted in metropolitan regions of the United Kingdom, contrary to original assumptions that SO_2 was the primary pollutant to induced damage. Significant differences in the dose-response relationship were observed when the outcomes of these tests were compared with those of fumigating the same grasses with regulated amounts of SO_2. These data analyses make it abundantly evident that SO_2 alone is unable to have the kind of negative consequences that were reported in the filtration experiments. This apparent contradiction was resolved in a series of experiments showing that SO_2 and NO_2 in combination had a much greater effect than the individual gases in isolation at the concentrations common in urban areas; more research revealed a biochemical mechanism for this synergistic response. The majority of these research studies on SO_2 and urban air pollution were carried out in closed chambers. Since they offered more realistic experimental conditions, open-top chambers started to replace these as the readymade experimental tool. In many regions of Europe, O_3 pollution has the potential to significantly reduce yield and lower growth in a variety of species. These chambers have been used to study the reactions of many species in rural areas where O_3 is the primary pollutant. Over the years, the development and use of air quality guidelines (criteria) for effects on vegetation, soils, and freshwaters has been the main focus of risk assessment in Europe. Specifically, debates on emission control have been associated with the use of critical loads to characterize the deposition rates over which long-term acidification of soils and freshwaters may develop. Currently, some organizations are involved in creating and enforcing air quality standards throughout Europe.

3.8. ENVIRONMENTAL PROBLEMS

UN has produced the framework for the formulation of critical levels, the gaseous concentrations over which direct harmful impacts on vegetation may occur, in addition to its work on the use of critical loads for acidification. One of the major environmental problems facing both humans and plants in Japan is air pollution. Sulfur dioxide (SO_2), nitrogen dioxide (NO_2), SPM, and photochemical oxidants are examples of air pollutants whose environmental quality criteria have been set for human health rather than for plant protection. During the previous decades, SO_2 and NO_2-induced air pollution emerged as a major environmental issue, particularly in large cities like Tokyo and Osaka. As a result, crops and trees in particular showed signs of obvious foliar injuries and aberrant defoliation, respectively. Since the early 1970s, many plant species have shown foliar damage caused by photochemical oxidants like ozone and peroxyacetyl nitrate (PAN) (Oka et al., 2004). Because of the comparatively high concentrations of air pollutants in the Kanto region, which includes the Tokyo Metropolis, and the Kinki district, which includes Osaka Prefecture, these places are said to have the highest risk of air pollution in Japan. The connections between air pollution and the extinction of mountain forest tree species have attracted a lot of attention lately. In several parts of Japan, the atmospheric concentration of SO_2 was unusually high, the annual average concentration was measured to be 60 parts per billion. Since then, many initiatives have been put in place to reduce the concentration of SO_2, including increasing the usage of scrubbers to eliminate sulfur from fuels and stationary source gases. According to the SO_2 environmental quality guidelines, hourly values should not exceed 40 parts per billion on a daily average, and no one hourly value should be greater than 100 parts per billion. SO_2 air concentrations have been comparatively low recently throughout Japan; in 1996, the yearly average value was 9 ppb. Nitrogen oxide emissions in the Tokyo metropolitan region amount to around 222,500 tons annually, with motor vehicles accounting for more than half of these emissions. In major cities like Tokyo and Osaka, the atmospheric concentrations of NO_2 have been constant recently. The air quality criterion for this pollutant, which limits daily averages of hourly measurements to maximum concentrations of 40–60 ppb, is exceeded at many locations.

3.9. PHOTOCHEMICAL OXIDATION

Japanese environmental scientists currently believe that photochemical oxidants pose a risk to human health as well as that of crops and plants. According to Japan's environmental quality guideline for photochemical oxidants, hourly values should not have a daily average greater than 60 ppb. The hourly concentration of photochemical oxidants is dangerous when it approaches 240 ppb (Kley et al., 1999). Many researchers from the Kantoh district have been assessing the effects of photochemical oxidant-induced air pollution on field-cultivated plants like morning glory, peanuts, and taro. In all of Kantoh district regions, evident foliar damage caused by photochemical oxidants was seen in morning glory and taro. The extent of visible foliar damage was higher in Tokyo Metropolis, Kanagawa, and Saitama Prefectures than in other regions. Some researchers studied the correlations between the development parameters of radish plants grown as indicator plants in tiny open-top chambers (OTC) in Tokyo and the dose of ambient ozone. During periods of 7 days with relatively high concentrations of O_3 above 100 ppb, visible foliar injuries such as chlorosis and white flecks could be seen on the cotyledons and leaves of the plants cultivated in the non-filtered condition. The degree of cotyledon area decreased and the total dry weight reduction of plants grown in the non-filtered treatment (NF) relative to those produced in the charcoal-filtered treatment (CF) increased with increasing doses of ozone. These findings imply that ambient Ozone had a detrimental impact on the growth of sensitive crop plants grown in Tokyo.

3.10. PEROXYACETYL NITRATE

Due to a lack of field surveys in the areas experiencing forest degradation, (Figure 3.3) the causes and mechanisms of these occurrences remain unclear. In the Tanzawa mountainous district, where a decline in mature Siebold's beech can be observed, a peak concentration of 242 ppb was observed at approximately 1500 meters above sea level. Atmospheric concentrations of ozone above 100 ppb have been recorded regularly. Consequently, ozone is thought to play a significant role in the dieback of trees and/or decrease of forests in Japan. There was no PAN monitoring network in Japan. Using petunia plants as an indicator plant, some researchers assessed the damage caused by PAN-induced air pollution in the Tokyo Metropolis. From May to October, they could see the usual symptoms of PAN-induced foliar lesions in plants planted at different locations. This finding suggests that in the 1980s, PAN air pollution had already spread over the Tokyo Metropolis. In the Kanto district, PAN-induced foliar damage was also observed on petunia, watermelon, peanuts, and soybeans. Many research institutes and universities in Japan have been carrying out experimental investigations on the impact of air pollutants, such as SO_2, O_3, and PAN, on the growth and physiological functioning of crop plants, as well as on visible foliar injury(Darrall, 1989).

Figure 3.3. *Forest degradation.*

Source: https://upload.wikimedia.org/wikipedia/commons/c/cd/Lahnberge_Wald.jpg, Creative Commons License.

Data on the correlations between gaseous air pollution dose and Japanese crop plant quality or yield, however, are scarce. Regarding the impact of SPM on native Japanese flora, less is known. Dust exposure decreased the net photosynthetic rates of plants (such as cucumbers and kidney beans) by shading the leaf surface. The dust absorption of incident radiation raised the temperature of the leaves. Many experimental research studies on the impact of O_3 on the growth and physiological processes of Japanese forest tree species have been published. The Japanese conifer, cedar, appears to be quite tolerant of exposure to O_3 below 100 ppb for several months at a time based on its dry weight growth. On the other hand, the seedling's exposure to O_3 concentrations above 150 ppb resulted in a decrease in root dry mass, which raised the shoot/root ratio. The appearance and/or severity of visible foliar damage and dry weight growth indicate varying relative sensitivity to ozone among native Japanese tree species. In contrast to Japanese cedar and cypress, researchers found that Japanese zelkova was relatively sensitive to ambient levels of O_3 below 100 ppb.

The physiological reactions of many types of Japanese forest trees to gaseous air pollution are poorly understood. Exposure to 100 ppb O_3 for three weeks decreased the transpiration activity of Japanese cedar seedlings, possibly as a result of stomatal closure. Exposure to 75 or 150 ppb O_3 for 18 weeks decreased the net photosynthetic rate of Siebold's beech seedlings without significantly altering the respiration rate. This finding suggests that stomatal closure was not the cause of the O_3-induced suppression of net photosynthesis in the seedlings. The net photosynthetic rate and CO_2-response curves in the O_3-exposed seedlings indicate that O_3-induced reductions in the rate of ribulose-1, 5-bisphosphate (RuBP) regeneration and the activity and quantity of RuBP carboxylase/oxygenase, the primary enzyme in photosynthesis (Paoletti et al., 2007). Some researchers found that Japanese zelkova and cedar seedlings, but not Japanese cypress seedlings, showed a decrease in net photosynthetic rate and dark respiration rate after being exposed to ambient levels of O_3 during 24 weeks. This finding implies that the physiological activities o□Japanese forest tree species vary greatly in their sensitivity to ozone. A dose-response relationship has been found in rice in Japan between ozone and crop yield.

Many considerations must be made when applying risk assessment techniques created in Japan to the modeling of the effects of air pollution on plants in other Asian countries. Different species and cultivars of crop plants grown in Asian countries are more or less sensitive to air pollutants like ozone. Asian countries have diverse weather during the crop-growing seasons, with variations in air temperature, humidity, and light intensity. These elements influence how detrimental gaseous air pollutants, including O_3, are to crop plant growth and net photosynthetic rate. It will therefore be impossible to assess dose-response relationships and critical levels of air pollutants for safeguarding crop production in Asian countries until the effects of air pollutants on crops cultivated in each Asian country, as well as the interactions between the effects of air pollutants and meteorological factors, are explained. However, further research is required to determine how ambient SO_2 levels affect native Asian plants, as SO_2 is thought to be the most significant air pollutant in developing Asian countries.

3.11. POLLUTION IN AUSTRALIA

Australia has a vast land area and a small population, which is mostly concentrated in the southern half of the country around a few major coastal towns. Mining, mineral processing, and agriculture have dominated the Australian economy. Manufacturing, tourism, and other activities have become significantly important in recent decades. Australia has land with soils that are generally deficient in nutrients. Australia is divided into two regions: one-third is semi-arid, with 250–500 mm of rainfall annually, while the other third is arid, with less than 250 mm. In less than 10% of Australia, the soils are suitable for either dense vegetation or productive agriculture. The amount of arable land is only 6%. The predominant plant types are shrubs and forests. 9% of Australia was covered in forest before European settlers arrived. Just 2% of the land was covered in forest by 1965. The majority of the clearing was done for farming. It was believed that Australia does not have a significant problem with air pollution outside of the large cities and industrial areas due to its large land mass, small population, and small manufacturing sector. However, several mineral processing towns have ambient SO_2 concentrations above 0.5 ppm, and major cities with sunny climates, like Sydney, Melbourne, Brisbane, and Perth, often have summer ozone levels above WHO recommendations.

Air pollution problems have existed in Australian mining regions and quickly expanding cities since early industrialization (Mosley, 2014). There was severe air pollution in the towns that processed minerals, much of this was related to SO_2. The roasting of metal sulfide ores at the Queenstown destroyed nearly all of the vegetation in the forested hills surrounding the town, and the area was completely devoid of vegetation within many kilometers of the smelter. SO_2 emissions from roasting ores also damaged native vegetation, including eucalyptus and acacia species. SO_2 damaged the vegetation up to several kilometers away from these point sources. Similar to this, significant industrial and mineral processing sites in the Australian states have experienced limited damage to their vegetation due to SO_2. These occurrences are less frequent now than they were 10 or 20 years ago due to enhanced pollution control, process modifications, and fuel changes. The global economy, which has been impacted by declining commodity prices, globalization, technological advancements, and other factors, has had an impact on the Australian economy and emissions profile. The Australian population is still expanding, having grown by more than 50% since 1968 (Marx et al., 2010). The major urban population expansion has been primarily attributed to immigration from other countries and rural areas. The composition of air pollutants is evolving. Emissions and ambient amounts of lead, SO_2, carbon monoxide, and particulate matter have decreased in many of the cities and industrial areas. However, despite efforts to reduce vehicle emissions, in large cities, ambient levels of nitrogen oxides, O_3, and volatile organic compounds remain high.

3.12. SENSITIVITY

Based on dose-response data from studies conducted in the United States and Europe as well as a small amount of data from Australia, including field pollution gradient studies utilizing plant varieties sensitive to O_3, it is anticipated that current ambient O_3 concentrations in the areas surrounding cities will hinder the growth and yield of sensitive crops and damage some areas of significant biodiversity. Many studies examined the effects of various pollutant mixtures on Australian vegetation, such as combinations of SO_2 and HF, and others. However, not enough research has been done to draw any conclusions about the effects of interactions. Research on acid deposition in Australia reveals that several important industrial sources have both regional and local effects. Nonetheless, compared to regions of Asia, North America, and Europe, acid deposition rates are lower over the majority of Australia. China had a period of tremendous economic expansion over the years. The population and economy are expanding so quickly that there will unavoidably be an increase in the need for energy. China lacks effective air pollution management measures and is seeing a faster pace of increase in energy consumption (coal) than the majority of other developing Asian countries. Due to this, air pollution emissions of carbon dioxide, nitrogen oxides, and sulfur dioxide have increased more than the average rate of increase in industrialized countries. In many Chinese cities, the quality of the air has already declined due to the rise in ambient air pollution levels. According to recent reports, China is home to 5 of the 10 cities with the worst air pollution in the world, and the country's air pollution problem is so bad that it is thought to be the cause of over a million deaths annually.

3.13. COAL

The majority of coal used to generate energy contains a high level of dust and sulfur. Due to this reliance on coal as the primary energy source, SO_2, particulates, NO_x, and acid rain are the main causes of air pollution. Only in the late 1970s was systematic air quality monitoring brought to China; today, a network of monitoring stations is maintained and offers accurate data on acid rain, SO_2, NO_x, carbon monoxide, and total suspended particle matter. Since determining the potential effects on human health is the main goal of this monitoring network, most of the monitoring stations are found in urban areas. The concentrations of ground-level air pollutants in rural areas are much less documented. China's ground-level air pollution composition differs significantly from that of several industrialized countries in Southeast Asia, North America, and Europe. The predominant air pollutants in the majority of these conditions are NO_x and ozone, and SO_2 concentrations have sharply decreased recently. NOx pollution is not as bad as SO_2 pollution in China. O_3 has received less attention, and there is minimal data on ground-level O_3 concentrations in China; measurements are limited to a small number of industrialized regions in Shanghai, Beijing, and Lanzhou(Xue et al., 2014). Only recently have data on O_3 concentrations in rural areas become available, and even then, they are limited to specific studies carried out in and around Chongqing and other rural sites. The limited data that is currently available indicates that O_3 may be high enough in some locations to negatively impact vegetation. According to research conducted in the USA, crop yields were lowered by 10% or more when SUM06 was between 15 and 25 ppm/h. The majority of monitoring sites have O_3 levels that are typically below those thought to be phytotoxic to flora. However, it is anticipated that shortly, the rapidly expanding industry and rising vehicle population will lead to an increasing photochemical oxidant problem.

3.14. POLLUTION IN CHINA

In China, human activity is mostly linked to air pollution. The southeast region of the country is home to more than 94% of the population. The predominant land cover/use categories in this area are farming and forests, which include shrubs and woods. This vegetation can be further classified into some sectors: The northeast, encompassing the entire region to the east of Daxinanlin and to the north of the Liaodong Peninsula. The primary agricultural species grown here are soybeans, corn, wheat, and sugar beet. Cold temperate conifers such as Xingan deciduous pine and several broadleaf tree species such as Quercus mongolica as well as mid-temperate deciduous broadleaf trees are characteristic of forests. Wheat, cotton, maize, peanuts, soybeans, sweet potatoes, potatoes, and tobacco are the principal agricultural species in Huang-Huai-Hai. Warm-temperate deciduous broadlea□trees, such as Quercus, Pinus, Betula, Populus, and Acer, are characteristic of forests. The only places with forests in this area are rural mountainous sites that are remote from industrial sources of air pollution. Rice, oilseed rape, wheat, tobacco, mulberry trees, tea, fruit trees, and sweet potatoes are the principal agricultural species in this the Huaihe River and the region south o□Qinglin Mountain. The declining native deciduous and evergreen broadleaf trees are limited to high-elevation mountain regions because of the human habitation in this area.

In the southwest, comprising Guizhou, Chongqing, Yunan, and Sichuan, rice, oilseed rape, wheat, tobacco, mulberry trees, tea, fruit trees, and sweet potatoes are the principal agricultural species. The Fagaceae, Pinaceae, and Taxodiaceae are the principal families of trees. In South China, rice, sugar cane, peanuts, mulberry trees, tea, rubber trees, coconuts, bananas, pineapples, and a few other tropical fruit plants are the principal agricultural species. The majority of fruit and vegetable growing regions are found close to heavily populated areas because of the enormous demand for fresh produce in cities and the inadequate transportation infrastructure. As a result, fruit trees and vegetables are thought to be most vulnerable to air pollution from industrial sources, with forests and other crop plants coming in second and third. It appears that China's forest health has not declined due to a significant decline in air quality. Although uncertainties have been expressed regarding localized losses in tree conditions around some large towns or industrialized areas in southwest China, there have been no reports of a general deterioration in the state of forests. The Chinese government is presently working to relocate some of the most heavily polluting companies and is proposing legislation to build taller stacks to disperse air pollutants over longer distances due to the disturbing pollution situation in many urban regions. By taking these steps, the current pollution levels in inner-city areas may be decreased, alleviating doubts about potential health implications. Nevertheless, this program can also lead to increased air pollution levels in rural areas with forests and native plants.

CHAPTER 4

TOXIC METAL BIOREMEDIATION

Contents

4.1. INTRODUCTION

The industrial expansion and urbanization have come at the expense of the environment and its quality. Environmental pollution is an issue that affects ecology. Pollutants such as phthalates, PAH, metalloids, dioxins, and others are formed as a result of industrial and other activities. Because of their hazardous qualities that impact the biotic components of many ecosystems, heavy metals and metalloids are commonly referred to as environmental pollutants or potentially toxic elements (PTE). The crust of the Earth naturally contains heavy metals. Exposure to different metal(loid)s in diverse ecosystems has increased due to the increased demand for heavy metals in various industrial activities. Unsustainable anthropogenic activities like smelting, metal mining, leaching of metals in groundwater, unsafe disposal of industrial waste, sewage waste water, runoffs, car exhaust, construction activities, etc. have given rise to heavy metal pollution. The use of agrochemicals, inappropriate disposal of sewage and industrial sludge, untreated industrial wastewater discharge, etc., are regarded as some of the main causes of metal(loid) contamination. A few other naturally occurring sources of metal(loid)s in the environment are volcanic eruptions, weathering of rocks, floods, groundwater, wind erosion, soil erosion, forest fires, etc. The improper disposal of metal(loid)s is causing a number of environmental problems for both developed and developing countries.

4.2. HEAVY METALS

Heavy metals are inorganic elements with high atomic weight and density (> 5 gcm^{-3}) that create threats to human health and the environment, even at low concentrations (Ahmed et al., 2022). The metals and metalloids are collectively referred to as metal(loid)s. Mineral weathering produces metals like copper, cobalt, manganese, nickel, zinc, etc. Lead, Cd-cadmium, and mercury have been linked to toxicity even at very low quantities. Arsenic, bismuth, thallium, and antimony are among the relatively less hazardous metals. Zinc, cobalt, copper, iron, and selenium are among the metals that are involved in a variety of biochemical processes and can become toxic when present in excessive amounts. Metals are known to be excellent electrical conductors. They have basic oxides and are ductile and malleable. Metals are used in many different industrial applications. Certain metals are also important for many biological activities. Metabolic problems and diseases are caused by both excess and lack of metals in living systems. Because they are found in enzymes, which affect biochemical reactions in a variety of living species, several metals and metalloids are thought to be necessary for various life forms. It has been observed that heavy metals react with nuclear proteins and DNA to produce site-specific damages that are direct and indirect damages. According to several studies, heavy metals change the signaling pathways. Heavy metals can be broadly classified into essential and nonessential groups. While non-essential heavy metals like lead, cadmium, mercury, nickel, and others cause a variety of toxicities like contact dermatitis, cardiovascular, lung, and nasal cancers, kidney diseases, and lung fibrosis, among other conditions, essential heavy metals like cobalt, iron, copper, manganese, etc., are important for the biological system and needed in a lesser concentration for various physiological and biochemical functions. Plants, microbes, and humans may have varying amounts of these necessary heavy metals.

Heavy metals (Figure 4.1) have a negative effect on DNA and nuclear proteins, which leads to specific damage. The detrimental effects on biomolecules are directly caused by heavy metals. The ROS such as superoxide, hydrogen peroxide, and hydroxyl ions cause indirect effects that lead to oxidative stress. The toxicity caused by heavy metals results in the production of free radicals that harm DNA and disrupt sulfhydryl equilibrium and lipid peroxidation. The heavy metals can modify calcium homeostasis. Free radical induction is linked to several toxicities caused by heavy metals, including cadmium, nickel, copper, etc. One of the hazardous metalloids is arsenic. Through dust, rain, open waters like rivers and ponds, and groundwater, it enters ecological processes like the food chain. It is transported to soil and aquatic environments by many natural processes, including geysers, hot springs, and volcanic eruptions. Mining, smelting, petrochemical, agrochemical, paint, cosmetics, glass, colors, food, and so on are some examples of anthropogenic sources.

Figure 4.1. *Heavy metals.*

Source: https://upload.wikimedia.org/wikipedia/commons/8/8c/Kingston-plant-spill-swanpond-tn2.jpg, Creative Commons License.

Groundwater contaminated with arsenic (Figure 4.2) has negative effects on agriculture and creates serious health risks to humans and animals. Miners are more likely to be exposed to this metalloid. Because of pollution caused by arsenic, those who live close to mining zones are always at risk. There is a risk of arsenic contamination for over 140 million people living in 60 countries, such as Bangladesh, Nepal, India, USA, Chile, China, Vietnam, Hungary, Mexico, Argentina, New Zealand, Philippines, Ghana, Taiwan, and others. Cadmium is a hazardous metal and a significant contaminant. It is a non-essential metal that can cause toxicity even at very low concentrations (0.001–0.1 mg L^{-1}) (Monroy et al., 2014). Cadmium is widely used in a variety of industries, including electroplating, the pulp and paper industry, batteries, copper alloys, the paint industry, mining operations, and fertilizer, among others. It has been observed that inhaling tiny concentrations of chromium(VI) can interact with DNA and cause cancer. Chemical reactivity is the cause of hazardous and carcinogenic qualities. Chromium (III) is not known to cause cancer in cells since it does not enter the cell, in contrast to chromium (VI), which enters the cell as an anion transporter and is reduced to various oxidation levels by cellular reductants that impact DNA. The constant weathering of serpentine rocks releases Cr and Ni. Although Cr (III) is an element that humans require and, in trace amounts, is a beneficial nutrient for animals, in its hexavalent form Cr(VI), Cr is being investigated as a potential human carcinogen.

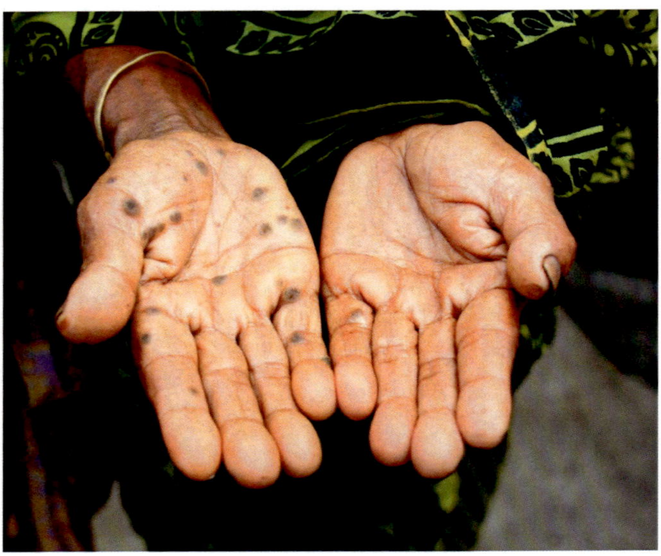

Figure 4.2. *Groundwater and arsenic.*

Source: https://upload.wikimedia.org/wikipedia/commons/2/24/Arsenic_Poisoning.jpg, Creative Commons License.

As a metal, copper can pollute the environment when it is present in excess. Micronutrient copper is needed by different types of organisms. It is metabolically active in a variety of plant functions, including cell wall metabolism, electron transport chains, and photosynthesis. The paint and electronics industries, domestic wastewater, landfills, mining activities, etc. are a few examples of anthropogenic copper sources. The World Health Organization states that lead is a hazardous metal that can cause serious health impacts. Lead is a bluish-white metal that, when exposed to air, eventually takes on a greyish appearance. Lead is linked to many health problems in humans, including neurotoxicity, hepatotoxicity, impairment of brain development leading to a reduction in intelligence (children), and neurogenerative damages. One of the most hazardous metals is mercury. Determining the polluted areas in soil and water is challenging since mercury exists in several oxidation states with distinct characteristics. Microbial activity in water generates methyl mercury, a strong neurotoxic, from elemental mercury, making mercury in its organic state extremely dangerous. Humans are known to get toxically exposed to methylmercury when they consume contaminated food. One well-known example of mercury-based toxicity is the Minamata disease, which is caused by seafood consumption by the locals living close to Minamata Bay in Japan. It is well known that mercury binds strongly to soil constituents and remains generally immobile in soil. The accumulation of inorganic mercury in the kidneys leads to renal damage.

One heavy metal that is known to have the ability to harm human health is nickel. Alloys are created when nickel is mixed with other metals, such as iron, zinc, chromium, copper, etc. When inhaled, nickel carbonyl $Ni(CO)_4$, an airborne contaminant created during refining operations, can cause a variety of health problems, including pneumonia, pulmonary edema, respiratory failure, etc. (Klein and Costa, 2022). A metalloid and necessary mineral, selenium is found naturally in soil and water. Both humans and animals need selenium as a necessary component o□their diets. Deficiencies and toxicity o□ selenium lead to health problems. Compared to soils based on magmatic rocks with low concentrations of selenium, soils based on sedimentary rocks with substantial organic matter have been shown to have a potentially hazardous level of selenium. Selenium exists in various forms in the natural aquatic environment. Due to the decreased solubility of Se, both selenite and selenate can be converted to elemental selenium. Selenate, selenocysteine, selenite, selenomethionine are present in food supplements. Since traditional remediation techniques have many problems, the sustainable removal of heavy metals is a major concern. Physical and chemical remediation are the main components of conventional remediation techniques, which are costly and environmentally hazardous. Heavy metal removal requires effective, environmentally friendly bioremediation techniques. A sustainable and effective method for remediating metal(loid)s is the use of different microbes and plants via biotechnological techniques. The physicochemical techniques are frequently employed in the remediation of metal(loid)s. In contrast to chemical methods, which include chemical stabilization, solidification, ion exchange method, coagulation, flocculation, chemical washing o soil, etc., physical methods or remediation o metal(loid)s include magnetic separation, hydrodynamic separation, adsorption, activated carbon method, membrane filtration method, photocatalysis method, electrodialysis, thermal treatment, etc. The use of physicochemical methods has several drawbacks, including the production of sludge, the lack of technical labor, energy intensity, high capital expenditure and operating costs, etc.

4.3. DEGRADATION OF CONTAMINANTS

With the degradation or transformation of various environmental contaminants, such as pesticides, metal(loid)s, and polycyclic aromatic hydrocarbons, into relatively less toxic forms, bioremediation is an environmentally friendly, non-invasive strategy that is relatively cost-effective compared to other conventional methods and provides a sustainable remedy. Due to their economic efficiency and promising results, a variety of species are identified, investigated, and used in bioremediation to detoxify various contaminants, including metal(loid) s in the environment. For the remediation of diverse contaminants occurring in various environmental domains, bioremediation employs both natural and recombinant organisms. In diverse ecosystems, a variety of life forms, including fungi, bacteria, algae, higher, and lower plants, etc., can break down or detoxify dangerous pollutants. Through the use of enzymes, microorganisms break down the contaminants and produce less hazardous or harmful byproducts. However, plants and a variety of microbial growth and metabolic processes are influenced by environmental conditions. The *in situ* and *ex situ* systems of bioremediation are used. Pollutants are excavated from the site and moved to another location for additional processing in *ex situ* bioremediation. The cost of treatment, the chemical composition of the pollutants, the geological characteristics of the contaminated site, etc. are all factors that affect *ex situ* bioremediation techniques. Biopiles, windrows, bioreactors, and other structures are a few examples of *ex situ* bioremediation techniques (Azubuike et al., 2016). At the pollution site, several kinds of pollutants, including hydrocarbons, dyes, metal(loid)s, etc., are treated using this category of bioremediation approaches. Compared to *ex situ* bioremediation techniques, this kind of bioremediation is more economically viable. It is important to note that the effectiveness of *in situ* bioremediation techniques is influenced by abiotic parameters such as soil porosity, pH, temperature, moisture content, etc.

4.4. BACTERIA FOR DETOXIFICATION

Bacterial species are among the most studied types of microorganisms for metalloid detoxification among others. A variety of bacterial species are used in the bioremediation process to combat different metalloids. For the successful bioremediation of metalloids, bacteria use a variety of processes, including biosorption, bioaccumulation, biotransformation, bioleaching, and biomineralization. Certain bacterial species can change the oxidation state of metal(loid)s, while other species cause the metal(loid)s to become soluble and immobile, which reduces their toxicity. *Acinetobacter haemolyticus*, *Bacillus cereus*, *Bacillus subtilis*, *Acidithiobacillus ferrooxidans*, *Acidithiobacillus thiooxidans*, *Pseudomonas putida*, and *Pseudomonas moraviensis* are a few of the bacterial species used for bioremediation of metal(loid)s. Bacillus species, Pseudomonas species, Acinetobacter species, Achromobacter species, and other gram-positive and gram-negative bacterial endophytes are important in the bioremediation of metal(loid)s. The application of fungi to the remediation of diverse contaminants is called mycoremediation. Several fungal species have been used in the remediation of diverse metalloids. Aspergillus and Penicillium species are among the specific fungi used in different biohydrometallurgical processes. For the bioremediation of metal(loid)s, fungi use a variety of methods, such as biotransformation which includes reduction, biomethylation, dealkylation, and other processes like bioaccumulation, bioprecipitation, and extracellular and intracellular sequestration. They generate a range of organic acids, proteins, metallothioneins, siderophores, enzymes, and metabolites that aid in the mobilization and biotransformation of metal(loid)s. Phycoremediation is the process of using various algae species to remediate various contaminants. Through a variety of processes, including biosorption, live algal cells can remove metalloids from water, wastewater, etc. Dead algal biomass can also be used to create biochar. Many functional groups, including amides, carbonyls, carboxylic acids, hydroxyls, etc., are involved in the process by which algal biomass biosorb metalloids. *Chlorella vulgaris*, *Ulva lactuca*, *Laminaria digitata*, etc. are a few of the algal species used in the bioremediation of metal(loid)s (Jampílek and Kráľová, 2021).

4.5. BIOSORPTION

Biosorption is the cellular uptake of various heavy metals by different microbes. Two types of biosorption are there: (i) metabolism-independent biosorption, which takes place in the microbial outer region; and (ii) metabolism-dependent bioaccumulation, which involves sequestration techniques, redox reactions, and other processes. In this procedure, microbial cells that are both dead and living are employed. The process of bioaccumulation is influenced by physical, biological, and chemical factors. In the process of intracellular sequestration, metal ions build up in the cytoplasm of microbes. The ligands on the surface interact with metals found in the bacterial cells. *Pseudomonas putida* accumulates cadmium, copper, and other metals by intracellular sequestration. Extracellular sequestration is a different kind of sequestration where metal(loid) s accumulates and precipitates in the periplasm; it has been reported that *G. sulfurreducens* convert Cr from highly toxic Cr(VI) species to least toxic Cr(III) species. The reducing processes seen in fungal cells decrease Cr(VI) to Cr(III). Methylation makes the metal(loid) ions more lipophilic, which aids in improving their permeability across cell membranes. Bacillus species, Clostridium species, and *Escherichia* spp. have the ability to biomethylate methylated substances, including mercury (II), producing methyl mercury in gaseous form. Microorganisms play an important role in the remediation process of lead (Pb) to dimethyl lead and selenium (Se) to volatile dimethyl selenide and arsenic As(V) to methylated arsenic compounds such as dimethyl arsenic acid (DMAV), monomethyl arsenic acid (MMA), trimethyl arsine (TMA), etc. The ability of microbial cells to change between oxidation states lowers the toxicity of metal(loid)s. Different metals and metalloids are used by microorganisms, primarily bacteria and fungi, as electron donors or acceptors of energy. Metals that have oxidized take up electrons during anaerobic respiration in bacteria. In the case of mercury, chromium, arsenic, etc., the reduction of metal ions by enzyme activity converts the metal(loid) into a less toxic form. Microbial activity transforms insoluble contaminants, including metal(loid)s, into a soluble form during the bioleaching process. Specialized metabolites, including lipids, lipopeptides, and organic acids like citric acid, and oxalic acid, are secreted by bacteria and fungi to increase the solubility of metal(loids) and reduce their toxicity and bioavailability.

4.6. PHYTOREMEDIATION

Phytoremediation is a plant-based detoxification method that uses the metabolic processes of plants in a polluted environment to remove a variety of contaminants, including metal(loid)s (Yaashikaa et al., 2022). Based on how they resist metal(loid)s, plants are divided into three groups: metal indicator plants, metal excluder plants, and hyperaccumulator plants. For the sustainable detoxification of various types of pollutants, including metal(loids), phytoremediation is an energy-driven process that makes use of solar energy, innate metabolic processes in plants, and their symbiotic associations with various microorganisms, such as endophytes. Many plant species, including fern species, are identified and employed following their capacity to remediate various metal(loid)s and other types of pollutants. Native plants that have acclimated to the local environmental conditions form roots that support their growth and development. There have been reports on the possible role of several plants, including Amaranthus, Sunflower, Alfalfa, Cowpea, Clover, etc., in phytoremediation. Direct phytoremediation is a technique in which different pollutants are absorbed through the roots of the plants and then transferred to the shoots. The phytobial remediation is a technique in which different plant species secrete different metabolites and enzymes that encourage microbial growth to accumulate or coprecipitate different pollutants.

In phytoremediation, (Figure 4.3) rhizospheric microbes and a particular type of plant known as a hyperaccumulator plant are applied to transfer and degrade different types of contaminants. Many phytoremediation techniques, such as phytoextraction, phytovolatilization, phytodegradation, phytofiltration, and phytostabilization, are used depending on the characteristics of the soil, the kinds of pollutants present, and the types of plants. Plants are naturally occurring organisms subject to a variety of limiting conditions, such as certain abiotic environmental elements that negatively impact their metabolic processes involved in bioremediation.

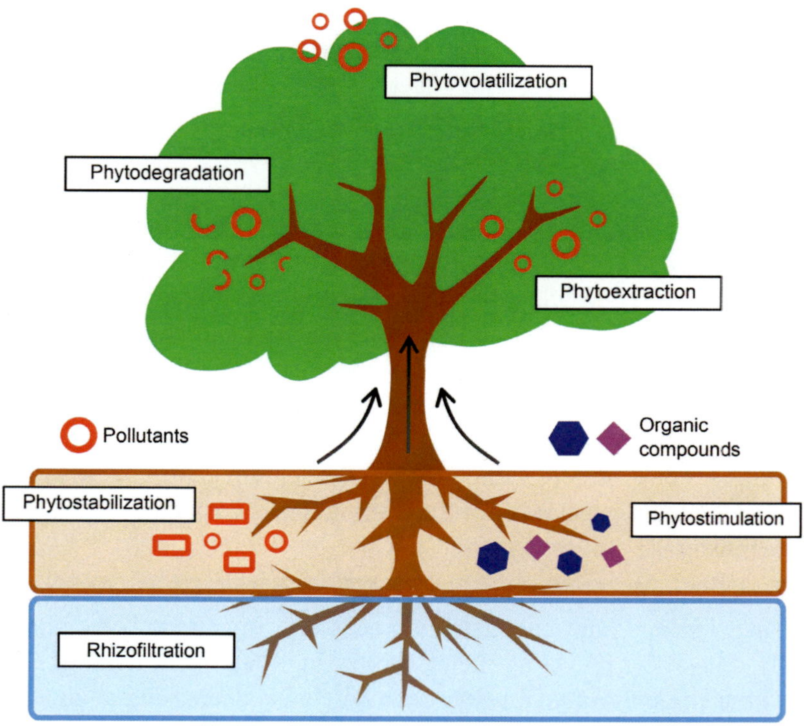

Figure 4.3. *Phytoremediation.*

Source: https://upload.wikimedia.org/wikipedia/commons/9/93/Phytoremediation_Process.svg, Creative Commons License.

4.7. CONTAMINATION

The term phytostabilization or phytosequestration describes the accumulation of immobilized metallic contaminants in plant roots after complex formation and precipitation in roots. By forming compounds with the metals and decreasing their bioavailability, chelating chemicals like organic acids are released, immobilizing the pollutants. To stop the metal ions from leaking into the groundwater without any pollution translocation, absorption, adsorption, and accumulation also occur in roots through vacuole sequestration or cellular binding. *Brachiaria decumbens* plants are commonly employed in phytostabilization; they perform better in soils rich in organic matter (da Silva et al., 2022). When cultivated in heavy metal-contaminated soil, the plants accumulate metal(loid)s in their roots. In phytoextraction, contaminants like cadmium and arsenic are absorbed by the plant roots and moved to the apex of the plant. The plants are later harvested, and any plants enriched with heavy metals are disposed of safely. A sort of phytotransformation known as phytovolatilization occurs when plants volatilize different metal(loid)s, such as selenium, mercury, arsenic, etc. Through their roots, plants absorb and convert a variety of volatile pollutants, which are then released into the atmosphere through their shoots, leaves, and other organs. Arsenic is extracted in its elemental form from soil by the *Pteris vittata*. Biological processes transform absorbed metal into gaseous form, which is then released into the atmosphere. Phytovolatilization has been reported to extract selenium from waste materials. Plant enzymes transform inorganic selenium (Se) into its volatile form, dimethyl selenide (DMSe). Plants release volatile forms of selenium, such as dimethyl diselenide (DMDSe), dimethyl selenone, and dimethyl selenylsulfide. Phytovolatilization is a mercury remediation method. Biomagnification occurs when Hg is methylated, or MeHg. Methyl mercury enters the plant through the roots and is then transferred to the leaves by the vascular system for elimination through transpiration. Enzymes aid in the transformation of metal(loid)s into volatile forms. For example, in the process of selenium phytovolatilization, the methylation reaction necessary for transformation is catalyzed by the enzyme S-methyltransferase.

Understanding the fundamentals of environmental engineering, geotechnical engineering, biology, and chemistry is necessary. In mining, precipitation is especially crucial for recycling metal, recovering metal, and treating effluent. Although the amount of metal resources available is decreasing at an alarming rate, metals are essential as civilization transitions to a sustainable and green future. Because green technology depends so heavily on metals, demand for these materials is predicted to rise by 30% between 2025 and 2050. Therefore, recycling metal from wastewater precipitation presents a novel method to reduce the quantity of mining and mineral extraction. Chemical precipitation is improved by bioprecipitation. This procedure turns soluble inorganic materials into insoluble metal(loid)s in a solution. This is accomplished by a process known as metal precipitation, in which microbes accelerate oxidative-reductive reactions by acting as a catalyst. To serve as an electron donor during the oxidation-reduction processes, a carbon or energy source is necessary. The metal ions get fused in the carbon matrix, precipitate into the solid phase, and lose some of their mobility in soil and/or groundwater. Although bioprecipitation has applications in many stages of mining and processing, remediation is one area where it is particularly helpful. This is especially true for the process known as acid rock drainage (ARD) or acid mine drainage (AMD), which involves reclaiming acidic mine wastewater from mine wastes and exposed rocks.

A reagent is added to a solution to change its liquid-solid equilibrium, a process known as precipitation. Precipitates develop when the solute concentration is higher than the product solubility at supersaturation. The number of precipitates that can form from a solute is determined by thermodynamics. Three distinct kinetic mechanisms particle growth, aggregation, and nucleation account for this change. The classification of nucleation might be primary or secondary based on the level of saturation. The secondary nucleation will take place in the presence of preexisting crystals at lower saturation, while homogeneous nucleation or heterogeneous nucleation will occur as primary nucleation at high saturation. Adsorption of crystals on preexisting crystal surfaces is the growth stage. This is controlled by the supersaturation level, which produces smooth crystals at low levels and rough crystals at high levels. The nucleation rate concerning the growth rate determines the crystal's particle size distribution. The tiny grain crystals will develop when nucleation is higher than the growth rate. Crystal particles collide during agglomeration, which eventually results in the formation of interparticle bridges. Agglomeration is strong when nucleation is high, resulting in fewer pure crystals due to fluid entrapment during impact. The soil-water system, the concentration of metal(loid)s, the presence of co-contaminants, and the existence of organic and inorganic ligands are some of the factors that affect precipitation. The primary factor influencing precipitation is pH, with alkaline solutions having a higher probability of precipitating metal(loid)s and acidic solutions causing precipitates to dissolve again. Coagulation and flocculation are techniques used in water and wastewater treatment to improve metal(loid) precipitation. Precipitates form in pore water during soil treatment and are adsorbed onto the surfaces of soil particles. Bioprecipitation has become more popular as a metal(loid) pollution remediation method (Fang et al., 2011). The indications of sulfate-reducing bacteria (SRB) were found in 1895. Anaerobic respiration in sediments reduced sulfate to sulfide. The discovery of heterotrophic bacteria downstream from a mill is when bioprecipitation research began. Dissimilatory

SRB, which reduced sulfate by using wood dust as a substrate (food and energy source), were included in this microflora. The neutrophilic bacteria were detected in extremely acidic conditions (pH < 3) (Padan et al., 2005). However, in laboratory settings, they were inactive at lower pH levels (pH ≤ 5.5).

4.8. WATER

Contaminated water, or ARD/AMD, is typically characterized by a low pH and high levels of metal(loid)s and sulfates. The source of this contamination is sulfide ores that are oxidized by water in the soil rather than air after being removed from bedrock. The sulfur reservoirs are found in iron sulfide minerals, with pyrite (FeS_2) being the common type. Ferrous iron (Fe^{2+}) is produced when pyrite oxidizes, and this iron then oxidizes to make ferric iron (Fe^{3+}) (Boon and Heijnen, 1998). Aqueous sulfuric acid (SO_4^{2-} and H^+) is produced when the Fe^{3+} ion hydrolyzes and precipitates ferric hydroxide ($Fe(OH)_3$), an orange precipitate. The pyrite and oxidized Fe^{3+} ions will react to accelerate the process and enhance the creation of ARD/AMD. It should be mentioned that the oxidation of Fe^{2+} ions to Fe^{3+} ions and the production of sulfuric acid might be accelerated by the presence of acidophilic bacteria in ARD/AMD. Prokaryotes that produce acid, carbon-degrading prokaryotes, and iron-oxidizing prokaryotes are the three types of microorganisms that speed up the development of ARD/AMD. Microorganisms have the potential to enhance various aspects of the mining sector, including mineral processing, underground, and surface mining, and remediation. Bacteria can be employed in biohydrometallurgy for mineral leachate followed by precipitation and recovery, bioreactors for recovery, biocementation for stabilizing and/or solidifying mine tailings, and bioindicators for exploration. Bioprecipitation is a key component of sustainable remediation and presents novel mining solutions for persistent environmental issues linked to mines. Sulfate is the electron acceptor in these reactions. However, for the reduction process to take place, sulfate needs to be activated. Adenosine triphosphate (ATP), which stores and transfers energy, must be spent for activation to occur. The amount of ATP needed per sulfate is determined by the degree of reduction; two electrons are needed for sulfite reduction and eight electrons for hydrogen sulfide reduction. The low redox potential of sulfate at neutral pH as an electron acceptor suggests that these reactions resulted in a low energy yield. Appropriate electron donors or energy sources that can be integrated into the wastewater *in situ* or *ex situ* must be chosen to support these reactions and the remedial processes. The solubilized divalent cations and the H_2S produced by the reduction of SO_4^{2-} react to generate precipitates of insoluble sulfide (Hao et al., 1996). Wastewater from iron-rich mines frequently contains iron-oxidizing precipitate.

4.9. MICROBES

The effectiveness of the procedure depends on the choice of suitable microorganisms to enable the iron or sulfate-based metal bioprecipitation. To facilitate the chemical reaction, it is also necessary to choose a suitable energy source to serve as an electron donor. Sulfate-based metal bioprecipitation requires SRB. Heterotrophic and autotrophic SRB are the two varieties. Heterotrophic organisms reduce sulfur compounds to sulfide while metabolizing organic compounds to carbon dioxide (CO_2) or acetate. Autotrophic organisms obtain their electrons from the oxidation of hydrogen (H_2) and utilize CO_2 as their energy source (Jourdin et al., 2015). Acetate (CH_3COO^-) is a very useful electron donor for sulfate-based bioprecipitation. It has been demonstrated that using many electron donors rather than just one carbon source results in improved sulfate reduction. The ability of an energy source to entirely remove sulfate, reduce harmful by-products, and limit cost should be taken into consideration while selection. Further, 40 genera of SRB are able to precipitate using sulfate. The SRB are classified as complete oxidizers, incomplete oxidizers, or capable of both processes. Glycerol and sugars are examples of non-acidic organic substrates that the acidophilic SRB needs as energy sources. Acetic acid can be produced when incomplete SRB oxidizers are used with glycerol. The efficacy of the bioreactor design is influenced by many aspects. pH and temperature are essential for the growth of microorganisms. The ability of a species to grow under specific temperature settings determines whether it is categorized as a psychrophile, mesophile, thermophile, or hyperthermophile. Yet pH has an effect on metal precipitation in addition to microorganism development. SRB normally needs a high temperature and pH to dominate methanogen species in the case of sulfate-based bioprecipitation in a bioreactor. The metal precipitation prefers a higher pH. Salinity, surface area, flocculants, H_2S concentration, hydraulic retention time (HRT), anaerobic conditions, nutrient levels, stirring, and flushing conditions, and sludge retention time are other significant elements that affect the bioreactor design.

4.10. BIOPRECIPITATION

The optimal metal recovery by bioprecipitation and the composition should be taken into consideration when choosing any reactor configuration. Large crystal growth is ideal in a reactor because it facilitates settling and metal recovery. For instance, a homogenous state with a lower sulfide concentration can be reached in a one-stage reactor using SRB, leading to the production of larger crystal sizes. This design is not only simpler and more economical, but it also enhances metal recovery. Sulfate-based bioprecipitation is unique to sulfidogenic bioreactors. In these sulfidogenic bioreactors, bacteria, and extracellular polymeric substances (EPS) sorb together to form biofilms. The biofilm is crucial to the functioning of these reactors and has a major impact on the metal(loid)s capacity for sorption and precipitation; in fact, some researchers have even suggested that biofilms may serve as nucleation seeds for crystal formation. Adhesion to a biosupport material, SRB species colonization, EPS growth, SRB detachment, and regeneration are all steps in the biofilm process. The biofilm can also affect the surface area of microbial sites, which affects the effectiveness of bioprecipitation. A larger surface area results in greater sulfate reduction and metal precipitation. The amounts of sulfides in the reactor determine where metal sulfide precipitates occur. Because of its local supersaturation, low sulfide concentrations in the reactor primarily produce metal precipitates inside the biofilm, whereas high sulfide concentrations in the reactor produce metal precipitates outside the biofilm. Excessive saturation leads to high nucleation, which results in small crystals with poor settling capacity, which impacts the recovery and removal of metals. Agglomeration is a crucial component that depends on residence time and is necessary for the precipitate to grow in size and subsequently be able to settle. To guarantee that nucleation and agglomeration are maximized, an ideal saturation level is required. Precipitated metal(loid) recycling and reuse depend on the removal and recovery of metal. While metal recovery is specific to the settled precipitates, metal removal is usually representative of all metal(loid)s precipitated from the influent.

Every operation is tailored to the site characteristics, the needs for using the site, and the local laws and regulations. This implies that every situation is unique. To determine the extent, type, and concentration of pollution, an inspection of the polluted site is required. An analysis of the soil features and composition, grain size and morphology, porosity, hydraulic conductivity, and other factors should be ascertained during the site assessment. As a result, engineers and scientists will be able to comprehend the contaminated site and the steps that need to be taken for reclamation. The land needs to be used in a way that satisfies demands and complies with all applicable rules and regulations. The goal of any reclamation project should be to return the polluted site to conditions that were there before human activity occurred, if not better. For a given site, the right combination of microorganisms and a suitable carbon/energy source should be chosen to assess bioprecipitation as a remediation technique. The strategy development and use should compare *in situ* and *ex situ* procedures. Project specifications, including budget and schedule, are taken into account at this point. The project can be carried out at the location if it is practicable. To determine a better solution, remediation procedures should be reevaluated if any non-compliances are found. Although every condition is different and needs to be built properly, there are a few design guidelines. The temperature, pH, and reactivity of the influent determine the kinds of microorganisms that are chosen.

Different conditions are favorable to different species, and the design should be tailored to support the growth of microorganisms. Mesophilic temperatures and neutral to slightly alkaline pH values are usually associated with high metal removal. The bioprecipitation procedure for ARD/AMD treatment frequently results in an overall pH increase (Dave and Tipre, 2012). Adjusting the pH before inoculation is typical since ARD/AMD is a very acidic condition. It is possible to selectively precipitate and recover specific metal(loid)s by adjusting the pH further. Since more dissolved sulfide in the reactor can cause the precipitates to dissolve, it is important to know the influent sulfide concentration as well. A combination of various microorganisms can enhance the biological process and improve metabolic capability compared to pure cultures, as well as improve culture resistance.

4.11. DESIGN

The amount of time needed for remediation and the budget play a major role in the selection of the engineering design. HRT may be involved, influencing the design success and changing its duration and expense. To get the best agglomeration and nucleation rates, this design parameter is crucial. It also affects hydraulic conductivity and microbial interaction. To cause precipitate settling and subsequently metal recovery, residence time is crucial. HRT, however, can also affect biomass washout at low levels and sulfide toxicity at high levels. Based on the bioreactor porosity, reactor size, and flow rate, an ideal HRT can be determined and adjusted. To identify ideal conditions, a range of HRTs should be explored in laboratory experiments. The local environment should also be taken into account in the design. Many mining activities are situated in regions with harsh weather. Low temperatures, freeze-thaw cycles, high salinity, and shifting climatic conditions, have an effect on bioprecipitation in these areas. While research indicates that sulfate-based bioprecipitation can function in extremely saline settings and/or low-temperature circumstances, the efficiency is only average. To create ideal operations, more research is required. To scale up to field conditions for industry, these standards are required. The discovery of mining and metallurgical activities by humans is the source of the environmental degradation caused by heavy metals (HM). Metals are components of natural geochemical systems; nature is the principal source of HM, with human activity serving as a significant factor contributing to their elevated levels. Increased concentrations of HM were found in the environment across the world when anthropogenic activities like industry, mining, traffic, power generation, incineration, construction, waste management, and agriculture were rising. One of the main causes of the abrupt increase in HM in the environment was the Industrial Revolution. Many natural biogeochemical cycles in natural ecosystems have been disrupted by the widespread effects of heavy metal contamination. Heavy metal deposition occurs in freshwater and saltwater aquatic systems, alpine forests, rainforests, and polar ice sheets as a result of long-distance pollution transmission(Reindl et al., 2024). Because of their persistent nature, HMs pose a damage to the ecosystem. After being discharged into the environment, they either directly or indirectly absorb into food chains, so they amplify at higher trophic levels. It is well-recognized that heavy metals harm the physiological systems of plants and animals and result in major medical disorders in humans. It is crucial to track the amounts of HM in the environment to reduce or manage HM toxicity. Due to this requirement for monitoring, vascular plants, mosses, lichens, and animal tissues have all been used in the biological monitoring of HM. Organisms that react to variations in pollution levels and retain contaminants over time are known as biological monitors. Biological monitors have the advantage of being more accessible, reasonably priced, and secure. They can also record the reactions of the biological system being studied. Lichens and mosses are safe to be regarded as prospective biomonitors of air pollutants because of the extensive study that has been done in this field.

4.12. METAL ACCUMULATION

Since metal accumulation has been shown to rise with temperature, temperature may have an effect on it. Some researchers found that high humidity and moderate temperatures were better for accumulation. The availability of HM for lichen entrapment is influenced by location, most likely due to varying degrees of exposure to atmospheric depositions. High elevations are likely to result in increased accumulation. Lower pH levels facilitate the increased solubility of metal species in the surrounding environment, which lichens can absorb. Many species have wide intercellular spaces within their thalli, which allow them to entrap more particles. The spatial and temporal variations in element entrapment observed in field studies may be caused by variables such as the location of the element trapped in the lichen, meteorological conditions, the pollution level of the surrounding area, varying accumulation capacity of thalli, and even the growth rate of the lichen. The toxicity of metals to lichen is affected by physical and chemical parameters, like temperature, particle accumulation, acidity, solubility, and chemical structure. Metal bioaccumulation in moss systems results in a variety of physiochemical alterations in the system. Reactive oxygen species (ROS) like superoxide radicals (O_2), hydrogen peroxide (H_2O_2), hydroxyl free radicals (OH), etc. are formed when heavy metal accumulation occurs (Gill and Tuteja, 2010). These ROS further induce oxidative stress in the cell, which damages macromolecules. The generation of ROS causes lipid peroxidation in cells, which releases compounds such as malondialdehyde (MDA), which may be measured from cell protoplasts to determine the level of stress. MDA levels rose in *Polytrichum commune* following the treatment of Cu, Zn, and Cr. The elevated concentration of carotenoids is another sign of metal poisoning. Carotenoids, however, may rise or decrease depending on the characteristics of the metal and moss species. Carotenoid decreased when Ni was applied to *Pleurochaete squarrosa*, while it increased when Cr and Pb were applied to *Timmiella barbuloides*. Total chlorophyll content and chlorophyll fluorescence are additional markers of metal toxicity. Elevated concentrations of Cr have been observed to cause damage to chloroplast, hence upsetting the process of photosynthesis. Research has revealed thylakoid alterations in response to metal stress.

The most sensitive metric for identifying environmental stress on physiological parameters in lichens is measuring electric conductivity. Numerous studies have examined the deterioration of transplanted lichen in response to heavy metal pollution, including the breakdown of chlorophyll, reductions in ATP content, respiration rate, and MDA content, as well as an increase in stress-ethylene concentration. Due to an increase in the concentration of heavy metals in the air, transplantation conducted near landfills revealed discoloration, lipid peroxidation, necrosis, and a decrease in ergosterol content. Chlorophyll integrity is negatively impacted by heavy metals such as Cd, Cr, Cu, and Ni that are present in the vicinity o□landfills. Ergosterol was □ound to have a strong relationship with the number of metabolically active fungal cells, suggesting that it is a useful marker of mycobiont. The type of contaminant, the lichen or moss species, and the environmental characteristics of their habitat affect the results. Compared to lichens, lithophilic materials tend to accumulate more in mosses. This is more common in dry regions and areas with less vegetation since moss is a better absorber of lithophilic metals than lichens.

Figure 4.4. *Epigeic mosses.*

Source: https://upload.wikimedia.org/wikipedia/commons/b/b9/Selaginelladensa.jpg, Creative Commons License.

Lichens are effective at accumulating atmophilic metals, but epigeic mosses (Figure 4.4) are more likely to absorb lithophilic elements because of their extended exposure to soil. Another reason for finding significant quantities of metals in lichens could be the leaching of metals like Cu, Pb, and Zn from tree bark and leaves. Different species of lichens and mosses had varying capacities for accumulating metals. The phytochelatin pathway is specifically used by mosses for the metabolism of heavy metals. In this pathway, the Phytochelatin Synthase (PCS) enzyme is activated as soon as the metal penetrates the moss system through the surface of contact. Further, PCS converts the Glu-Cys dipeptide to more Glu-Cys dipeptides by cleaving glutathione (GSH), a tripeptide (Glu-Cys-Gly), at the C-terminal (Gly) (Kašička, 2006). As a result, metal-chelating peptides known as phytochelatins are produced, which form bonds with metal ions. Metal ions are no longer reactive or dangerous to humans or plants in their conjugated form. There is enough information about the mechanism underlying the common phytochelatin pathway that mosses use for heavy metal metabolism to confirm that genetic alteration of the organism can be used to enhance bioremediation even further. Moss substratum accumulates higher concentrations of heavy metals than do shoot particles. It was discovered that *P. patens* was a superior metal accumulator and more sensitive than *F. hygrometrica*.

CHAPTER 5

POLLUTANT REMEDIATION

Contents

5.1. INTRODUCTION

For vascular plants to grow normally, boron (B) is a necessary ingredient. It is startling that researchers have limited information about Boron's role in plant nutrition given that, at least for dicotyledons, its molar requirement is higher than that of any other micronutrient; B has restricted mobility in many species and free mobility in others. B is involved in three primary processes: preserving the integrity of the cell wall, preserving the functionality of the membrane, and promoting metabolic processes. The major function of B in plants is still unknown. Boron poisoning is limited to regions with high soil or water B concentrations. Because of this, agricultural fields, re-vegetation initiatives, and areas close to industrial sites that release aerosols containing B are the areas where B toxicity is prevalent. High concentrations of B at the root level cause this element to build up in the cell walls of the leaves and possibly enter the cytoplasm, which can disrupt metabolism and cause toxicity symptoms. These symptoms typically appear in older leaves as interveinal or marginal chlorotic and necrotic lesions. The lethal quantities of B do not occur in root tissues because, even at very high levels of B supply, B concentrations in the roots remain low compared to those in leaves. The primary problem is that B is mostly carried by the transpiration stream, and B concentration normally drops from older to younger leaves. Therefore, B uptake behavior may be influenced by stomatal mobility.

Figure 5.1. *Boron toxicity.*

Source: https://upload.wikimedia.org/wikipedia/commons/b/b7/Boron_toxicity_%2823130460 82%29.jpg, Creative Commons License.

5.2. BORON TOXICITY

Boron toxicity (Figure 5.1) results in detrimental physiological effects that include reduced chlorophyll in leaves, obstruction of photosynthesis, lignin, and suberin deposition, and increased membrane leakage. B excess damages thylakoids structurally, which reduces their ability to absorb CO_2, inhibiting photosynthesis. Reactive oxygen species or ROS are produced when these effects interfere with the photosynthetic electron transport process and favor a state in which molecular oxygen functions as a substitute acceptor for light energy and unused electrons. The effects of B excess on CO_2 assimilation and carbohydrate metabolism are not well documented, despite the abundance of reports about the development of leaf symptoms of B toxicity. Researchers conducted experiments to fill in certain information gaps because there is a certain sensitivity to B excess in eucalyptus. It was found that as the B concentration in the nutrient solution increased, so did the B concentrations of every plant part. The B concentrations in the leaves were significantly higher than those in the other vegetative parts; in the B_{10} treatment, the B content in the leaves was up to four times that of the roots (Riaz et al., 2018). These findings are consistent with those for other species, where B was discovered in low quantities in woody stems and roots and in accumulations in leaves. These findings imply that B was carried to the leaves by the transpiration stream and that there was minimal remobilization of B in the phloem from the leaves to the other organs. Phloem immobility is generally thought of as an intrinsic tolerance mechanism.

Young leaves may continue to develop, indicating that older leaves can retain sufficient photosynthetic leaf area, which helps to explain why the results of some measurements of chlorophyll concentration remained constant. Phloem immobility in an injured leaf prevents B from entering metabolic sites and retains it in the leaf margins, where plants can still maintain a sufficient amount of healthy photosynthetic leaf area even though they have leaf burn. The total fresh and dry weight of the leaves was not significantly impacted by the B supply, which may account for the sufficient photosynthetic area. Some studies indicate the impact of B toxicity in roots that are linked to abnormal meristem-level cell division and may arise from the development of hypodermis and the progressive deposition of suberin in cortical cell walls. Different conclusions are drawn from studies on photosynthetic gas exchange reactions in the presence of B toxicity. B poisoning in kiwi fruit caused a substantial increase in intercellular CO_2 content and a substantial decrease in photosynthetic activity, but stomatal conductance was unaffected (Papadakis et al., 2004). In orange plants, researchers demonstrated that photosynthetic activity and stomatal conductance significantly decreased at the same time, the increased B concentration in the nutrient solution had no discernible effect on intercellular CO_2 concentration. The amount of stress that plants experience in unfavorable environments is indicated by their leaf stomatal resistance, and stomatal closure, which lowers evaporation, may limit the uptake of excess B. The stomatal capacity to open may have been damaged by boron toxicity.

5.3. BORON

Given that PSII is thought to be crucial to plants' ability to respond photosynthetically to environmental stressors, PSII behavior should reflect the decrease in CO_2 absorption caused by B excess. According to some researchers, Fv/Fm dropped when B concentration in the nutrient solution increased. These findings are consistent with observations made in orange plants and in tomato leaves. The theoretical value of Fv/Fm for C_3-species was 0.83 under non-stressed conditions. Molecular O_2 acts as an acceptor for light energy and non-utilized electrons, which causes the production of reactive oxygen species.

One of the likely causes of the decline in photosynthesis is the structural degradation of the thylakoid membranes, which has an impact on the transport of electrons during photosynthetic processes and is directly linked to the decline in Fv/Fo. The substantial rise in Fo that was observed indicates that environmental stresses that result in structural changes in the PSII pigment-protein complexes or when the passing signals from the antenna to reaction centers are disturbed may have an impact on this parameter.

It has been established that photoinhibition is closely related to both the rise in $1 - qP$ and the □all in Fv/Fm. In addition to indicating that there was more excitation pressure on PSII centers, the higher level o□$1 - qP$ discovered in B_{10} concentration also indicated that a substantial fraction of PSII reaction centers are closed in severely B-stressed leaves. As a result of the photoinhibition, the electron transport rate through PSII was lowered. PSII reaction centers are unable to effectively use the excitation energy, which dissipates as heat because ΦPSII was lowered. When compared to controls, qN exhibits higher values, indicating an enhancement in the photoprotective mechanism induced by the highest B level. This suggests that in an attempt to protect plants from B excess, thermal energy dissipation was triggered.

These findings show that the B excess (10 mg/L) in *E. globulus* causes the following effects, even in the presence of decreased stomatal conductance and reduced evaporation: visible damage in older leaves, reduced root growth, increased B concentration in all plant parts, with leaves, stems, and roots experiencing the highest increase; and a decline in photosynthetic activity due to structural damage to thylakoid membranes. Further, *E. globulus* should be considered sensitive to B toxicity in these conditions.

5.4. VANADIUM

Vanadium is the 19th most prevalent element in the crust of the planet. Although metallic vanadium is not present in nature, its compounds can be found in minerals like vanadinite, which is the lead vanadate ore from which researchers first discovered vanadium. Global mine production, which includes slag products, has grown annually to 75,000 tons; China produces the majority of this production followed by South Africa and Russia. The steel industry accounts for 92% of the demand for vanadium. Tool steels with high alloy content are mostly made with vanadium. Titanium alloys for industrial and aeronautical applications are also made using vanadium. About 4% of consumption was made up of titanium alloys. Vanadium pentoxide is employed as a catalyst in the ceramics and sulfuric acid industries. In addition to ceramic pigments, glasses, and other chemical industry applications, petrochemical, catalyst, and pollution control applications account for around 3% of vanadium consumption. About 1% of the vanadium consumed was used in energy storage systems. Presently under development are lithium battery systems incorporating vanadium for mobility applications and V redox flow battery systems for grid energy storage applications. These developments could have a significant impact on future vanadium demand.

Since the early 20th century, V has been considered a contaminant. Dutton was the first to characterize vanadium poisoning (vanadiumism) which refers to a persistent intoxication brought on by ingesting or absorbing certain types of vanadium, whether by accidental intake or via medication (drugs). Cough is a distinctive symptom, and anemia is common. Some workers (V-mining) have a higher risk of developing tuberculosis. Gastrointestinal involvement was suggested by anorexia, nausea, and diarrhea. Vanadium can be found in four main oxide forms: vanadium pentoxide (V_2O_5), which has an oxidation state range of +2 to +5, vanadium monooxide (VO), vanadium trioxide (V_2O_3), and vanadium dioxide (VO_2). Vanadium pentoxide dust is one of the hard metal irritants that affect the upper respiratory tract and can cause tracheitis, pulmonary edema, bronchitis, and pneumonia. Animal toxicity experiments revealed that acute and chronic symptoms are similar and that accumulation does not occur. Some researchers reported the connection between urban air pollution and pneumonia, bronchitis, and cancer. Since vanadium is the primary trace metal found in fossil fuels, burning these fuels contributes significantly to the environmental vanadium supply. Vanadium concentrations in crude oil can be up to 1580 ppm, depending on the source (Erdman and Harju, 2002). Vanadium can either become adsorbed to particulate matter or dissolve as ions in water. Vanadium concentrations in water vary from 0.2 to more than 100 parts per billion in freshwater and from 0.2–29 parts per billion in seawater, mostly depending on geographic location. Vanadium is known to have an average value of 1.8 ppb. Vanadium concentrations in drinking water can vary from approximately 0.2 to over 100 μg/L. The location has a substantial impact on the amount of vanadium in drinking water. There are no recommendations from the World Health Organization regarding vanadium in drinking water. Although it did not set the limit, the US Environmental Protection Agency (EPA) classified vanadium as a hazardous material.

By adding vanadium to their meals, chicks were also utilized as test animals for vanadium toxicity. Young chicks were shown to be safe on diets containing less than 20 parts per million of vanadium. When 25 ppm of vanadium was added to the meal for two weeks, the chick growth rate decreased and they died (90%). By giving vanadium compounds to rats in the +5 and +4 oxidation states, the acute toxicity was assessed, and the LD50 (14 days) was calculated. Vanadium dosage ranged from 39–845 mg/kg of body weight. Following oral delivery, the LD50 for V^{5+} was 2.2–3 times lower than that for V^{4+}; similarly, following intraperitoneal administration, the factor was 1.2–1.9 times lower. Using a variety of salts and compounds, the reproductive toxicity of vanadium was also investigated in mice and rats. When particulate forms of vanadium oxides in +5 or +4 oxidation states were administered to rabbit alveolar macrophages or RAM, the cytotoxic effects of vanadium were evaluated *in vitro*. Based on the chemical species, cell viabilities were reduced to 50% by 13–33 ppm vanadium following a 20-hour exposure. Vanadium toxicity is associated with the production of ROS, which damages proteins and nucleic acids in various ways. Such effects are also brought on by exposure to air pollution particles. Every day, humans typically ingest 10–60 μg of vanadium through food. As per WHO, the average daily intake of vanadium was assessed to be 20 μg, whereas the mean concentration in the diet was found to be 32 μg/kg (Gummow et al., 2005). It is believed that the human body has between 50 and 200 μg of vanadium. Vanadium is found in extremely small amounts in every organ. Ascidians are the marine animals that contain high concentrations of vanadium. The vanadium content in the Ascidia genus ranges from 4,000–20,000 ppm. Vanadium levels in *Amanita muscaria* are likewise comparatively high, with 120 ppm. The seaweeds had about 20 ppm of the metal.

High concentrations of vanadium were found in the blood cells of the ascidian *Phallusia mammillata*. Chemists, physiologists, and biochemists all paid attention to these high concentrations. It is thought that this is the highest level of metal accumulation in any organism. The highest concentration was discovered in the blood cells of the *Ascidia gemmata*, at up to 350 mM. This is 107 times that in seawater (35 nM). Vanadium ions primarily concentrate in the vacuole of signet ring cells, also referred to as vanadocytes, which are a subset of coelomic blood cells. Many proteins involved in the process of collecting and decreasing vanadium in vanadocytes, blood plasma, and the digestive tract of ascidians have been identified. Vanadium-binding proteins, or vanabins, are the proteins that have been identified. Anion-exchange column chromatography was used to first isolate vanabins from Ascidia *sydneiensis samea* blood cells, which had 12.8 mM vanadium (Ueki et al., 2008). Ion exchange chromatography, and expressed sequence tag (EST) analyses from the same species were used to identify the associated proteins and genes. The Vanabin family of proteins in this species includes Vanabins 1–4 and VanabinP proteins. There are 18 cysteine residues in all five vanabins, and the cysteine intervals are conserved. Other than the proteins from ascidian species, *Ciona intestinalis,* and *A. gemmata*, a homology search utilizing the Vanabin1 and Vanabin2 amino acid sequences produced no proteins with similarities. Vanabins, therefore, seem to be present in all vanadium-accumulating ascidians and could be the key to understanding the process behind the high-level accumulation of vanadium ions.

5.5. PLANTS AND VANADIUM

Decontaminating water and soil that has been contaminated by heavy metals from industrial activity is a challenging issue. Organic materials can be used to absorb heavy metals. Microorganisms or plants that have the capacity to bind metals have been the subject of bioremediation strategies, which are more cost-effective and efficient than physicochemical methods for the removal of heavy metals, even at low metal concentrations. Since the 1970s, attempts have been made to use activated sludge to treat industrial wastewater. Vanadium removal from metal sludge was also investigated, although its effectiveness was not as high as that of other heavy metal ions. Vanadium behavior as an anion in the ambient environment may be a factor. Vanadium can be effectively removed from diluted solutions using chitosan. Chitosan has a lot of amine groups and is good at binding anionic metal complexes like VO_4^{3-}, CrO_4^{2-}, and SeO_4^{2-}. Chitosan also absorbs vanadium in its cationic state (VO^{2+}) (Zhou et al., 2022). There have also been reports of the adsorption of various cationic heavy metal ions using chitosan, including Fe^{3+}, Cu^{2+}, and Cd^{2+}(Y.-C. Xu et al., 2023). Chitosan is useful for both anions and cations. Lead and vanadium were effectively absorbed from an industrial effluent onto *Pinus sylvestris* sawdust by employing plant components. Dried and rehydrated biomass of the seagrass *Posidonia oceanica* was used to remove V^{3+} and Mo^{5+} from effluent. The cysteine-rich proteins known as metallothioneins, which are found in a wide range of organisms from prokaryotes to eukaryotes, have been the subject of several investigations. Heavy metal ions, such as Cd^{2+}, Hg^{2+}, Pb^{2+}, Cu^{2+}, and As^{3+}, are removed from the culture media and accumulated by the cells when metallothioneins are expressed in the cytoplasm, periplasm, or outer membrane. Phytochelatins (PCs) are metal-binding cysteine-rich proteins (Hirata et al.,

2005). Studies have shown that bacteria exhibit higher accumulation of Cd^{2+}, Cu^{2+}, and As^{3+} when PC-synthase is expressed. Short peptides that promote the bioaccumulation of metals have been the subject of several investigations. It is known that gram-negative bacteria, such as *E. coli*, have porin channels on their outer membranes. Small molecules, such as heavy metal cations and anions, can diffuse through these channels in a non-specific pathway. *E. coli* cells that expressed these Vanabins in the periplasm were unable to accumulate VO^{2+}, although their absorption of Cu^{2+} was roughly 20 times higher. Both VO^{2+} and Cu^{2+} absorption was increased when AgVanabin2 was expressed in the periplasm of *E. coli*. The building blocks of life are nitrogen, which is a crucial component of proteins, amino acids, chlorophyll, enzymes that power a cell's metabolic machinery, and DNA. As a result, it is a crucial nutrient controlling both the growth and reproduction and, in turn, the diversity, composition, dynamics, and overall health of all ecosystems.

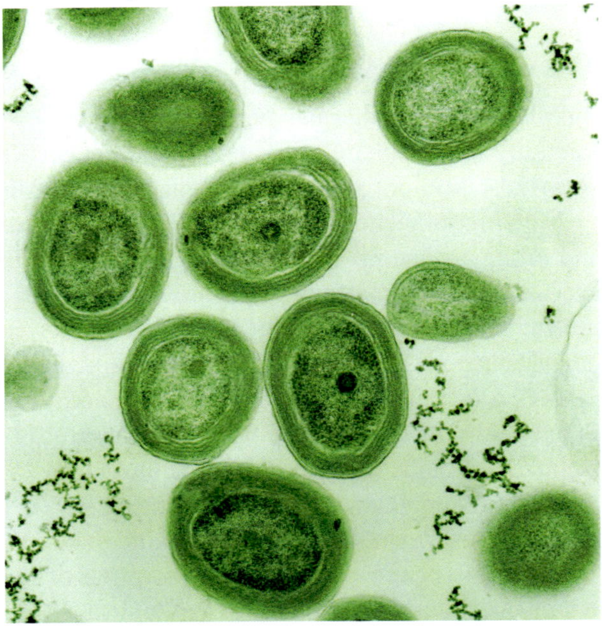

Figure 5.2. *Cyanobacteria.*

Source: https://upload.wikimedia.org/wikipedia/commons/b/be/Prochlorococcus_marinus.jpg, Creative Commons License.

5.6. NITROGEN FIXATION

It takes more energy to break the triple bond in molecular nitrogen so that living organisms may use it, and this bond can only be broken at extremely high temperatures or by a certain type of bacteria known to fix nitrogen in the environment. The chemically useful forms of nitrogen are ionic forms (nitrate and nitrite) and ammonium ions. Some nitrogen-fixing bacteria in the rhizosphere and some cyanobacteria (Figure 5.2) in water convert molecular nitrogen into these useful forms known as nitrogen fixation. Plants use these ionic forms to create DNA, proteins, and amino acids. Carnivorous animals obtain their necessary amount of nitrogen from eating herbivorous animals, while herbivorous species obtain their N from plants.

Figure 5.3. *Fritz Haber.*

Source: https://upload.wikimedia.org/wikipedia/commons/3/35/Portret_van_Professor_Fritz_Haber%2C_een_chemicus_uit_Duitsland_%28foto_1918-_1934%29%2C_SFA002023057.jpg, Creative Commons License.

Bacteria and other organisms transform nitrogenous organic waste into ammonium ions once it is used. Some specific type o□anaerobic bacteria transforms these inorganic forms of nitrogen back into nitrogen ions, which are then released back into the atmosphere as nitrogen gas. Since this element is so vital to life, its increased availability typically contributes directly to life by increasing the abundance of primary producers. The process of turning atmospheric molecular nitrogen into physiologically useful organic forms and producing ammonia is the first stage in the nitrogen fixation process. The colonies of bacteria are found in the root nodules that develop in the rhizomes of leguminous plants. Following mineralization, ammonium is first physiologically converted to nitrate, a process known as nitrification. Because nitrogen is necessary for all species, bacteria compete for the limited supply of nitrogen. During this process, the bacteria absorb nitrate and ammonium, rendering them inaccessible to the plant. A type of facultative and anaerobic bacteria reduces nitrate and nitrite back to molecular nitrogen. Denitrification is the term used to explain this procedure. Anaerobic environments such as marshes, wetlands, and poorly drained soils are home to denitri□ying bacteria. Denitrification occurs quickly in anaerobic environments. The other two processes, nitrogen fixation and nitrification, do not occur in anaerobic environments since they depend on oxygen.

5.7. FERTILIZERS

There was a shortage of reactive nitrogen until 1900. In agriculture, usable forms of nitrogen were needed as fertilizers to boost yields and support a population that was expanding very quickly. The explosives based on nitrogen were required as weapons, which was common at the period. The Haber-Bosch method was created by Fritz Haber (Figure 5.3) in 1909 (Tamaru, 1991). The procedure made it possible for the nitrogen and hydrogen to react and form ammonia. The first industrial-scale production of ammonia from nitrogen took place in 1913, producing 20 tonnes of ammonia per day. The following year, this production doubled the amount of nitrogen fixed globally, increasing food yield. Agriculture has become one of the most productive industries because of the usage of nitrogen-based fertilizers. However, this agriculture also has a negative aspect. Because of the toxins it produces, the ecosystem is negatively impacted. Reactive nitrogen production is huge, and using it in agriculture has resulted in high expenses. A large amount of nitrogen injected into agricultural fields results in pollution, and the previous perception of the benefits of agricultural technology advancements now seems to be exaggerated relative to their real worth to society. The application of plant nutrients, such as nitrogen, phosphorus, potassium, and sulfur, through fertilizers, manures, crop, and animal residues, legumes, etc., is what allows agriculture to reach high production levels. However, when nutrients are added more than what the plants need, pollution is unavoidable. Thus, agriculturalists have become degraders of the ecosystem. It is quite concerning that these unreliable farming methods have contaminated our food, land, and groundwater.

Due to the direct impact of nitrogen on plant growth, farmers are aware of the soil nitrogen level. To boost crop yields, farmers constantly add nitrogen in the form of fertilizers and manure. Nitrate is the main form of nitrogen in soils because ammonium and nitrite, two of the other forms of nitrogen available to plants, are unstable. However, the plants do not absorb all of this accessible nitrogen. The excess nitrate seeps into rivers and groundwater. The problem gets worse in the winter and spring when most plants are dormant and not actively absorbing nutrients. Throughout these months, there is a significant nitrate leaching that peaks because of the abundant soil water present. As a result, the amount of nitrogenous substances introduced to the environment tends to increase with time. The global nitrogen cycle is being changed, with serious consequences for biodiversity, the environment, water quality, and human health. The environment receives reactive nitrogen from a variety of sources, but human activity contributes more reactive nitrogen to the nitrogen cycle than all other sources combined, nitrogen fertilization being the most significant contributor. Anhydrous ammonia, ammonium nitrate, urea, ammonium sulfate, and ammonium phosphates are among the easily accessible forms of nitrogen. The soil and climate conditions determine the necessary rates of application for these fertilizers. Nitrogen release can be significant in soils with fast rates of decomposition, but it occurs very slowly in cold and dry soils. Nitrogen needs to be applied adequately to these soils because insufficient nitrogen supplies lead to yield and quality losses; excessive nitrogen application, on the other hand, causes excess non-utilized nutrients to be washed away and ultimately pollutes water bodies. Over the years, there has been a significant increase in the import of fertilizers, mostly nitrogenous fertilizers. Fertilizers are well known for raising crop yields and output, but they also harm the ecosystem.

Since most plants cannot use all of the nitrogen that is supplied, the residual nitrogen fertilizer leaks into the ground and water, contaminating lakes, rivers, aquifers, and oceans. The majority of the unabsorbed nitrogen fertilizer volatizes as N_2O, which is the main source of greenhouse gases in the atmosphere (Yang et al., 2023). The amounts of N_2O in the atmosphere rise by 0.23%–0.3% every year. Approximately 48% of the fertilizer production is consumed by Asian countries, such as Pakistan and India. Some reports found that one-third of all greenhouse gases produced by agriculture are attributable to the usage of nitrogenous fertilizers in farming (agriculture). The process of leaching nitrogenous fertilizers into water bodies results in dead zones, which cause a significant number of algal blooms to die (death) and decompose, ultimately causing eutrophication. Massive algal blooms naturally decompose, lowering the oxygen content of the water and raising the biological oxygen demand. This condition is known as hypoxia, and it kills marine life. The dead zone is one of the worst global environmental threats that the world faces, according to the United Nations Environment Program (UNEP). If the amount of nitrate in the soil is continuously monitored, excess nitrate can be prevented. This can be achieved by making sure that a minimal amount of nitrate is always present in the soil. Any crop that develops more quickly uses up the nitrogen that is available, thus it is important to have an adequate supply of nitrate fertilizer during this time. Nitrate fertilizer is no longer necessary once plant development stops, but we still need to make sure that there is some nitrate in the soil, just not enough to induce leaching. NO emissions from crops vary between 2.4 and 5.4 Tg N/year. Fertilizer application is responsible for the majority of the NO and NH_3 released from farmland. These pollutants come from a variety of sources, such as sewage disposal, industrial waste, detergent, fertilizers, organic matter, manure, and crop residues that break down into nitrate. This organic matter sometimes goes non-utilized by crops, which leads to nitrate leaching and subsequent groundwater pollution. These nitrogen emissions have a wide range o detrimental impacts, rom acidification and stratospheric ozone depletion to the eutrophication of terrestrial and aquatic systems.

Nitrogen oxide, for instance, can be released into the atmosphere and generate photochemical smog before oxidizing to nitric acid and landing on the ground, which can induce eutrophication and acidification o ecosystems. The effects of nitrogen accumulation in the environment are still largely unknown, but there is also much to learn about how other biogeochemical cycles are impacted by the increased availability of nitrogen and how those interactions relate to the changes in the global climate. The significant source o N that plants growing in fields absorb is nitrate. The plant tissues absorb nitrate and subsequently reduce and assimilate it, transforming inorganic nitrogen into organic nitrogen. This process is carried out by the root cells. Through the root cortical and epidermal cells, nitrate ions are taken up from the soil solution and pass through the plasma membrane. The enzymatic action of nitrate reductase (NR) and nitrite reductase (NiR) reduces nitrate to ammonia ($NH^{4+)}$ once it enters the root cells. The NH^{4+}- N is subsequently absorbed via the GOGAT cycle into organic N (Pérez-Tienda et al., 2014). After studying the kinetics of ionic absorption for a variety of compounds, it was discovered that nitrate is absorbed by plant roots at a rate that is similar to that of K^+, Rb^+, Cl^-, and H_2PO4^-. The rate of nitrate reduction in higher plants is determined by the rate of nitrate uptake rather than by restricting the reducing power or by fluctuations in NR activity. In many crop plants, including cowpea, green gram, and soybean, the rate of nitrate uptake rises during vegetative growth, reaches its peak during the early stages of reproduction, and falls during the development of pods and seeds. The genetic variability of plants to absorb, decrease, and assimilate nitrate has been linked to varied nitrate levels plants. Using labeled nitrate as N^{13}, nitrate influx and e flux have been success ully studied or a better understanding o the mechanism o unidirectional nitrate fluxes and or concluding the understanding and accuracy of the net uptake of nitrate and its depletion.

5.8. PLANT NITRATE MECHANISMS

Plants with high nitrate content are thought to have an imbalance between their rates of net absorption and assimilation. The genetic determination of the nitrate absorption and assimilation system helps to explain the variation in nitrate content between species and cultivars. It is hypothesized that osmotic potential management could stabilize plant nitrate concentration. As a result, nitrate accumulation is quite concerning and needs to be minimized by applying green and farmyard manures, decreasing the quantity of nitrate available to plants, and raising light intensity. Harvesting vegetables at noon, removing organs with high nitrate content, and cooking the vegetables in low nitrate water eliminated at least 50% of the accumulated nitrate. Ascorbic acid and tocopherols block the synthesis of N-nitrocompounds, which prevents the conversion of nitrate to nitrite, treatment of plants with varied dosages of citric and salicylic acid also lowers nitrate buildup. The ability to accumulate nitrate varies with genotypes with varying ploidy. N variations may result from the plant's genetic composition. Many genes (QTLs) are genetically responsible for controlling the concentration of nitrate in shoots (Liu et al., 2008). The N variability may be influenced by a number of variables. One major explanation for this could be the way that various genotypes react to the enzymes in the nitrogen metabolic pathway and how they assimilate nitrate differently. Different genotypes may have different mechanisms for absorbing N because different genotypes may have different active transporters. As a result, some genotypes may accumulate N more slowly than others and respond to N uptake differently.

Differences in the nitrate reductase location and photosynthetic activity have been linked to variability in nitrate buildup. Nitrate accumulation, sugar concentration, and dry matter have a negative correlation, although in various genotypes, there is a positive correlation. A genotype with a high carbohydrate content should also have a high dry matter, meaning that a minute amount of nitrate is required to keep the osmoticum stable. Molecular research indicates that several genes, including those encoding nitrate reductase, glutamine synthetase, and ferredoxin-dependent glutamate synthetase are involved in controlling the nitrate content in plants. The N assimilatory pathway is regulated by a variety of endogenous and external stimuli, such as nitrate, glutamine (Gln), asparagine (Asn), light, and sucrose. This pathway involves enzymes such as permeases, NR, and NiR. One gene known to encode glutamine synthetase is among the five quantitative trait loci for nitrate concentration in maize that have been identified on a dry matter basis. An increase in Gln concentration raised Asparagine concentration, which decreased the N level inside the maize seedling. Increased concentrations of Gln and Asn in plant tissue and decreased nitrate uptake were the outcomes of treating plant tissues with nutrients deficient in phosphate and sulfate.

Several genes play a role in controlling how variable plant nitrate levels are. Humans are consuming more vegetables and animal products, which has enhanced the reactive nitrogen content and led to an increase in nitrate and nitrite intake. The nitrate and nitrite are added to food items as preservatives to keep *Clostridium botulinum* from growing there. Since fertilizers are mostly composed of salts that generate nitrate and nitrite, reliance on fertilizers in agricultural techniques also increases human exposure to these chemicals. This results from drinking water contaminated with nitrate from agricultural runoff and crop consumption. Vegetables and fruits contain significant quantities of nitrate, 200–2500 mg/kg. More than 85% of the average daily dietary intake of humans is found in vegetables, making them a substantial source of nitrate. Many vegetables, such as lettuce, spinach, cabbage, carrots, potatoes, and cucumbers have been found to have substantial nitrate content. Fruits and vegetables typically contain less than 10 mg/kg of nitrite and rarely more than 100 mg/kg of nitrate. The nitrite levels in vegetables can reach 400 mg/kg if they have been fermented. When it rains, nutrients that are not fixed in the soil or utilized by plants can leak into surface water or seep into groundwater. Other sources of nitrate include human waste from septic systems and municipal wastewater treatment plants, animal waste from livestock operations and urban areas, and contamination from agro-based industries. High nitrate levels in groundwater are also caused by nitrate-bearing rocks found in geological formations (Gupta et al., 2015). Acute toxicity can result from prolonged exposure to high nitrate concentrations in both humans and animals. One of the most severe edaphic stresses, soil degradation limits crop productivity and plant growth and development. As a result, it poses a serious threat to the sustainable development of agriculture and is a major factor in desertification. Soil qualities deteriorate and soil fertility decreases due to drought, erosion, unsuitable temperature, anthropogenic activities, deficiency of nutrients, and excess of pollutants. Plants that are simultaneously exposed to metal toxic stress are more vulnerable to salinization. Arid and semiarid regions are more susceptible to biodiversity loss and land degradation as a result of the ongoing climate change.

5.9. SALINE TOXICITY

The selection of novel plant genetic resources with evolved morphological, structural, and metabolic defensive mechanisms of salt tolerance is becoming increasingly important as salt and heavy metal (HM) levels in the environment continue to rise. A small percentage of the halophyte species of terrestrial plants may develop and complete their life cycle at salt concentrations significantly higher than necessary. Halophytes and associated accumulator plants are thought to be HM tolerant. The primary factor influencing plant development and production is the salt level and composition of the soil. Plants that control the amount of salt in their tissues respond differently to salinity stress. To withstand high salt concentrations and thrive in saline environments, they employ many strategies. The majority of plants, or glycophytes, are sensitive to salt, and their growth is impacted by the higher salinity of the root zone. Plant tissues are stressed both directly and indirectly by salinity. Primarily impacting the water availability of plants, salinity causes ion-specific reactions by causing an excessive build-up of harmful ions. Reactive oxygen species are produced excessively as a result of salt-induced secondary stress.

5.10. SALINE SOIL ADAPTATIONS

It is known that high pH in sodic soils and the damaging effects of salt on saline soils diminish plant nutrient availability. Elevated salt concentrations cause a decline in the vigor of seedlings and the germination of seeds. Many morphological and physiological factors influence salt tolerance, making it a multigenic trait. Three interrelated aspects of plant activity are crucial for achieving salt tolerance: detoxification, homeostasis, and growth regulation. Plants that are adapted to survive in salinity have slower growth, which enables them to rely on a variety of resources. Plant tolerance to salt stress is mediated by intricate chemical reactions. Osmoregulation involves the accumulation of compatible solutes, such as polyols, sugars, proline, and other osmoprotectants, to maintain a sufficient amount of water content and to produce stress proteins. The antioxidant defense system and antioxidant compounds (tocopherol and carotenoids) as well as enzymes (superoxide dismutase, catalase, peroxidase) play a role in protecting cellular structure by scavenging ROS. Because of their molecular similarities, salt tolerance and potassium uptake are closely related. Potassium uptake is impacted by excessive external sodium. Plants can adapt to saline environments through two main mechanisms: salt avoidance and salt accumulation. To escape the high salinity soil solution near the surface, perennial deep-rooted plants primarily draw water from the lowest salinity areas of the root zone.

Plant adaptation methods in saline soils include the plant avoiding excessive ion concentration in the soil and salt exclusion at the root level, compartmentalization of harmful ions in a vacuole, and ion excretion through specialized cells on the stem and leaves. Because halophytes can withstand conditions such as cold, heat, and drought, halophyte species are important. In addition to being more naturally adapted to HM contamination, halophytes are also thought to be able to accumulate in larger quantities than salt-sensitive crop plants that are frequently used in phytoremediation. Mesembryanthemum crystallinum responds differently to copper exposure due to different genetic processes. There may be more than one integrated mechanical and chemical signal causing stress-related reactions, which could account for the partial overlap of individual environmental stresses like copper and NaCl. Since secondary water stress in plants is also thought to be caused by HM stress, drought-resistant mechanisms may indirectly contribute to the accumulation of HM by halophytes and their tolerance. Halophytes regulate and sequester the concentration of salt ions in plant tissues using a variety of techniques (Shabala and Mackay, 2011). To provide a secondary tolerance mechanism, certain halophytes develop trichomes in their leaves. Vacuoles of bladder-trichome terminal cells, which are commonly produced on the adaxial surface of epidermal cells of leaves or bract/bracteoles, can accumulate high concentrations of different ions.

5.11. SALT TOLERANCE

Although halophytes and glycophytes share many salt tolerance effectors, regulators, and regulatory pathways, significant changes in tolerance or sensitivity are caused by minor regulatory alterations.

Figure 5.4. *Asiatic Salsola.*

Source: https://upload.wikimedia.org/wikipedia/commons/e/e0/Salsola_oppositi-folia.JPG, Creative Commons License.

These plants can withstand salt concentrations of 200–250 mM NaCl and higher, which would destroy 99% of other plant species. It has been discovered that the sodium ions found in halophytes are partitioned within the cell vacuole, lowering the cytoplasmic sodium level and allowing the plants to operate normally. The plants that are most resistant to salt are those that accumulate salt and have a succulent structure, such as Salicornia and Suaeda. For Asiatic *Salsola* (Figure 5.4) species, variations in sexual reproduction processes and CO_2 fixation pathways are critical for both reproduction and survival in salinized, contaminated desert habitats. Both intrapopulation genetic structure and interspecies genetic structure are impacted by phenotypic plasticity in gametic expression in annual and perennial species. Fruit tepals and perianth surfaces may contain products of salt gland secretion that shield reproductive organs and offer a method for conserving germplasm. The ability of plants to adapt to recurrent droughts and shifting climatic conditions is reflected in the low levels of genetic variation found in small and isolated populations of annual species that primarily reproduce by crossing (wind).

CHAPTER 6

PHYTORESTORATION AND REMEDIATION

Contents

6.1. INTRODUCTION

As of 2020, there were 7.8 billion people on the planet, placing a strain on its finite space and natural resources (Wang, 2022). A larger population leads to high pollution and consumption. Because of the nature of contaminants and their huge quantity, pollution is spreading like an epidemic throughout the planet. A major environmental issue with detrimental effects on human health is soil contamination by several organic and inorganic contaminants. Fossil fuel combustion, resource exploitation, and industrial operations are some of the main causes of environmental contamination. Another important industry that contributes significantly to the soil, air, and water is mining, which releases heavy metals (HMs), metal leachates, acids, etc. For many years, the land close to the mining zones is left neglected. Likewise, a variety of organic pollutants, particularly hydrocarbons, which are regarded as waste, can be found at oil drilling sites. Over the years, several strategies have been tested and used to reduce the growing threat of contamination. Eliminating pollutants from soil is a difficult and costly procedure. The majority of physicochemical remediation solutions are either very costly or need a substantial quantity of energy and/or chemicals. Certain technologies change the actual properties of the soil, such as microbial diversity and soil fertility. These alterations are frequently irreversible. The soil zone is heated to a high temperature (> 1500°C) during the vitrification process, causing the soil to melt. When the soil cools, HMs become trapped in a glassy matrix. Several organic solvents such as sulfuric acid, hydrochloric acid, phosphoric acid, etc. are used to solubilize and mobilize HMs during soil washing, which has a negative impact on soil biology. The treated soil is unsuitable for agricultural use and cannot support plant growth. The fact that soil remediation is location-specific is another crucial feature. Because of the various characteristics of the pollutants and their potential interactions, remediation becomes difficult if the contaminated soil contains a mixture of organic and inorganic contaminants. The environmentally friendly and sustainable method for handling mixed contamination was suggested to be phytoremediation. The technique of using green plants to accumulate, degrade, or stabilize pollutants is known as phytoremediation. The biological quality of soil is enhanced by this innovative method.

6.2. PHYTOREMEDIATION

Phytoremediation is a remediation technique that uses wild or genetically modified plants to remove various harmful heavy metals and organic/inorganic contaminants from soil, sediments, wastewater, rivers, groundwater, and the atmosphere. Although there have been several attempts in the past 20–30 years to remove contaminants from the soil, there is still a substantial research gap because of the dispersed information on phytoremediation, despite the fact that the technique has earned a lot of attention recently. Reclamation of abandoned mining and oil drilling sites can be achieved naturally and economically by growing appropriate plant species there. A pollutant is any material that is found in the environment in larger quantities than it was initially. Pollutants can be either entirely new chemicals that are formed as primary pollutants from the source or that are produced as byproducts of primary pollutants. The variety of contaminants makes it challenging to classify them and, consequently, to control them effectively. The main causes of pollution are waste products produced by communities, power plants, industries, and agricultural areas. Although there are many different kinds of pollutants, some may cause more problems than others. Several organic contaminants are toxic and persistent in the atmosphere. Because of their long residence time in the environment, organic xenobiotics are sometimes referred to as persistent organic pollutants (POPs). Polychlorinated biphenyls (PCBs), petroleum wastes, pesticides, pharmaceutical industry wastes, and polyaromatic hydrocarbons (PAHs) are examples of synthetic organic pollutants (Akhtar et al., 2021). Marine life dies as a result of the decrease in dissolved oxygen in water bodies caused by algal bloom brought on by excessive fertilizer in agricultural runoff. Another class of pollutants that are both naturally occurring and discharged into the environment by human activity are HMs.

6.3. HEAVY METALS

When HM dust, sewage sludge, and leachates spread over large areas and contaminate the air or water, they become unsafe. Among the toxic metals that are detrimental to plant and animal species are arsenic, lead, mercury, and cadmium. The environment is also influenced by radioactive elements, which can damage the nearby air, water, and land and have harmful impacts on an organism. Because of their long residence time, radioactive compounds are more dangerous. Many organic and inorganic contaminants can be found in different parts of the environment. There are many sources of HMs, which may be anthropogenic or natural, but ultimately accumulate in various environmental components such as the lithosphere, hydrosphere, atmosphere, and biosphere. The various natural sources of HMs have been thoroughly described in many research works. Natural HMs can be found in a variety of specific environmental settings. Volcanic eruptions, weathering of ultramafic rocks, biogenic sources, sea-salt sprays, forest fires, and soil particles in the air are examples of these natural emissions. HMs are mobilized from their place of origin to various environmental compartments by natural weathering processes. Nickel (Ni), chromium (Cr), mercury (Hg), lead (Pb), cadmium (Cd), zinc (Zn), arsenic (As), and copper (Cu) are the common heavy metals. They are detrimental to plant growth and have negative effects on humans and other species. The main anthropogenic activities that cause the release of pollutants into different environmental components are mining, wastewater, industrial, agricultural, and residential processes. It has been noted that human-caused HM dispersal surpasses natural fluxes for many metals. The metals released in wind-blown dust come from industrial regions. Automobile exhaust, which releases lead; smelting, which releases arsenic, copper, and zinc; insecticides, which release arsenic; and the fossil fuel burning, which releases nickel, vanadium, mercury, selenium, and tin, are some significant anthropogenic sources that contribute to the environmental contamination of heavy metals.

6.4. SYMPTOMS OF HEAVY METAL POISONING IN PLANTS

Many symptoms, including low biomass output, chlorosis, suppression of growth and photosynthesis, senescence, disturbed nutrient assimilation, and water balance, are indicative of HM toxicity and detrimental effects on plants. These symptoms lead to plant damage, stunted growth, and even death. By either encouraging or preventing plant growth, HMs have an impact on plant physiology. While some metals needed at low concentrations might suggest their function as a cofactor for particular enzymes, others that are needed at high concentrations have a significant role in structural or osmotic action. Some HMs, such as Fe, Co, Cu, Mo, Mn, and Ni, are necessary for the basic metabolism of plants. These metals, however, suppress plant biochemical activities at higher concentrations. First, a variety of metals have an impact on photosynthetic pigments, which in turn impacts the plant's capacity for tolerance. Chlorophyll-related fluorescence is generally decreased by metals.

The hyperaccumulator *Atriplex halimussubsp. schweinfurthii* (Figure 6.1) exhibits reduced stomatal transpiration rate, chlorophyll pigments, and root hydraulic conductivity as a result of elevated Cd content. Color and amino acid composition are impacted by Cr uptake (aquatic plants). Cr (VI) inhibits δ-amino laevulinic acid dehydratase (Despaux et al., 1980). Certain metal and plant-specific plants have been shown to exhibit Cr-led carotenoid degradation. Other instances of mercury toxicity have been documented in which the mercuric cation exhibits a greater a□finity □or sul□hydryl (-SH) groups, which attach to two protein molecule sites and cause protein precipitation. As a result, mercury affects both the light and dark reactions of photosynthesis by preventing electron transport, oxygen production, and the quenching o□chlorophyll fluorescence in photosystem II. The substitution of Hg for Mg results in the damage since it inhibits the light reaction and, eventually, the failure of photosynthesis. Likewise, some ligands that selectively bind to mercury are found on cell membranes. Within the cell, mercury denatures enzymes, uses ion transport pathways, disables enzyme functional groups, and compromises the integrity of the membranes of cells and organelles. Alterations in membrane permeability, reactions with phosphate and sulfhydryl groups, and cation substitutions are the causes of mercury toxicity. Because they take part in redox cycles and produce hydroxyl radicals, which are extremely harmful to living cells, metals like Cu and Fe can be hazardous.

Figure 6.1. *Atriplex halimus* subsp. *Schweinfurthii.*

Source: https://upload.wikimedia.org/wikipedia/commons/0/01/Atriplex_halimus_kz2.JPG, Creative Commons License.

As a non-redox metal, cadmium is highly phytotoxic and causes plant death and growth suppression. It causes variations in the lipid profile and impacts the functions of membrane-associated enzymes like H^+-ATPase. Uncontrolled industrial processes, improper e-waste disposal, agricultural runoff, urban runoff from municipal solid and liquid waste, and the burning of coal, among others, all contribute directly to or result from precipitation, weathering, erosion, and other processes that end up in the aquatic ecosystem. Therefore, aquatic animals get exposed to increased concentrations of HMs and develop toxicity. Because HMs are long-lasting, they can poison food chains, which in turn can contaminate the entire ecosystem. The top consumers of a food chain, such as humans, are thought to be the most susceptible to experiencing the severe negative effects since the concentration of HMs increases at each trophic level. The central nervous system may become less active after prolonged exposure to HMs. It may impair the operation of several organ systems, including the pulmonary, hepatic, renal, etc., which could result in multiple sclerosis, Alzheimer's disease, muscular dystrophy, and other malignancies. However, the negative consequences brought on by exposure to various HMs primarily depend on the exposure route (pathway). It is essential to create some environmentally sustainable treatment solutions to reduce the HMs load from various components of the environment. Two procedures are used in soil washing, an on-site method of contamination removal: contaminated soil is cleaned of contaminants using chemical solvents, and the contaminants are concentrated using gravity separation and particle size separation to decrease their size. Although this method is not cost-effective and leaves behind a substantial amount of contaminant-laden residue that needs additional treatment, it can remove radionuclides, heavy metals, and organic contaminants.

The use of plants or plant-based methods to clean up contaminated areas is known as phytoremediation (Abioye et al., 2013). On contaminated sites, techniques including chemical reduction/oxidation and incineration are also used. To regulate the contaminants and preserve the physical, chemical, and biological equilibrium, researchers are using the latest technology. Many plants have been studied for their ability to grow in contaminated areas and for their capacity to accumulate harmful (toxic) elements. The contaminated sites can be cleaned up with the help of these plants. The technique of removing contaminants may differ from plant to plant since different phytoremediator plants have distinct metabolisms. Certain plants can store toxic substances in their roots while preventing them from moving to their aerial portions. Other plants, however, are more effective in transferring the toxins within their branches. Phytoextraction is a very successful and economical method in low to medium pollution zones when the pollutants are located at a shallow depth. The pollutants are drawn out of the medium by the plant roots and then moved to other sections of the plant. The procedure is advantageous since the ash from the plant's aerial portions, which are burned as fuel, can be used to recover the contaminated metals. Phytostabilization is the process by which certain plants can hold onto pollutants from the soil or water medium and maintain them in their tissues. Adsorption on the surface or precipitation to different areas within the root zone are the methods used to contain the pollutants. The plants must grow quickly, have fully formed roots and aerial parts, and be resilient to environmental challenges for the phytostabilization process to be successful.

6.5. ABSORPTION OF POLLUTANTS

The plants absorb pollutants and moisture during the phytovolatilization process, then store and move them into aerial portions before transferring (transpiration) into the atmosphere. The drawback of this technique is that the hazardous volatile pollutants spread more widely and return to land with rain. The rhizofiltration method, in which plants are cultivated in artificial wetlands and absorb and accumulate or adsorb pollutants in their roots, can be used to treat domestic effluents. Plants that are effective at rhizofiltration need to have large, quickly expanding root systems and the ability to hold onto pollutants for an extended time. Plants can assist in eliminating organic pollutants. This process is often known as phytodegradation. Specific plants have the ability to extract organic substances from soil, water, and air. The breakdown of compounds in the rhizosphere or inside the plant body, as well as volatilization following compound buildup, are examples of phytodegradation. Explosives, synthetic insecticides, petroleum hydrocarbons (poly-aromatic hydrocarbons), solvents, dyes, and other organic pollutants are among the toxins that plants can break down. Many plant species have been found to have the capacity to break down the pollutants found in soil and water environments, including *Azolla filiculoides*, Brassica, *Phaseolus vulgaris*, *Sorghum bicolor*, and others (Figure 6.2).

Figure 6.2. Phaseolus vulgaris.

Source: https://upload.wikimedia.org/wikipedia/commons/c/ca/Snijboon_peulen_Phaseolus_vulgaris.jpg, Creative Commons License.

Along with other elements from their developing substrate, plants also accumulate critical elements. The same mechanism and pathways can also be used to absorb non-essential chemicals, particularly pollutants. Several plants exhibit selective behavior; as a result, they are divided into two groups: metal accumulators and metal excluders. There are various components to the systems that make plants either metal accumulators or metal excluders. Production of root exudates that improve HM and nutrient mobility, metal chelating agents like phytochelatins (PCs) and metallothioneins (MTs), antioxidant compounds like catalase (CAT), peroxidase (POD), superoxide dismutase (SOD), ascorbate peroxidase (ASX), etc. are the mechanisms that constitute a plant phytoremediator. The ability of the plants to remove contaminants is also influenced by the soil ertility characteristics, such as pH, EC, nutrient content, microbial diversity, etc. (Masciandaro et al., 2013).

6.6. BUILDUP DYNAMICS

By increasing plant biomass, metal bioavailability, metal bioaccumulation in roots or bioaccumulation, and the transfer of the accumulated metal to the aerial tissues, the presence of microbes in the plant growing medium greatly improves the phytoremediation of the contaminants. The first essential step in the bioaccumulation process is bioactivation. Many harmful compounds persist in the soil for extended periods of time without directly damaging plants. The root exudates that plants release from their roots improve both the bioavailability of harmful metals in soil and the growth and productivity of crops. Root exudates work in a variety of ways to remove pollutants, including changing the pH of the rhizosphere soil, solubilizing minerals, chelating, and increasing the activity of microorganisms in the soil. Root exudates improved the pH and dissolved organic carbon of the soil, increasing the bioavailability of zinc and cadmium. Various elements that control metal uptake, soil alterations brought about by roots enhance the efficacy of the phytoremediation process. Metal-stressed conditions can also result in the production of root exudates. Medicago polymorpha and Malva sylvestris were shown to emit oxalic and malic acids from their root exudates when exposed to Cd, Cu, and Zn. It was noted that the Cr mobilization was improved by the release of these organic exudates. The impact of exogenous administration of two organic acids, citric acid and tartaric acid, on Cd absorption and its translocation in *Sedum alfredii* was investigated. The application of both acids was found to considerably increase the uptake of metals. The crucial characteristic of a phytoremediator plant is the buildup of pollutants within the plant. Many variables, including plant species, pollution level, soil fertility, soil microbial diversity, etc., affect the buildup of pollutants.

6.7. EXCLUDER PLANTS

Regardless of the level of soil metal contamination, metal excluder plants prevent the metals from moving from the roots into the aerial parts. *Commelina communis* and *Pinus radiata* are examples of excluder species. *Oenothera biennis* (Figure 6.3) and *Commelina communis* were Cd-excluders and *Taraxacum mongolicum* was a Zn-excluder (Wei et al., 2005).

Figure 6.3. *Oenothera biennis.*

Source: https://upload.wikimedia.org/wikipedia/commons/4/40/Oenothera_biennis%2C_Vic-la-Gardiole_01.jpg, Creative Commons License.

Metal indicator plants transport metals through their aerial tissues after accumulating them in their roots. Because they lack a defense system to lower harmful effects of the metals, these plants cannot thrive in soil that has a high level of metal contamination. The metal indicator plants are also ecologically significant because they are regarded as pollution indicators. Metal accumulator plants are those that actively absorb metals. These plants are effective at absorbing metals from the soil to higher concentrations. The HMs are absorbed by the roots of metal accumulator plants and then transferred to the shoots. The majority of these plants can withstand the pollutants and thrive without experiencing any negative effects. For example, the potential for metal accumulation in *Ricinus communis*, a species of the Euphorbiaceae family, has been thoroughly investigated. Several plant species that fall under the category of metal accumulator plants have been recognized for use in phytoremediation and are popular as hyperaccumulator plants because of their capacity to both transfer and accumulate a large number of contaminants in their aerial parts. These plants can transfer metal to their aerial parts up to a higher level than accumulated in their roots. The hyperaccumulation of metals and metalloids, particularly Ni, Cu, Zn, Co, Mn, Cd, and As, has been identified in several plant species. The physiological and biochemical systems of hyperaccumulator plants are specially engineered to accumulate HM and maintain regular growth without experiencing severe negative effects. The rhizospheric production of organic acids, protons, enzymes, and amino acids increases the bioavailability of metals. The rhizosphere becomes more acidic as a result of the roots' proton secretion, which improves the dissolving of metal. Ni-hyperaccumulator plants (*Alyssum murale*) showed pH-dependent proton release and plant growth. *Pteris vittata*, *Thlaspi caerulescens*, and *Solanum nigrum* (Figure 6.4) are a few examples of common hyperaccumulators.

Figure 6.4. *Solanum nigrum.*

Source: https://upload.wikimedia.org/wikipedia/commons/7/7e/Solanum_nigrum_flower.jpg, Creative Commons License.

More than 500 hyperaccumulator plants from the families Asteraceae, Caryophyllaceae, Brassicaceae, Cyperaceae, Fabaceae, Poaceae, Euphorbiaceae, etc. have been studied. The Brassicaceae family, which includes many hyperaccumulator plants, is regarded as one of the most important plants. The primary characteristic of a phytoremediator plant is the buildup of harmful materials from the contaminated medium. HMs first accumulate in the plant tissues found in the roots. The effects of root exudates like citric acid, glycine, and maltose, on the accumulation of Cd were evaluated. In addition to improving Cd accumulation in the roots and its translocation into the shoots, it was observed that these biochemicals improved plant growth. The release of organic acids can improve root absorption and mobilize HMs. The plants exhibit either apoplastic or symplastic detoxifying mechanisms to tolerate Al. 40% of the total Cd in the soil was absorbed, and the production of Cd organic complexes was linked to both phyto-availability and Cd uptake (Filipović et al., 2018). The metals form complexes with carboxylic acid in the form of tartrate or malate for Co and citrate for Ni. The xylem sap of *T. caerulescens* has a stable Ni-nicotianamine complex. Co and Ni are passively taken from soil liquids and have a strong binding affinity for roots. They may be carried by IRT_1 or Iron regulated transporter 1 after entering the cell via plasma membrane carriers. Root apoplasts absorb the metal Cd, which competes with symplastic absorption for root accumulation. Certain plant species, such as Astragalus, have unique transporter systems that enable them to absorb 1000–1500 ppm of selenium, even at low soil concentrations. Certain selenocysteine methyl transferases that cause the buildup of Se have been found in *A. bisulcatus* and *B. oleracea*. Transporters found in the tonoplast and plasma membrane sustain the movement of Cd in the leaf mesophyll layer.

6.8. PLANT RESPONSES

The key sources of organic and inorganic pollutants like PAHs and HMs in the surrounding areas are mining and oil drilling sites. Plants react quickly to these contaminants, and their reactions can be divided into three categories: degradation, detoxification, and signaling. It has been demonstrated that ethylene, brassinosteroids, and diphosphate kinase are among the hormones and enzymes that are involved in plant signaling and response to exposure to polycyclic aromatic hydrocarbons. Transformation, conjugation, sequestration, neutralization, and export outside the cell are the categories of plant detoxification pathways for PAHs. Hydrolases, oxidoreductases, carboxylesterases, dioxygenases, cytochromes P_{450}, and peroxidases for PAH transformation are among the many enzymes found in plants. Transformation increases the reactivity of PAHs, which can subsequently conjugate to a variety of endogenous compounds such as glutathione, sugars, malonic acid, and amino acids. Several transferases, including glycosyltransferases, glutathione-S-transferases, and malonyl transferases, catalyze the conjugation of PAHs with endogenous compounds. PAHs become soluble hydrophilic polar molecules through the conjugation process. Cell wall polymers like lignin neutralize PAH conjugates, which are then either exported outside of cells or stored in vacuoles by ATP-binding cassette transporters. Through the generation of ROS and their buildup in plant cells, organic pollutants also cause oxidative stress, which inhibits plant growth and development. The oxidative stress injuries caused by PAH stress are diminished by antioxidant enzymes and molecules. Phenanthrene treatments cause the ascorbate-glutathione cycle to become active. However, researchers found that as the concentration of pyrene and phenanthrene chemicals in wheat leaves increased, the activity of SOD and POD dropped but CAT activity increased. Halophytic *Thellungiell asalsuginea* showed improved phenanthrene tolerance and stress recovery as compared to glycophytic *Arabidopsis thaliana*. Phenanthrene accumulation in *T. salsuginea* stomata indicated potential volatilization (Shiri et al., 2015).

6.9. DETOXIFICATION

Plants have defense systems to detoxify or exclude HMs. The cell wall is the component of the cell to come into contact with HMs. It prevents HMs from entering the cytoplasm. HM tolerance mechanisms in plants are thought to be cell wall storage of HMs and their restricted translocation. To detoxify the HM found in soils, plants also release a range of metabolites, such as low molecular weight organic compounds in the rhizosphere. Nitric oxide, ethylene, salicylic acid, jasmonic acid, and other signaling molecules are produced by plants. The elements that lead to HM detoxification have a huge impact on plant metal tolerance. These elements include the movement of metals to the surface and their accumulation in vacuoles, as well as their chelation with various ligands such as PCs, MTs, GSH, chaperons, organic acids, and amino acids. Thiol groups, which must be contained within the vacuole, are essential for the conjugation and detoxification of HMs. Because of their thiol groups, PCs, MTs, and GSH have a strong affinity for HMs. The enzyme PC synthase produces PCs, which are peptides. PCs, a sulfur-rich molecule with the ability to firmly bind metals, are produced in large quantities by certain HMs. Plant homeostasis and HM tolerance are linked to MTs, which are low MW proteins rich in cysteines. MT-metal complexes can quickly exchange metals with other proteins and firmly bind them due to their poor kinetic stability and high thermodynamic stability.

6.10. PHYTOREMEDIATION PATHWAYS

Because of their carboxyl groups, organic acids like oxalate, citrate, malate, etc., bind firmly to HM. They take part in HM chelation both inside and outside of cells. While organic acid chelation within cells increases plant tolerance to metals, organic acid secretion by plant roots creates an extracellular complex with HM and decreases their bioavailability. Plants gain tolerance when HMs are sequestered in vacuoles. Sequestration of HMs in vacuoles is linked to several transporter families, such as HMs ATPases (HMAs), ATP-binding cassette subfamily C proteins (ABCCs), natural resistance-associated macrophage proteins (NRAMPs), and Ca2+ exchangers (CAXs). HMs cause oxidative stress in plants, just like PAHs do. By scavenging ROS, both enzymatic and non-enzymatic antioxidants help to promote HM tolerance. Antioxidant reactions vary depending on the plant and HM content. Many studies have documented increased ROS production and a notable increase in SOD, CAT, and APX activities as a result of HM exposure. By protecting plants from oxidative stress caused by heavy metals, non-enzymatic elements like ascorbate and GSH also help them develop resistance to oxidative stress.

The ability of plants to phytoremediate organic and inorganic pollutants, including PAHs, RDX, TNT, and HMs found in oil drilling and mining sites, is enhanced by many molecular pathways. The metabolic capacities of bacteria that can break down organic pollutants in the rhizosphere are stimulated by root exudates that are generated by plants and contain organic acid, phenolics, proteins, and alcohol. By volatilizing toxins like PAHs or decomposing organic pollutants to produce humic compounds, some of these bacteria improve the remediation process (Kumar et al., 2021). Organic pollutants are passively absorbed by plants since there is no known natural transporter for them. The physicochemical characteristics, availability, and absorption processes of organic pollutants restrict their uptake in plants. Physicochemical characteristics include concentration, octanol-water partition coe□ficient, hydrophobicity/hydrophilicity, and acidity constant. The pollutants that plants will absorb are those that are moderately hydrophobic and have an octanol-water partition coe□ficient between 0.5 and 3. The ability o□plants to absorb some pollutants varies greatly as well. One important factor in the intake of organic substances is the evaporation rate. It has been shown that both naturally occurring (rhamnolipids) and chemically generated (SDS) biosurfactants improve the organic pollutant solubility and bacterial breakdown. The phytoremediation of PAHs in soil may also be improved by mixed surfactants, such as sodium dodecylbenzene sulfonate and Tween 80 in 1:1, 1:2, and 2:1 ratios. It increased the number of bacteria that break down PAHs and genes linked to degradation. Cyclodextrins also solubilize organic pollutants. Following absorption, organic pollutants may move to different plant parts and become volatile, undergo partial and complete degradation, change into less harmful chemicals, attach to plant tissue, such as insoluble lignin, and become trapped in vacuoles. Hydrophobic organic pollutants are bound by the hemicellulose of the cell wall and the lipid bilayer of the plasma membrane. Organic pollutants can undergo a variety of chemical processes, including oxidation, reduction, and hydrolysis, which can subsequently conjugate with organic acids, sugars, and GSH. Conjugation improves the solubility and transport of organic pollutants into vacuoles, where they can undergo further metabolism to produce CO_2 and water. The GST enzyme catalyzes the transfer of GSH to organic pollutants, leading to their detoxification (Hellou et al., 2012).

Glutathione S-conjugates are actively transported to the vacuole/apoplast by ATP-dependent membrane pumps. Cytochrome P_{450} contributes to the breakdown and, consequently, phytoremediation of organic contaminants in hyperaccumulators. Phytoremediation of HMs involves several steps, including secretion of different compounds in the rhizosphere to increase the mobility of contaminants, transport of contaminants through the plasma membrane of root cells; translocation through the xylem, detoxification o□contaminants and sequestration of contaminants. These steps are similar to those for organic contaminants. Certain HMs, such as Cd and Zn, are more readily available and mobile for plant absorption than others, such as Pb, which are very stationary. The pH of the soil and the chelating agents like EDTA might improve metal mobility and metal uptake. The mobility of metal ions in soil is also influenced by temperature, organic matter, nutrients, microbial consortiums, metal interaction, and other factors. Metal ions are made available for root absorption by the enzymes secreted by microorganisms in the. Plants employ a number of mechanisms to enhance the availability of metal ions, including rhizosphere acidification, the release o□organic acids like citrate and malate, and phytosiderophores that facilitate the chelation and solubilization of metals bonded to the soil. When exposed to metals, the composition of root exudates alters, facilitating phytoremediation of HM-contaminated soils. Under lead stress, some researchers found increased production of organic acids, such as succinic, and glutaric acid. By desorbing uranium from soil colloids and increasing the amount of free-moving HMs, these organic acids can increase the amount of uranium that accumulates in plants. Metallic pollutants use the apoplastic/symplastic routes to enter roots. The cell walls have a rather high capacity for cation exchange. Therefore, after generating carbonate, sulfate, or phosphate precipitates, many metals are trapped in apoplastic and symplastic compartments because they are insoluble and unable to move within the vascular system. Metal chelates are able to track apoplastic motion. Metal hyperaccumulator plants use symplastic movement through the xylem to transfer a very high concentration of metal ions into the shoot. HMs enter the xylem stream through the root symplasm. Following uptake, xylem loading causes the translocation of metallic pollutants via the xylem vessel. The sap of the xylem in a shoot is where metallic pollutants are accumulated.

6.11. SEQUESTRATION

Metal ion sequestration in root cells, symplastic transport in the stele, and discharge are the main processes that control metal entry from root tissue to the xylem. Sequestration of the metallic pollutants starts when they are absorbed by root cells and attach to pectin and suberin. Plants use a variety of low molecular weight organic molecules to detoxify, sequester, or transport metals, including GSH, non-proteinogenic amino acids, and organic acids with metal-chelating capabilities. The process of phytoremediation can be enhanced by altering them. Nicotianamine has been suggested as a valuable tool for use in phytoremediation and has a significant role in metal detoxification. Increased Ni accumulation was the result of Arabidopsis plants overexpressing the Hordeum vulgare HvNAS1 gene. Metals and thiol chelators, such as PCs, GSH, and MTs, can also form complexes. In the phytoremediation of heavy metals including Zn, As, Cu, and Cd, these metal chelators are essential. Increased Cd and Zn phytoremediation was observed in tobacco and Arabidopsis plants that overexpressed MnPCS1 and MnPCS2. In the root xylem, Cu is present as a thiol-S bound Cu(I) complex. In rice, the conversion of Cu (II) to Cu (I) is thought to be an adaptive Cu stress tolerance process (phytoremediation). Vacuoles receive metal chelator complexes from the cytosol. One crucial molecular mechanism for phytoremediation is the vacuolar sequestration of heavy metal pollutants. Transfer to aerial portions is limited by metal sequestration in roots. ATP-binding cassette (ABC) family, vacuolar sugar transporters, $Ca2^{+}/H^{+}$ antiporters, vacuole iron transporter (VIT) H^{+}-ATPase, Na^{+}/H^{+} antiporters, and multidrug and toxic compound extrusion or MATE are among the many transport proteins found in vacuoles that are used to sequester heavy metal contaminants. ABC genes were located in the tonoplast and enhanced metal sequestration in the vacuole lumen in transgenic studies. The cation diffusion facilitator or CDF family encodes the metal tolerance/transport protein or MTP, which helps keep excess ions out o□the cytoplasm(Koźmińska et al., 2018).

6.12. GENE EXPRESSION

Effective vacuolar sequestration and metal hyperaccumulation in plants were caused by overexpression of CDF genes, which also improved thiol concentration and metal chelation. OsMTP1 overexpression in tobacco plants resulted in higher arsenic accumulation and tolerance to exogenous Cd and As treatments, as well as Cd hyperaccumulation, indicating the broad substrate specificity of this transporter. A variety of organic acids, including amino acids, oxalate, citrate, and malate, chelate the HMW molecules when they dissociate in vacuoles due to their acidic pH. Along with vacuoles, the Golgi apparatus has been linked to metal exocytosis, which makes phytoremediation easier. Metal sequestration inside cell compartments may serve as a detoxification mechanism, protecting vital enzymes and metabolites that are actively involved in metabolic processes. Using accumulator or hyperaccumulator plants, soil metals are accumulated into aerial parts of the plant, such as shoots, where they are treated as bio-ore for metal recovery in a process known as phytomining. This approach allows for the recovery of metals from mineralized soils, mine tailings, metal-contaminated soils, and sub- or low-grade ore deposits. Agro-mining, like phytomining, extracts bio-ore from the crops that proliferate in damaged areas. The bio-ore raw materials used in these two methods come from various sources. The metals are extracted using agro-mining and plants that produce large amounts of biomass in phytomining accumulators or hyperaccumulators.

A few elements are quite valuable like Ni, Co, and Au in phytomining, but occasionally the recovered biomass from phyto-extracted elements like Cd, As, etc. may have low economic value and disposal of the biomass would be costly. A thorough understanding of the physiology of metal hyperaccumulation is necessary to increase the success of phytomining. Mine tailings are the term for the byproducts of coal extraction and mining operations that are dumped in open-air tailing ponds. Sand, water, heavy metals, and small particles make up these tailings. Mine tailing (Figure 6.5) harms humans, animals, and the environment by degrading the land and the air and water quality. The ecology is negatively impacted by the large-scale release of organic contaminants or nondegradable heavy metals. It is well recognized that high soil concentrations of heavy metals can lead to low biomass output, inhibit plant root growth, and produce leaf chlorosis. Every continent in the world has mining operations, with the exception of Antarctica. According to reports, mine tailings discharge has surpassed 10 billion tons worldwide. This has resulted in respiratory infections, anemia, asthma, bronchitis, cancer as well as allergies, eye, nose, and throat infections.

Figure 6.5. *Mine tailing.*

Source: https://upload.wikimedia.org/wikipedia/commons/4/41/Aerial_view_Atlas_Site_Moah_Utah.jpg, Creative Commons License.

Various physical and chemical treatments, including capping, chemical stabilization, and excavation can remove contamination from the soils. These treatments are highly costly and likely to increase the risk of secondary contamination. A wide range of acidity, the presence of heavy metals, a lack of nutrients, and a poor physical structure predominantly made up of silt/sand particles are some of the main characteristics of mine tailings. Low pH, which raises the bioavailability of metals in the soil, is the primary cause of toxicity in mine tailings. Although heavy metals are naturally occurring hazardous elements found in the crust, their uncontrolled usage and discharge into the environment can harm human health and degrade the quality of the soil, air, and vegetation. With a very limited chance of secondary contamination, phytoremediation is a viable substitute for decontaminating large mining tailing sites.

6.13. SOIL POLLUTION AND PHYTOREMEDIATION

As, Cd, Cr, Cu, Hg, Pb, Zn, and other heavy metals are frequently found in polluted soils (Huang and Jin, 2008). Heavy-metal(loid) contamination of soils due to weathering of underlying bedrock is also a product of natural processes. The mining or refining of ores, waste disposal from the fertilizer and pesticide industries, the paper and tannery industries, sewage sludge, etc. are examples of anthropogenic causes of heavy-metal pollution. One of the main ways that people can be exposed to heavy metals is by eating wood that has been polluted. The *in-situ* techniques that are less damaging to the ecosystem and more cost-effective, like phytoremediation, are recommended. *In situ* or *ex situ* treatments using physical, chemical, or biological methods are among the different types of remediation approaches utilized for soil decontamination. Plant species that can grow in flotation Cu ore mine tailings in Poland include *Agrostis stolonifera*, *Calamagrostis epigejos*, *Polygonum aviculare*, and *Tussilago farfara*. In the floodplains that have been partially damaged by sulfidic waste from a Cu mine, many plant species have been observed to grow, including Agrostis capillaries, *Betula pendula*, and *Populus nigra*. *Amaranthus watsonii*, *Prosopis velutina*, and other plants have been found in the tailings of abandoned mines in Mexico (Pathak and Shah, 2021). In impacted areas close to gold mining sites, *Paspalum fasciculatum* demonstrated a phytostabilization effect for Cd and a phytoextraction capability for Pb with high metal concentrations in tissues. Certain plant species raise the rhizosphere pH and organic matter. Phytoextraction is a solar-driven method for moderately polluted sites that relies on the roots' capacity to absorb heavy metals as well as their accumulation and transfer in shoots. To limit toxins in the surrounding plantation, phytotechnology typically uses the large root system of native plants. In addition to effectively establishing plants, the procedure stabilizes metals by causing them to precipitate into less soluble forms. It also improves metal reduction, metal complexation with organic products, metal sorption onto root surfaces, and metal buildup in root tissues. To support plant growth and enhance soil structure and quality, a varied heterotrophic microbial community is encouraged when plant cover is established on the surface of polluted soil. To reduce soil erosion and leaching, the established plant cover forms the foundation for a self-sustaining system. The stability and diversity of naturally occurring plant communities on mine sites might fluctuate due to many physicochemical parameters, such as pH, cation exchange capacity, electrical conductivity, and metal content. To improve plant growth, organic amendments reduce the amount of metal present in mine tailings. The ratio of shoot-to-root metal concentrations in soil should be less than 1 since metal mobility is limited in phytostabilization. To reduce the exposure of foraging animals, phytostabilizer plant selection must also be based on Metal Toxicity Limits (U.S.). Abiotic stress resistance in plants has been developed through the use of transgenic techniques. These are novel tools for phytoremediation. Miscanthus, Populus, and other energy-rich plants can be employed for phytoremediation. Reduced soil erosion, CO_2 sequestration, and decreased groundwater contamination are only a few advantages of these plants with metal bioaccumulation potential. Species diversity, soil flora and fauna, and the risk of entering the food web are all negatively impacted by genetically modified plants. Desired traits including high biomass, quick growth, extensive roots, resistance to heavy metal stress, etc., were intended for transgenic plant species. Members of the Brassicaceae, and Populus sp. are frequently employed in the genetic engineering of hyperaccumulator plants.

6.14. BIOENERGY PLANTATIONS

Bioenergy plantations may be appropriate for the large-scale remediation of contaminated land resources using phytoremediation (Pandey et al., 2016). The potential of energy plants with hyperaccumulators to reduce or eliminate harmful metals and metalloids in the soil is interesting, as is their capacity to extract metals from the soil. This strategy offers several advantages, including the production of fibers, biofuels, and the repair of soil qualities to put the ecosystem back in a less dangerous state. One of the sustainable ways to address energy security and contaminated land restoration is to deploy plants to clean up contaminated areas without affecting the security of food. Such energy projects or plantations must be designed to satisfy energy demands. Perennial trees and herbaceous grasses are examples of bioenergy plants. Several heavy metals and POPs are said to be accumulated by plants including poplar, willow, *Prosopis juliflora*, *Helianthus annuus*, etc., in addition to producing beneficial byproducts like bioethanol, charcoal, alkaloids, etc. One of the main issues is the contamination of soil by different pollutants, such as heavy metals, crude oils, chlorinated solvents, and others. The main sources of pollution are thought to be anthropogenic activities like mining, oil drilling, sewage disposal, industrial waste disposal, runoff from agriculture, domestic wastewater, agricultural inputs, product disposal, and burning fossil fuels. The environment and public health are adversely affected by chemicals discharged from mining operations as well as the transport of metals by runoff and groundwater. Abandoned mines are the result of mining activities. Hazardous compounds and potentially dangerous metals may be present at abandoned mine sites. Contaminants may spread to neighboring areas if these sites are not well maintained. One of the main sources of contamination during oil drilling operations is the leaking of effluent containing oil, grease, and other dangerous substances into nearby areas.

CHAPTER 7

ENVIRONMENTAL POLLUTION MANAGEMENT

Contents

7.1. INTRODUCTION

Methanotrophs are found in many natural environments and have gained attention as possible bioagents for environmental cleanup (remediation). Because methane monooxygenase enzymes (MMOs, pMMOs, sMMO) have the ability of many organic substrates, methanotrophs are becoming recognized as promising bioremediation techniques (Singh and Singh, 2017). Heavy metals, aromatic compounds, and other substances can be co-metabolized by MMOs. MMOs play an important role in the biodegradation activity of methanotrophs. The addition of methane, oxygen, and other nutrients could improve the rate of methanotrophic bioremediation. Determining the population dynamics and temporal and geographical interactions of methanotrophs in their natural habitat would be essential for assessing the potential for bioremediation. The main elements needed to create a sustainable, and environmentally acceptable bioremediation technique are the adaptability, genetic variations, and manageability of native methanotrophs. Because of their distinct physiology, and the existence of MMOs, methanotrophs, especially extremophilic methanotrophs are thought to be able to help us overcome the drawbacks of traditional pollution mitigation techniques. Researchers have recently been searching for a novel and effective bioremediation technology to clean the contaminated areas. The use of microorganisms to address environmental and agricultural problems, such as cleaning contaminated areas, has gained popularity in recent years. When it comes to the bioremediation of contaminated soil and water bodies, microorganisms with a variety of metabolic activities provide an advantage over other systems. To achieve the best possible bioremediation efficiency, the main task has been to increase the activity of these microorganisms and devise ways to put the contamination to a minimum. The rapidly developing field of biotechnology provides a means of using many metabolic characteristics in microorganisms, which can be used to modify the microorganisms and increase their activity.

7.2. SOIL ENVIRONMENT

In a variety of soil environments, methanotrophs are widely distributed and are useful for oxidizing the greenhouse gas methane (CH_4). The methanotrophs produce both soluble and particulate forms of methane monooxygenases (MMOs) to metabolize growth substrates. These MMOs can co-metabolize a variety of hydrocarbons and halogenated hazardous chemicals. The methanotrophs may cleave important pollutants such as petroleum hydrocarbons, lindane, heavy metals, and trichloroethylene (TCE). There are at least two types of MMO. Some aerobic methanotrophs have a different form called soluble methane monooxygenase (sMMO), which is found in the cytoplasm.

With a few exceptions, the methanotrophs are known to produce particulate methane-monooxygenase (pMMO). The pMMO is found in the cytoplasmic membrane of *M. oxyfera* and the majority of known aerobic methanotrophs (Dedysh and Knief, 2018). A variety of organic molecules, such as aliphatic, aromatic hydrocarbons, and their halogenated derivatives, can be oxidized by *Methylocella palustris*. It produces soluble methane-monooxygenase (sMMO). sMMO-containing methanotrophs can grow on a variety of substrates and demonstrate a rapid reduction in pollutants, than methanotrophs that produce pMMO. Further, pMMO only reacts with a limited range of carbon substrates, including alkanes and alkenes. Most of the methanotrophic bacteria contain MMO. The methane-oxidizing flora is dominated by type II methanotrophs of the genus Methylobacter. However, molecular signals, i.e., pmoA amplicons detected in type II methanotrophs of the Methylocystis genus are thought to have originated from conjugative DNA transfer between Methylobacter and Gammaproteobacteria. However, the genome of Methylobacter has a serine pathway, a characteristic of type II methanotrophs of the Alphaproteobacteria. Type I methanotrophs have the Calvin-Benson-Bassham (CBB) pathway of C assimilation (Bowien and Kusian, 2002). The conditions found in certain ecosystems seem to favor the growth of type II methanotrophs in the absence of natural substrate. These organisms produce the enzyme MMO, which readily mediates the quick breakdown of low-molecular-weight halogenated hydrocarbons like TCE and others.

7.3. DEGRADATION PATHWAYS

Both the sMMO and the pMMO are known to have a role in the breakdown of halogenated hydrocarbons, and they may also have applications in the environment and human health. Methanotrophs biodegrade chlorinated hydrocarbons under aerobic conditions mediated by an oxidative process, as opposed to other bacteria that are known to degrade halogenated hydrocarbons via reductive pathways. The reductive dehalogenation of chlorinated ethenes, like tetrachloroethylene, which frequently leads to the buildup of many hazardous intermediates, such as vinyl chloride, a carcinogen, appears to be less important than the oxidative biodegradation performed by MMOs. Hazardous intermediates are not accumulated by the methanotroph MMO-mediated oxidative processes for breaking down halogenated chemicals. Research studies may concentrate heavily on the suitability of methanotrophic breakdown of halogenated hydrocarbons for *in situ* bioremediation of polluted ecosystems. Due to their suitability for large-scale production, methanotrophic bacteria (MB) are also used in bioremediation. Methanotrophs may have an impact on the bioavailability and speciation of metals in the environment. The transition of toxic and soluble Cr(VI) into the less dangerous Cr(III) species, which is insoluble and thus prone to precipitation at high pH, was observed. Because archaea and methanotrophic bacteria co-metabolize, anaerobic methane oxidation may be associated with iron (Fe) or manganese (Mn) reduction in a process known as reverse methanogenesis by methanotrophs. The relationship between the metal reduction process and methane oxidation is currently uncertain. It is possible that the bacteria that only produce methane through anaerobic oxidation would favor manganese reduction coupling. Since the breakdown of pollutants by methanotrophs is usually a co-metabolic process and can only be sustained in the presence of growth substrate, the growth of native populations of methanotrophs is enhanced during *in situ* bioremediation following the supply of CH_4 and oxygen. Because contaminants are harmful to methanotrophs, there have been reports about the limitations of methanotrophy in biodegradation.

7.4. BIOREMEDIATION

The highly toxic and soluble form of Cr(VI), which is produced by the tanning, metal plating and paper making industries, is detoxified by changing it into a less toxic and less soluble form of Cr(III) through the use of microorganism-based bioremediation of heavy metals. Some genes for the bacterial chromium (VI) reductase activity were proposed by the genome sequencing of *Methylococcus capsulatus*. The toxic heavy metal, mercury (II), can be detoxified by bacterial reduction to elemental mercury, which is facilitated by the enzyme mercuric reductase, which is dependent on NAD(P)H. *Methylococcus capsulatus*, a methanotrophic member of the Gammaproteobacteria, has been shown to be capable of detoxifying mercury as well. According to research using radio respirometry, cells exposed to mercury dissipated all of the 14C-methane that was supplied to produce reducing equivalents that activated the reduction of mercury (II). According to several other researchers, methanotrophic bacteria affect the bioavailability and speciation of certain heavy metals in the environment. A harmful heavy metal can be changed into a less toxic form by the methanotrophic bacterium *Methylococcus capsulatus* (Avdeeva and Gvozdev, 2019). A small number of methanotrophic bacteria generate extracellular polymers that can be used in metal bioremediation and other sectors. Therefore, using methanotrophic bacteria to remove these harmful (toxic) heavy metals from contaminated areas may be a new technique that offers a more affordable, sustainable, and environmentally friendly method of bioremediation.

Due to growing demands for food, feed, and energy, modern agriculture has expanded in intensity, and production is predicted to double by 2050. It will take more space and more e□ficient crop production to meet this rising demand. Since the microbe-mediated production and consumption of methane is regulated by soil physico-chemical properties and strongly influenced by fertilizer use, crop type, irrigation, and organic amendment, it is expected that this will result in increased fertilizer use, which will have an impact on the methane flux from agricultural soils. It is acknowledged that one of the main elements influencing methane oxidation in agricultural soils is nitrogen fertilizers that contain ammonium or nitrate. However, because of the heterogeneity of the sample sites, reports are inconsistent. Fertilizers based on ammonium have either stimulated, inhibited, or had no effect on methane oxidation. By outcompeting MMOs in the oxidation of methane, ammonium can impede methanotrophs by producing hydroxylamine, which inhibits absorption and energy production. In the rhizosphere of microcosms connected to rice plants, methanotrophs play a major role in nitrification. While long-term use of ammonium-based fertilizers can influence methane production or oxidation and affect different populations of the soil microbial communities, short-term use of these fertilizers may initially prevent enzymatic methane oxidation. By providing an N source, they may facilitate methane production by methanogens. A substantial portion of the methane produced by agriculture comes from rice production, which is alarming because production is expected to rise from 600 million tonnes in 2000–930 million tonnes by 2030. By lowering CO_2-equivalent emissions by up to 30%, simple techniques like switching to alternating wetting and drying cycles have shown good results. As an alternative, the soils could be supplemented with organic amendments or fertilizers. When associated with beneficial microbes, i.e., biofertilizers that increase the activity of methane-oxidizing bacteria like methanotrophs, the use of organic fertilizers may increase crop yields and the methane sink potential. As an alternative to traditional inorganic fertilizers, biofertilizers could be a useful agricultural technique that is also good for the environment.

7.5. METHANE DYNAMICS

The potential contribution of biofertilizers to methane mitigation has been reported. Methane emissions (Figure 7.1) from agricultural activity have decreased due to biofertilizers that contain aerobic photosynthetic organisms like diazotrophs, or Azolla. This is due to the increased availability of dissolved oxygen. This affects microbial communities in two important ways. First, it gives the methanotrophs the oxygen they need to oxidize methane, which increases the efficiency of methane sequestration, in wet soils with low oxygen levels. The biological generation of methane may be suppressed by oxygen, which is harmful to methanogens. It has been observed this may reduce the total methane emissions connected to rice production. Adding nitrogen-fixing bacteria to a biofertilizer, such as rhizobia, methanotrophs, or Archaea, improves paddy crop N availability and reduces the need for N fertilizer. Sustainable and effective methods are essential to reducing methane emissions through natural soil microflora like methanotrophs while enhancing soil quality and crop yields if agricultural output is to increase as steadily as the development of the human population. To improve the methane, sink in agricultural soils, more research is still needed to fully comprehend the intricate relationships between methane-oxidizing bacteria and other soil microorganisms, N supply, N concentration, phosphate availability, and C:N ratio.

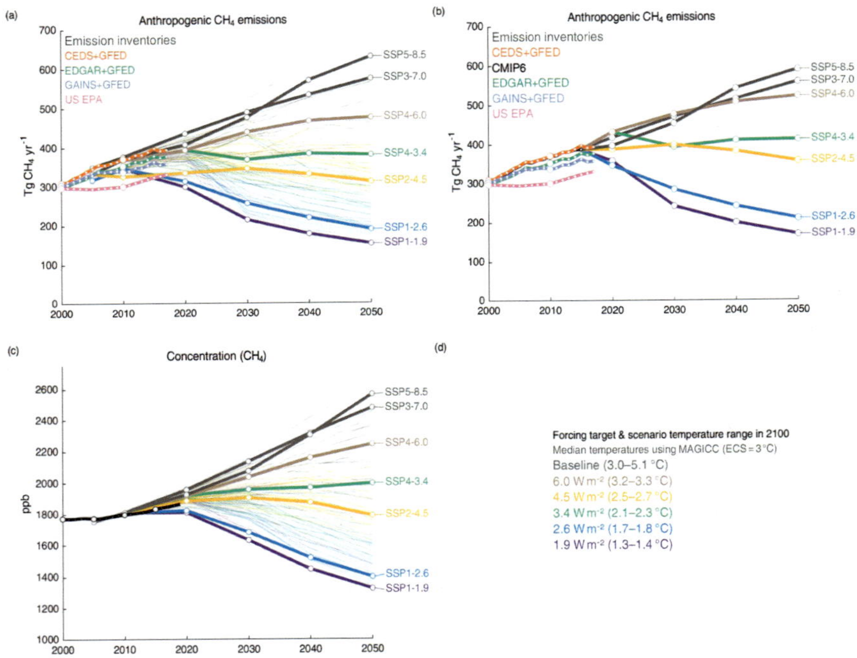

Figure 7.1. *Methane emissions.*

Source: By See the authors of the study – https://essd.copernicus.org/articles/12/1561/2020/, CC BY 4.0, https://commons.wikimedia.org/w/index.php?curid=93613048, Creative Commons License.

A complex gas mixture with a high methane content that is emitted during mining operations is known as coal bed or coal mine gas (Karacan et al., 2011). About 8% of global anthropogenic methane emissions are fugitive methane, which is released from coal mines. Different mining locations have variable methane concentrations, which also vary regionally based on coal depth and quality. Methane is either actively diluted and pumped out of coal mines to keep it from reaching an explosive concentration, or it is released as it desorbs from coal during mining or inefficient combustion. Monitoring, controlling, and treating methane emissions from coal mines on-site is crucial, just like with landfills. More than 70% of gassy mines rely on dilution to achieve acceptable methane concentrations within the mine site, and trapped methane is discharged as either fugitive or continuous emissions.

7.6. VENTILATION AIR METHANE

There are implementation and cost barriers for the biological treatment of ventilation air methane (VAM), which is defined as coal bed methane that is diluted with air to concentrations below 1% or below the explosive limit. Since methanotrophic bacteria create methane in huge quantities with low concentrations, it is technically challenging to use them to remove methane. Particulate dust, mass transfer, gas solubility, and contaminants like volatile organic carbons (VOCs) are problematic (Khan and Ghoshal, 2000). One significant challenge for methanotroph-based biofilters is gas residence time. Although 70% of methane may be eliminated with a 15-minute retention period, 90% removal necessitates longer retention periods. The low methane content is also a problem. To sustain cell activity, it is advised to add methanol, formate, or other reducing equivalents in addition to vital nutrients like nitrogen or trace metals. Flow rates that vary throughout operation due to variations in methane content with varying coal grade and removal depths exacerbate biological treatment. However, just a few research studies have evaluated methane removal from VAM using pilot-scale biofilters. Although high removal efficiencies of 85%–98% were attained, it is challenging to compare their results due to variations in optimization settings, the use of pure or mixed methanotroph cultures, methane flow rates, gas residence times, and reactor types.

The VAM flow and methane concentrations will vary for each mine site according to operation, mining safety regulations, and other methane mitigation system setups. Adapting biofilters for the treatment of VAM is extremely challenging unless the methanotrophs are resilient and adapted to tolerate changing environmental conditions. It is not economically feasible to treat the huge volume of VAM with biofilters. The commercialization of biofilter technology will have problems if carbon credits or other financial incentives are not implemented. Potential substitutes, however, include the use of immobilized biocatalysts and other filter-packing materials. Methane and CO_2 make up the majority of landfill gas (LFG), with additional trace gases or VOCs being present (Duan et al., 2021). An essential component of landfill operations and maintenance is the monitoring, control, and treatment/prevention of LFG emissions. Several studies recognized the possibility of treating LFG using microbial methane oxidation in biobased constructed systems. Methanotrophs typically oxidize landfill methane naturally. Methane flow, temperature, moisture content, oxygen distribution, the development of extracellular polymeric molecules, ammonium content, and other volatile organic compounds are some of the variables that control methane oxidation in landfill cover soils. The plant-mediated transport pathways may also have an impact on the total methane emissions from landfills when the top cover soils are vegetated. Biobased methane mitigation systems replicate the soil cover systems found at the top of landfills, which provide methanotrophs with regulated environmental conditions. Biocovers, biofilters, and biotarps are some categories of biobased methane mitigation systems. These are thought to be promising and reasonably priced technologies that can mitigate methane emissions for both high and low methane levels over extended periods, such as during landfill operations or post-closure periods. Biobased systems can easily be set up to take advantage of naturally occurring resources and local topography and climate.

According to several studies, methanotrophic methane mitigation methods are flexible field-scale systems that may be designed to accommodate site-specific climate variability and guarantee low atmospheric methane emissions. For field-scale applications, methane oxidation efficiencies of up to 100% have been documented. To manage landfill gas emissions from low to moderate gas generation landfill sites, researchers carried out field-scale trials at landfill sites searching for passive drainage and biofiltration of landfill gas. Throughout operation, passively aerated biofilters in a temperate climate achieved average methane oxidation efficiencies of over 50% and maximum oxidation efficiencies of over 90%. Local climate conditions had an impact on the biofilter temperature and moisture content, but landfill gas loading had a huge impact on the biofilter performance. The main factor influencing the effectiveness of passively aerated biofilters was landfill loading and the resulting gas production, which is an interesting finding with implications for methane mitigation. Outflowing biogas inhibited the passage of ambient oxygen into the biofilter, hence limiting microbial methane oxidation. Many extensive biobased research initiatives are in progress in the United States, Germany, Australia, and Canada. To reduce methane emissions from landfills producing low-quality biogas, the MiMethox or 'Microbial Methane Oxidation in Landfill Covers' project in Germany created a biocover system (Strong et al., 2017). Biofilter test cells made of various materials and layers have been built on landfills in Canada and Australia, respectively, to assess methane abatement in arid and Nordic climates. Research is being done in the US to apply biotarps for methane reduction rather than applying soil and wood chips every day. The growing popularity of gas collecting systems is encouraging for biofilters because of their high removal capacity and compact size. Biocovers and biofilters are two important mitigation technologies that are anticipated to be commercialized before 2030, according to the IPCC's 2007 assessment report. One of the main gaps in the carbon-nitrogen cycle interactions has been found to be the connection between methane and nitrogen. There are several similarities between autotrophic nitrifiers and methanotrophs. Due to their similar enzyme systems and biological niches, methane oxidizers, and ammonium oxidizers are thought to share a shared evolutionary history. Despite having distinct physiological functions, the genes for ammonia monooxygenase and pMMO have a high degree of sequence similarity and seem to be evolutionarily related enzymes.

7.7. METHANOTROPHS

Particularly in wastewater treatment systems, methanotrophs can contribute to denitrification either directly or indirectly. In order to meet N discharge limitations, modern wastewater treatment systems usually add expensive external carbon sources, like methanol. It would be very advantageous to use methane as an inexpensive carbon source to aid in denitrification. Several researchers proposed adding methane to the denitrification process in the 1970s, and years later, significant advancements and findings have been made about this process. Aerobic methane oxidation coupled to denitrification or AME-D and Anaerobic methane oxidation coupled to denitrification or ANME-D are the two types of methane-dependent denitrification that can be separated based on oxygen availability. The underlying mechanism depends on both bacteria, despite the functional distinctions between the microorganisms that cause these two activities. Research on aerobic methane oxidation in conjunction with denitrification has recently increased as options are explored to enable less expensive wastewater denitrification. Methane emissions and wastewater soluble nitrogen concentration are two environmental problems that it solves. Using a low-cost, sustainable carbon source, methane-dependent denitrification seems to be a cost-effective and environmentally friendly technique that allows mixed microbial cultures to denitrify nitrogen-contaminated wastewater, including landfill leachate. A denitrifying methanol-consuming bacterium involved in the initial reduction of nitrate to nitrite using a methanotroph by-product was thought to be the causative agent in the mixed methanotrophic culture. Since then, AME-D has grown in popularity as a focus for wastewater treatment, nitrogen removal, and atmospheric methane mitigation (Stazi and Tomei, 2021). Two primary pathways have been suggested, even though the precise process mechanisms are still unknown. The first process involves aerobic methanotrophic bacteria directly reducing nitrate and nitrite. Partial denitrification is feasible even though no aerobic methanotroph has shown the capacity for full denitrification, which releases N_2 as the end product. When exposed to high nitrite concentrations, some aerobic methanotrophs can generate substantial amounts of nitrous oxide, and some of these methanotrophs have functioning denitrification genes. *Methylomonas denitrificans* used methane as the electron donor and nitrate as the electron acceptor to directly convert nitrate to nitrous oxide in hypoxic conditions. Different aerobic methanotrophs with one or two denitrifying genes can work together to accomplish denitrification in natural environments like lake sediments.

7.8. DENITRIFICATION

Indirect denitrification is another mechanism. Methanol, formaldehyde, acetate, and other soluble organic compounds are released by methanotrophs in this situation, giving denitrifying bacteria an electron donor. Aerobic methanotrophs and denitrifying bacteria reduce nitrate and nitrite in wastewater treatment systems. Methanol, formaldehyde, and formate are used by denitrifiers that were isolated from a methanotrophic environment exposed to an oxygen gradient to accomplish denitrification. Denitrification was accomplished using methane as the carbon source under microaerophilic conditions using denitrifiers that consumed methanol and acetate. A recently identified process that combines anaerobic methane oxidation with nitrite reduction is called nitrite-dependent anaerobic methane oxidation or n-damo. A new species known as *Methylomirabilis oxyfera* is thought to have carried out the unique mechanism for methane-dependent denitrification, which employs an intra-aerobic denitrification pathway. *M. oxyfera* encodes, transcribes, and expresses every gene involved in aerobic methane oxidation, despite existing in a strictly anoxic environment (Knief, 2019). The ecology of *M. oxyfera* and the n-damo process have been thoroughly investigated since their discovery. The bacteria are found in wetlands, wastewater sludge, and sediments. To extract nitrogen (ammonium and nitrate) with high removal rates, the n-damo method was combined with anaerobic ammonium oxidation recently. This process has a lot of potential as a nitrogen removal technology for wastewater in the future. Co-metabolism is the word used to describe the oxidation of these substrates. Although the wide variety of MMO enzymes enables catalysis, the oxidized products, in contrast to methanol, are practically useless to the cells energetically because they are unable to replenish the reducing equivalents that the MMO needs to continue functioning for methane catalysis. High co-substrate concentrations have the potential to deprive methanotrophs of the energy they require to thrive. To encourage the methanotrophs and improve the biodegradation and biotransformation of pollutants, methane, formate, methanol or nutrients may be provided. It has even been shown at the field scale that methanotrophs can be biostimulated in response to site-specific requirements both *ex situ* in bioreactors and *in situ* within polluted soils and aquifers.

7.9. GENETICALLY ENGINEERED MICROBES

To increase their remediation abilities, several microorganisms have been genetically engineered. The safety and risk of genetic transfer, as well as methanotroph resistance to contaminants and degrading potential, may be improved by genetic engineering. To establish a stable methanotroph population in a soil environment, it might be valuable to understand methanotroph-plant relationships. As long as methanotrophs are actively present in the environment, they may be deemed useful even if they do not significantly assist the host, as is typically the case with endophytes that secrete substances that promote plant development or provide nutrients. Even though methanotrophs can detoxify the environment, it may be challenging to implement and economically justify enrichment for methanotrophs or provide conditions to sustain an introduced methanotrophic colony over wide areas with diluted contaminant concentrations. Apart from avoiding fines, environmental remediation rarely has any financial value. Utilizing the plant–methanotroph symbiotic interaction to improve phytoremediation and bioremediation is one approach that might produce productive outcomes without necessitating close operational monitoring. An essential component of an ecosystem operation is the relationship between plants and microbes. Because microbes actively participate in the decomposition of organic matter, the biogeochemical cycling, and the development of soil structure, they are widely used to promote plant growth and agricultural productivity. Despite these roles, recent research works support the use of bacteria for environmental pollution bioremediation. Arable areas cannot be used for the cultivation of aromatic plants due to the pressure of food demand, whereas food crops cannot be suggested for cultivation on polluted sites due to the potential risks of pollutant bioaccumulation. It will be safe to grow aromatic crops in such polluted areas because these plants can withstand stress and produce essential oils, which are inedible and pollution-free. According to reports, using the appropriate plant–microbe association can help clean polluted areas because microbial secondary metabolites promote plant growth, boost plant resistance to pollutants, and improve plant phytoextraction efficiency by making pollutants more bioavailable in the rhizosphere.

7.10. BIOREMEDIATION OF SOIL POLLUTION

Plastics, organic, and inorganic chemicals, industrial effluents, municipal waste, and other substances can be considered soil pollutants (Singha and Chatterjee, 2022). Many issues (problems) are arising as a result of soil pollution, including risks to human and animal health, biodiversity loss, decreased soil fertility and production, and contamination-induced depletion of natural resources. The physico-chemical, and biological approaches have been used to remediate contaminated soil. Biological remediation is a better approach due to the financial and environmental limitations of physical and chemical techniques. Bioremediation is the term for the biological cleaning of polluted areas, which might involve the use of bacteria or plants. The use of bacteria to detoxify and break down environmental pollutants is commonly referred to as bioremediation. This method works well for cleaning synthetic compounds as well as heavy metals. By breaking down the organic materials in the soil, microbes create organic chelates that promote metal solubilization. They are able to either immobilize or mobilize metals. The bacterial siderophores and secondary metabolites participate in an ion exchange process that solubilizes and binds the metals. A low-cost, *in situ*, environmentally safe, and widely accepted method for cleaning up contaminated soils is phytoremediation. Many environmental pollutants can be extracted, sequestered, and/or detoxified using plants. Large-scale phytoremediation may be a more suitable method for cleaning up contaminated land and water from human activity.

The application of edible crops for phytoremediation is supported by many research studies. The production of edible crops causes xenobiotics to biomagnify in humans and other animals through the food chain. As an alternative, several researchers have suggested using aromatic plants for cleanup. Because their essential oil contains volatile aromatic chemicals, aromatic plants are a class of plants that release aroma. Steam distillation or hydro-distillation are the methods used to extract essential oil, the commercial product of aromatic plants. Expensive aromas, food processing, cosmetics, and insect repellents heavily rely on essential oils. These plants are the best options for phytoremediation of contaminated soils since they are inedible and resilient to many stressors. A healthy relationship between microbes and plants is essential to any ecosystem. Positive and negative relationships can exist between microbes and plants. The microbes are connected to every aspect of plants. The symbiotic Arbuscular Mycorrhizal Fungi (AMF), the fungus Trichoderma, and bacteria like Bacillus and Pseudomonas that promote plant growth are examples o□beneficial microbes that are used as biofertilizers, biopesticides, phytostimulators, rhizoremediators, or stress controllers. Plant species can be infected by bacteria, fungi, viruses, or nematodes. Even while bioremediation with just plants and bacteria is a solid strategy in this regard, it has limitations and requires further research studies. Microbes can function better in connection with plants because, under some stress conditions, plants cannot grow properly until the microflora gives growth support via nutrients, hormones, siderophores, etc. It would be preferable to use suitable plant–microbe relationships since they are complementary to one another for healthy growth and operation. While using resistant bacteria can improve the cleanup of polluted sites, aromatic plants are better suited for growing on contaminated sites. Utilizing relationships between aromatic plants and microbes may be an important approach to cleaning up contaminated areas.

The presence of any undesired organic or inorganic substances, as well as any changes to the natural composition of soil that affect the regular operation of the soil ecosystem, is referred to as soil pollution or contamination. Soil contamination, like all other types of pollution, is mostly caused by human activity. Agrochemicals, industrial effluents, and nuclear waste are some of the primary causes of soil pollution (Koul and Taak, 2018). The main requirement for sustainable agriculture is the preservation of soil quality. To satisfy the growing need for food, intensive farming is now used. These methods use fumigants, fertilizers, and pesticides carelessly, which has an adverse impact on the soil ecosystem. These contaminants are either harmful or, following transformation, become toxic entities. Increased NPK fertilizer use also results in lower-quality crops over time. Aldrin, malathion, dieldrin, chlorinated hydrocarbons, furadan, and other pesticides change the physical, chemical, and biological characteristics of soil and are less likely to biodegrade. Some of these chemical residues stay in the soil, where they are subsequently absorbed by plants and move up the food chain. A large amount of solid and liquid waste is released by industries that manufacture or produce textiles, dyes, cement, rubber, metal, paper, soaps, detergents, etc. These substances contaminate the surrounding production facilities, the terrain, and the location where the waste was removed for disposal. Heavy metals, inorganic chemicals, VOCs, hydrocarbons, polycyclic aromatic hydrocarbons (PAHs), and other contaminants are the principal components of industrial waste. The characteristics of the soil are negatively impacted by these contaminants, which ultimately lower crop yields. To address the huge growth in municipal or urban waste in recent decades, new disposal methods are needed. It contains both non-biodegradable materials like plastic items, glass pieces, stone/cement pieces, etc., and a significant number of biodegradable materials like food residues, animal wastes, papers, etc.

The removal of pollutants or toxins from contaminated locations is the focus of soil remediation (Dhaliwal et al., 2020). Through a variety of physico-chemical and biological processes, the soil naturally can attenuate any unwanted and detrimental changes. Except abiotic oxidation, hydrolysis, and biodegradation, which can eliminate contaminants and convert them into harmless products, the majority of these natural processes are weak. The researchers also devised many physical and chemical techniques to remediate the pollutants, but they were of limited use. Therefore, it appears that biological methods employing bacteria (bioremediation) and plants (phytoremediation) are a better way to remediate the soil sustainably. White rot fungus, such as *Phanerochaete chrysosporium* and *Pleurotus ostreatus* can use peroxidase enzymes to break down a variety of environmental contaminants, including petroleum hydrocarbons. Lignin peroxidases and P450 monooxygenase enable Mycobacteria and white rot fungi to break down PAHs. Another promising technique for cleaning up contaminated soils is the use of efficient microbial consortiums. Xenobiotics such as α-endosulfan and β-endosulfan can be broken down by consortia of Ochrobacterum sp., Burkholderia sp. and Arthrobacter sp. The removal of heavy metals was found to be more effective when a mixture of heavy metal-resistant bacteria, including Enterobacter, Stenotrophomonas, and Delftia, was recovered from the activated sludge. Although microbes offer a variety of potential uses in cleaning up polluted areas, their efficiency can be further increased by genetic and metabolic engineering. Some researchers demonstrated how genetically modified microbes (GEMs) might be used to clean water, soil, activated sludge, and other materials. We can identify and detect bacteria, pathways, enzymes, etc. that are exclusively linked to the breakdown of inorganic and organic contaminants with the aid of contemporary molecular techniques such as fluorescence *in situ* hybridization (FISH), *in situ* PCR, quantitative PCR, etc. Certain nucleic acid-based molecular methods, such as terminal restriction fragment length polymorphism or T-RFLP and denaturing gradient gel electrophoresis or DGGE, are shown to help monitor changes in the composition of the microbial community during the remediation process. Researchers proposed that the use of bacteria that produce biosurfactants or surface-active chemicals can improve the effectiveness of remediation of organic and metal-contaminated sites. However, some scientists discovered that bacteria could break down PAHs and recommended using mathematical models to describe how these biosurfactants affected biodegradation.

7.11. MODIFYING METABOLITES

Secondary metabolites, which fall into a variety of chemical categories, are abundant in aromatic plants. The microorganisms that break down polychlorinated biphenyls (PCB) were shown to be enhanced by the use of plant residues that contain secondary metabolites. Subsequent research revealed that plant secondary metabolites such as flavonoids and terpenoids promote the growth of various microbes that break down or modify a variety of xenobiotics. Secondary metabolites can efficiently activate the α-hydroxylase enzyme, which might improve the biotransformation of various substances and could be applied to bioremediation. The cyp101 gene was altered to extend the substrate range, primarily contaminants (Mokhosoev et al., 2024). Compared to other established techniques, growing aromatic plants on contaminated sites will be sustainable, profitable, and ecologically safe. The amount of agricultural land available to supply the growing need for food is limited, and the problem is becoming riskier due to the increase of polluted soil. While the yield of edible crops declines under stress, the production of essential oils in aromatic plants also rises, which is advantageous to the farmers. By cultivating aromatic crops and helpful bacteria for an extended time, the polluted land can be transformed into regular agricultural land. Therefore, instead of growing edible crops or other plant crops, researchers suggest growing aromatic plants. One of the main human-induced sources of methane (CH_4) emissions is paddy agriculture. Reducing the amount of CH_4 that paddy fields release can greatly aid in the mitigation of climate change and global warming. The development and usage of biochar, which is made from crop straw, has been suggested as one of the most efficient ways to reduce greenhouse gas emissions caused by agriculture.

7.12. BIOCHAR

A byproduct of a regulated pyrolysis process, biochar can be used as a soil conditioner and as a method of reducing greenhouse gas emissions. Applying biochar reduced soil bulk density while increasing rice yield, soil pH, soil organic carbon, and total N. Although recent research has demonstrated that using biochar in paddy cultivation might reduce CH_4 production, the fundamental mechanism underlying this effect is still unknown. Because biochar increases soil aeration and porosity and boosts methanotroph function, its addition to agricultural soil resulted in higher CH_4 consumption. To assess the impact of adding biochar on net CH_4 emissions and consumptions by methanogens and methanotrophs, respectively, more research is necessary. To track any changes over time regarding the impact of biochar amendments on soil-methanotrophs-paddy systems, long-term research should be carried out. One product that increases the nutrients available to plants and significantly raises crop yield is biochar. The process of pyrolysis, also known as the thermal breakdown of biomass, which includes agricultural waste, and manure, yields biochar (Tripathi et al., 2016). By lowering methane emissions, improving soil bulk density, raising soil pH, adding organic carbon, increasing available nutrients, eliminating heavy metals, and boosting the number of methanotrophs, biochar can greatly improve soil properties and ultimately increase crop yields. Biochar is a residue with a high carbon content that functions as a soil conditioner and carbon sequestering agent. Biochar increases crop productivity and indirectly contributes to pollution mitigation by lowering greenhouse gas emissions. As a result, the majority of biochar research focused on large-scale production. Biochar reduces CH_4 emissions and boosts agricultural output. Nevertheless, biochar also decreases the methanogens in the soil and increases the structure of the methanotrophic community. As a result, more research is needed to evaluate the application of biochar, its effect on reestablishing the methanotroph niche in paddy agriculture, and its role in stabilizing the atmospheric CH_4 concentration. Using a small-scale reactor, biochar is produced by thermally decomposing organic material and biomass at 400°C–500°C for up to one hour. While Ca, Si, Al, and K are frequently found in biochar, an analyzer can also be used to identify C, N, H, and S through dry oxidation.

Many grasses, including *Panicum virgatum* L., *Cladium jamaicense*, and others, can create grass biochar, which has been designated as a model bioenergy crop for biochar production. These are favored because of their high yield potential, low input requirements, and potential for soil carbon sequestration and GHG mitigation. Compared to hardwoods, which have a gross calorific value of 20–21 MJ kg^{-1}, switchgrass has a value of 18–19 MJ kg^{-1} (Hu et al., 2010). Switchgrass usage as the only fuel source in combustors was hindered by several factors, including the biomass's high moisture and ash concentrations, which interfere with ignition and combustion. It has been noted that combining biomass and coal will significantly lower methane emissions and lessen issues with flame stability. Many studies have looked into turning switchgrass into biochar for the environmentally safe production of agricultural products. Larger pieces of wood are chopped into medium-sized solids called woodchips. Wood Chips are being utilized as a raw material to make biochar. It has the potential for sequestering carbon and a higher carbon concentration than other feedstock biochar. At 400°C–500°C, woodchip feedstock yields high-quality biochar with a good residential time of two to three hours. Before pyrolysis, wood chips must be dried because they acquire moisture at 15°C–20°C. Biochar 290 and biochar 700, respectively, are made from *Camellia japonica* waste wood chips that are pyrolyzed at 290°C and 700°C.

7.13. RICE HUSK AND CHICKEN MANURE

The coats on rice seeds, or grains, are called rice hulls. Because the husk is made of hard substances like silica, carbon, magnesium, and phosphorus, it shields the seed during the growing season. Currently, rice husk increases agricultural productivity and soil fertility when it is utilized as a raw material to make biochar. Rice husk is placed in pyrolysis equipment. After that, the rice husk is heated externally to 600°C using a 5000 W electric furnace, increasing its silica and carbon content (Nam et al., 2015). It is beneficial to utilize rice husk biochar in agriculture instead of synthetic fertilizers since the latter has several negative consequences, including lowering crop yield, nutrient availability, water-holding capacity, microbiota, and more. Research on maize, soybeans, and cowpeas has also supported the use of biochar to boost crop yields. It is projected that up to 560 million tons and 112 million tons of straw and husks are created, respectively, throughout the Asian region as a result of increased rice production. These residues could be a useful resource for the creation of biochar that could be applied in agricultural settings.

Wood feedstock, plant residue, rice husk, and other feedstocks are utilized in the manufacturing of poultry biochar chicken manure (CM). CM is a solid waste product from chickens and is being investigated as a feedstock for charcoal and biofuels. CM is a blend of feed, hen feces, and bird feather materials. The thermochemical conversion method, which involves heating organic compounds without oxygen, pyrolyzed these. CM is easily converted into syngas, charcoal, and biofuel to increase agricultural crop yields. Several pyrolyzed wastes are produced by the sugarcane industry. These include filter cake, a sludge that is eliminated by filtration following the juice clarification process, bagasse, and cane waste. Bagasse is used for a variety of applications, including the creation of charcoal and biofuels. Biochar is produced on a huge scale using sugarcane bagasse. Because moisture content causes problems during pyrolysis, the raw material or feedstock should be dry during the wet season. Dry feedstock has a low residential time (1–2 h) for the synthesis of biochar. With its high concentration of carbon, silica, magnesium, and other elements, sugarcane biochar may be used in agriculture to improve crop yields and as a conditioner for saline and deteriorated soil. The prevalent organic raw material for the manufacture of biochar is wheat straw, which contains lignocellulosic biomass. A cutting machine gathers the wheat straw, which is subsequently transported to the production facility and allowed to air dry. In a vertical kiln, wheat straw is pyrolyzed at 350–550 °C, producing biochar from 35% of the biomass. To achieve a fine granular consistency that will mix more evenly with the soil mass, the biochar mass, which was initially in a particle form, is crushed to fit through a 2 mm filter and thoroughly mixed. By enhancing the soil physico-chemical and biological characteristics, biochar can increase crop productivity while influencing crop responsiveness.

CHAPTER 8

BIOTECHNOLOGICAL INTERVENTIONS

Contents

8.1. INTRODUCTION

One of the largest sources of microbial population is soil. According to ecology research, there can be up to 10^{10} bacterial cells in 1g of soil (Mukherjee, 2019). These microorganisms include fungi, bacteria, and other species, and have an important effect on crop productivity, fertility, and soil health. These soil microorganisms can fix nitrogen biologically, fix phosphate, potassium, and zinc, as well as other micronutrients. They can also produce different phytohormones and synthesize a variety of agriculturally important enzymes, such as beta-glucosidase, cellulase, urease, to name a few. With the aid of urease enzyme synthesis by rhizobacteria, such as *Bacillus subtilis*, *B. megaterium*, and rhizospheric *Enterobacter hormachae*, the residual toxicity caused by the unsustainable application of chemical fertilizer can be spontaneously treated to a certain extent. Several rhizobacteria, including *Pseudomonas* sp., and *B. megaterium*, have a variety of bio-control characteristics that make them highly useful as possible biopesticides. In addition to causing different acid pathways in the ISR pathway of plant systems, these microbes are known to secrete different cyclic dipeptides, antibiotics, and other phytopathogenic antibiotic analogs. In addition to overcoming a variety of biotic stressors, some bacteria are known to withstand a variety of abiotic stressors. They are efficient at absorbing metals and dyes, which is very helpful for bioaugmentation and bioremediation.

8.2. SOIL MICROBIAL ABUNDANCE

The outermost layer of the crust is called soil, and it is made up of loosely distributed layers of organic and inorganic materials with different compositions. Many biotic and abiotic elements influence modern agricultural practices, and the negligent application of chemical pesticides and fertilizers exacerbates these effects. Because of their toxicity, the non-selective use of these chemicals not only endangers crop growth and production but also poses an immediate threat to human health and the environment. Altering the beneficial soil microbiomes is one of the best strategies to reduce the risks. The largest reservoir where microorganisms can freely exist, multiply, and eventually die is most likely the soil. An estimated one billion or more microorganisms can be found in a sample of soil. 1 gram of forest soil is estimated to have 4×10^7 microorganisms, while one gram of farmed (agricultural) soil is estimated to hold 2×10^9 microorganisms. There will be even fewer unique bacterial genomes based on DNA re-association kinetics. It should have between 2000 and 8000 genomes per gram of soil (Swaminathan et al., 2007). These microbes combine with soil-clay particles that are at least 2 mm in size to produce a colloidal macro-aggregate. This complex is formed by the microbial adherence to or adsorption of these clay particles. Over the years, many researchers have provided extensive descriptions of the concept of spatial variability in microbes. According to this, the soil microbial abundance is arranged in a unique spatial division. The type of plants that are present in a given area greatly influences this spatial variation. It has been observed that the rhizosphere-level plant microbe interaction is crucial to plant growth and development. The plants are exposed to a range of environmental conditions. Crop stress is the term used to describe these diverse environmental situations when they impair productivity and output (yield). Abiotic and biotic stress are the two main categories of stress that crop plants typically face. Diseases, herbivory, and various allelopathic conditions are among the causes of biotic stress. Abiotic stressors, on the other hand, include a variety of environmental circumstances, such as flood, cold, salt, drought, etc. To handle all of these challenges (stressors), plants have a unique, highly developed tolerance system. It has been discovered that a variety of rhizospheric bacteria are essential to these processes because they initiate different tolerance pathways.

8.3. SOIL MICROORGANISM DYNAMICS

The soil microbial populations typically have a unique spatial structure. Dispersal, reproduction rate, competition, inhibition, death rate, and other factors that impact the soil population cause the formation of this structure. Disturbance history, predominant vegetation, preferred path flow, soil moisture percentage, organic matter percentage, field area, etc. are some of the crucial environmental factors that determine the microbial space in soil. However, because each microbial community reacts differently to a variety of these environmental conditions, it has been observed that the spatial pattern of microorganisms is extremely complex. A microscale (<1 mm) system can evaluate this complexity. The quantity of substrate that diffuses within each cell might limit the competition between them. For instance, water develops a thin layer across the surface pores of unsaturated soils, thus limiting the substrate flow or diffusion rate. The competitive cells lose their advantageous traits, allowing the less competitive cells to flourish, if the rate of diffusion in all competing cells is smaller than the rate of consumption. The anticipated effect of microbial diversity on solute concentration was measured by some researchers. They demonstrated that a solute with a 5% concentration could have an impact on cells as close as 10 μm. There are some ways in which the composition of the bacterial assemblage and the spatial colonization affect the soil structure. The bacterial assemblage biomass will change the soil surface characteristics and pore sizes. The soil pH gradients, oxygen concentrations, and local nutrient statuses will all be changed by the exudates released by bacterial masses (Ren et al., 2018). The remnants of the active bacterial population are anticipated to leave physico-chemical fingerprints made up of different biological components, which will eventually alter flow rates, water retention capacities, and other surface characteristics. The activities of the living and decomposing microbes will produce different chemical gradients inside the pores, and the impacts of these gradients are known to spread over time. Together with the active and decomposing bacterial biomasses, the gradients created by these compounds provide resources that regulate the motions of different predators and microbial communities.

The physical characteristics of the microbial habitat in soil vary widely. Some researchers experimentally showed this variation when they discovered that single-cell aggregates between the core and the surface had a higher oxygen gradient. Because they are more vulnerable to different external biotic and abiotic stresses about their micropore environment, the aggregate surface is rough. Compared to the colonies in the micropore environment, the microbial communities on the surfaces would differ. The colonies in the external environment are of the chemical-resistant variety. To meet their nutritional needs, these specific bacteria also produce a large number of extracellular enzymes that oxidize different soil organic materials. Research indicates that in spatially structured patterns, both producers and those who do not generate but consume the enzymes, mutually coexist within the same microenvironment. Recent studies have proposed that bacteria retain intracellular and intercellular communication rather than existing only on the soil surface. When understanding the cellular density that underlies the expression of any phenotypic features, this communication (quorum sensing) is crucial. Chemical signaling molecules are released from bacterial cells during quorum sensing, and only when the threshold level is reached do these molecules force certain physiological responses within the bacterial community. The bacterial cellular density affects this threshold response level. Recent studies indicate that bacteria on soil surfaces create a distributed assemblage known as biofilms. Biofilms are referred to as microbial landscapes, which offer a framework for biofilm production and its interaction with the ecological environment. The framework that bacteria move is mostly made up of an interconnected matrix of extracellular polysaccharides, or EPS. The nutritional conditions of the soil have a significant impact on the production of biofilm. *In vitro* biofilms are generally thought to be larger, heavier molecular formations that grow under ideal environmental conditions. Even a lower amount of EPS in soil has the ability to entrap bacterial cells and surface soil colloids. EPS has a substantial effect on the pore system of soil and, more importantly, on soil health (Redmile-Gordon et al., 2020). It has been observed that when dry conditions start, EPS production rises, demonstrating the direct and indirect water-holding ability. However, it is well known that surface hydration conditions alter the EPS matrix characteristics. Dehydrated EPS are hydrophobic, which can lower the rate of water flow entering and exiting the soil pore system, but hydrated EPS are hydrophilic, increasing the soil's capacity to retain moisture. The dynamic hydrophilic–hydrophobic aggregation of the EPS matrix in the soil surface can self-organize, creating a feedback loop that stabilizes the soil system water shortage. In addition to altering the microbial ability to retain water, the soil microbial population has demonstrated intensity in supplying the plants with a variety of nutrients, both macro and micro, that are necessary for promoting plant growth. These microbial communities have demonstrated a strong influence over a variety o□ insects, nematodes, and other plant pathogens. Sustainable farming methods are impacted by these rhizospheric bacterial bio-control capabilities. However, less is known about the vast diversity of soil microorganisms.

8.4. ADVANCED TECHNIQUES

The soil residual microflora has been identified and cloned using advanced methods like metagenomic approaches. Attempts were made to create a soil DNA library and conduct phylogenetic surveys using the 16sRNA genes from microbial DNA (Zhang and Xu, 2008). Using plasmid vectors, researchers isolated amidases from agricultural soil samples, isolated polyketide synthetase genes from soil samples, or isolated 4-hydroxybutyrate utilization gene, and lipolytic genes from soil samples. The methods used to create a soil DNA library are comparable to those used to create a genomic DNA library of a single microbe. Initially, the core material is broken up by mechanical shearing or restriction enzyme digestion. The fragmented DNA is then put into the vectors, and finally, the recombinant vectors are put into the right hosts. The full-length gene cannot be recovered from soil DNA complexes, but the conserved regions can be cloned via PCR gene amplification. Researchers discovered a novel PCR-based technique in which PCR primers were used to target a larger recombination site (59 bp). This site is present in bacterial groups and integron-associated gene flanked cassettes. The full-length genes of the soil bacteria are unknown when these gene cassettes are subsequently analyzed directly from soil DNA. Recently, functional and sequence-based strategic screening on different soil microbial communities has been aided by the use of various bioinformatics programs such as SIGEX. A high-throughput screening method called substrate-induced gene expression cloning, or SIGEX identifies different targeted substrate-induced operons of catabolic pathways. It has been predicted that high-throughput bioinformatics tools like SIGEX have capabilities for sorting large-scale complex microbial communities, including soil fungal communities.

A thorough understanding of the soil microbial communities can be obtained by the use of high-throughput methods for examining the soil metagenome.

These analyses can aid in the utilization of these rhizospheric bacteria for bio-control, bioremediation, and growth and development of plants. When it comes to agriculture, plant growth, and the ecology of the planet, the soil is crucial. Any soil constraint has a direct impact on agriculture and overall plant development, which in turn impacts food production. Many soil health issues have resulted from the basic integrity of the soil being disturbed by the overuse of chemicals in an attempt to boost output. The non-living components that endanger the health of the soil by creating changes in the parameters are referred to as abiotic constraints or stress. They have been shown to significantly damage agriculture worldwide. Many factors affect the health of the soil. The soil nutrition content is the primary source of abiotic stress. For example, micronutrients like zinc, iron, copper, molybdenum, and others continuously deplete without being replenished, and NPK concentrations are constantly replenished to boost soil productivity for agriculture. Physical limitations include subsurface soil compaction, water-holding capacity, nutrient erosion, aeration, water logging, etc. The chemical stress includes factors such as temperature and changes in soil salinity and pH (acidity or alkalinity). The equilibrium of the soil water and air content is crucial for agriculture and plant growth. Nutrient uptake, crop health and productivity, and erosion are impacted by imbalance in these conditions. As a result, the topsoil, which is primarily responsible for soil fertility, is washed away, rendering the resulting area unusable for farming. Another physical limitation is the crusting of the soil and the creation of compact aggregates as a result of semi-arid or sub-humid conditions. This occurs when raindrops mix with a thin layer of topsoil that has hardened and compacted because of its low organic matter concentration. This crust impacts germination and reduces the gaseous exchange between the atmosphere and the lower soil layers. Another physical constraint that has a negative impact on crop productivity is waterlogging.

8.5. IMPACT OF HEAVY METALS ON PLANT METABOLISM

Large quantities of heavy metals building up in soil can be extremely harmful. Plant metabolism requires relatively small amounts of metals like copper, manganese, zinc, iron, etc. These metals must remain in their bioavailable forms so that the roots can absorb them further for them to be used. Higher concentrations of these metals, however, may be harmful to plant health. There are two kinds of metal pollution in soil. There are two types of metals: essential metals, which are always needed for plant metabolism, and non-essential metals, which are not involved in plant metabolism. Plants react in a dose-dependent manner to critical metals. Plant tolerance to the metal is tested by subsequent increases in metal concentrations; this is referred to as the tolerance phase, and toxicity results from further increases. Critical toxicity refers to the point at which heavy metal concentrations begin to significantly impair plant growth. Plants grown in soil contaminated with various heavy metals experience varying harmful effects. Initial symptoms of copper toxicity include inter-venial foliar chlorosis. Several plants, including *Eucalyptus enimia* exhibit chlorosis symptoms when exposed to increasing copper concentrations (Kumar et al., 2021). Plant root growth is negatively impacted by copper toxicity. Elevated copper levels during germination would result in short radicles and a necrotic lesion on the blunt root ends (tips), making them vulnerable to fungal invasion. High copper concentrations have an impact on growth and lower chlorophyll levels, which lowers a plant's capacity for photosynthetic processes. Copper replaces manganese in freshly formed chlorophyll molecules. This phenomenon lowers the rate of photosynthesis in plants. The generation of free radicals in the leaves increases when photosynthesis rates decline as a result of the inhibitory effect of rising copper concentrations. As a result of the oxidative damage, the leaf cells have an increased rate of senescence.

Plants with elevated manganese levels develop necrotic brown patches on their petioles and stems. Another indication of manganese toxicity that affects the young stems and petioles is crinkle leaf. The symptoms of crinkle leaves are also accompanied by browning and chlorosis. Manganese poisoning also turns plant roots brown and may result in cracks. In response to increased manganese levels, certain species exhibit chlorosis of their leaves over time. Manganese poisoning also reduces photosynthetic rates (El Jaoual and Cox, 1998). The primary source of this observation is the decline in chlorophyll concentrations in the plant leaves. Another crucial trace element needed for plant metabolism is zinc. However, higher zinc levels cause the younger leaves to suffer from chlorosis. As chlorosis advances, anthocyanin is produced, which causes reddening in the younger leaves, depending on the rate at which the toxin levels rise. The zinc poisoning (toxicity) causes the leaves to be smaller than those of the control plants. Plants that exhibit vertical leaf orientation are another sign of zinc poisoning. Brown spots may also appear on the leaves of certain species. Excessive zinc pollution in the soil that supports plant growth also causes root yellowing, a decrease in primary root growth, and a decrease in the number of lateral roots. Reduced photosynthetic rates can also be attributed to zinc poisoning. This is due to the high quantities of zinc inhibiting photosystems I and II. Arsenic is a heavy metal that pollutes soil and is considered a non-essential metal because it is not needed by plants for metabolism. Arsenic significantly reduces the rates o□root and shoot elongation as well as seed germination. Excess levels of arsenic disrupt the metabolic functions. There is a decrease in the quantity of leaves, biomass production, and root length. When

As (V) and As (III) concentrations in *Lactuca sativa* grow, arsenic is carried by the plant roots and accumulates in the leaves, roots, etc. higher concentrations of As (V) cause more accumulation in the roots, while greater concentrations of As (III) cause better accumulation in the leaves. In addition to damaging plants, arsenic can contaminate groundwater, get into food chains, and pose several health risks to people. Another heavy metal that contaminates soil at high concentrations is cadmium. Plants grown on cadmium-contaminated soils have much lower levels of ATP and chlorophyll. Cellular potassium depletion is caused by cadmium effects on membranes. In the plant body, metallothioneins bind to cadmium, form complexes, and facilitate cadmium absorption.

8.6. HEAVY METALS

When found in soil above their optimal concentrations, other metals including aluminum, iron, cadmium, chromium, etc., have multiple phytotoxic effects. Metal toxicity is regarded as one of the severe abiotic stresses for the soil because of its detrimental effects on plant growth. When exposed to hazardous metals that are not biodegradable, plants experience oxidative stress, which damages their cells. Heavy metals that upset the ion equilibrium inside a cell are sequestered by plants. Plants have used several removal and immobilization strategies for these metal ions to lessen their harmful effects. The development of cell compartments and heavy metal chelation in plant cell organelles are the main foundations of this process. Many plants, including *Brassica* sp., *Sedum alfredii*, and Arabidopsis species, use toxic metal chelation, a detoxification technique. Phytochelatins, a family of peptides rich in cysteines, are a major heavy metal chelator found in plants (Gupta et al., 2013). In a transpeptidation reaction, the enzyme phytochelatin synthase produces reduced glutathione (GSH), a precursor for PCs. Many human activities, including mining, irrigation, and municipal waste, can cause soil pollution. Along with this industrial waste, the negligent use of pesticides has led to a heavy metal deposition that frequently exceeds the threshold. Due to their non-biodegradable nature, heavy metals have the highest concentration of any of the contaminants found in the environment and are the cause of the desertification of land. Because of the biomagnification of these metal ions, this toxicity not only impacts the plants that are nearby, but it also has an impact on the entire ecosystem. The main cause of Cd and Fe accumulation in the soil is pesticide application; however, since plants do not need them, they aggregate as hazardous metals in the soil. When plants are exposed to metal stress (toxic), they respond by exhibiting an imbalance in cellular homeostasis and slowing down their growth.

8.7. DEGRADATION

Since they function as cofactors for different enzymes, metals like copper, zinc, and nickel are regarded as essential micronutrients that are necessary for a variety of enzymatic activities. However, their presence in excess can be harmful to the environment because it can endanger the natural flora and fauna. These heavy metals are also known to damage protein molecules, intra- and inter-DNA, and result in alterations at the cellular level, such as the deletion, modification, and depurination of DNA bases. Reactive oxygen species or ROS such as hydroxyl radical, H_2O_2, and dioxygen/dioxidene are produced by plants exposed to hazardous metals. These ROS disrupt regular plant functions like respiration, photosynthesis, nutrient uptake, and utilization. For metal detoxification, a variety of physical and chemical techniques have been used. Nevertheless, these approaches are costly and compromise the texture and integrity of the soil. Phytoremediation techniques have been used to remove these metals from the contaminated soil. These techniques are more dependable and less expensive than standard metal detoxification techniques. Because they can withstand rough environmental conditions, plants are being used for the phytoremediation process. They can readily absorb heavy metals along with other nutrients since they are non-specific bioaccumulators of these substances. To counteract the harmful effects of heavy metals, plants generate peptides, primarily metallothioneins and phytochelatins (PCs). These PCs are necessary for thiolate coordination, which involves chelating metal ions to the highly specific ligand, and are found naturally in the form of low-molecular-weight, cysteine-rich compounds that plants produce as a feedback mechanism against toxic stress. Several enzymes are created to control the amount of ROS and function as antioxidants. Along with several other components like glutathione and ascorbic acid, it contains ascorbate peroxidase, superoxide dismutase, and glutathione reductase. Phytofiltration, phytomining, phytoextraction, phytovolatilization, and other beneficial techniques are all part of the process of phytoremediation, which uses plants to remove hazardous metal ions that are not biodegradable. By removing pesticides, organic compounds, toxic volatile pollutants of organic origin, radioactive pollutants, and metallic acids, phytoextraction eliminates heavy and hazardous elements from the polluted soil and uses a natural approach to environmental remediation. Plants are thought to be good candidates for phytoextraction since they can survive in rough environments and even operate normally when exposed to metals like Zinc, Ni, Cu, and Mn. Plants can be effectively employed to extract pollutants from soil that mostly contains hazardous elements since they are nonspecific accumulators that absorb both essential and non-essential metals. To protect themselves from dangerous insects and pests, plants have also used these non-essential heavy elements, including silicon. Phytofiltration is the process of using plants to purify contaminated water. This method involves submerging plant roots in water to eliminate heavy metals.

Through the processes of absorption and accumulation within roots, assimilation on the root surface, and precipitation within the root rhizosphere, certain plant species can sequester specific toxic pollutants in affected soil and groundwater. This process is known as phytorestoration or phytostabilization. In addition to being suitable for the soil stabilization process, plants that do not participate in metal ion chelation can also help prevent soil erosion. *Agrostis tenius* uses this process to prevent the uptake of harmful metals like Pb, Cu, Cd, and Zn by precipitating them near the root (Patra et al., 2021). However, by preventing heavy metals from migrating to groundwater and then entering the food chain, this approach not only hinders the biomagnification process but also offers no suitable solution for soil cleanup. Because of the sub-lethal concentration of toxic components in the uppermost layer of the soil surface, it can also be used to reestablish a green cover in areas where natural crop cultivation is insufficient. The methods that are thought to be appropriate for removing lead from polluted soil are phytostabilization and phytoextraction. Through phytomining, hazardous metals can be recovered from plant tissues that have a hyperaccumulation of toxic compounds. An appropriate selection of plant species and cultivars that are suitable for that specific heavy metal or location is necessary for this procedure. The process of converting solid or liquid pollutants into vapors that are released into the atmosphere is known as phytovolatilization. In this procedure, the metal is detoxified either by reducing it with an enzyme or by combining it with a biodegradable organic material. The heavy metal sequestration process inside plant tissue is a component of phytoremediation techniques, and PC is one significant class of metal-binding peptide that is exploited for this purpose. The metallothioneins (MTs), thought to be the hazardous metal-binding agents, were the primary focus of research on metal-binding complexes. Previously, the PCs were described as oligopeptides that were rich in cysteines, non-proteinaceous, and had a structure and biosynthesis entirely distinct from that of the MTs. When exposed to cadmium ions, these peptides formed Cd-binding complexes known as cadystins (Reddy and Prasad, 1990).

8.8. ENZYME SYSTEMS

The enzyme PC synthase is responsible for the production of glutathione, hydroxymethyl glutathione, and G-glutamylcysteine. They are the main precursors for PC synthesis. To activate this enzyme, a post-translational modification is necessary, which can be catalyzed by the toxic metals. It was observed that metals including cadmium, silver, copper, zinc, lead, and arsenic boost PC synthase enzymatic activity. Higher plants may produce these low molecular weight peptides to help them survive in unfavorable soil conditions. Algae have also been shown to contain these PCs, and fungi like *Candida* sp. and *Mucor* sp. have been found to contain the genes necessary for PC production. The invertebrate Caenorhabditis elegans has recently been found to possess the gene for PC synthesis, which aids in the production of PC in response to Cd stress. In the biosynthesis pathway of PCs, the important metals and metalloids are As^{2-}, Ag^{+}, Hg^{2+}, AsO, Pb^{2+}, Cu^{2+}, Cd^{2+}, and Zn^{2+}. There have been reports of a moderate level of PC biosynthesis in response to Au^{+}, Bi^{3+}, Ga^{3+}, In^{3-}, and Sb. It is believed that the metal ions Af, Co^{2+}, Cr^{3+}, Fe^{2+}, Mn^{2+}, Ni^{2+}, Te^{4+}, and W^{6+} are ineffective stimulators for activating the gene that synthesizes PC. However, cadmium ions are essential for triggering the production of PCs. PCs reported from various plants have varying structures. The PCs found in 300 plant and microbe species are polymerized to varying degrees. Following Cd treatments, PCs were generated in angiosperms (monocot and dicot plants). By building up PCs, 23 monocot species and 90 dicot plant species demonstrated a favorable response to cadmium stress. PCs were known to be produced in a variety of suspension cultures of Gymnosperms as well as in lower plants, such as Pteridophyta and Bryophyta.

The Gly amino acid is typically found at the carboxyl-terminal end of PCs. Some of these have been effectively described in yeast and *Candida* sp., and typically appear at the carboxy terminus of PCs in the Cd-binding PC complex. When under cadmium stress, many higher plants were unable to synthesize PCs; however, in maize, a very small amount of it was found. Three distinct types of PC-like peptides with diverse amino acid constituents, such as glutamine, serine, and alanine, at the C-terminal end, have been identified in other plant species. Homophytochelatin, which was isolated and purified from plants in the Fabaceae family, was the first PC to be described. Several peptides from different crops have been found. Although less is now known about the metabolic and physiological roles of these peptides, research into their characteristics is crucial to gaining an advantage in evolutionary and biochemical investigations. The gene that codes for PC synthase is not only found in plants but also in the invertebrate nematode *Caenorhabditis elegans*, as well as other schistosomes, roundworms, and nematodes that cause disease.

Since the biosynthesis of PCs and glutathione intersect, it is imperative to understand the glutathione biosynthesis. All eukaryotes include the tripeptide GSH, which has a sulfhydryl group. In addition to detoxifying and removing harmful metals from the soil, GSH is crucial for plant growth and development processes like cell division and flowering. ATP-dependent active reactions are used to synthesize GSH. GSH1 (γ-glutamylcysteine synthetase) catalyzes the formation of γ-EC (γ-glutamylcysteine), which uses a peptide bond to connect the carboxyl and amino groups of glutamate and cysteine, respectively (Sabetta et al., 2017).

GSH2 is found in both the cytosol and the plastids of Arabidopsis and Chinese mustard, but GSH1 is only found in the plastids. It has become evident from the completion of the Arabidopsis genome sequence that a single gene, located within the plastids, codes for both GSH1 and GSH2. Transcript analysis of GSH2 revealed that during processing, some of the essential peptides are deleted, resulting in the shortening of some of the vital portions of the mRNA coding for GSH2. This means that only a small portion of GSH2 is confined to the plastids, while the majority is found in the cytosol. As a result, plastids serve as a site for the production of GSH and provide the other organelles with glutathione or γ-EC. γ-EC is from the plastids and many studies have documented the regulatory role of GSH1 in glutathione production; however, under some situations, GSH2 has been found to play a role as well. Some researchers have reported that GSH1 plays a crucial role during transcription, plant development, and heavy metal stress. Cadmium acts as a mediator for glutathione and PC synthesis, while BSO inhibits GSH biosynthesis. BSO has been widely used to study the level of PCs and toxic metal accumulation and sequestration in plants. When the activity of γ-EC synthetase was investigated, it was found that Cd2+ increased the activity of γ-EC synthetase, while BSO inhibited its activity. Recent advancements in biotechnology have aided in our understanding of the mechanism driving PC production and the identification of the genes causing PC synthase activity.

8.9. IMPORTANT GENE

The TaPCS1 genes of the wheat cDNA, which were expressed in a Cd-resistant wild strain of yeast, are one example of research for the characterization of the PCS genes. Although the PCS gene found in rice weighed 100 kDa, it became unstable when refrigerated since the ideal temperature was so high (55 °C). It was discovered that the homophytochelatin synthase (GmhPCS1) gene of soybeans resembled AtPCS1. The 485 amino acid enzymes known as PC synthase of *Brassica juncea* is produced. A 371 kDa polypeptide is encoded by the genes with PC synthase activity known as CePCS1, which were identified from the nematode *Caenorhabditis elegans*. By employing the post-transcriptional gene silencing approach to reduce CePCS1 expression, researchers have demonstrated the function of CePCS1 in heavy metal detoxification. All of these genes encode PC synthase, and the expression of the genes that confer heavy metal tolerance was observed during investigations on the incorporation of the PCS gene into species lacking the PCS gene. When the AtPCS1 gene was added, the Cad1 mutant strains of Arabidopsis lacked PCs and exhibited hypersensitivity to metals including Cd, As, and Hg. When the AtPCS1 gene was added to the yeast, it provided tolerance comparable to intracellular PC buildup, which is unable to generate the enzyme because it lacks the gene that produces PC synthase. Through their introduction into *Escherichia coli* and yeast, the activity (biochemical) of the gene products of wheat, and Arabidopsis was investigated. The presence of the genes that produce PCS in these was confirmed by the *in vitro* PC biosynthesis. Two crucial cellular processes are represented by the enzymatic characterization of PCS: the breakdown of glutathione S-conjugate and the detoxification of heavy metals through the formation of metal-binding peptides. According to research done on the culture of S. cucubalus, the enzyme PCS catalyzed the removal of the carboxyl-terminal group from GSH, which led to the production of S-glu-cys derivatives. An alignment of these PCS sequences has shown that the N-terminal portion of plants, yeast, and animals (nematodes) have a 40–50% similarity, while the C-terminal region shows minimal conservation. The genes or cDNA that code for PC synthase have been recovered from a variety of species.

Although the general idea behind PC synthase stimulation is not exclusive to metal ions, certain metals exhibit greater activity than others. Some concepts emphasize the importance of the N-terminal domain, stating that metal ions interact with the cysteine and histidine residues in the N-terminal domains to activate PC synthase. Five Cys and one His residue make up the domains. The molecular characterization investigations performed on the alleles of Cad1 mutants provide support for these concepts. The C-terminal region downstream translation is stopped by the nonsense mutation in Cad1–5. 9 of the 10 Cys residues from the C-terminal region were absent from the constricted polypeptide, according to *in vivo* tests done to determine the sensitivity level o□PCs to Cd. The significance o□the C-terminal region □or the activation or catalysis of the PCs was further supported by some research studies. PCS causes metal to bind to different enzyme sites. The majority of the catalytic activity is attributed to the N-terminal region. Additional research on the model revealed that the C-terminal region serves as the metal sensing domain. It was anticipated that the heavy metals would interact with the catalytic portion of the N-terminal domain due to the abundance of Cys residues. An alternative mechanism that used Cd-GS2 as a substrate and did not rely on metal binding for catalytic activation was proposed in the research works on the recombinant Arabidopsis, AtPCS1 (García-García et al., 2020). The thiolated Cd-GS2 complex □unctions as an acceptor and γ-Glu-Cys as a donor in the dipeptide trans□er mediated by AtPCS1. The combination Cd-GS2 possesses a high stability constant. In conditions lacking metal ions, the AtPCS1 catalyzed the process that produced S-alkyl-phytochelatin from its derivative S-alkyl-glutathione, indicating that free GSH functions as a donor and metal thiolates as substrates. However, the model was unable to explain the caseation of PC biosynthesis under laboratory settings. It also proposes that the removal of the metal-PC complexes from the cytosol would terminate the PC synthesis products. It was suggested that PC production ends due to either the creation of a metal-PC complex without activation or competition between GSH and the thiolates for binding at the high-affinity location (site). Research on the substrate labeled with radioactive isotopes verified PCS function as a dipeptide transferase. Some studies proposed that γ-Glu-Cys acylates PCS during PC biosynthesis by cleaving Gly from GSH in the initial phase. The enzymes undergo γ-Glu-Cys acylation in the second stage.

Recent functional investigation of AtPCS1 and NsPCS1 mutants shows that the PCS becomes inactive when heavy metals are unavailable, and thiol reductants weaken intracellular disulfide linkages. The binding of GSH or PCs to cysteine residues causes the cleavage of γ-Glu-Cys in donor molecules where PCS is active. To understand the C-terminal region, more research is necessary in this area. Despite having 22%–30% similarity to the N-terminal domain of eukaryotic enzymes, recent research on prokaryotic PCS has shown that NsPCS1 catalyzes the process to produce γ-Glu-Cys from GSH and results in the poor synthesis of PCs. PCS is a dimer of the papain family of cysteine proteases. The prokaryotic Cys-70, His-183, and Asp-210 catalytic activity was found to be comparable to the eukaryotic PC synthase Cysteine-56, Histidine-162, and Aspartic acid-180 catalytic activity. In prokaryotes, the oxynion hole, which was made up of Cys-70 and Glu-64, caused the deglycination of GSH. The thioester link is attacked by the water molecule, which releases γ-Glu-Cys. For PC production to be carried out in a transpeptidation reaction, the GSH acceptor must bind to the GSH. To emphasize the higher PCS synthesis activity of eukaryotes compared to prokaryotes, research is needed to determine the structure of PC synthase. Crop development, growth, and yield are significantly reduced by non-biodegradable heavy metal-contaminated soil, which also jeopardizes the security of agricultural products. Significant differences in the accumulation and tolerance of PCs to hazardous metals that were generated in several genotypes of varied plant species were explained by research studies. One active mechanism found naturally in higher plants was the production of PCs to counteract the toxicity induced by the heavy metals. When exposed to harmful elements, species that are tolerant of heavy metals accumulate PCs at far higher rates than sensitive species. According to reports, the metal-PCs chelating complex toxic metal ions, which were found to be inactive, were moved from the cytoplasm to the vacuoles before they inhibited the activity of vital enzymes that support life. They were temporarily stored in the vacuole to prevent their toxic effects in the cytoplasm, which allowed harmful metals to be detoxified.

Plants chelate heavy metals by binding to the metal ions with high affinity, which lowers their availability and further lessens their phytotoxicity. There have also been reports of several plants having metal-binding ligands. The research work done at the genetic level on how PCs detoxify these harmful metals supports the idea that PCs could be a viable option for the sequestration and immobilization of metal ions. PCs' primary function is to sequester or prevent metal ions from coming into contact with vulnerable enzymes. Metal ligand synthesis and sequestration in vacuoles are two crucial detoxification processes in plants. The sequestration of the PC- metal complex in the vacuoles was shown in studies using a Cd-sensitive mutant of the yeast and hmt1 (Ow, 1993). HMW or high multireference and LMW or low multireference are the two forms of PC-metal complexes that typically form; however, the hmt1 was unable to produce the high multireference complexes upon exposure to Cd. The membrane transport proteins or ABC, which were found in the vacuolar membrane, assisted in the transfer of the LMW PC–metal complexes that had been generated to the vacuoles. Since *S. cerevisiae* lacked a PC synthase, the Yeast Cadmium Factor 1 or YCF1, a member of the ATP Binding Cassette family, carried the $(GSH)_2Cd$ to the vacuoles. The mutations that affected the ABC transporter proteins in *C. elegans* also resulted in heavy metal sensitivity. Although the site of action of these transporter proteins is yet unknown, they may be useful in the separation of PC-metal complexes. Cadmium and PCs were found in the vacuoles of protoplasts that were separated from tobacco plants subjected to cadmium. The genes for this function have not yet been found, despite reports of the active transport of PCs and PC-metal complexes from oat roots. Plants that are stressed by harmful metal ions respond by forming PC-metal complexes. By creating high-affinity ligands in the cytosol, plants detoxify heavy metals to counteract the stress caused by these metals. Although it has been shown that several hazardous metal elements, including cadmium, mercury, silver, gold, lead, and arsenic, are effective inducers of PC biosynthesis, cadmium is the potent inducer of PCS. The movement of free ions in the cytosol is restricted when the Cd ions connect to the free sulfhydryl group (-SH) of the cysteine and form PS-Cd complexes. Since plants are unable to digest Cd ions, metal complexes like Cd-GSH and Cd-PCs are generated to sequester these molecules in the vacuole and lessen their toxicity. While no Cd-binding complexes formed in the absence of cadmium stress, they did form under cadmium stress.

To detoxify heavy metals, PC synthetase must be activated. PC-metal complexes must be formed and actively transported to vacuoles, where they are further stabilized by combining with organic acids and sulfides. PCs are known to transport hazardous metals, but more research is needed to fully understand how they contribute to heavy metal tolerance at the cellular level. In addition to their function in natural situations, PCs have also been documented to play a role in cell suspension culture. Tomato plants under *in vitro* conditions were considered for cell suspension culture studies. Both PC and Cd concentrations increased in the majority of plant cell cultures. While the Cd ions in free form were present in limited amounts in these cells, the Cd complexes with PCs were found to be a major component. The plant cells demonstrated resistance to cadmium ions at a concentration of 1 mM to the increased productivity of PCs when these plants were subcultured by adding cadmium ions to the medium. PCs serve as a biological indication for heavy metal pollution detection. One potential example of a biochemical signal is the production of PCs and PC-like peptides in response to heavy metal contamination within plant tissues. Regardless o□ the metal specificity, PC production occurs in response to hazardous metal concentrations within plant tissue. The root region of chickpeas is extremely vulnerable to the production of PCs and homophytochelatin (hPCs) in the presence of Cd and As, making them a possible indicator of hazardous metal contamination. When it comes to extremely high levels of GSH, hGSH, and cysteine, the plant root and shoot are vulnerable to certain metals. Toxic metal poisoning in many ecosystems can be studied biochemically using the changes in plants. Research on the signaling mechanism between the root and shoot systems in connection with harmful metals will be crucial in the near future. Before the discovery of PCs, the majority of research on metal-binding complexes was on the role of MTs; as a result, the application of PCs in bioremediation is a novel area that necessitates further study. When it comes to cadmium stress, phytochelators are crucial and can serve as a marker for early identification.

8.10. ACCUMULATION STUDIES

When multiple heavy metals are present together, they can cause toxicity in plants. Depending on their chemistry and interactions, they can also act independently, antagonistically, or synergistically, which is critical for PC effectiveness as a stress marker. According to PC tests conducted on wheat leaves, roots, and stems under cadmium and lead stress, cadmium was more effective than lead at promoting PC synthesis, while a combination of cadmium and lead decreased PC formation. Both the aerial and underground portions of plants undergo PC synthesis and accumulation. Studies on maize that was subjected to cadmium stress for a long time revealed that the PC synthase gene was highly expressed in the leaves but decreased in the roots. Similarly, after being exposed to cadmium, *Brassica juncea* shoots showed an increase in PC content, but its roots showed a decrease in PC (Mohamed et al., 2012). Several studies showed that they are produced and accumulated in the roots. Plant roots can readily absorb it because of its accumulation in the top soil layer. Heavy metals must be present in plant roots for phytoremediation to be successful, which aims to remove as much of the toxins from the top soil as possible.

Depending on their species and genotype, plants can have varying levels of efficiency in acquiring and using nutrients. While some plants can withstand excess heavy metals through cell vacuole sequestration and complex formation using metal-detoxifying peptides under heavy metal stress, other plants may release phytosiderophores in response to zinc or iron deficiencies, which may aid in the mobilization of manganese, zinc, and copper in the rhizosphere. In the event of heavy metal stress, the PCs can act as an early warning system and use heavy metal sequestration to protect enzymes that are vulnerable to heavy metals.

Following cadmium exposure, researchers observed an increase in PC production in the roots of *Brassica juncea* L. PCs were also found in the roots of *Acer pseudoplatanus* and S. cucubalus, which were cultivated on a zinc-contaminated waste site (Khan et al., 2000). Cadmium detoxification studies can be mediated by PCs in conjunction with antioxidants. Antioxidants like peroxidases, which include ascorbate peroxidase, guaiacol peroxidase, and glutathione peroxidase are rich in active cysteine or selenocysteine molecules and are therefore thought to be crucial for assessing the toxicity of plants to heavy metals. In *Cuscuta reflexa* under cadmium stress, researchers found that antioxidant enzymes were stimulated in addition to PC production, suggesting that cadmium-mediated ROS played a role in the simultaneous activation of systems. Similarly, in response to cadmium, the combined function of PCs and antioxidants was evaluated in *Bacopa monnieri* and saflower seedlings. In response to cadmium stress, Indian mustard (*B. juncea*) showed a synergistic impact between antioxidant enzymes and cadmium sequestering techniques. Exposure to heavy metals led to the separation of PC from green algae. Many investigations on the synthesis of PC have been carried out in a variety of phytoplanktonic algae, including *D. tertiolecta*, *P. tricornutum,* and others. Different PC levels were observed in *E. gracilis* and *F. crotonesis*. Several aquatic plants, such as *H. verticillata* and *L. paucicostata*, have also been documented to undergo PC induction. All other metals were thought to be only partially useful for PC synthesis, while cadmium was a useful metal. *D. tertiolecta* significantly increased PC synthesis in response to zinc stress, while other plant species responded well to cadmium and arsenic. Suspension culture is a model system for examining how plants react to heavy metal ions. The PC effect on metal detoxification can also be investigated using plant suspension culture. Tobacco suspension culture has been used to study the toxicity of heavy metals. *A. tenuis* and *D. innoxa* were among the species used or metal detoxification. When Silene vulgaris was treated with different heavy metals, including cadmium, lead, copper, and zinc, researchers evaluated the hazardous metal binding to the generated PC complexes. Likewise, under cadmium stress, cadmium-binding PCs were observed in Indian mustard seedlings. Under cadmium stress, spinach plants exhibited large amounts of PCs. Similarly, cadmium-exposed cereal roots and several Poaceae species were found to generate PCs in addition to a cadmium-binding complex. The plants growing in a highly metal-contaminated landfill showed higher PC concentrations in their roots than in their leaves.

8.11. TISSUE CULTURE AND OTHER RESEARCH FINDINGS

The root culture of *R. tinctorum* and the cell cultures of *S. vulgaris* and *R. serpentina* both produced PCs in response to arsenic stress. Arsenic detoxification is then demonstrated utilizing PCs and plant suspension cell culture. In many plant species, cadmium is necessary for PC activation. The PC level and cadmium tolerance in *A. thaliana* and maize were found to be positively correlated. Research was done to evaluate how cadmium affected the growth of monocots and dicot cadmium-binding complexes. PC-deficient cadmium mutants of Arabidopsis could be used to better understand how PC affects cadmium stress in plants. High levels of PC synthase gene expression (AtPCS1) boost the cadmium tolerance of *E. coli* and *S. cerevisiae* cells(Kim et al., 2005). To address heavy metal contamination, PCs, and the peptides they are connected to can be employed as biochemical indicators. Lettuce produced more PC and glutathione. These plants were cultivated in a hydroponic system using a nutrient solution buffered with EDTA under particular culture conditions. *A. thaliana* expresses the mutated GSH1 bacterial gene (S1ptTECS). In addition to their accumulation, plants developed resistance. *P. canescens* had higher GSH levels due to overexpression of the GSH1 gene. The cytoplasm of *B. juncea* L. was shown to overexpress the *E. coli* GSH2 gene. Both at the seedling and mature stages, this transgenic plant exhibited an increase in cadmium accumulation and improved tolerance. It was discovered that Indian mustard (*B. juncea* L.) expressed the *A. thaliana* AtPCS1 gene, which codes for the PCS gene. There was no heavy metal buildup in these transgenic plants. However, Arabidopsis thaliana exhibited a high accumulation and tolerance to cadmium and arsenic when the PC synthase gene (AtPCS) and GSH1 genes were overexpressed together. This was not feasible in the case of single-gene transgenic lines. This demonstrated the value of gene stacking in heavy metal tolerance, i.e., arsenic and cadmium. Research on PCS expression in plastids was carried out. Similar investigations into the overexpression o□GSH1 encoding γ-ECS in the plastids were carried out on Indian mustard. In transgenic plants, it led to higher levels o□γ-EC, PCs, total non-protein thiols, and glutathione as well as enhanced cadmium tolerance. As a result, plants with high GSH1 expression have a better capability for phytoremediation. However, in certain plant species, this overexpression of genes may result in hypersensitivity. Transgenic Arabidopsis that overexpressed AtPCS1 genes showed hypersensitivity to both cadmium and zinc. Therefore, it becomes crucial to focus genes on a particular organ in a way that prevents metal hypersensitivity to produce stress-tolerant plants and successfully detoxify metals. Rhizobacteria are multipurpose microorganisms that live on the plant rhizosphere and aid in the growth of the plant. They possess special physiological machinery that allows them to either generate chemicals that promote growth or solubilize minerals so that the plants can more easily absorb them. Rhizobacterial distinct physiology is also being used to address a variety of environmental problems, the most researched of which is the phytoremediation of heavy metals. Heavy metal pollution is currently a problem that has a negative impact. For the removal of metal contaminants from contaminated areas, scientists are adjusting to more economical and sustainable green technologies. Utilizing plants to remove pollutants has proven to be quite beneficial.

Heavy metal toxicity causes a decrease in biomass, chlorosis, growth inhibition, disruption of photosynthetic activity, alterations in water balance, impaired nutrient absorption, senescence, and death in plants. Heavy metals lower plant yield and endanger the agro-ecosystem. The seeds are poisoned by some metals. Nickel slows the plant's overall growth by influencing the activities of ribonuclease, amylase, and protease (Ashraf et al., 2011). Lead inhibits germination, which alters the morphology and physiology of seeds. It suppresses transpiration, chlorophyll synthesis, root elongation, seedling, and plant development, and water and protein content. According to reports, copper is poisonous to seedlings and produces reactive oxygen species, which prevents plants from growing and reduces their chlorophyll content. Cadmium can cause membrane damage and delay germination by impairing water intake. By altering the redox equilibrium, cadmium also hinders mitochondrial ability to operate properly. Cobalt causes seed DNA to become methylated. The metals that accumulate in agricultural crops are eventually stored in humans and animals through ingestion. The elevated concentrations of heavy metals may have detrimental effects on the soil microbial population, reducing soil fertility and upsetting the ecological balance of the soil. As a result, this might seriously jeopardize plant yields overall, which would have an impact on food consumption. The harmful effects of heavy metals on a variety of species have compelled several researchers to create technological methods for eliminating or containing heavy metal pollutants below environmental regulation limits. Metal contaminations are eliminated using a variety of physicochemical techniques. Thermal treatment, chlorination, ion-exchange, membrane separation, adsorption, solvent extraction, etc. are crucial processes for the elimination of heavy metals. Nevertheless, there are disadvantages to the physicochemical techniques for heavy metal removal. They lead to excessive sludge generation, handling, and disposal issues, high expenses, and strategic and technical issues. This led to the need for more ecologically friendly and efficient methods of heavy metal removal. Environmentally beneficial methods for producing sustainable goods or energy sources are referred to as green technology when they involve plants and microbes. Its scope has expanded to include other environmental cleanup-related procedures. Phytoremediation is one of the significant green technologies. It is a green cleanup technique that uses plants and rhizobacteria to remediate pollutants like organic carbons, heavy metals, and radioactive elements in soil, water, and areas affected by industrial waste.

8.12. MICROBIAL ASSOCIATIONS

By forming associations with microorganisms, plants can further increase their capacity for phytoremediation. Many microorganisms are present in the rhizosphere of plants, and plant root exudates are essential in drawing these microorganisms to the root system. The exudates of roots provide microbes with an abundant supply of food and energy, and in exchange, they aid in plant growth by generating growth-promoting compounds and releasing nutrients. By acidifying the soil or forming organic acid-metal complexes, root exudates also improve the mobility of nutrients and elements. Plants and rhizosphere microorganisms coexist for mutual benefit, and the phytoremediation process makes use of this characteristic. The rhizosphere microorganisms speed up phytoremediation in a variety of ways. They can boost plant biomass, decrease metal availability in soil, or promote metal extraction. The microorganisms promote translocation from roots to aboveground plant parts (translocation) or from soil to roots (bioaccumulation). By developing resistance mechanisms, microorganisms can flourish on metal-rich soils and substrates exposed to human-induced pollutants. The rhizobacteria that produce siderophores when exposed to trivalent iron can also produce siderophores in response to other trivalent metals, such as aluminum, copper, and chromium, as well as the tetravalent actinides uranium, plutonium, and thorium. By binding to various heavy metals and preventing their entry into cells, they decrease toxicity and bioavailability. In the presence of heavy metals and elevated iron concentrations, isolates like *Pseudomonas aeruginosa* have been shown to promote siderophore production. Potential bioremediation agents include siderophores, such as Pyoverdine and Desferrioxamine B, which have been shown to effectively chelate and sequester Zn(II) and Co(III). *Pseudomonas aeruginosa* produced the siderophore pyochelin, which can chelate a variety of metals, including silver, aluminum, europium, gallium, mercury, manganese, nickel, lead, tin, cadmium, cobalt, copper, and zinc. *Azotobacter vinelandii* is known to produce Azotochelin and Azotobactin, which aid in the acquisition of both vanadium and molybdenum (Wichard et al., 2009).

Biosorption is an economical and environmentally friendly technique that aids in the separation of heavy metals by cell surface and can be successfully applied to the decontamination of contaminated areas. Because of their high surface-to-volume ratio, several bacterial species, including *Bacillus subtilis* are successfully employed as effective biosorbents. Teichoic acid, amino acids including alanine and glutamic acid, glycoproteins, liposaccharides, and lipoproteins are among the other possible chemisorption sites found in the bacterial cell wall. These substances function as active sites for biosorption. The ion exchange process can also be carried out by functional groups (negatively charged), such as hydroxyl, carboxyl, phosphate, and sulfate. Bioaccumulation is a toxicokinetic process that is directly impacted by the rhizobacteria susceptibility to various heavy metals. In addition to having the ability to biotransform hazardous metals into less harmful forms, bioaccumulating species exhibit tolerance to a variety of heavy metals. Metallothioneins and other metal-binding proteins are reportedly produced by the bacteria that live in metal-contaminated areas. *E. coli* seems to express metal-binding peptides with a pattern similar to (Cys-Gly-Cys-Cys-Gly)3, which is the crucial structural moiety in the bioremediation process. The metal-binding phytochelatins with metal-binding protein motifs are expressed by recombinant *Escherichia coli* and have a higher capacity for metal binding. Cysteine-rich metallothioneins can combine with metals such as cadmium, mercury, lead, and zinc, increasing the rhizobacterial resistance to heavy metals. It has been discovered that certain isolates, including Bacillus species, Providencia species, *Staphylococcus aureus*, and Shewanella species, precipitate lead as phosphate salts. Many metal ion-binding proteins, including glutathiones and metallochaperones, aid in the intracellular sequestration of metal ions. Isolates such as *Rhizobium leguminosarum* may withstand Cd by employing GSH as a chelator. GSH uses the thiol (R-SH) group to scavenge metals and aid in their detoxification. Cu-binding metallochaperones like CusF and PcoE reduce toxicity by trapping and transporting metal ions to metalloenzymes.

CHAPTER 9

IMPROVEMENT OF PLANTS FOR PHYTOREMEDIATION

Contents

9.1. INTRODUCTION

Human activities such as uncontrolled land use, deforestation, industrial pollution and effluents, climate change, and, more recently, acts of terrorism are all contributing to the ongoing alteration, contamination, and degradation of the environment worldwide. Harmful substances are released into the biosphere as a result of natural processes, and industrialization. Coal-burning power stations, mines, smelters, and vehicle emissions are additional major anthropogenic sources of heavy metals (HMs) entering the biosphere. In many regions, the contamination of surface water, farmlands, industrial effluents, and domestic, organic, and inorganic pollutants is becoming a huge environmental and health risk. A comprehensive strategy for remediation is necessary for a cleaner environment for healthy living. A healthy environment is important and cannot be compromised, especially in developing countries where pollution rates are rising. Therefore, methods like afforestation and remediation, among others, are needed for ongoing monitoring, management, and replenishment of the biosphere, which is home to biological species such as humans, animals, plants, and microorganisms. The development of phytoremediation technology was driven by the failures of these approaches as well as advancements in genetic engineering and biotechnology.

The advantages of phytoremediation over alternative cleanup systems include its low cost of installation and maintenance, environmental friendliness, capacity to sequester carbon, and potential to produce biofuel. Diverse detoxification mechanisms involving many techniques, including phytoextraction, phytodegradation, phytovolatilization, enzymatic degradation, and sequestration, form the basis of a simple phytoremediation method. Some approaches were initiated to yield sustainable phytoremediation, which uses naturally colonized plants to clean up areas affected by heavy metals. With the benefit o□low-cost inputs and minimal maintenance, these techniques included carbon sequestration, improving substrate quality, and conserving biodiversity without running the risk of using the primary products from naturally invading species. Because it is environmentally friendly to animal species, can be useful for landlords, and supports phyto-based industries, phytoremediation is generally regarded as an economically feasible strategy that can be implemented globally in the remediation and management of contaminated sites. Several plants have been employed as phytoremediation agents due to their innate ability to withstand and accumulate pollutants, metals, and toxins. Among other plants, *Arabidopsis thaliana*, *Nicotiana tabacum*, and *Oryza sativa* have been employed in a variety of ways and are now being used in many phytoremediation experiments to absorb harmful substances through their root systems. Plant species like *Ricinus communis* and *Jatropha curcas* are used as energy crops for biofuel generation and sustainable phytoremediation (Bauddh et al., 2015).

However, not all common plant species are able to absorb or sufficiently clean up harmful pollutants.

9.2. GENETICALLY MODIFIED PLANTS

Genetically modified plants clean up contaminated areas and are more economical, environmentally friendly, and alternative to existing approaches. Several of the conventional plant-based methods are detrimental to the ecosystem and are comparatively costly, time-consuming, and environmentally hazardous. Therefore, biotechnological technologies, such as recombinant DNA technology and genetic engineering, as well as advanced tissue culture techniques for creating transgenic plants, provide considerable alternatives to conventional ways. This has solved the issues with using natural plants and transformed the field of phytoremediation. Polluted ecosystems are currently being remedied by transgenic plants that have created increased phytostabilization and absorption, and quick translocation. They are effective, cheaper, and display traits of the perfect hyperaccumulator, like a large root system and high biomass production. Transgenic plants quickly absorb harmful compounds, detoxify them over time, and lower treatment costs. These plants are regarded as hyperaccumulators, eco-friendly, and highly effective at cleaning up contaminated areas with no known adverse effects. Because of their large biomass and root-to-shoot transport mechanism with high pollution tolerance, some plants can absorb metals at a considerably faster rate than ordinary plants. They also grow in less fertile soil, are resistant to pests, and can withstand the effects of climate change due to their wider root systems. Genetically modified plants contribute significantly to biogeochemical prospecting and resistance to fungal pathogens. They may have an impact on human health through the food chain. Non-edible transgenic plants can reduce soil erosion, and provide energy through anaerobic digestion. Green chemistry, which can be used to produce a variety of plant-based products like proteins, enzymes, biofuels, sugars, etc. The production of phyto-siderophores (PS), which are effective at absorbing metals and can be used in place of harmful chemicals, is another significant advantage of transgenic plants for phytoremediation. PS that can chelate zinc or iron and enhance plant absorption include mugineic acid, avenic acid and nicotinamine. These organic compounds are produced by plants when they are zinc- or iron-deficient. Other metals like Cu, Cd, Ni, and Zn are dissolved by PS in both polluted and uncontaminated substrates. There is a chance that these plant species will turn into invasive plants or weeds, which would change the natural gene composition and impact biodiversity. Their extended lifespan makes risk evaluation rather difficult, and they may also be detrimental to animals and, consequently, human consumers. The minor drawbacks of using transgenic plants for phytoremediation are outweighed by their benefits.

Recently, transgenic plants have garnered attention as a sustainable way or method to clean up contaminated soils, water bodies, and related polluted sites using nanoparticle-mediated phytoremediation.

Agrobacterium-mediated transformation, (Figure 9.1) gene gun, electroporation, and protoplast fusion are some of the different techniques utilized to create transgenic plants (Gosal and Wani, 2018). A common technique for creating transgenic plants is the soil-borne bacteria *Agrobacterium tumefaciens*, which naturally causes crown gall disease. The tumor-inducing (Ti) plasmid is carried by the bacterium. Circular, autonomous DNA molecules called plasmids can replicate themselves and pass on information outside of the chromosome. They are found in the cells of bacteria and are passed from one bacterial cell to another through transformation or conjugation. In the nucleus, any foreign genetic material that is inserted between the left and right 25 bp borders of the plasmid T-DNA region is transported into the plant chromosomes and then integrated.

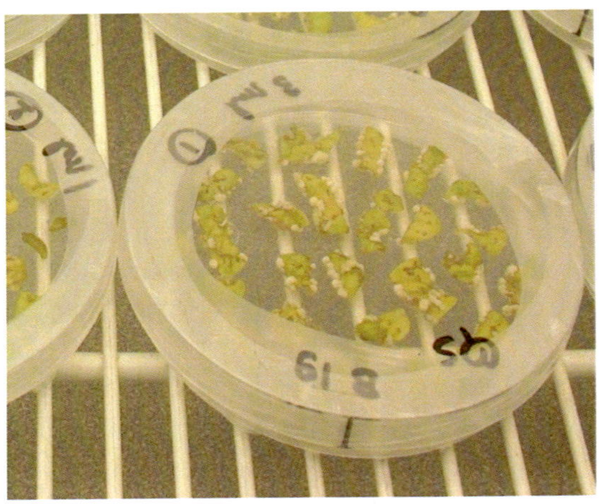

Figure 9.1. *Agrobacterium-mediated transformation.*

Source: https://upload.wikimedia.org/wikipedia/commons/a/ab/Transformation_with_Agrobacterium.JPG, Creative Commons License.

Genetic engineers have used this information to create transgenic plants. Therefore, genetic engineers disarm the Ti plasmid by adding genes for antibiotic resistance and substituting foreign genetic material with sticky ends for the genes that produce hormones in the oncogenic region of the T-DNA region. Because it allows for gene recombination in the host genome, the left and right 25 base fragments around the T-DNA region are essential for the effectiveness of genetic transformation utilizing *Agrobacterium tumefaciens* or, in the case of root transformation, *A. rhizogenes*. The virulence genes (VirA to

VirH) also regulate the transfer of the T-DNA region. These genes comprise the transcriptional activation regulatory mechanism for the other vir genes that direct the transfer of T-DNA. The chromosomal genes pscA, chvA, chvB, chvD, and chvE on the *A. tumefaciens* chromosome represent an important component, in addition to the 25 bp boundaries and the virulence genes required for T-DNA transfer. Gene chvE produces a glucose/galactose transporter for binding certain carbohydrates that trigger vir genes, whereas genes chvA and chvB generate exopolysaccharides that allow the bacteria to adhere to plant cells.

9.3. PLANT TRANSFORMATION

To monitor and detect plant transformation systems and determine whether the DNA has been successfully transported into recipient cells, marker genes are necessary after plant cells have been transformed using Agrobacterium. Before the transformation process, these marker genes are inserted into the Ti plasmid. Test genes that produce a quantifiable phenotype upon expression are known as reporter genes. Examples include the use of genes that are detectable by fluorescence or bioluminescence, such as luciferase, green fluorescent protein, or β glucuronidase (*gus*). In media with high concentrations of the selection agent, the selectable marker genes preserve the ztransformed cells while killing the untransformed ones. In agroinfection, selection agents are utilized to separate the transgene-containing transformed plants from the untransformed plants. Antibiotics, hormone biosynthesis genes, herbicide resistance genes, antimetabolites, and genes that confer tolerance to high quantities of amino acids are a few examples of selection agents that are employed. Tissue culture methods are used to regenerate identified transformed cells, which are then acclimated to field settings for testing. However, the use of a strong promoter and a suitable signal sequence to control the desired subcellular localization is essential for the success of Agrobacterium-mediated transformation.

9.4. GENETIC MANIPULATION

Some researchers used the Agrobacterium-mediated transformation technique to successfully introduce the TaPCS1 (wheat phytochelatin synthase 1 cDNA) gene into the leaves of *Nicotiana glauca* plants (Gisbert et al., 2003). Greener leaves, twice the rate of Pb uptake by the transgenic plants, and an increase in seedling roots compared to the wild-type plants were all results of the TaPCS1 gene being overexpressed in the engineered plants, which led to an increase in the plant tolerance to Pb and Cd. It was also observed that the TaPCS1 gene, which was obtained from wheat, induced Cd tolerance in *Saccharomyces cerevisiae* and *Nicotiana glauca*. Similarly, to increase resistance to Cu stress, a ThMT3 gene encoding a type 3-metallothionein was introduced into *Salix matsudana* plants from *Tamarix hispida*. The ThMT3 gene was cloned into a binary vector PROKII, which was regulated by the 35S promoter of the Cauliflower mosaic virus (CaMV). The neomycin phosphotransferase II (npt II) gene was regulated by a nopaline synthase (nos) promoter, and the gene was then transferred into the *Agrobacterium tumefaciens*. When compared to the untransformed plants under Cu stress, the transgenic lines exhibited better growth metrics, including longer roots and higher plant height.

Enterobacter cloacae ACC deaminase gene was introduced into tomato plants that were controlled by the CaMV 35S promoter, which regulates constitutive expression (Saghafi et al., 2020). The *Agrobacterium rhizogenes* rolD promoter controls specific expression in the roots which increases the accumulation of multiple HMs like Cd, Pb, Co, Cu, Ni, and Zn, as well as the plant capacity for tolerance. When compared to the untransformed plants, the transgenic tomato plants were better able to accumulate a larger concentration of the HMs. Significant variations in the HM uptake were observed according to the kind of promoter that was employed. Plants created with the PRB-1b promoter showed the highest tolerance and metal accumulation, while the construct made with the CaMV 35S promoter showed the lowest tolerance. Because the Agrobacterium-mediated plant transformation approach is host-specific, unsuitable for high-throughput applications, and involves the integration of foreign DNA into the host genome, its use is restricted. An affordable method for eliminating contaminants from the environment is phytoremediation. This is since some plants can naturally absorb or sequester HMs from the environment, detoxify them using various metabolic pathways, and release the non-toxic forms of these metals into the environment through a variety of processes. Hyperaccumulators make up the majority of the plants utilized in phytoremediation. However, some of these plants grow slowly and do not generate enough biomass. The introduction of recombinant DNA (rDNA) technology, also known as genetic manipulation, in the early 1970s, created the path for the transfer of beneficial genes from one species to another, where they would be expressed if incorporated into the host genome. Since then, there have been numerous attempts to create genetically modified plants that can do phytoremediation. The initial generation of transgenic plants focused on improvements that helped farmers like improved herbicide tolerance or crop protection against diseases, viruses, and insect pests. Herbicide-resistant transgenic tobacco plants were first documented in France and the US in 1986, followed by virus-resistant tobacco in China in 1992 (Matten et al., 2004). Insect resistance in such crops was made possible by introducing the gene for the Bt toxin from the bacterium *Bacillus thuringiensis* into crops.

9.5. GENETIC ENGINEERING FOR DETOXIFICATION

The rDNA technique proved beneficial for cleaning up toxins including xenobiotics and heavy metals from the environment. Since most hyperaccumulator plants grow slowly, genetic engineering of some hyperaccumulator plants for increased biomass production, improved detoxification mechanisms, and faster development could help alleviate the limitations of using them for phytoremediation. However, compared to altering hyperaccumulator plants, it has been suggested that genetically modifying fast-growing, high-biomass-producing plant species offers a greater chance of achieving greater tolerance and HM uptake. However, this needs an understanding of HM tolerance and uptake in plants, which identifies the appropriate genes to be selected for genetic improvement. To increase the detoxification of organic pollutants and improve tolerance and uptake of pollutants like HMs through phytoextraction, genetic modification of plants for phytoremediation has concentrated on a few key genes or traits that are manipulated and introduced into transgenic plants. With the realization that plants can be genetically modified to have a greater capacity to accumulate and break down harmful substances in their tissues that are released into the atmosphere, advances in genetic engineering and biotechnology have completely changed the field of phytoremediation. Arabidopsis, Poplar, and tobacco are examples of transgenic plants that were subjected to genetic engineering to increase the uptake and metabolism of harmful volatile pollutants. The transgenic Poplar cytosolic overexpression o□bacterial γ-glutamylcysteine synthetase resulted in increased glutathione (GSH) concentrations in their leaves, making them effective in remediating Cd. As an alternative to non-transgenic tobacco plants, transgenic tobacco plants that have been altered to express the *Populus tomentosa* P1B-ATPase gene or PtoHMA5 have been shown to enhance Cd transport. It has been shown that transgenic potato plants exhibit exceptional cross-tolerance to herbicides that inhibit photosynthesis, lipid biosynthesis, and carotenoid biosynthesis. Many of these transgenic plants can actually remediate areas contaminated with multiple contaminants more frequently and at a lower cost because of their large size and extensive root systems. Finding the exact genes for either higher HM tolerance or increased HM accumulation from polluted environments is the basis for creating transgenic plants for improved phytoremediation. The use of transgenic plant-mediated phytoremediation has concentrated on creating plants with high biomass production and rapid growth to attain the essential characteristics of increased metal tolerance and HM accumulation. Therefore, understanding metal tolerance and plant metal uptake mechanisms should be taken into account when choosing genes for transgenic plant-mediated phytoremediation.

9.6. LATEST APPROACHES TO PHYTOREMEDIATION

Transgenic crop output (yield) for phytoremediation has increased as a result of advances in genomes, proteomics, transcriptomics, and metagenomics (Al Mamun et al., 2024). The foundation for plant synthetic biology was based on omic technologies, high-throughput next-generation sequencing platforms, and bioinformatics, which have allowed for a better understanding of the biology of plant systems, gene expressions, and the different metabolic systems in plants through metabolomics. In addition to identifying many constitutively overexpressed genes that may contribute to promoting hyperaccumulation in plants, transcriptomic studies on hyperaccumulator plants have provided new insights into the mechanisms controlling metal accumulation and tolerance. The identification of novel genes or proteins expressed under heavy metal stress, as well as genes conferring xenobiotic tolerance and pollutant degradation, has accelerated dramatically with the use of transcriptomics in conjunction with next-generation sequencing and analytics technology. By modifying metal/metalloid transporter genes, increasing the ligand production from metals and metalloids, and converting metals and metalloids into harmless and volatile forms, plants can be genetically engineered for increased gene expression in phytoremediation. It would be easy to identify genes in plants exposed to environmental contaminants that are crucial for the uptake, translocation, and sequestration of inorganic pollutants, such as metal transporters, phytochelatins (PCs), metallothioneins (MTs), metal chelators, and enzymes. The roles of identified genes in phytoremediation may be improved by introducing and overexpressing them in rapidly growing plants with high biomass or hyperaccumulation. During phytoextraction, metal transporters are critical for the uptake and translocation of HMs and metals necessary for plants. These transporters, i.e., plasma membrane transporters direct the uptake of metals from the soil to the roots, where they are transferred to the shoots through the xylem and then detoxified in vacuoles. The root cell membrane contains these specialized H^+-coupled carrier proteins, which are essential for the accumulation of heavy metal ions from the soil. They facilitate the influx-efflux of metal translocation from roots to shoots and transport specific metals across cellular membranes. However, these transporters are frequently damaged by the high levels of HMs in the soil, particularly mercury, which disturbs cell membrane transporters like aquaporins and prevents water and nutrients from flowing freely. One potential strategy for transgenic plant-mediated phytoremediation is the use of rDNA technology to alter gene expression activity. This is possible because these proteins control how many HMs are absorbed, distributed, and accumulated in plants. Tonoplast metal transporters from the ZIP, PIB-

ATPase, Natural resistance-associated macrophage protein (NRAMP), and Cation diffusion facilitator (CDF) families are known to maintain physiological concentrations of heavy metals (Ojuederie et al., 2022). Along with their involvement in the compartmentalization of heavy metals in plants, CPx-type or ATPase metal transporters have also been linked to tolerance and metal ion homeostasis.

Enhancing the phytoremediation capabilities of specific hyperaccumulator plants for effective pollution remediation will require an understanding of the kind of transporters required for the uptake of various metal contaminants. Using genetic engineering techniques to overexpress metal transporter genes is one method of improving metal transporters. This increases the frequency at which hyperaccumulator plants can sequester these metals from the environment. HM absorption, translocation, and sequestration are controlled by many genes. The majority of these genes are derived from model plants like *Arabidopsis thaliana*, which are either hyperaccumulators or not tolerant, or they are cloned from certain microorganisms that have a known mechanism of tolerance or heavy metal detoxification. Some considerations must be made to genetically modify metal transporters. These include identifying the cell types and plant organs that participate in metal compartmentalization, as well as how the metals are moved and positioned within storage vacuoles and subcellular structures. The tolerance capabilities of hyperaccumulator plants can be enhanced by modifying the genes encoding the influx or efflux transporters or by increasing the concentrations of chelators. Targeting the genes that encode enzymes that might transform harmful pollutants like HMs or xenobiotics into harmless and volatile forms could improve the phytovolatilization process. These harmful contaminants could be exported from the cytoplasmic matrix into vacuoles or the cell wall due to the increased amount of chelators. By introducing transporter genes into plants, many researchers have improved the phytoremediation capabilities of plants. Given that mercury (Hg) is toxic to living things, its buildup in the environment poses a risk to human health and needs to be eliminated by environmentally friendly methods like phytoremediation. It is known that the ATP-binding cassette (ABC) family contains multiple genes that encode proteins involved in ion control and toxin elimination.

9.7. PROPOSED MODIFICATION APPROACHES

Some researchers suggested altering metabolic pathways and oxidative stress mechanisms to enhance resistance to heavy metals and metalloids, designing metal chelators and transporters for xylem loading and translocation, and modifying the synthesis of plant growth regulators, which is crucial for enhancing plant growth and biomass production. To increase the effectiveness of phytoremediation, these genes might be extracted from microorganisms or plants and inserted into plants that produce more biomass. They function as ligands that bind metals, which is useful for detoxification and metal absorption. Metallothioneins are low molecular weight proteins that scavenge free radicals and have a high affinity for metal ions. They are rich in cysteine. When a plant experiences abiotic stressors like oxidative stress or HM pollution, the MT gene is triggered, which helps hyperaccumulator plants accumulate hazardous metals at higher concentrations. When a plant experiences stress, the sulfur molecule in cysteine binds to HMs, causing them to detoxify through the synthesis of a metalloenzyme complex that activates transcription genes and breaks down metallodrugs. When exposed to HMs like Cd2+ and Hg+, MTs have been known to sequester them. Therefore, overexpressing MTs in plants by rDNA techniques may be an appropriate way to improve the removal of these hazardous metals from the environment and subsequent detoxification. In transgenic tobacco plants, for example, two MTs, PjMT1 and PjMT2, derived from *Prosopis juliflora*, were overexpressed, leading to increased tolerance and absorption of Cd^{2+}. Similarly, Arabidopsis thaliana overexpressing an MT gene PsMTA from Pisum sativum accumulated higher levels of Cu^{2+} in its roots, and tobacco plants overexpressing mammalian MT showed increased tolerance to Cd^{2+} at the seedling stage. The cytoplasm of plant cells contains thio-rich PCs, which have sulfhydryl (-SH) groups that help them bind certain metals. Phytochelatin synthase (PCS) and c-glutamyl cysteine synthetase or c-GCS are responsible for the synthesis of these PCs. By controlling the homeostasis of HMs in plants, PCs facilitate the chelation of metal ions and enhance their availability for detoxification. It is thought that mannose is crucial for activating genes involved in PC production. These phytochelatin enzymes can therefore be produced by modifying the metabolic route involved in mannose metabolism and cell metabolism, which in turn gives plant cells the ability to withstand higher exposure levels from excess HM ions.

9.8. CYP PROTEINS

A subfamily of heme proteins known as cytochrome 450 (CYP) enzymes is involved in the metabolism and detoxification of xenobiotics, including industrial pollutants, herbicides, petrochemicals, and polycyclic aromatic hydrocarbons (PAHs). With many cytochrome P_{450} isoforms and a nonspecific NADPH-cytochrome P_{450} oxidoreductase found in microsomes, these enzymes are abundant in most species in various forms (Puntarulo and Cederbaum, 1998). In order to withstand, break down, and eliminate harmful compounds, plants are integrating active genes from microorganisms, plants, and animals. For example, overexpression of mammalian genes encoding cytochrome P_{450}

resulted in increased metabolism and elimination of various organic pollutants and herbicides.

9.9. NANOTECHNOLOGY: THE WAY AHEAD

Nanotechnology is a cutting-edge field of study that examines the use of nanoparticles (NPs) at nanoscales ranging from 1–100 nanometers (nm) in diameter. It is gradually acquiring increasing recognition as a cutting-edge technique for plant transformation and has the potential to be very beneficial in both agriculture and the phytoremediation of contaminated areas. DNA NPs, carbon-based NPs, metal-based NPs like nano aluminum, TiO_2, ZnO, and Al_2O_3, and composite NPs like chitosan-complexed single-walled carbon nanotubes are some of the various types of NPs that have been developed recently. Although the use of nanomaterials for gene transport into plants is still relatively new, some progress has been made. Carbon nanotubes (CNTs) have recently been shown to pass through extracted chloroplasts and plant membranes because of their high aspect ratio, high surface area to volume ratio, and biocompatibility with surface modification. Single-walled carbon nanotubes or SWCNTs and multiwalled carbon nanotubes MWCNTs are two types of CNTs. SWCNTs have multiple advantages in plant genetic transformation and are effective gene-delivery vehicles that can pass through organelle membranes. The limits of nuclear transformation using Agrobacterium could be overcome by employing chloroplasts and mitochondria, which are maternally inherited, for plant genetic transformation. To achieve effective gene expression and silencing in mature plants, researchers recently deployed carbon nanotube scaffolds to external plant tissue by CNT-mediated transport of linear and plasmid DNA as well as small interfering RNA (siRNA).

The process of delivering the NPs into plant tissues is currently quite difficult, and more research is required. The NPs will leak into the environment, where they will inevitably enter the food chain and have a detrimental impact on human health. Therefore, when using NP-mediated transgenic plants for environmental cleanup, the consequences of such leakage into the environment should be taken into account. Since the majority of NP-mediated transformations are temporary, it is challenging to accomplish stable genetic transformation with the Np-mediated gene transformation strategy, which results in poor yields of transgenic plants.

The novel genome editing method known as CRISPR and CRISPR associated protein (Cas) systems was recently developed. A range of organisms, including bacteria, yeast, mammals, plants, and viruses have been subjected to this precise, and adaptable technique. The application of CRISPR-Cas9 technology to microbes and plants that naturally break down or collect contaminants is currently less studied. There are two classes of CRISPR-Cas systems. By adding and removing sequences in the genome of any organism, a genome editing tool enables researchers to change desired gene sequences. In the fields of biology, biomedicine, and pharmaceuticals, it has emerged as a promising genome editing platform technology. For CRISPR-Cas9 to work, cells that can bind onto the target DNA sequences in the presence of PAM must express both Cas9 and sgRNA. The CRISPR-Cas9 system can attach to specific sequences and form a complex, which can then cause a double-strand break (DSB. After that, the DSB is repaired using either homology-directed repair or HDR or non-homologous end joining (NHEJ) using the homologous DNA sequence. To repair or restore gene function, this results in an insertion, deletion, or repair of a damaged gene. Although the CRISPR-Cas9 system has been used in many microbes and plants, it has not yet been thoroughly investigated in plants that could use bioremediation to break down environmental pollutants. Using plants to eliminate contaminants from the environment is known as phytoremediation. Certain plants possess a biosynthetic pathway that enables them to break down or accumulate complex contaminants and transform them into simple or non-toxic compounds.

Brassica, Ipomea, Camellia, and Plantago species were used to test the use of AgNp derived from a medicinal plant in water solution containing the neurotoxic and carcinogenic chemical fipronil. When AgNp and Brassica interacted, the chemical photodegraded by 68.8% in 6 days as opposed to 10.14% when Plantago was used alone. Using Ag Nps in combination with Brassica plants offers many advantages for eliminating dipronil pollutants from soils and water. Plants may readily absorb silver nanoparticles (NPs) through the xylem and move them to the upper portions of the plant, like the leaves, where they can be degraded. Even if using these NPs to improve plant growth and development has advantages, it is crucial to assess the degree of phytotoxicity to both the plant and the environment. To determine the possible amount that could be harmful to the plant or the environment, controlled field experiments utilizing various Nps concentrations should be carried out. This is significant because the soil contains helpful bacteria that contribute to the formation of plant biomass, as well as enhanced production of chlorophyll and antioxidants in response to biotic and abiotic stressors. When designing a phytoremediation on-site program that uses nanoparticles as a remediation technique, researchers should keep these important considerations in mind. Because of their huge surface areas, which make them extremely successful at absorbing toxins, nanoparticle-mediated phytoremediation is a relatively new field of study that is progressively garnering more attention as an efficient way to clean up polluted soil and water. However, the temperature and pH of the soil, the size of the particles, the type and structure of the nanoparticles, and the type of plant all affect how efficient NPs are at cleaning up contaminated sites.

It is important to comprehend the processes by which pollutants are taken up by these plants through phytoextraction, phytostabilization, and phytodegradation. To make sure that toxic levels of the contaminants are absent and, more importantly, that there are no negative effects on the plant or soil microbes, which are crucial for promoting plant growth and abiotic stress tolerance, it is also necessary to investigate the path taken by these NPs as they translocate or move to the site of degradation or bioaccumulation, which is typically the leaves. Metal transporters are responsible for the transfer of metals within plants. To avoid interfering with other plant cell processes, these metal transporters could also be modified to perform better and target particular cell types. Along with controlling arsenate reductase activity and increasing the number of PCs and glutaredoxins, altering the influx or efflux of plasma membrane transporters may also improve plant uptake, accumulation, and tolerance of heavy metals like arsenic. Care must be taken to assess any potential environmental toxicity of such NPs or transgenic plants when grown in the field or applied on contaminated sites, even as efforts are made to improve the phytoremediation capabilities of hyperaccumulator plants through genetic engineering and NP-mediated phytoremediation techniques. Before implementing transgenic plant-mediated phytoremediation on contaminated locations on a large scale, there is a lack of data regarding field studies. It is important to remember that the success of NP-mediated phytoremediation depends on the cooperation of researchers from a variety of disciplines, including botanists, nanotechnologists, biochemists, plant breeders, and genetic engineers. It is also necessary to identify and assess more hyperaccumulator plant species. As different plant species have different rates of metallic uptake, additional research should be done to find strategies to increase the bioavailability of metal contaminants in nanoforms so that they are easier for plants to remove. NPs increase the phytoavailability of contaminants when applied to plants. This increases the biomass production of plants and their resistance to HM stress because of increased antioxidant activity. In addition to researching the metabolic pathways involved in the breakdown of harmful pollutants by plants, a deeper understanding of the interactions within the rhizosphere of plants and the NPs will greatly increase the rate at which successful phytoremediation is accomplished. However, to maintain the process and avoid environmental toxicity, NP-assisted phytoremediation applications in the field must be closely monitored.

BIBLIOGRAPHY

1. Abioye, O. P., Ijah, U. J. J., & Aransiola, S. A. (2013). Remediation mechanisms of tropical plants for lead-contaminated environment. In D. K. Gupta (Ed.), *Plant-Based Remediation Processes* (pp. 59–77). Springer. https://doi.org/10.1007/978-3-642-35564-6_4.
2. Adak, M. K., Saha, I., Dolui, D., & Debnath, S. C. (2021). Sulfur in soil: Abiotic stress signaling, transmission, and induced physiological responses in plants. In A. Rakshit, S. K. Singh, P. C. Abhilash, & A. Biswas (Eds.), *Soil Science: Fundamentals to Recent Advances* (pp. 469–492). Springer. https://doi.org/10.1007/978-981-16-0917-6_24.
3. Ahmed, S. F., Kumar, P. S., Rozbu, M. R., Chowdhury, A. T., Nuzhat, S., Rafa, N., Mahlia, T. M. I., Ong, H. C., & Mofijur, M. (2022). Heavy metal toxicity, sources, and remediation techniques for contaminated water and soil. *Environmental Technology & Innovation, 25*, 102114. https://doi.org/10.1016/j.eti.2021.102114.
4. Akhtar, A. B. T., Naseem, S., Yasar, A., & Naseem, Z. (2021). Persistent organic pollutants (POPs): Sources, types, impacts, and their remediation. In R. Prasad (Ed.), *Environmental Pollution and Remediation* (pp. 213–246). Springer. https://doi.org/10.1007/978-981-15-5499-5_8.
5. Al Mamun, A., Rahman, M. M., Huq, M. A., Rahman, M. M., Rana, M. R., Rahman, S. T., Khatun, M. L., & Alam, M. K. (2024). Phytoremediation: A transgenic perspective in the omics era. *Transgenic Research, 33*(4), 175–194. https://doi.org/10.1007/s11248-024-00393-x.
6. Ashraf, M. Y., Sadiq, R., Hussain, M., Ashraf, M., & Ahmad, M. S. A. (2011). Toxic effect of nickel (Ni) on growth and metabolism in germinating seeds of sunflower (*Helianthus annuus* L.). *Biological Trace Element Research, 143*(3), 1695–1703. https://doi.org/10.1007/s12011-011-8955-7.

7. Avdeeva, L. V., & Gvozdev, R. I. (2019). Effect of heavy metal salts on propylene oxidation by methanotrophic bacteria. *Russian Journal of Physical Chemistry B, 13*(6), 1020–1025. https://doi.org/10.1134/S1990793119060022.
8. Azubuike, C. C., Chikere, C. B., & Okpokwasili, G. C. (2016). Bioremediation techniques—Classification based on site o□application: Principles, advantages, limitations, and prospects. *World Journal of Microbiology and Biotechnology, 32*(11), 180. https://doi.org/10.1007/s11274-016-2137-x.
9. Bauddh, K., Singh, K., Singh, B., & Singh, R. P. (2015). Ricinus communis: A robust plant for bio-energy and phytoremediation of toxic metals from contaminated soil. *Ecological Engineering, 84*, 640–652. https://doi.org/10.1016/j.ecoleng.2015.09.038.
10. Bayne, E. M., & Dale, B. C. (2011). Effects of energy development on songbirds. In D. E. Naugle (Ed.), *Energy Development and Wildlife Conservation in Western North America* (pp. 95–114). Island Press/Center for Resource Economics. https://doi.org/10.5822/978-1-61091-022-4_6.
11. Bergin, M. S., Shih, J. S., Krupnick, A. J., Boylan, J. W., Wilkinson, J. G., Odman, M. T., & Russell, A. G. (2007). Regional air quality: Local and interstate impacts of NOx and SO_2 emissions on ozone and fine particulate matter in the Eastern United States. *Environmental Science & Technology, 41*(13), 4677–4689. https://doi.org/10.1021/es062302s.
12. Bloomer, B. J., Vinnikov, K. Y., & Dickerson, R. R. (2010). Changes in seasonal and diurnal cycles of ozone and temperature in the eastern U.S. *Atmospheric Environment, 44*(21), 2543–2551. https://doi.org/10.1016/j.atmosenv.2010.04.031.
13. Boon, M., & Heijnen, J. J. (1998). Chemical oxidation kinetics of pyrite in bioleaching processes. *Hydrometallurgy, 48*(1), 27–41. https://doi.org/10.1016/S0304-386X(97)00072-8.
14. Bowien, B., & Kusian, B. (2002). Genetics and control of CO_2 assimilation in the chemoautotroph *Ralstonia eutropha*. *Archives of Microbiology, 178*(2), 85–93. https://doi.org/10.1007/s00203-002-0441-3.
15. Brassard, P., Palacios, J. H., Godbout, S., Bussières, D., Lagacé, R., Larouche, J. P., & Pelletier, F. (2014). Comparison of the gaseous and particulate matter emissions from the combustion of agricultural and forest biomasses. *Bioresource Technology, 155*, 300–306. https://doi.org/10.1016/j.biortech.2013.12.027.
16. Builtjes, P. J. H., & Reynolds, S. D. (1983). Modeling the effects of emission controls in the Netherlands. *Environment International, 9*(6), 573–580. https://doi.org/10.1016/0160-4120(83)90012-0.

17. Bytnerowicz, A., Godzik, B., Frączek, W., Grodzińska, K., Krywult, M., Badea, O., Barančok, P., Blum, O., Černy, M., Godzik, S., Mankovska, B., Manning, W., Moravčik, P., Musselman, R., Oszlanyi, J., Postelnicu, D., Szdźuj, J., Varšavova, M., & Zota, M. (2002). Distribution o□ozone and other air pollutants in forests of the Carpathian Mountains in central Europe. *Environmental Pollution, 116*(1), 3–25. https://doi.org/10.1016/S0269-7491(01)00187-7.

18. Caregnato, F. F., Bortolin, R. C., Divan Junior, A. M., & Moreira, J. C. F. (2013). Exposure to elevated ozone levels differentially affects the antioxidant capacity and the redox homeostasis of two subtropical *Phaseolus vulgaris* L. varieties. *Chemosphere, 93*(2), 320–330. https://doi.org/10.1016/j.chemosphere.2013.04.084.

19. Chan, C. K., & Yao, X. (2008). Air pollution in mega cities in China. *Atmospheric Environment, 42*(1), 1–42. https://doi.org/10.1016/j.atmosenv.2007.09.003.

20. Chen, Y., Li, Z., Ettoumi, F., Li, D., Wang, L., Zhang, X., Ma, Q., Xu, Y., Li, L., Wu, B., & Luo, Z. (2022). The detoxification o□cellular sulfite in table grape under SO_2 exposure: Quantitative evidence o□sul□ur absorption and assimilation patterns. *Journal of Hazardous Materials, 439*, 129685. https://doi.org/10.1016/j.jhazmat.2022.129685.

21. Çobanoğlu Özyiğitoğlu, G. (2020). Use o□lichens in biological monitoring of air quality. In V. Shukla & N. Kumar (Eds.), *Environmental Concerns and Sustainable Development: Volume 1: Air, Water and Energy Resources* (pp. 61–95). Springer. https://doi.org/10.1007/978-981-13-5889-0_3.

22. Colls, J., & Tiwary, A. (2017). *Air Pollution: Measurement, Modelling and Mitigation* (3rd ed.). CRC Press. https://doi.org/10.1201/9781315272481.

23. Cox, R. M., Spavold-Tims, J., & Hughes, R. N. (1989). Acid fog and ozone: Their possible role in birch deterioration around the Bay of Fundy, Canada. *Water, Air, and Soil Pollution, 48*(1), 263–276. https://doi.org/10.1007/BF00282383.

24. Crowley, K. F., McNeil, B. E., Lovett, G. M., Canham, C. D., Driscoll, C. T., Rustad, L. E., Denny, E., Hallett, R. A., Arthur, M. A., Boggs, J. L., Goodale, C. L., Kahl, J. S., McNulty, S. G., Ollinger, S. V., Pardo, L. H., Schaberg, P. G., Stoddard, J. L., Weand, M. P., & Weathers, K. C. (2012). Do nutrient limitation patterns shift from nitrogen toward phosphorus with increasing nitrogen deposition across the northeastern United States? *Ecosystems, 15*(6), 940–957. https://doi.org/10.1007/s10021-012-9550-2.

25. da Silva, D. R., Schaefer, C. E. G. R., Kuki, K. N., Santos, M. F. S., Heringer, G., & da Silva, L. C. (2022). Why is *Brachiaria decumbens* Stapf. a common species in the mining tailings of the Fundão dam in Minas Gerais, Brazil? *Environmental Science and Pollution Research, 29*(52), 79168–79183. https://doi.org/10.1007/s11356-022-21345-0.

26. Darrall, N. M. (1989). The effect of air pollutants on physiological processes in plants. *Plant, Cell & Environment, 12*(1), 1–30. https://doi.org/10.1111/j.1365-3040.1989.tb01913.x.

27. Dave, S. R., & Tipre, D. R. (2012). Coal mine drainage pollution and its remediation. In T. Satyanarayana & B. N. Johri (Eds.), *Microorganisms in Environmental Management: Microbes and Environment* (pp. 719–743). Springer Netherlands. https://doi.org/10.1007/978-94-007-2229-3_32.

28. Dedysh, S. N., & Knief, C. (2018). Diversity and phylogeny of described aerobic methanotrophs. In M. G. Kalyuzhnaya & X. H. Xing (Eds.), *Methane Biocatalysis: Paving the Way to Sustainability* (pp. 17–42). Springer International Publishing. https://doi.org/10.1007/978-3-319-74866-5_2.

29. Derwent, R. G., Jenkin, M. E., & Saunders, S. M. (1996). Photochemical ozone creation potentials for a large number of reactive hydrocarbons under European conditions. *Atmospheric Environment, 30*(2), 181–199. https://doi.org/10.1016/1352-2310(95)00303-G.

30. Despaux, N., Comoy, E., Bohuon, C., & Boudène, C. (1980). Purification and properties o□ human erythrocyte δ-amino-levulinic acid dehydratase (EC 4-2-1-24). *Biochimie, 61*(9), 1021–1028. https://doi.org/10.1016/S0300-9084(80)80256-2.

31. Dhaliwal, S. S., Singh, J., Taneja, P. K., & Mandal, A. (2020). Remediation techniques for removal of heavy metals from the soil contaminated through different sources: A review. *Environmental Science and Pollution Research, 27*(2), 1319–1333. https://doi.org/10.1007/s11356-019-06967-1.

32. Dhiman, S., Singh, A. D., Kour, J., Bhardwaj, T., Tikoria, R., Kumar, D., Sharma, R., Ohri, P., & Bhardwaj, R. (2024). Phytomining: An innovative technique for sustainable recovery of valuable metals/metalloids from agro-industrial and mining wastes. In D. B. Pal, A. K. Rai, & S. Siddiqui (Eds.), *Sustainable Clean Energy Production using Waste Biomass: Sustainable Energy Production and Utilization* (pp. 101–127). Springer Nature. https://doi.org/10.1007/978-981-97-0840-6_5.

33. Duan, Z., Scheutz, C., & Kjeldsen, P. (2021). Trace gas emissions from municipal solid waste landfills: A review. *Waste Management, 119*, 39–62. https://doi.org/10.1016/j.wasman.2020.09.015.

34. El Jaoual, T., & Cox, D. A. (1998). Manganese toxicity in plants. *Journal of Plant Nutrition, 21*(2), 353–386. https://doi.org/10.1080/01904169809365409.

35. El-Sharkawy, H. H. A., Abbas, M. S., Soliman, A. S., Ibrahim, S. A., & El-Nady, I. A. I. (2021). Synergistic effect of growth-promoting microorganisms on bio-control of *Fusarium oxysporum* f. sp. *Pisi*, growth, yield, physiological and anatomical characteristics of pea plants. *Pesticide Biochemistry and Physiology, 178*, 104939. https://doi.org/10.1016/j.pestbp.2021.104939.

36. Emberson, L. D., Ashmore, M. R., Murray, F., Kuylenstierna, J. C. I., Percy, K. E., Izuta, T., Zheng, Y., Shimizu, H., Sheu, B. H., Liu, C. P., Agrawal, M., Wahid, A., Abdel-Latif, N. M., van Tienhoven, M., de Bauer, L. I., & Domingos, M. (2001). Impacts of air pollutants on vegetation in developing countries. *Water, Air, and Soil Pollution, 130*(1), 107–118. https://doi.org/10.1023/A:1012251503358.

37. Erdman, J. G., & Harju, P. H. (2002). Capacity of petroleum asphaltenes to

complex heavy metals. *ACS Publications; American Chemical Society*. https://doi.org/10.1021/je60017a036.

38. Fang, D., Zhang, R., Zhou, L., & Li, J. (2011). A combination of bioleaching and bioprecipitation for deep removal of contaminating metals from dredged sediment. *Journal of Hazardous Materials, 192*(1), 226–233. https://doi.org/10.1016/j.jhazmat.2011.05.008.
39. Ferguson, P., Lee, J. A., & Bell, J. N. B. (1978). Effects of sulphur pollutants on the growth of *Sphagnum* species. *Environmental Pollution (1970), 16*(2), 151–162. https://doi.org/10.1016/0013-9327(78)90129-5.
40. Filipović, L., Romić, M., Romić, D., Filipović, V., & Ondrašek, G. (2018). Organic matter and salinity modify cadmium soil (phyto)availability. *Ecotoxicology and Environmental Safety, 147*, 824–831. https://doi.org/10.1016/j.ecoenv.2017.09.041.
41. Fishbein, L. (1990). Sources, nature and levels of air pollutants. In L. Tomatis (Ed.), *Air Pollution and Human Cancer* (pp. 9–34). Springer. https://doi.org/10.1007/978-3-642-75906-2_2.
42. García-García, J. D., Sánchez-Thomas, R., Saavedra, E., Fernández-Velasco, D. A., Romero-Romero, S., Casanova-Figueroa, K. I., Mendoza-Cózatl, D. G., & Moreno-Sánchez, R. (2020). Mapping the metal-catalytic site of a zinc-activated phytochelatin synthase. *Algal Research, 47*, 101890. https://doi.org/10.1016/j.algal.2020.101890.
43. Gawronski, S. W., Gawronska, H., Lomnicki, S., Sæbo, A., & Vangronsveld, J. (2017). Chapter Eight—Plants in air phytoremediation. In A. Cuypers & J. Vangronsveld (Eds.), *Advances in Botanical Research* (Vol. 83, pp. 319–346). Academic Press. https://doi.org/10.1016/bs.abr.2016.12.008.
44. Gill, S. S., & Tuteja, N. (2010). Reactive oxygen species and antioxidant machinery in abiotic stress tolerance in crop plants. *Plant Physiology and Biochemistry, 48*(12), 909–930. https://doi.org/10.1016/j.plaphy.2010.08.016.
45. Gisbert, C., Ros, R., De Haro, A., Walker, D. J., Pilar Bernal, M., Serrano, R., & Navarro-Aviñó, J. (2003). A plant genetically modified that accumulates Pb is especially promising for phytoremediation. *Biochemical and Biophysical Research Communications, 303*(2), 440–445. https://doi.org/10.1016/S0006-291X(03)00349-8.
46. González-Rábade, N., del Carmen Oliver-Salvador, M., Salgado-Manjarrez, E., & Badillo-Corona, J. A. (2012). *In vitro* production of plant peroxidases—A review. *Applied Biochemistry and Biotechnology, 166*(7), 1644–1660. https://doi.org/10.1007/s12010-012-9558-2.
47. Gosal, S. S., & Wani, S. H. (2018). Plant genetic transformation and transgenic crops: Methods and applications. In S. S. Gosal & S. H. Wani

(Eds.), *Biotechnologies of Crop Improvement, Volume 2: Transgenic Approaches* (pp. 1–23). Springer International Publishing. https://doi.org/10.1007/978-3-319-90650-8_1.

48. Gummow, B., Botha, C. J., Noordhuizen, J. P. T. M., & Heesterbeek, J. A. P. (2005). The public health implications of farming cattle in areas with high background concentrations of vanadium. *Preventive Veterinary Medicine, 72*(3), 281–290. https://doi.org/10.1016/j.prevetmed.2005.07.012.

49. Gupta, A., Ronghang, M., Kumar, P., Mehrotra, I., Kumar, S., Grischek, T., Sandhu, C., & Knoeller, K. (2015). Nitrate contamination of riverbank filtrate at Srinagar, Uttarakhand, India: A case o□geogenic mineralization. *Journal of Hydrology, 531*, 626–637. https://doi.org/10.1016/j.jhydrol.2015.10.065.

50. Gupta, D. K., Vandenhove, H., & Inouhe, M. (2013). Role of phytochelatins in heavy metal stress and detoxification mechanisms in plants. In D. K. Gupta, F. J. Corpas, & J. M. Palma (Eds.), *Heavy Metal Stress in Plants* (pp. 73–94). Springer. https://doi.org/10.1007/978-3-642-38469-1_4.

51. Hao, O. J., Chen, J. M., Huang, L., & Buglass, R. L. (1996). Sulfate-reducing bacteria. *Critical Reviews in Environmental Science and Technology, 26*(2), 155–187. https://doi.org/10.1080/10643389609388489.

52. Harwood, R. R. (1990). A history of sustainable agriculture. In *Sustainable Agricultural Systems*. CRC Press.

53. He, Z. L., Yang, X. E., & Stoffella, P. J. (2005). Trace elements in agroecosystems and impacts on the environment. *Journal of Trace Elements in Medicine and Biology, 19*(2), 125–140. https://doi.org/10.1016/j.jtemb.2005.02.010.

54. Hellou, J., Ross, N. W., & Moon, T. W. (2012). Glutathione, glutathione S-transferase, and glutathione conjugates, complementary markers of oxidative stress in aquatic biota. *Environmental Science and Pollution Research, 19*(6), 2007–2023. https://doi.org/10.1007/s11356-012-0909-x.

55. Hidy, G. M. (2009). Sur□ace-level fine particle mass concentrations: From hemispheric distributions to megacity sources. *Journal of the Air & Waste Management Association, 59*(7), 770–789. https://doi.org/10.3155/1047-3289.59.7.770.

56. Hirata, K., Tsuji, N., & Miyamoto, K. (2005). Biosynthetic regulation of phytochelatins, heavy metal-binding peptides. *Journal of Bioscience and Bioengineering, 100*(6), 593–599. https://doi.org/10.1263/jbb.100.593.

57. Hu, Y., Peuke, A. D., Zhao, X., Yan, J., & Li, C. (2019). Effects of simulated atmospheric nitrogen deposition on foliar chemistry and physiology of hybrid poplar seedlings. *Plant Physiology and Biochemistry, 143*, 94–108. https://doi.org/10.1016/j.plaphy.2019.08.023.

58. Hu, Z., Sykes, R., Davis, M. F., Charles Brummer, E., & Ragauskas, A. J. (2010). Chemical profiles o□switchgrass. *Bioresource Technology, 101*(9), 3253–3257. https://doi.org/10.1016/j.biortech.2009.12.033.
59. Huang, S. W., & Jin, J. Y. (2008). Status of heavy metals in agricultural soils as affected by different patterns of land use. *Environmental Monitoring and Assessment, 139*(1), 317–327. https://doi.org/10.1007/s10661-007-9838-4.
60. Jampílek, J., & Kráľová, K. (2021). Seaweeds as indicators and potential remediators of metal pollution. In H. I. Mohamed, H. E. D. S. El-Beltagi, & K. A. Abd-Elsalam (Eds.), *Plant Growth-Promoting Microbes for Sustainable Biotic and Abiotic Stress Management* (pp. 51–92). Springer International Publishing. https://doi.org/10.1007/978-3-030-66587-6_3.
61. Jourdin, L., Freguia, S., Donose, B. C., & Keller, J. (2015). Autotrophic hydrogen-producing biofilm growth sustained by a cathode as the sole electron and energy source. *Bioelectrochemistry, 102*, 56–63. https://doi.org/10.1016/j.bioelechem.2014.12.001.
62. Karacan, C. Ö., Ruiz, F. A., Cotè, M., & Phipps, S. (2011). Coal mine methane: A review o□capture and utilization practices with benefits to mining safety and to greenhouse gas reduction. *International Journal of Coal Geology, 86*(2), 121–156. https://doi.org/10.1016/j.coal.2011.02.009.
63. Karnosky, D. F., Skelly, J. M., Percy, K. E., & Chappelka, A. H. (2007). Perspectives regarding 50 years of research on effects of tropospheric ozone air pollution on US forests. *Environmental Pollution, 147*(3), 489–506. https://doi.org/10.1016/j.envpol.2006.08.043.
64. Kašička, V. (2006). Recent developments in capillary electrophoresis and capillary electrochromatography of peptides. *ELECTROPHORESIS, 27*(1), 142–175. https://doi.org/10.1002/elps.200500527.
65. Kelm, M. (1999). Nitric oxide metabolism and breakdown. *Biochimica et Biophysica Acta (BBA)–Bioenergetics, 1411*(2), 273–289. https://doi.org/10.1016/S0005-2728(99)00020-1.
66. Khan, A. G., Kuek, C., Chaudhry, T. M., Khoo, C. S., & Hayes, W. J. (2000). Role of plants, mycorrhizae, and phytochelators in heavy metal contaminated land remediation. *Chemosphere, 41*(1), 197–207. https://doi.org/10.1016/S0045-6535(99)00412-9.
67. Khan, F. I., & Ghoshal, A. K. (2000). Removal of volatile organic compounds from polluted air. *Journal of Loss Prevention in the Process Industries, 13*(6), 527–545. https://doi.org/10.1016/S0950-4230(00)00007-3.
68. Khan, R. A. (2022). Chapter 7—Detergents. In M. Z. Hashmi, S. Wang, & Z. Ahmed (Eds.), *Environmental Micropollutants* (pp. 117–130). Elsevier. https://doi.org/10.1016/B978-0-323-90555-8.00014-3.

69. Kim, Y. J., Chang, K. S., Lee, M. R., Kim, J. H., Lee, C. E., Jeon, Y. J., Choi, J. S., Shin, H. S., & Hwang, S. (2005). Expression of tobacco cDNA encoding phytochelatin synthase promotes tolerance to and accumulation of Cd and As in *Saccharomyces cerevisiae*. *Journal of Plant Biology, 48*(4), 440–447. https://doi.org/10.1007/BF03030586.

70. Klein, C. B., & Costa, M. (2022). Chapter 24—Nickel. In G. F. Nordberg & M. Costa (Eds.), *Handbook on the Toxicology of Metals* (5th ed., pp. 615–637). Academic Press. https://doi.org/10.1016/B978-0-12-822946-0.00022-2.

71. Kley, D., Kleinmann, M., Sanderman, H., & Krupa, S. (1999). Photochemical oxidants: State of the science. *Environmental Pollution, 100*(1), 19–42. https://doi.org/10.1016/S0269-7491(99)00086-X.

72. Klingen, J., & van Ommeren, J. (2020). Urban air pollution and time losses: Evidence from cyclists in London. *Regional Science and Urban Economics, 81*, 103504. https://doi.org/10.1016/j.regsciurbeco.2019.103504.

73. Klumpp, A., Hintemann, T., Santana Lima, J., & Kandeler, E. (2003). Bioindication of air pollution effects near a copper smelter in Brazil using mango trees and soil microbiological properties. *Environmental Pollution, 126*(3), 313–321. https://doi.org/10.1016/S0269-7491(03)00244-6.

74. Knief, C. (2019). Diversity of methane-cycling microorganisms in soils and their relation to oxygen. *Current Issues in Molecular Biology, 33*(1), 1. https://doi.org/10.21775/cimb.033.023.

75. Knights, J. S., Zhao, F. J., Spiro, B., & McGrath, S. P. (2000). Long-term effects of land use and fertilizer treatments on sulfur cycling. *Journal of Environmental Quality, 29*(6), 1867–1874. https://doi.org/10.2134/jeq2000.00472425002900060020x.

76. Koley, A., Bray, D., Banerjee, S., Sarhar, S., Thahur, R. G., Hazra, A. K., Mandal, N. C., Chaudhury, S., Ross, A. B., & Camargo-Valero, M. A. (2022). Water hyacinth (*Eichhornia crassipes*) as a sustainable strategy for heavy metals removal from contaminated waterbodies. In *Bioremediation of Toxic Metal(loid)s*. CRC Press.

77. Komarnisky, L. A., & Basu, T. K. (2005). Biological and toxicological considerations of dietary sulfur. In *Reviews in Food and Nutrition Toxicity, Volume 4*. CRC Press.

78. Koul, B., & Taak, P. (2018). Soil pollution: Causes and consequences. In B. Koul & P. Taak (Eds.), *Biotechnological Strategies for Effective Remediation of Polluted Soils* (pp. 1–37). Springer. https://doi.org/10.1007/978-981-13-2420-8_1.

79. Koźmińska, A., Wiszniewska, A., Hanus-Fajerska, E., & Muszyńska, E. (2018). Recent strategies of increasing metal tolerance and phytoremediation potential using genetic transformation of plants. *Plant Biotechnology Reports, 12*(1), 1–14. https://doi.org/10.1007/s11816-017-0467-2.

80. Kříbek, B., Majer, V., Knésl, I., Keder, J., Mapani, B., Kamona, F., Mihaljevič, M., Ettler, V., Penížek, V., Vaněk, A., & Sracek, O. (2016). Contamination of soil and grass in the Tsumeb smelter area, Namibia: Modeling of contaminants dispersion and ground geochemical verification. *Applied Geochemistry, 64*, 75–91. https://doi.org/10.1016/j.apgeochem.2015.07.006.

81. Krupa, S. V., & Legge, A. H. (2000). Passive sampling of ambient, gaseous air pollutants: An assessment from an ecological perspective. *Environmental Pollution, 107*(1), 31–45. https://doi.org/10.1016/S0269-7491(99)00154-2.

82. Kumar, M., Bolan, N. S., Hoang, S. A., Sawarkar, A. D., Jasemizad, T., Gao, B., Keerthanan, S., Padhye, L. P., Singh, L., Kumar, S., Vithanage, M., Li, Y., Zhang, M., Kirkham, M. B., Vinu, A., & Rinklebe, J. (2021). Remediation of soils and sediments polluted with polycyclic aromatic hydrocarbons: To immobilize, mobilize, or degrade? *Journal of Hazardous Materials, 420*, 126534. https://doi.org/10.1016/j.jhazmat.2021.126534.

83. Kumar, V., Pandita, S., Singh Sidhu, G. P., Sharma, A., Khanna, K., Kaur, P., Bali, A. S., & Setia, R. (2021). Copper bioavailability, uptake, toxicity and tolerance in plants: A comprehensive review. *Chemosphere, 262*, 127810. https://doi.org/10.1016/j.chemosphere.2020.127810.

84. Ledin, M. (2000). Accumulation of metals by microorganisms—Processes and importance for soil systems. *Earth-Science Reviews, 51*(1), 1–31. https://doi.org/10.1016/S0012-8252(00)00008-8.

85. Lesser, V. M., Rawlings, J. O., Spruill, S. E., & Somerville, M. C. (1990). Ozone effects on agricultural crops: Statistical methodologies and estimated dose-response relationships. *Crop Science, 30*(1), 33–40. https://doi.org/10.2135/cropsci1990.0011183X003000010033x.

86. Lioy, P. J. (1988). Community air sampling strategies. In *Advances in Air Sampling*. CRC Press.

87. Liu, J., Li, J., Chen, F., Zhang, F., Ren, T., Zhuang, Z., & Mi, G. (2008). Mapping QTLs for root traits under different nitrate levels at the seedling stage in maize (*Zea mays* L.). *Plant and Soil, 305*(1), 253–265. https://doi.org/10.1007/s11104-008-9562-z.

88. Liu, T., McConkey, B., Huffman, T., Smith, S., MacGregor, B., Yemshanov, D., & Kulshreshtha, S. (2014). Potential and impacts of renewable energy

production from agricultural biomass in Canada. *Applied Energy, 130*, 222–229. https://doi.org/10.1016/j.apenergy.2014.05.044.

89. Lyons, S., Mao, L., Nolan, A., & O'Sullivan, V. (2023). The effect of "smoky" coal bans on chronic lung disease among older people in Ireland. *Economics & Human Biology, 50*, 101275. https://doi.org/10.1016/j.ehb.2023.101275.

90. Marx, S. K., Kamber, B. S., McGowan, H. A., & Zawadzki, A. (2010). Atmospheric pollutants in alpine peat bogs record a detailed chronology of industrial and agricultural development on the Australian continent. *Environmental Pollution, 158*(5), 1615–1628. https://doi.org/10.1016/j.envpol.2009.12.009.

91. Masciandaro, G., Macci, C., Peruzzi, E., Ceccanti, B., & Doni, S. (2013). Organic matter–microorganism–plant in soil bioremediation: A synergic approach. *Reviews in Environmental Science and Bio/Technology, 12*(4), 399–419. https://doi.org/10.1007/s11157-013-9313-3.

92. Matten, S. M., Hellmich, R. L., & Reynolds, A. (2004). Current Resistance Management Strategies for Bt Corn in the United States. In *Transgenic Crop Protection* (pp. 243–266). CRC Press.

93. Maurya, A. K. (2020). Oxidative Stress in Crop Plants. In M. Hasanuzzaman (Ed.), *Agronomic Crops: Volume 3: Stress Responses and Tolerance* (pp. 349–380). Springer. https://doi.org/10.1007/978-981-15-0025-1_18.

94. Mikkelsen, R. L., Page, A. L., & Bingham, F. T. (1989). Factors Affecting Selenium Accumulation by Agricultural Crops. In *Selenium in Agriculture and the Environment* (pp. 65–94). John Wiley & Sons, Ltd. https://doi.org/10.2136/sssaspecpub23.c4.

95. Mohamed, A. A., Castagna, A., Ranieri, A., & Sanità di Toppi, L. (2012). Cadmium tolerance in *Brassica juncea* roots and shoots is affected by antioxidant status and phytochelatin biosynthesis. *Plant Physiology and Biochemistry, 57*, 15–22. https://doi.org/10.1016/j.plaphy.2012.05.002.

96. Mokhosoev, I. M., Astakhov, D. V., Terentiev, A. A., & Moldogazieva, N. T. (2024). Cytochrome P450 monooxygenase systems: Diversity and plasticity for adaptive stress response. *Progress in Biophysics and Molecular Biology, 193*, 19–34. https://doi.org/10.1016/j.pbiomolbio.2024.09.003.

97. Monroy, M., Maceda-Veiga, A., & de Sostoa, A. (2014). Metal concentration in water, sediment and four fish species from Lake Titicaca reveals a large-scale environmental concern. *Science of The Total Environment, 487*, 233–244. https://doi.org/10.1016/j.scitotenv.2014.03.134.

98. Mortada, W. I., & Shokeir, A. A. (2018). Does nitrite and nitrate levels in drinking water impact the health of people in Dakahlia governorate,

Egypt? *Environmental Science and Pollution Research, 25*(20), 19728–19738. https://doi.org/10.1007/s11356-018-2156-2.

99. Mosley, S. (2014). Environmental History of Air Pollution and Protection. In M. Agnoletti & S. Neri Serneri (Eds.), *The Basic Environmental History* (pp. 143–169). Springer International Publishing. https://doi.org/10.1007/978-3-319-09180-8_5.
100. Mueller, W., Milner, J., Loh, M., Vardoulakis, S., & Wilkinson, P. (2022). Exposure to urban greenspace and pathways to respiratory health: An exploratory systematic review. *Science of The Total Environment, 829*, 154447. https://doi.org/10.1016/j.scitotenv.2022.154447.
101. Mukherjee, D. (2019). Microbial interventions in soil and plant health for improving crop e□ficiency. In D. P. Singh & R. Prabha (Eds.), *Microbial Interventions in Agriculture and Environment: Volume 3: Soil and Crop Health Management* (pp. 17–47). Springer. https://doi.org/10.1007/978-981-32-9084-6_2.
102. Nam, H., Capareda, S. C., Ashwath, N., & Kongkasawan, J. (2015). Experimental investigation of pyrolysis of rice straw using bench-scale auger, batch and fluidized bed reactors. *Energy, 93*, 2384–2394. https://doi.org/10.1016/j.energy.2015.10.028.
103. Narender Reddy, G., & Prasad, M. N. V. (1990). Heavy metal-binding proteins/peptides: Occurrence, structure, synthesis and functions. A review. *Environmental and Experimental Botany, 30*(3), 251–264. https://doi.org/10.1016/0098-8472(90)90037-5.
104. Ngarambe, J., Joen, S. J., Han, C. H., & Yun, G. Y. (2021). Exploring the relationship between particulate matter, CO, SO_2, NO_2, O_3 and urban heat island in Seoul, Korea. *Journal of Hazardous Materials, 403*, 123615. https://doi.org/10.1016/j.jhazmat.2020.123615.
105. Nieder, R., & Benbi, D. K. (2008). Anthropogenic activities and soil carbon and nitrogen. In *Carbon and Nitrogen in the Terrestrial Environment* (pp. 161–218). Springer Netherlands. https://doi.org/10.1007/978-1-4020-8433-1_6.
106. Nouchi, I. (2002). Plants as bioindicators of air pollutants. In K. Omasa, H. Saji, S. Youssefian, & N. Kondo (Eds.), *Air Pollution and Plant Biotechnology* (pp. 41–60). Springer Japan. https://doi.org/10.1007/978-4-431-68388-9_2.
107. Nyer, E. K., Thalman, K., Fierro, P., & Braids, O. (2000). Continuing problems in groundwater—MTBE, 1,4-dioxane, perchlorate, and NDMA. In *In Situ Treatment Technology* (2nd ed.). CRC Press.
108. Oanh, N. T. K., Permadi, D. A., Phuc, N. H., & Zhuang, Y. (2012). Air

quality status and management practices in Asian developing countries. In *Integrated Air Quality Management* (pp. 83–106). CRC Press.

109. Ojuederie, O. B., Igwe, D. O., & Popoola, J. O. (2022). Chapter 7–Transgenic plant-mediated phytoremediation: Applications, challenges, and prospects. In V. Pandey (Ed.), *Assisted Phytoremediation* (pp. 179–202). Elsevier. https://doi.org/10.1016/B978-0-12-822893-7.00009-4.

110. Oka, E., Tagami, Y., Oohashi, T., & Kondo, N. (2004). A physiological and morphological study on the injury caused by exposure to the air pollutant, peroxyacetyl nitrate (PAN), based on the quantitative assessment of the injury. *Journal of Plant Research, 117*(1), 27–36. https://doi.org/10.1007/s10265-003-0127-1.

111. Oltmans, S. J., Lefohn, A. S., Harris, J. M., & Shadwick, D. S. (2008). Background ozone levels of air entering the west coast of the US and assessment of longer-term changes. *Atmospheric Environment, 42*(24), 6020–6038. https://doi.org/10.1016/j.atmosenv.2008.03.034.

112. Ow, D. W. (1993). Phytochelatin-mediated cadmium tolerance in *Schizosaccharomyces pombe. In Vitro Cellular & Developmental Biology–Plant, 29*(4), 213–219. https://doi.org/10.1007/BF02632037.

113. Padan, E., Bibi, E., Ito, M., & Krulwich, T. A. (2005). Alkaline pH homeostasis in bacteria: New insights. *Biochimica et Biophysica Acta (BBA)–Biomembranes, 1717*(2), 67–88. https://doi.org/10.1016/j.bbamem.2005.09.010.

114. Pandey, V. C., Bajpai, O., & Singh, N. (2016). Energy crops in sustainable phytoremediation. *Renewable and Sustainable Energy Reviews, 54*, 58–73. https://doi.org/10.1016/j.rser.2015.09.078.

115. Paoletti, E., Nali, C., & Lorenzini, G. (2007). Early responses to acute ozone exposure in two *Fagus sylvatica* clones differing in xeromorphic adaptations: Photosynthetic and stomatal processes, membrane and epicuticular characteristics. *Environmental Monitoring and Assessment, 128*(1), 93–108. https://doi.org/10.1007/s10661-006-9418-z.

116. Papadakis, I. E., Dimassi, K. N., Bosabalidis, A. M., Therios, I. N., Patakas, A., & Giannakoula, A. (2004). Effects of B excess on some physiological and anatomical parameters of 'Navelina' orange plants grafted on two rootstocks. *Environmental and Experimental Botany, 51*(3), 247–257. https://doi.org/10.1016/j.envexpbot.2003.11.004.

117. Parra, M. A., Elustondo, D., Bermejo, R., & Santamaría, J. M. (2009). Ambient air levels of volatile organic compounds (VOC) and nitrogen dioxide (NO_2) in a medium size city in Northern Spain. *Science of The Total Environment, 407*(3), 999–1009. https://doi.org/10.1016/j.scitotenv.2008.10.032.

118. Pathak, L., & Shah, K. (2021). Chapter 2–Phytoremediation of abandoned mining areas for land restoration: Approaches and technology. In K. Bauddh, J. Korstad, & P. Sharma (Eds.), *Phytorestoration of Abandoned Mining and Oil Drilling Sites* (pp. 33–56). Elsevier. https://doi.org/10.1016/B978-0-12-821200-4.00008-X.

119. Patra, D. K., Acharya, S., Pradhan, C., & Patra, H. K. (2021). Poaceae plants as potential phytoremediators of heavy metals and eco-restoration in contaminated mining sites. *Environmental Technology & Innovation, 21*, 101293. https://doi.org/10.1016/j.eti.2020.101293.

120. Percy, K. E., Legge, A. H., & Krupa, S. V. (2003). Tropospheric ozone: A continuing threat to global forests? In *Developments in Environmental Science* (Vol. 3, pp. 85–118). Elsevier. https://doi.org/10.1016/S1474-8177(03)03004-3.

121. Pérez-Tienda, J., Corrêa, A., Azcón-Aguilar, C., & Ferrol, N. (2014). Transcriptional regulation o□host NH transporters and GS/GOGAT pathway in arbuscular mycorrhizal rice roots. *Plant Physiology and Biochemistry, 75*, 1–8. https://doi.org/10.1016/j.plaphy.2013.11.029.

122. Puntarulo, S., & Cederbaum, A. I. (1998). Production of reactive oxygen species by microsomes enriched in specific human cytochrome P450 enzymes. *Free Radical Biology and Medicine, 24*(7), 1324–1330. https://doi.org/10.1016/S0891-5849(97)00463-2.

123. Rai, P. K. (2009). Heavy metals in water, sediments and wetland plants in an aquatic ecosystem of tropical industrial region, India. *Environmental Monitoring and Assessment, 158*(1), 433–457. https://doi.org/10.1007/s10661-008-0595-9.

124. Redmile-Gordon, M., Gregory, A. S., White, R. P., & Watts, C. W. (2020). Soil organic carbon, extracellular polymeric substances (EPS), and soil structural stability as affected by previous and current land-use. *Geoderma, 363*, 114143. https://doi.org/10.1016/j.geoderma.2019.114143.

125. Reindl, A. R., Wolska, L., Piotrowicz-Cieślak, A. I., Saniewska, D., Bołałek, J., & Saniewski, M. (2024). The impact o□global climate changes on trace and rare earth elements mobilization in emerging periglacial terrains: Insights from western shore of Admiralty Bay (King George Island, Antarctic). *Science of The Total Environment, 926*, 171540. https://doi.org/10.1016/j.scitotenv.2024.171540.

126. Ren, C., Zhang, W., Zhong, Z., Han, X., Yang, G., Feng, Y., & Ren, G. (2018). Differential responses of soil microbial biomass, diversity, and compositions to altitudinal gradients depend on plant and soil characteristics. *Science of The Total Environment, 610, 611*, 750–758. https://doi.org/10.1016/j.scitotenv.2017.08.110.

127. Riaz, M., Yan, L., Wu, X., Hussain, S., Aziz, O., & Jiang, C. (2018). Boron deprivation induced inhibition of root elongation is provoked by oxidative damage, root injuries and changes in cell wall structure. *Environmental and Experimental Botany, 156*, 74–85. https://doi.org/10.1016/j.envexpbot.2018.08.032.

128. Romic, M., & Romic, D. (2003). Heavy metals distribution in agricultural topsoils in urban area. *Environmental Geology, 43*(7), 795–805. https://doi.org/10.1007/s00254-002-0694-9.

129. Sabetta, W., Paradiso, A., Paciolla, C., & de Pinto, M. C. (2017). Chemistry, biosynthesis, and antioxidative function of glutathione in plants. In M. A. Hossain, M. G. Mostofa, P. Diaz-Vivancos, D. J. Burritt, M. Fujita, & L. S. P. Tran (Eds.), *Glutathione in Plant Growth, Development, and Stress Tolerance* (pp. 1–27). Springer International Publishing. https://doi.org/10.1007/978-3-319-66682-2_1.

130. Saghafi, D., Asgari Lajayer, B., & Ghorbanpour, M. (2020). Chapter 21—Engineering bacterial ACC deaminase for improving plant productivity under stressful conditions. In V. Sharma, R. Salwan, & L. K. T. Al-Ani (Eds.), *Molecular Aspects of Plant Beneficial Microbes in Agriculture* (pp. 259–277). Academic Press. https://doi.org/10.1016/B978-0-12-818469-1.00022-5.

131. Schindler, M., & Kamber, B. S. (2013). High-resolution lake sediment reconstruction of industrial impact in a world-class mining and smelting center, Sudbury, Ontario, Canada. *Applied Geochemistry, 37*, 102–116. https://doi.org/10.1016/j.apgeochem.2013.07.014.

132. Schmid, R., & Xiong, X. (2023). China's environmental solutions. *Applied Microbiology and Biotechnology, 107*(4), 987–1002. https://doi.org/10.1007/s00253-022-12340-z.

133. Schroeder, W. H., Dobson, M., Kane, D. M., & Johnson, N. D. (1987). Toxic trace elements associated with airborne particulate matter: A review. *JAPCA, 37*(11), 1267–1285. https://doi.org/10.1080/08940630.1987.10466321.

134. Seaward, M. R. D. (1992). Large-scale air pollution monitoring using lichens. *GeoJournal*, *28*(4), 403–411. https://doi.org/10.1007/BF00273109.

135. Shabala, S., & Mackay, A. (2011). Chapter 5—Ion transport in halophytes. In I. Turkan (Ed.), *Advances in Botanical Research* (Vol. 57, pp. 151–199). Academic Press. https://doi.org/10.1016/B978-0-12-387692-8.00005-9.

136. Shaji, E., Santosh, M., Sarath, K. V., Prakash, P., Deepchand, V., & Divya, B. V. (2021). Arsenic contamination of groundwater: A global synopsis with focus on the Indian Peninsula. *Geoscience Frontiers*, *12*(3), 101079. https://doi.org/10.1016/j.gsf.2020.08.015.

137. Shiri, M., Rabhi, M., Abdelly, C., & Amrani, A. E. (2015). The halophytic model plant *Thellungiella salsuginea* exhibited increased tolerance to phenanthrene-induced stress in comparison with the glycophytic one *Arabidopsis thaliana*: Application for phytoremediation. *Ecological Engineering*, *74*, 125–134. https://doi.org/10.1016/j.ecoleng.2014.09.123.

138. Singh, J. S., & Singh, D. P. (2017). Methanotrophs: An emerging bioremediation tool with unique broad spectrum methane monooxygenase (MMO) enzyme. In J. S. Singh & G. Seneviratne (Eds.), *Agro-Environmental Sustainability: Volume 2: Managing Environmental Pollution* (pp. 1–18). Springer International Publishing. https://doi.org/10.1007/978-3-319-49727-3_1.

139. Singh, S. N., & Verma, A. (2007). Phytoremediation of air pollutants: A review. In S. N. Singh & R. D. Tripathi (Eds.), *Environmental Bioremediation Technologies* (pp. 293–314). Springer. https://doi.org/10.1007/978-3-540-34793-4_13.

140. Singha, S., & Chatterjee, S. (2022). Soil pollution by industrial e□fluents, solid wastes, and reclamation strategies by microorganisms. In P. K. Shit, P. P. Adhikary, G. S. Bhunia, & D. Sengupta (Eds.), *Soil Health and Environmental Sustainability: Application of Geospatial Technology* (pp. 471–488). Springer International Publishing. https://doi.org/10.1007/978-3-031-09270-1_20.

141. Srivastav, A. (2024). Forests are key to climate mitigation. In A. Srivastav (Ed.), *Forest Policies, Laws, and Governance in India: Conservation Challenges in the Face of Climate Change* (pp. 355–382). Springer Nature. https://doi.org/10.1007/978-981-97-3862-5_8.

142. Srivastava, H. S., Ormrod, D. P., & Hale, B. A. (1994). Responses of greening bean seedling leaves to nitrogen dioxide and nutrient nitrate supply. *Environmental Pollution*, *86*(1), 37–42. https://doi.org/10.1016/0269-7491(94)90007-8.

143. Stazi, V., & Tomei, M. C. (2021). Dissolved methane in anaerobic e□fluents: A review on sustainable strategies □or optimization o□energy recovery or internal process reuse. *Journal of Cleaner Production*, *317*, 128359. https://doi.org/10.1016/j.jclepro.2021.128359.

144. Strong, P. J., Karthikeyan, O. P., Zhu, J., Clarke, W., & Wu, W. (2017). Methanotrophs: Methane mitigation, denitrification, and bioremediation. In J. S. Singh & G. Seneviratne (Eds.), *Agro-Environmental Sustainability: Volume 2: Managing Environmental Pollution* (pp. 19–40). Springer International Publishing. https://doi.org/10.1007/978-3-319-49727-3_2.

145. Swaminathan, K., Varala, K., & Hudson, M. E. (2007). Global repeat discovery and estimation of genomic copy number in a large, complex

genome using a high-throughput 454 sequence survey. *BMC Genomics*, *8*(1), 132. https://doi.org/10.1186/1471-2164-8-132.

146. Takemoto, B. K., Bytnerowicz, A., & Fenn, M. E. (2001). Current and future effects of ozone and atmospheric nitrogen deposition on California's mixed conifer forests. *Forest Ecology and Management*, *144*(1), 159–173. https://doi.org/10.1016/S0378-1127(00)00368-6.
147. Tamaru, K. (1991). The history of the development of ammonia synthesis. In J. R. Jennings (Ed.), *Catalytic Ammonia Synthesis: Fundamentals and Practice* (pp. 1–18). Springer US. https://doi.org/10.1007/978-1-4757-9592-9_1.
148. Taylor, B. (2006). Ingredients and formulation of carbonated soft drinks. In *Carbonated Soft Drinks: Formulation and Manufacture* (pp. 48–86). John Wiley & Sons, Ltd. https://doi.org/10.1002/9780470996034.ch3.
149. Tian, X., Ye, A., He, Q., Wang, Z., Guo, L., Chen, L., Liu, M., & Wang, Y. (2020). A three-year investigation of metals in the atmospheric wet deposition of a basin region, north China: Pollution characteristics and source apportionment. *Atmospheric Pollution Research*, *11*(4), 793–802. https://doi.org/10.1016/j.apr.2020.01.007.
150. Tkemaladze, G. S., & Makhashvili, K. A. (2016). Climate changes and photosynthesis. *Annals of Agrarian Science*, *14*(2), 119–126. https://doi.org/10.1016/j.aasci.2016.05.012.
151. Tomlinson, G. H. (2003). Acidic deposition, nutrient leaching, and forest growth. *Biogeochemistry*, *65*(1), 51–81. https://doi.org/10.1023/A:1026069927380.
152. Tripathi, M., Sahu, J. N., & Ganesan, P. (2016). Effect of process parameters on production of biochar from biomass waste through pyrolysis: A review. *Renewable and Sustainable Energy Reviews*, *55*, 467–481. https://doi.org/10.1016/j.rser.2015.10.122.
153. Ueki, T., Satake, M., Kamino, K., & Michibata, H. (2008). Sequence variation of Vanabin2-like vanadium-binding proteins in blood cells of the vanadium-accumulating ascidian *Ascidia sydneiensis samea*. *Biochimica et Biophysica Acta (BBA)–General Subjects*, *1780*(7), 1010–1015. https://doi.org/10.1016/j.bbagen.2008.04.001.
154. Upadhyay, J. K., & Kobayashi, N. (2007). Phytomonitoring of air pollutants for environmental quality management. In S. N. Singh & R. D. Tripathi (Eds.), *Environmental Bioremediation Technologies* (pp. 275–292). Springer. https://doi.org/10.1007/978-3-540-34793-4_12.
155. Urone, P. (1986). 1—The pollutants. In A. C. Stern (Ed.), *Air Pollution* (Third Edition, Vol. 6, pp. 1–59). Academic Press. https://doi.org/10.1016/B978-0-08-092605-6.50007-7.

156. Vieira-Filho, M. S., Pedrotti, J. J., & Fornaro, A. (2013). Contribution of long and mid-range transport on the sodium and potassium concentrations in rainwater samples, São Paulo megacity, Brazil. *Atmospheric Environment, 79*, 299–307. https://doi.org/10.1016/j.atmosenv.2013.05.047.

157. Villanueva, F., Lara, S., Amo-Salas, M., Cabañas, B., Martín, P., & Salgado, S. (2021). Investigation of formaldehyde and other carbonyls in a small urban atmosphere using passive samplers: A comprehensive data analysis. *Microchemical Journal, 167*, 106270. https://doi.org/10.1016/j.microc.2021.106270.

158. Villanueva, F., Lara, S., Notario, A., Amo-Salas, M., & Cabañas, B. (2022). Formaldehyde, acrolein and other carbonyls in dwellings of university students: Levels and source characterization. *Chemosphere, 288*, 132429. https://doi.org/10.1016/j.chemosphere.2021.132429.

159. Vithanage, M., & Bhattacharya, P. (2015). Fluoride in drinking water: Health effects and remediation. In E. Lichtfouse, J. Schwarzbauer, & D. Robert (Eds.), *CO_2 Sequestration, Biofuels and Depollution* (pp. 105–151). Springer International Publishing. https://doi.org/10.1007/978-3-319-11906-9_4.

160. Wang, J. (2022). Mathematics for sustainable humanity: Population, climate, energy, economy, policy, and social justice. In E. E. Goldwyn, S. Ganzell, & A. Wootton (Eds.), *Mathematics Research for the Beginning Student, Volume 1: Accessible Projects for Students Before Calculus* (pp. 21–56). Springer International Publishing. https://doi.org/10.1007/978-3-031-08560-4_2.

161. Wei, S., Zhou, Q., & Wang, X. (2005). Identification of weed plants excluding the uptake of heavy metals. *Environment International, 31*(6), 829–834. https://doi.org/10.1016/j.envint.2005.05.045.

162. Weiland, J. E., Littke, W. R., Browning, J. E., Edmonds, R. L., Davis, A., Beck, B. R., & Miller, T. W. (2016). Efficacy of reduced rate fumigant alternatives and methyl bromide against soilborne pathogens and weeds in western forest nurseries. *Crop Protection, 85*, 57–64. https://doi.org/10.1016/j.cropro.2016.03.016.

163. Wichard, T., Bellenger, J. P., Morel, F. M. M., & Kraepiel, A. M. L. (2009). Role of the siderophore azotobactin in the bacterial acquisition of nitrogenase metal cofactors. *Environmental Science & Technology, 43*(19), 7218–7224. https://doi.org/10.1021/es8037214.

164. Xu, Y. C., Li, N., Yan, X., & Zou, H. X. (2023). DFT-based analysis of siderophore-metal ion interaction for efficient heavy metal remediation. *Environmental Science and Pollution Research, 30*(40), 91780–91793. https://doi.org/10.1007/s11356-023-28854-6.

165. Xu, Y., Hu, J., Ying, Q., Hao, H., Wang, D., & Zhang, H. (2017). Current and future emissions of primary pollutants from coal-fired power plants in Shaanxi, China. *Science of the Total Environment, 595*, 505–514. https://doi.org/10.1016/j.scitotenv.2017.03.267.

166. Xue, L. K., Wang, T., Gao, J., Ding, A. J., Zhou, X. H., Blake, D. R., Wang, X. F., Saunders, S. M., Fan, S. J., Zuo, H. C., Zhang, Q. Z., & Wang, W. X. (2014). Ground-level ozone in four Chinese cities: Precursors, regional transport, and heterogeneous processes. *Atmospheric Chemistry and Physics, 14*(23), 13175–13188. https://doi.org/10.5194/acp-14-13175-2014.

167. Yaashikaa, P. R., Kumar, P. S., Jeevanantham, S., & Saravanan, R. (2022). A review on bioremediation approach for heavy metal detoxification and accumulation in plants. *Environmental Pollution, 301*, 119035. https://doi.org/10.1016/j.envpol.2022.119035.

168. Yang, Q., Ma, J., Yang, F., Zheng, H., Lu, Z., Qiao, F., Zhang, K., Gong, H., Men, X., Li, J., Ouyang, F., & Ge, F. (2023). The hidden indirect environmental effect undercuts the contribution of crop nitrogen fertilizer application to the net ecosystem economic benefit. *Journal of Cleaner Production, 426*, 139204. https://doi.org/10.1016/j.jclepro.2023.139204.

169. Yannopoulos, P. C. (2007). Spatial concentration distributions of sulfur dioxide and nitrogen oxides in Patras, Greece, in a winter period. *Environmental Monitoring and Assessment, 135*(1), 163–180. https://doi.org/10.1007/s10661-007-9641-2.

170. Zhang, L., & Xu, Z. (2008). Assessing bacterial diversity in soil. *Journal of Soils and Sediments, 8*(6), 379–388. https://doi.org/10.1007/s11368-008-0043-z.

171. Zhao, Y., Wang, S., Duan, L., Lei, Y., Cao, P., & Hao, J. (2008). Primary air pollutant emissions of coal-fired power plants in China: Current status and future prediction. *Atmospheric Environment, 42*(36), 8442–8452. https://doi.org/10.1016/j.atmosenv.2008.08.021.

172. Zhong, Q., Shen, H., Yun, X., Chen, Y., Ren, Y., Xu, H., Shen, G., Du, W., Meng, J., Li, W., Ma, J., & Tao, S. (2020). Global sulfur dioxide emissions and the driving forces. *Environmental Science & Technology, 54*(11), 6508–6517. https://doi.org/10.1021/acs.est.9b07696.

173. Zhou, A., Qiu, Z., Yang, J., & Yan, R. (2022). A magnetic chitosan for efficient adsorption of vanadium (V) from aqueous solution. *Environmental Science and Pollution Research, 29*(50), 76263–76274. https://doi.org/10.1007/s11356-022-21256-0.

174. Ziegler, I. (1975). The effect of SO_2 pollution on plant metabolism. In F. A. Gunther (Ed.), *Residue Reviews* (pp. 79–105). Springer. https://doi.org/10.1007/978-1-4613-9388-7_2.

175. Zoeller, R. T., Bergman, Å., Becher, G., Bjerregaard, P., Bornman, R., Brandt, I., Iguchi, T., Jobling, S., Kidd, K. A., Kortenkamp, A., Skakkebaek, N. E., Toppari, J., & Vandenberg, L. N. (2014). A path forward in the debate over health impacts of endocrine disrupting chemicals. *Environmental Health, 13*(1), 118. https://doi.org/10.1186/1476-069X-13-118.

INDEX

C

D

E

F

G

H

I

K

L

M

N

O

P

Q

R